普通高等教育“十二五”规划教材

风景园林系列

园林工程

郭春华　主编　　刘小冬　廖振军　副主编

化学工业出版社

·北京·

园林工程主要研究园林建设的工程原理和工程技术问题。本教材系统地阐述了园林工程基本理论、施工技术和方法，共分6章，内容包括绪论、土方工程、园路工程、园林给水排水工程、水景工程、山石景观工程和园林供电工程。教材力求结合园林发展，体现新的科技成果，贯彻新的工程标准和规范，立足于把工程原理和实践较好地结合起来。

本书观点新颖，简明适用，具有较强的实用性，适合作为普通高等教育、成人高等教育园林及风景园林专业教材，也可作为城市规划设计、环境艺术、景观设计等相关专业师生参考用书。

图书在版编目（CIP）数据

园林工程/郭春华主编．—北京：化学工业出版社，2011.6（2025.2重印）

普通高等教育“十二五”规划教材·风景园林系列

ISBN 978-7-122-11322-1

Ⅰ．园…　Ⅱ．郭…　Ⅲ．园林-工程施工-高等学校-教材　Ⅳ．TU986.3

中国版本图书馆CIP数据核字（2011）第093586号

责任编辑：尤彩霞　　装帧设计：关　飞

责任校对：吴　静

出版发行：化学工业出版社（北京市东城区青年湖南街13号　邮政编码100011）

印　　装：涿州市般润文化传播有限公司

787mm×1092mm　1/16　印张14¼　字数380千字　　2025年2月北京第1版第8次印刷

购书咨询：010-64518888　　售后服务：010-64518899

网　　址：http：//www.cip.com.cn

凡购买本书，如有缺损质量问题，本社销售中心负责调换。

定　　价：45.00元

《园林工程》编写人员

主　　编　郭春华（仲恺农业工程学院）

副 主 编　刘小冬（仲恺农业工程学院）

　　　　　廖振军（宜春学院）

编　　者（按姓氏笔画排列）

　　　　　李　艳（河北农业大学）

　　　　　刘小冬（仲恺农业工程学院）

　　　　　陆金森（江西农业大学）

　　　　　袁海龙（安康学院）

　　　　　康红涛（漳州师范学院）

　　　　　郭春华（仲恺农业工程学院）

　　　　　廖振军（宜春学院）

前　言

园林工程是园林专业中一门实践性很强的重要专业课。该课程集科学、艺术于一体，以工程原理为基础，以技术应用为主线，注重学生工程设计、施工技术与项目管理能力的培养。

本教材根据普通高等学校园林专业课程教学的基本要求，在保证课程知识内容完整性的基础上，突出以下两个特点：一是结合当前风景园林学科的发展现状与趋势，按照国家最新标准与规范，对教材内容进行了全面更新，增加了现代科学技术成果和先进的工程施工技术方法，将给排水应用最广泛的 PVC、PE 等管道应用及计算方法、生态型透水混凝土路面、高分子彩色地坪新技术、生态驳岸和护坡等内容作了补充。二是在内容的组成上，将理论性与实用性进行合理搭配，在满足工程基本原理的基础上，加强了实践的应用性，对园林工程设计和技术中的相关标准、结构做法和施工技术进行了详尽介绍。

参加本教材编写的人员均为从事园林工程教学多年的专业教师，在园林教学、科研、工程实践方面有深厚的理论水平和丰富的实践经验。绪论和第四章由仲恺农业工程学院郭春华编写，第一章一至三节由河北农业大学李艳编写，第四节由陕西安康学院袁海龙编写，第二章由宜春学院廖振军编写，第三章由仲恺农业工程学院刘小冬编写，第五章由江西农业大学陆金森编写，第六章由漳州师范学院康红涛编写。全书由郭春华统稿。本书附有电子课件教案，下载地址 www. cipedu. con. cn。

由于编者水平有限，书中疏漏之处在所难免，恳请各位专家和广大读者批评指正，不胜感激。

编者

2011 年 5 月

目　录

绪论

一、园林工程学的含义和内容

园林工程是在市政工程的基础上发展而来的，是研究园林建设的工程技术和造景技艺的一门学科，探讨在工程实施过程中如何解决园林设施与景观的矛盾问题，即实现园林工程景观化。在古代，“工”指运用知识和经验对原材料、半成品进行加工处理，最后成为物品。“程”指法式、标准和进程，所以工程可理解为工艺过程。

园林工程研究范围包括工程原理、工程设计、施工技术以及施工管理等，本课程内容包括园林建设中的土方工程、园路工程、园林给排水工程、水景工程、山石景观工程、园林供电工程等，而施工管理的内容在其它相关课程中专门介绍。园林工程原理以市政工程原理为基础，结合园林艺术理论、生态科学理论综合而成，它是园林工程设计和施工技术的指导，在工程建设中通过科学的工程设计和先进的施工技术，满足景观优美、功能合理的要求，同时尽可能保护环境、节约资源，实现节约型园林建设新目标。

二、中国园林工程发展历程

我国历代的园林哲匠和手工艺人在数千年园林兴造实践中积累了极为丰富的实践经验，并撰写了相关理论著作。明代计成《园冶》一书分别就园林建设中的相地、立基、屋宇、掇山、铺地等方面进行了论述，总结了许多园林工程的理法；宋《营造法式》、明代文震亨《长物志》、清代李渔《闲情偶记》等亦对假山等园林工程知识有所论及。从现在保存下来的名园和文字资料可见我国园林工程成就之一斑。

1. 掇山理水成就

早在2500年以前的春秋战国时期已出现了人工造山之事。《尚书》所载“为山九仞，功亏一篑”之喻，说明当时已有篑土为山的做法，只是为治水患和兴修水利、治冢等需要而不是单纯的造园。周代灵囿中的灵台（堆筑高台）、灵沼（大水面）的意图既有通神明、祈求风调雨顺的意思，也有明确的凿低筑高，对现状地形改造的治水意图，敬神治水兼而有之。

秦汉的山水宫苑中有大规模的挖湖堆山活动，秦始皇统一中国后，引渭水为池，建造了规模宏大的水景园——兰池宫。秦始皇、汉武帝为追求长生不老，便在御苑中挖湖堆山，仿东海神岛，筑蓬莱、方丈、瀛洲三仙山，此后“一池三山”成了中国传统山水园的固有程式。但是，我国人工造石假山最早的开端应是汉代，茂陵（今陕西兴平县）的一位富商袁广汉造了一个私园，其中有“构石为山高十余丈”的记载。

魏晋时期，崇尚山水成为文人时尚，王羲之等诗人在兰亭举行的饮酒赋诗的“曲水流觞”活动，具有文人用水的高雅情调。

隋炀帝在洛阳筑西苑，开凿北海，模仿秦皇汉武的做法，于北海中建蓬莱、方丈、瀛洲三仙山。唐代在文化和工程技术方面更为发达。王维的辋川别业是在利用大自然山水的基础上加以适当的人工改造形成的，地形地貌变化丰富，既具有大自然的风貌，又蕴涵了如诗若画的意境。

宋徽宗赵佶在汴京（今河南开封）建造了一座“寿山艮岳”。山周围十余里，高约150m，分东西二岭，直接南山，可见是真山假山相互衔接的，这座庞大的假山经过十余年的营造（公元1111～1124年），规模之大达到了登峰造极的程度。寿山艮岳广集江南名石，赵诘的宦官朱勔到太湖取石，即历史上的“花石纲”，在船运的过程中断桥毁堰，扰民伤财已有不少文字记载。其中号称“神运昭功敷庆万寿峰”的特置峰石“广百围，高六仞”，跋涉数千里后完整无损地傲立于京邑人工造山之顶上。所造山洞不仅造型自然、结构稳固，而且还可防蛇蝎、致云烟。艮岳既是“括天下之美，藏古今之胜”的大假山，又是工匠智慧之山。此期的假山工艺一方面汲取了传统山水画之画理，又将石作、木作、泥瓦作结为一体，至宋代已明显地形成了一门专门的技艺。

明清筑山理水就更加成熟。理水多取自然水源，北京西苑三海、圆明园福海、颐和园昆明湖，都是引西郊玉泉山的泉水入园，以扩大水面。布局沿袭一池三山格局，如西苑三海各有一岛，分别为琼华岛、团城、南台；圆明园中福海是其中最大水面，设有北岛玉宇、蓬岛瑶台、瀛海仙山三座由西北往东南方向斜向串联的神宫；颐和园通过筑堤将昆明湖分为三个水面，每个水面中各有一岛，南湖中有南湖岛、养水湖中有藻鉴堂（山岛）、西湖中有治镜阁（阁岛）。水系处理将功能与艺术有机结合，如北京颐和园结合城市水系和蓄水的功能，将原有与万寿山不相称的小水面扩展为山水相映的昆明湖，同时开辟后湖，从园林景观上实现了“山因水活”的效果，同时也成为贯穿万寿山北的排放水体。后湖岸线不仅具有幽远和迷远的变化，直曲并用、收放兼施，而且密切结合了山形、地势和山地排水，山沟喇叭口出口形态形成泄山洪的冲积扇形。至后湖东尽端，又分水为二。北水进入霁清轩作石坡飞流处理；南水则充分运用与谐趣园之间的高差，凿石为峡，引水为洞，并暗藏其源形成松竹掩映、涧石嶙峋的“玉琴峡”，综合地处理了水工与造景的矛盾统一关系，达到了“虽由人作，宛自天开”的境界。

明清园林中叠石为山相沿成风，明代计成在《园冶》一书中，以大量篇幅陈述了园山、厅山等八种假山以及石池、峰、峦、岩、洞、涧、水、瀑布等堆砌方法、工程技术和艺术要领，并介绍了太湖石等十六种可供掇山的山石产地及各种石料的色泽、纹理、品质。现存明清时期著名的假山有苏州环秀山庄太湖石假山、扬州个园四季假山、北海静心斋假山等。这些作品既顺应自然之理，又包含艺术的提炼和夸张，形成中国传统特色的园林景观。

2. 铺地成就

我国古典园林铺地，有着深厚的文化内涵，铺地纹样十分丰富，表达了对宗教、礼仪的尊重，对吉祥的象征和地域文化、历史的浮现等。古典园林中常用的铺地类型有花街铺地、雕砖石子铺地、卵石铺地、方砖或条石铺地等。从出土的唐代花面砖来看，砖体材纯工精，质细而坚。断面上大下小，既有足够空间灌浆而面层又严丝合缝。顶面凹凸的各式花纹既有装饰性效果而又结合了防滑的功能，底面有深陷的绳纹使之易于稳定。由于上口交接紧密，可减少地面水渗入基层，从而使铺地结构不易受水蚀和冻胀的破坏，可谓周全之至。江南私家园林中的“花街铺地”用材低廉、结构稳固、式样丰富多彩，为我们提供了因地制宜、低材高用的典范。故宫雕砖卵石铺地图案精美，表现了经典的历史故事。

3. 塑石假山

塑石假山在中国园林中最为常见，如广州园林继承岭南庭园灰塑传统技艺，发展成为“塑石”和“灰塑假山”，为假山的发展提供了新的途径。再如广州白云宾馆兴建时，为了保留高层庭院中的古榕，地面形成较大高差，其挡土墙采用塑石形式，取自然景观中榕根攀附石壁为素材，创作了“榕根壁”自然式挡土墙，真假榕根融石壁为一体，既保护、利用了具有岭南特色的古榕，又克服了地面高程难于处理的问题。

4. 园林工程新技术

随着科学技术的不断进步，园林新技术、新材料、新方法不断出现。在养护管理方面，园林自动喷灌、滴灌等节水、高效的灌溉技术已逐渐在园林中广泛应用；以往的园林手工修剪和小型绿篱修剪机也在向车载和自行式绿篱修剪机发展；草坪养护目前主要是各环节单机作业，以后也将向大型草坪联合作业机发展，可一次完成对草坪的修剪、通气、梳理、滚压、平整等多项养护作业。园林的机械化向着自动化、人性化的方向发展。在园路建设上，目前生态型的透水、透气的生态砖、透水型混凝土是园林道路发展的趋势，2008 北京奥运公园、2010 广州花城广场等城市代表型新绿地中已得到广泛应用；近几年国内出现的高分子有机材料彩色地坪技术具有美观、高强度、施工方便的特点，是装饰混凝土地面的好方法；各类石材、彩色铺地砖的应用，使园林道路丰富多彩。湖底防渗漏的防渗膜技术、膨润土技术、黏土技术有各自的特点，是目前应用较多的湖底防水方法，对节约水资源具有重要作用。园林水景在传统的理水艺术基础上，更加重视喷泉、瀑布等动态水景营造，各种与高科技光、电技术结合的自动控制音乐喷泉、波光喷泉，使园林水景呈现出前所未有的亮丽色彩。

三、学习园林工程的意义和方法

园林工程是工学、生态学、社会学的综合，工程构筑物应是科学性、技术性和艺术性的完美结合。在实际项目的实施中设计和工程是相辅相成的，只有追求技艺合一，才能创造出功能全面、经济、实用、美观的好作品。园林工程是将园林设计意图转化为现实的保证，掌握工程原理，以工程技术为依据进行设计，才能确保设计的实现并具有可操作性。

本课程主要以课程讲授为主，同时配合课程设计、模型制作、现场教学等环节，着眼于理论结合实践的基本训练。学习中要求严字当头，紧扣教学的每一个环节。园林工程内容广泛，除了课程教学规定内容外，学生还要多看资料、多观察实景；设计中多思考、勤动手，将理论落实到设计与工程实践当中。

第一章
土方工程

园林工程建设的程序中，土方工程摆在首位，是园林工程施工的主要组成部分，其工作内容广泛，工程量大。建园的初期主要是对空间地形的营造，需筑山挖湖；园林中的建筑物、构筑物、道路及广场等工程的修建都需要进行地面平整、基坑挖掘等工作；还有管线工程中的挖沟埋管等，这一系列的工作都属于土方工程内容。由于土方工程工程量大，施工期长，是整个园林建设工程的前期基础工程，其施工的质量和速度直接影响到后续工程，因此施工前必须进行合理的设计与施工组织安排，施工过程中遵循有关的技术规范和设计意图，使工程质量和艺术造型都达到相关要求。

土方工程的设计主要通过竖向设计图表达，依据竖向设计进行土方工程量计算及土方施工。本章内容包括园林用地的地形设计、土方计算、土方施工和土工构筑物四个部分的内容。

第一节　地形设计

地形即地表外观三维空间的起伏变化，是地貌和地物的统称。有时地貌和地形是同义语，但有人认为地貌更具有成因的涵义，而地形则只具有形态的意义。地形图要表示地貌和地物状态。这里谈的地形，是指园林绿地中地表各种起伏形态的地貌。在规则式园林中，一般表现为不同标高的地坪、台地；在自然式园林中，往往因为地形的起伏，形成平原、丘陵、山峰、盆地等地貌。

地形是园林构成的四大实体要素（地形、水体、植物、建筑及构筑物）之一，是组景及构景的主要因素，是园林中其他要素的基础和依托，也是构成整个园林景观的骨架。

地形设计是竖向设计的一项主要内容。竖向设计是指在一块场地上进行垂直于水平面方向的布置和处理，是对造园用地范围内的各个景点、各种设施及地貌等在高程上的总体设计。地形设计就是根据造园的目的和要求，并以总体设计为依据，与平面规划相协调，合理确定地表起伏变化形态，如峰、峦、坡、谷等地貌的设置，以及它们的相对位置、形状、大小、高程比例关系等。可以看出地形的设计与布置基本上决定了园林总体空间构成与形态，决定了园林的风格和形式。

一、地形的作用与设计原则

在园林建设中，原有地形通常不能完全符合设计要求，所以要在充分利用原地形的情况下对其进行适当的改造，从而最大限度地发挥其综合功能，统筹安排园内各种要素之间的关系，使地上设施和地下设施之间、山水之间、园内与园外之间在高程上有合理的关系。对原有地形重新塑造，可增强局部地区的景观效果，改善园林小气候，提高绿量，增大地表面积，控制游人视线等。

（一）园林地形的作用

1. 地形的骨架作用

地形是构成园林的骨架，不同的地形反映出不同的景观特征，影响到园林的布局形式和风格。蜿蜒起伏的山水地形适宜建造自然式的东方园林，而台地式的地形处理则适宜建造规则式的西方园林。

地形是承载建筑、道路、植物、水体等要素的空间载体和底界面，对园林各要素的布置起着决定性的作用。地形对建筑、水体、植物的布置，道路的选线等都有重要的影响，地形坡度的大小、坡面的朝向往往决定建筑的选址、朝向及道路的走向。因此，在园林设计中要合理安排全园山、水的位置和相应的高程，更好地表现园林的主题和主景。例如平地可作为大面积广场、草地、建筑等方面的用地，以接纳和疏散人群，组织各种活动或供游人游览和休息。凸地形在景观中可作为焦点物或具有支配地位的要素，从情感上来说能产生更强的尊崇感，园林的重要建筑物（如纪念碑、纪念性雕塑等），常常耸立在地形的顶部。凹地形具有内向性和不受外界干扰的特点，在小气候方面也极具特点，可以躲避掠过空间上部的狂风，或引导空气流通，适宜于多种活动的进行，还适宜作为湖泊、水池、溪流的载体。

2. 地形的空间作用

地形的起伏围合构成了不同形状、不同视线条件、不同性格的空间。无论场地的平面形态还是竖向变化都会影响视线的组织与园林空间状况。例如平坦宽阔的场地为开敞空间；凸地形视线开阔，具有延展性，呈发散空间；凹地形视线封闭，具有积聚性，呈闭合空间等。

地形可以有效并且自然地划分空间，使之形成不同使用功能或景色特点的场地。地形对于空间的分隔不像围墙和栏杆那样生硬，是一种缓慢的过渡，有的地形低矮，对视线没有阻挡，这样形成的景观自然、连续性较强。连续的地形变化还能获得空间大小、开闭等的对比艺术效果。

3. 地形的景观作用

地形具有自身的视觉特性。不同形状的地形，可以产生不同的视觉效果，因而地形在园林景观中本身就是景观元素。在规则式园林中，地形边界清晰明确，如不同高程的地坪与台地，空间分隔明确，体现出整齐、庄严的气势；在自然式园林中，地形通常没有明显的边界，表现为蜿蜒起伏的丘陵、谷地等，具有亲切、秀美的感觉；而后现代主义景观中，地形的创造就像雕塑一般，做成诸如圆锥、棱锥、圆台、棱台等规则的几何体，能形成别具一格的视觉形象。

地形能丰富园林景观。如果园林中所有的景物都在同一平面上，就会显得单调呆板，地形的起伏变化能打破这种沉闷的格局，丰富景观层次。例如颐和园画中游一组建筑就是依山而建，整组建筑随山势高低错落，丰富了立面构图。

地形具有背景作用，作为造园诸要素载体的底界面，无论平地还是凹凸地形的坡面均可以作为景物的背景。例如在一开敞的平地上，建筑、道路、植物、水体等都以整个场地地形作为背景依托而显现，而依山而建的建筑，背景效果就更佳了。地形作背景时应处理好地形与景物之间的关系，尽量通过视距的控制保证景物和作为背景的地形之间有较合理的构图比例关系。

4. 地形的功能作用

基地地形除了满足造景的需要，满足各种活动和使用需要，还要形成良好的地表排水坡度。地势过于平坦不利于排水，容易造成积涝，影响植物的生长，对建筑、道路等的基础都不利；而地形起伏过大或同一坡度坡面过长，则会引起大的地表径流，造成滑坡或塌方，影响工程安全稳定。因此需要在勘察和分析原地形的基础上作出合适的地形坡度与坡长，并在设计中结合造景，在满足排水要求与坡面稳定的条件下，营造丰富的景观效果。

地形设计还能改善园内小气候，为动植物生长和人的活动创造良好的条件。地形的起伏形成阴、阳、向、背等不同坡度与坡向的场地，其光照、温度和湿度条件有明显的差异，因此为喜阳、喜阴、沼生、水生等不同植物提供各自赖以生存的空间。此外地形可以阻挡视线、避免人的行为干扰、阻挡冬季寒风和噪声等（图 1-1），创造舒适的活动场所。

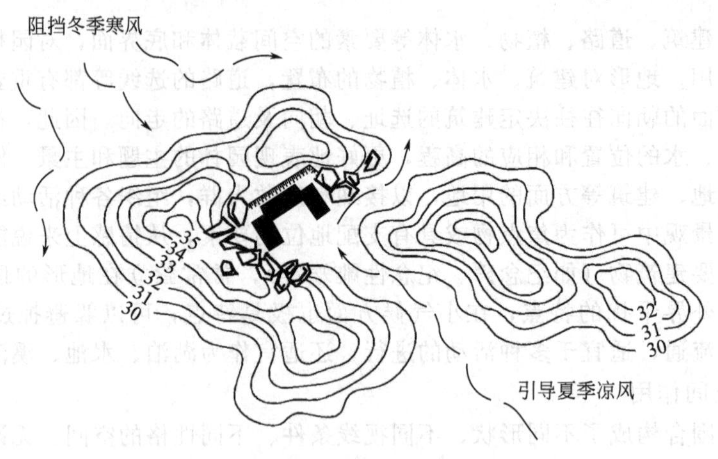

图 1-1　地形对空气流动的影响

（二）园林地形的设计原则

园林地形设计应与园林总体规划同时进行，处理好地形和园林中各单项工程（园路、工程管线、排水沟渠、园桥、构筑物、建筑等）间的空间关系，达到工程经济合理和良好的景观效果。园林地形设计原则主要包括以下几个方面。

1. 因地制宜

园林地形处理应遵循因地制宜的原则，以利用原地形为主，进行适当的改造，宜山则山，宜水则水，少动土方。尤其是园址现状地形复杂多变时，更宜利用保护为主，改造修整为辅。中国有不少古典园林是因地制宜造园的佳例。例如颐和园，在修建以前，场址中有翁山（万寿山前身），山南地势低洼，附近的玉泉和龙泉泉水汇集，形成瓮山泊。乾隆十五年(1750) 修建清漪园时，结合兴修水利进行了地形改造工程，在翁山泊的基础上扩大湖体。挖出的湖土除留筑湖上三岛和东、西堤外，部分增筑于瓮山东麓。又在瓮山北麓挖出一条河(原称后溪河，即今后湖)，所出土方沿北园墙堆筑了一列土丘。原来单调的地形经过这些改造，顿然改观，形成山环水抱之势。

2. 师法自然

园林地形创作要借鉴自然，以多姿多彩的自然地貌为蓝本，于方寸之间，体现无限广阔的空间。即所谓“以真为假”来塑造园林地貌，而且要继承中国传统的掇山理水手法，“做假成真”，使园林地貌“虽由人作，宛自天开”，出于自然高于自然。在布置山水时，对山水的位置、朝向、形状、大小、高深，山与山之间，山与平地之间，山与水之间的关系等，作通盘考虑。全园山水地貌的曲折变化，高低错落要符合自然规律。地貌创作要根据土壤的不同性质确定山体或水体岸坡的坡度，使之稳定持久。

3. 统筹兼顾

园林地形除注意本身的造型外，还要为园中建筑及其他工程设施创造合适的场地。如公园中的安静休息区，要求地形复杂，有一定的地形地貌；而用于游人活动的区域，地形就不宜变化过于强烈，以便开展大量游人短期集散的活动；儿童活动区不宜选择过于陡峭、险峻的地形，以保证儿童活动的安全；建筑等多需平地地形；水体用地，要调整好水底标高、水面标高和岸边标高；园路用地，则依山随势，灵活掌握，控制好最大纵坡、最小排水坡度等关键的地形要素；施工时注意保留表土以利植物的生长。在造景方面，地貌同其他景物要相互配合，山水须有建筑、植物等的点缀；园中建筑及其他设施也需要山水的烘托。

4. 土方平衡

在地形改造中，注意节约原则，维持土方平衡，使挖方工程量和填方工程量基本相等，即达到土方平衡。土方工程费用通常占造园成本的30%～40%，有时高达60%。因此，在地形设计时需尽量缩短土方运距，就地挖填，保持土方平衡，从而降低工程费用节省投资。

二、地形设计的内容

（一）地貌设计

以总体规划设计为依据，根据造景和功能的需要，应用等高线法、纵横断面设计法等对园林地形进行竖向设计。主要通过挖湖堆山进行山水布局，创造峰峦、坡谷、河湖、泉瀑等地貌景观，并确定各类地貌之间的位置、大小、高程、外观形态、坡度等关系。

（二）水体设计

确定水体位置、水际轮廓线，创造良好的景观效果；确定岸顶、湖底的高程及水位线，解决水的来源与排放问题，应考虑为水生、湿生、沼生等植物创造适宜生长的地形。为保证游人安全，水体深度，一般控制在1.5～1.8m之间。硬底人工水体的近岸2.0m范围内的水深，不得大于0.7m，达不到此要求的应设护栏。无护栏的园桥、汀步附近2.0m范围以内的水深不得大于0.5m。

（三）园路、广场、桥梁和其它铺装场地的竖向设计

根据有关规范要求，确定园林中道路、广场、台阶、坡道、桥梁的纵横向坡度及转折点、交叉点、变坡点高程，使确定的设计标高和设计地形能满足园林内部交通和对外交通的要求，包括选择场地的整理方式和设计地面的连接形式；选择广场、运动场等的整平标高；根据有关规范要求，确定园内道路的标高和坡度，使它与建筑物、构筑物以及园外的道路在标高上相适应。

园林中铺装地面的坡度要求严格，各种场地因其使用功能不同对坡度的要求各异。通常为了排水，最小坡度>0.5%，一般集散广场坡度在1%～7%，足球场3‰～4‰，篮球场2%～5%，排球场2%～5%，这类场地的排水坡度可以是沿长轴的两面坡或沿横轴的两面坡，也可以设计成四面坡、环行坡，这取决于周围环境条件。园林中各类用地的坡度参考值见表1-1。

表1-1　园林中各类用地坡度参考值

项目＼坡度值	适宜的坡度/%	极值/%	项目＼坡度值	适宜的坡度/%	极值/%
游览步道	≤8	≤12	运动场地	0.5～1.5	0.4～2
主园路(通机动车)	0.5～6(8)	0.3～10	游戏场地	1～3	0.8～5
次园路(园务便道)	1～10	0.5～15	草坡	≤25～30	≤50
次园路(不通机动车)	0.5～12	0.3～20	种植林坡	≤50	≤100
广场与平台	1～2	0.3～3	理想自然草坪(有利机械修剪)	2～3	1～5
台阶	33～50	25～50	明沟(自然土)	2～9	0.5～15
停车场地	0.5～3	0.3～8	明沟(砌筑)	1～50	0.3～100

（四）建筑和其它园林小品的竖向设计

建筑及其它园林小品还应标明其地坪与周围环境的高程关系，确定建筑室内地坪标高以及室外整平标高，并保证排水通畅，大比例图纸建筑应标注各角点标高。建筑和小品与环境的关系应根据设计风格统筹考虑，如在坡地上的建筑，是随形就势还是设台筑屋。在水边上的建筑，则要标明其与水体的关系。建筑室内地坪高于室外地坪：住宅 30～60cm，学校、医院 45～90cm。

应避免室外雨水流入建筑物内，并引导室外雨水顺利地排除，室外地坪纵坡不得小于 0.3%，并且不得坡向建筑墙角。建筑物至道路的地面排水坡度最好在 1%～3%之间。道路中心标高一般应比建筑物的室内标高低 25～30cm。

（五）植物种植对高程的要求

在规划过程中，基地上可能会有些有保留价值的老树，其周围的地面依设计如需增高或降低，应在图纸上标注出保护老树的范围、地面标高和适当的工程措施。

植物对地下水很敏感，有的耐水，有的不耐水，当地下水浸渍其部分根系时即会枯萎。即使水生植物对水深也有不同的要求，有湿生、水生等多种。例如荷花适宜生活于水深 0.6～1.0m 的水中，过深过浅均会影响其正常生长。因此，地形设计时应为不同植物创造出不同的环境条件。

（六）地面排水设计

在地形设计的同时，要充分考虑地面水的排除问题。拟定园林各处场地的排水组织方式，确立全园的排水系统，保证排水通畅，保证地面不积水，不受山洪冲刷。合理划分汇水区域，通常不准出现积留雨水的洼地。一般规定，无铺装地面的最小排水坡度为 0.5%，铺装地面为 0.3%，但这只是参考限值，具体设计还要根据土壤性质和汇水区的大小、植被情况等因素而定。

根据排水和护坡的实际需要，合理配置必要的排水构筑物如截水沟、排洪沟、排水渠，以及工程构筑物如挡土墙、护坡等，建立完整的排水管渠系统和土壤保护系统。

（七）管道综合

园内各种管道（如供水、排水、供暖、煤气管道等）的布置，难免有些地方会出现交叉，在规划上就须按一定原则，统筹安排各种管道交会时合理的高程关系，以及它们和地面上的构筑物或园内乔灌木的关系。

（八）土方量计算

计算土石方工程量，并进行设计标高的调整，使挖方量和填方量接近平衡，并做好挖、填土方量的调配安排，尽量使土石方工程总量达到最小。

三、地形设计的方法

园林地形设计所采用的方法有多种，常用的如等高线法、重点高程标注法、纵横断面法、模型法等。

（一）等高线法

等高线法是园林地形设计的主要方法，一般用于对整个园林进行竖向设计。在绘有原地形等高线的底图上用设计等高线进行地形改造设计或创作，在同一张图纸上便可以表达原有地形、设计地形状况及场地的平面布置、各部分的高程关系。这大大方便了设计过程中方案比较及修改，也便于进一步的土方计算，因此它是一种比较好的设计方法，最适宜于自然山水园的地形设计与土方计算。

1. 等高线的概念

等高线是一组垂直间距相等、平行于水平面的假想面与自然地貌相切所得到的交线在平面上的投影。给这组投影线标注上数值，便可用它在图纸上表示地形的高低陡缓、峰峦位置、坡谷走向及溪池深度等内容（图 1-2）。

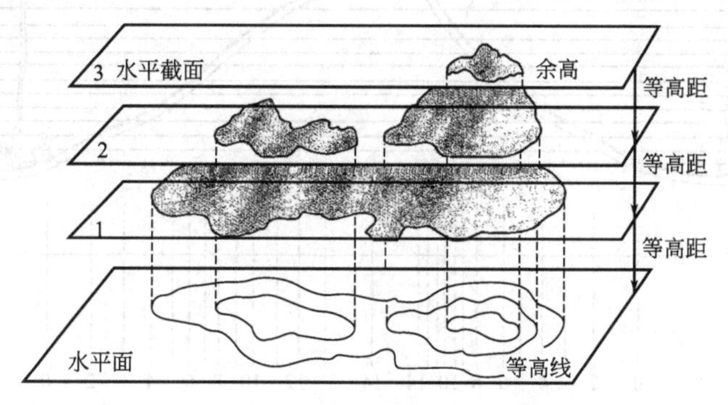

图 1-2　等高线

2. 等高线的特性

（1）位于同一条等高线上的所有的点，其高程都相等。

（2）每一条等高线都是闭合的。任意一条等高线都是连续曲线，它们在地形图内或超出这个范围构成闭合的曲线（图 1-3）。

（3）等高线水平间距的大小，表示了地形的缓或陡。如疏则缓，密则陡（图 1-4）。等高线间距相等，表示该坡面的角度相同，如果该组等高线平直，则表示该地形是一处平整过的同一坡度的斜坡，即间距相等的等高线意味着一个变化均匀或恒定的斜坡。

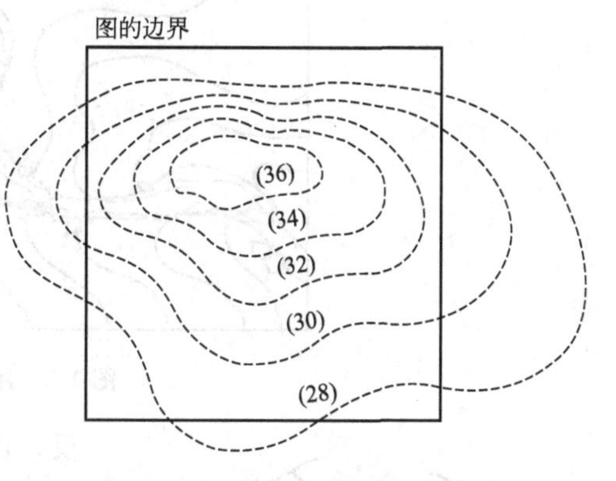

图 1-3　等高线是连续闭合的曲线

（4）等高线一般不相交或重叠，只有在悬崖处等高线才有可能出现相交情况。在某些垂直于地平面的峭壁、地坎或挡土墙驳岸处等高线才会重合在一起，从而在平面图上形成一条单一的直线。

（5）等高线在图纸上不能直穿横过河谷、堤岸和道路等。由于以上地形单元或构筑物在高程上高出或低陷于周围地面，所以等高线在接近低于地面的河谷时转向上游延伸，而后穿越河床，再向下游走出河谷；如遇高于地面的堤岸或路堤时等高线则转向下方，横过堤顶再转向上方而后走向另一侧（图 1-5）。

（6）最陡的斜坡是和等高线垂直的。这是在最短的水平间距上有最大的竖向变化的结果，因而地表水沿着垂直于等高线的方向流动。

3. 等高线特征图与地貌

（1）山脊和山谷　山脊就是一种凸起的细长地貌。在地形狭窄处，等高线指向山下方向。沿着山脊侧边的等高线将相对平行。而且，沿着山脊会有一个或几个最高点。

山谷是长形的凹地，并在两个山脊之间形成空间。山脊和山谷必须相连，因为山脊的边坡形成山谷壁。山谷由指向山顶的等高线表示。

对于山脊和山谷，其等高线形状是相似的，因此，标出坡度方向是非常重要的。山谷在平面图上的标志是等高线凸出部分指向高处，也就是说，它们指向较高数值的等高线。相

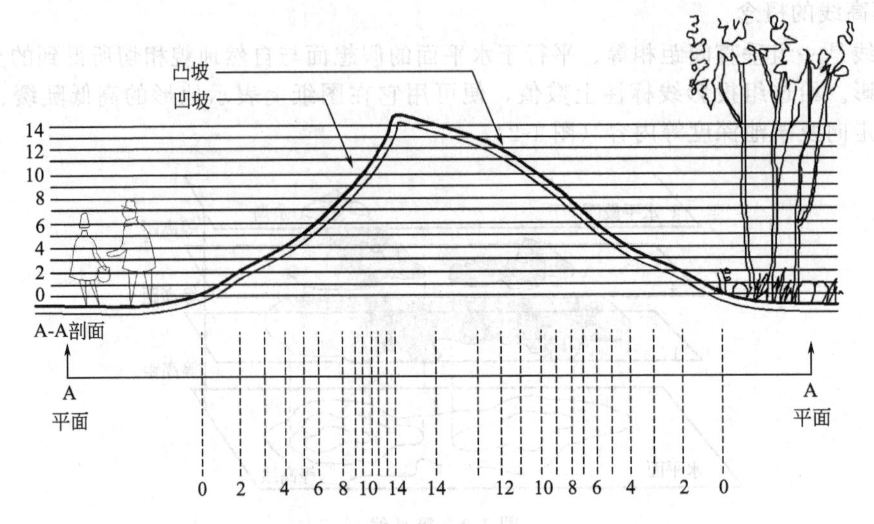

图 1-4　等高线的疏密说明了坡度的陡峭程度

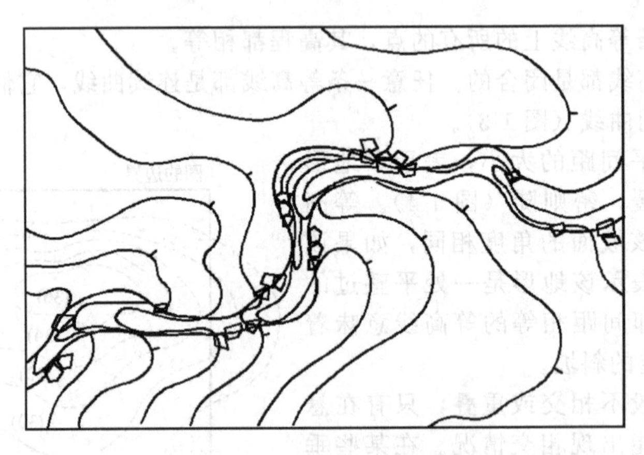

图 1-5　用等高线表现山洞

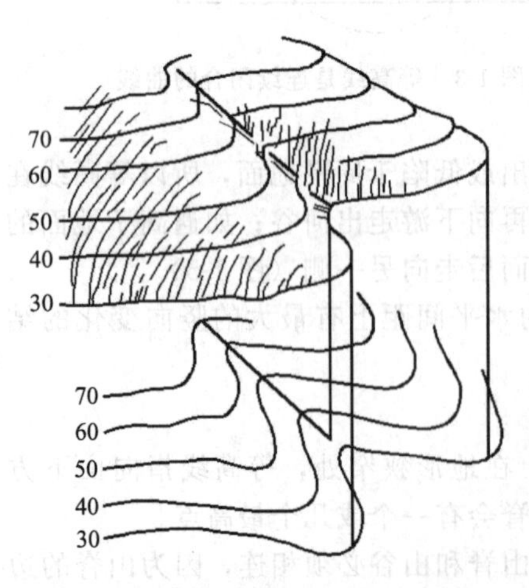

图 1-6　山脊与山谷的等高线表示法

反，山脊在平面图上的标志是等高线凸出部分指向低处，也就是指向较低数值的等高线（图 1-6）。

(2) 凸地形和凹地形　凸地形相对于周围地面而言是一个最高点，例如一座小丘、小山或大山。等高线构成同心的、闭合的图形，在中心区是最高的等高线。因为地形在各个方向都向下倾斜，因此峰顶排水最好。

凹地形相对于周围地面而言是一个最低点，这种地貌称为谷底。在谷底，等高线再次形成同心的、闭合的图形，但中心区是最低的等高线。为避免把峰顶和谷底混淆，知道高程变化方向是很重要的。在图形上，通常用影线来区别最低等高线（图 1-7）。因为谷底积水，所以形成了一些典型的湖泊、池塘和沼泽地。

(3) 鞍部和峡谷　它们都介于其他地表形态的中间部位。

鞍部是两个相邻山顶之间呈马鞍形的部位。在等高线地形图上，它为两条等高线凸侧对

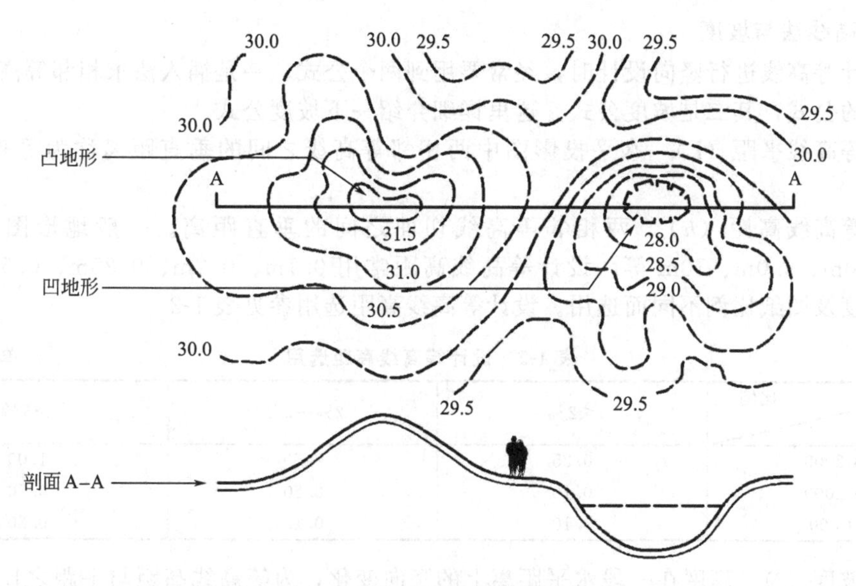

图 1-7 凸地形与凹地形的等高线表示法

称处，等高线的凸出部分都指向鞍部中心。鞍部中心的海拔高度是两个山脊的最低点，也是两个山谷的最高点。

两组山脊等高线对垒，中间是一道比较狭窄而低平的河谷或谷地即峡谷。

在地形图上，通过等高线和地貌符号，来表示各种地貌形态（图 1-8）。

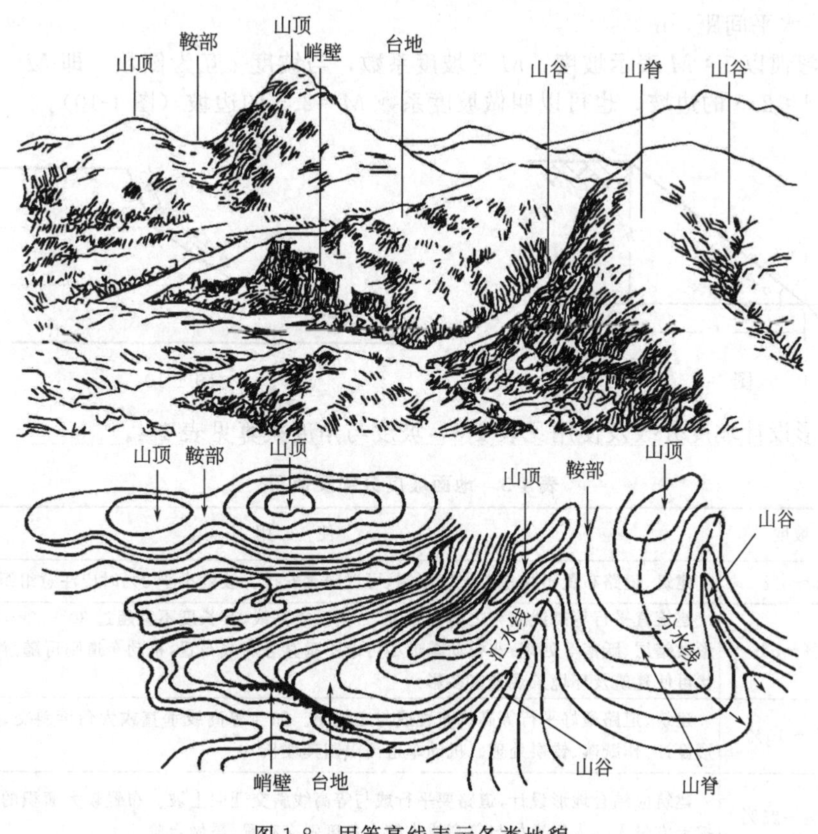

图 1-8 用等高线表示各类地貌

4. 等高线法与坡度

用设计等高线进行竖向设计时，经常要用到两个公式，一是插入法求相邻等高线之间任意点高程的公式，其二是坡度公式。这里详细介绍一下坡度公式。

(1) 等高线平距（L） 水平投影图中两相邻等高线之间的垂直距离称为等高线平距，用 L 表示。

(2) 等高线高距（h） 两相邻等高线切面之间的垂直距离。一般地形图为 0.5m、1.0m、2.0m、5.0m、10m 等。设计等高线高距常用 0.1m、0.2m、0.25m、0.5m 等，均视地形坡度及图纸比例不同而选用。设计等高线高距选用参见表 1-2。

表 1-2 设计等高线高距选用 单位：m

比例 \ 坡度	<2%	2%～5%	>5%
1∶2000	0.25	0.50	1.00
1∶1000	0.10	0.20	0.50
1∶500	0.10	0.10	0.20

(3) 坡度（i） 高度在一段水平距离上的竖向变化，为等高线高距与平距之比，通常用百分比表示（图 1-9）。

坡度公式：

$$i=\frac{h}{L} \tag{1-1}$$

式中 i——坡度，%；

h——水平距离为 L 的一条直线或两个端点之间的高度差，m；

L——水平间距，m。

工程界习惯以 1∶M 表示坡度，M 是坡度系数，与坡度 i 互为倒数，即 $M=L/h$。举例说明：坡度 1∶2.5 的边坡，也可以叫做坡度系数 $M=2.5$ 的边坡（图 1-10）。

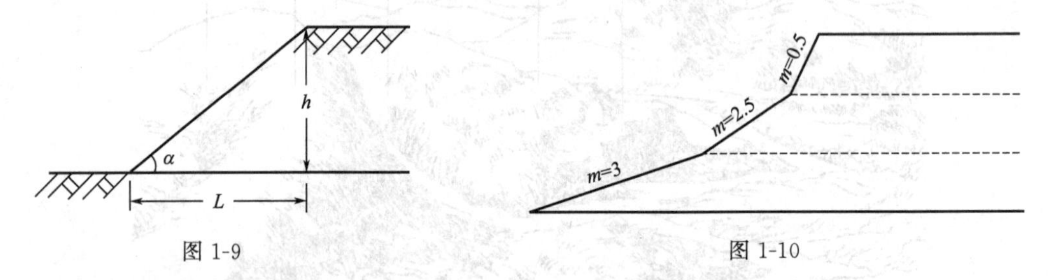

图 1-9 图 1-10

园林地形设计坡度分级及使用见表 1-3，坡度与角度换算见表 1-4。

表 1-3 地面坡度分级及使用

分级	坡度	使　用
平坡	0～3%	建筑、道路布置不受地形坡度限制，可以随意安排。坡度小于 3%时应注意组织排水
缓坡	3%～5%	建筑宜平行等高线或与之斜交布置，若垂直等高线，其长度不宜超过 30～50m，否则需结合地形做错层、跃落等处理；非机动车道尽可能不垂直等高线布置，机动车道则可随意选线。地形起伏可使建筑及环境景观丰富多彩
	5%～10%	建筑、道路最好平行等高线布置或与之斜交。如与等高线垂直或大角度斜交，建筑需结合地形设计，作跃落、错层处理。机动车道需限制其坡长
中坡	10%～25%	建筑应结合地形设计，道路要平行或与等高线斜交迂回上坡。布置较大面积的平坦场地，填、挖土方量大。人行道如与等高线作较大角度斜交布置，需做台阶

续表

分级	坡度	使用
陡坡	25%～50%	如果用作城市居住区建设用地，施工不便、费用大。建筑必须结合地形个别设计，不宜大规模建设。在山地城市用地紧张时仍可使用。坡度为25%～30%的坡地可以种植草皮，坡度为25%～50%的坡地可以种植树木
急坡	＞50%	是多数土壤的自然安息角。道路通常需曲折盘旋而上，梯道亦需与等高线成斜交布置。通常不宜用于居住建设，其他建筑需作特殊处理
悬崖、陡坎	＞100%	已超出土壤的自然安息角。种植需采取特殊措施(如挖鱼鳞坑、修树池等)。道路及梯道布置均困难，工程措施投资大

表 1-4　坡度与坡角换算

坡度%	坡角	坡度%	坡角	坡度%	坡角	坡度%	坡角
1	0°34′	15	8°32′	29	16°10′	43	23°16′
2	1°09′	16	9°05′	30	16°42′	44	23°45′
3	1°43′	17	9°39′	31	17°13′	45	24°14′
4	2°17′	18	10°12′	32	17°45′	46	24°42′
5	2°52′	19	10°45′	33	18°16′	47	25°10′
6	3°26′	20	11°19′	34	18°47′	48	25°38′
7	4°00′	21	11°52′	35	19°17′	49	26°06′
8	4°34′	22	12°24′	36	19°48′	50	26°34′
9	5°09′	23	12°57′	37	20°18′	55	28°48′
10	5°43′	24	13°30′	38	20°48′	60	30°58′
11	6°17′	25	14°02′	39	21°18′	63	33°01′
12	6°51′	26	14°34′	40	21°48′	70	34°°59′
13	7°24′	27	15°07′	41	22°18′	100	45°
14	7°58′	28	15°39′	42	22°47′		

5. 设计等高线的具体应用

(1) 陡坡变缓坡或缓坡改陡坡　等高线间距的疏密表示地形的陡缓。在设计时，如果高差 h 不变，可用改变等高线间距 L 来减缓或增加地形的坡度（如图 1-11）。

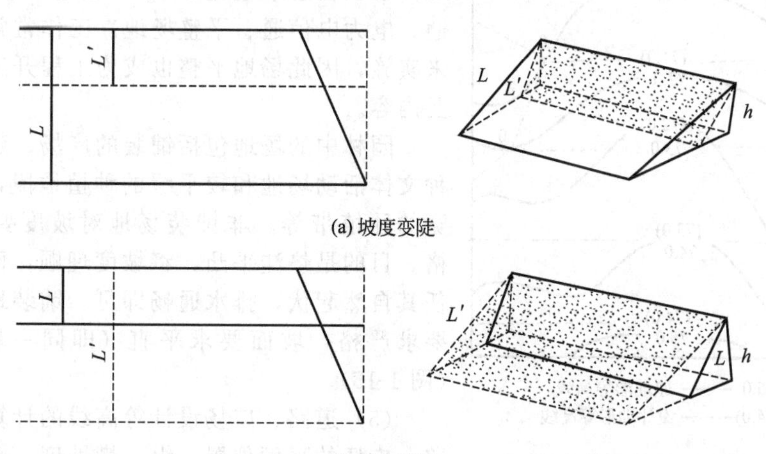

(a) 坡度变陡

(b) 坡度减缓

图 1-11　调节等高线的平距改变地形坡度

（2）平垫沟谷　在园林建设过程中，有些沟谷地段须垫平。平垫这类场地的设计，可以用平直的设计等高线和拟平垫部分的同值等高线连接。其连接点就是不挖不填的点，也叫“零点”；这些相邻点的连线，叫做“零点线”，也就是垫土的范围。如果平垫工程不需按某一指定坡度进行，则设计时只需将拟平垫的范围，在图上大致框出，再以平直的同值等高线连接原地形等高线即可，一如前述做法（图 1-12）。如要将沟谷部分依指定的坡度平整成场地时，则所设计的设计等高线应互相平行，间距相等（图 1-13）。

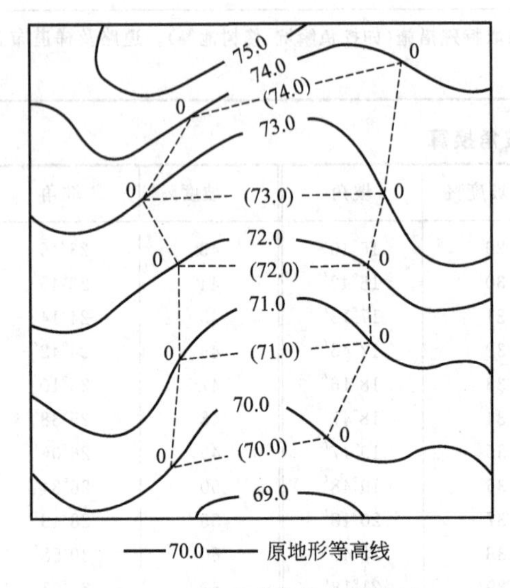

图 1-12　平垫沟谷等高线设计

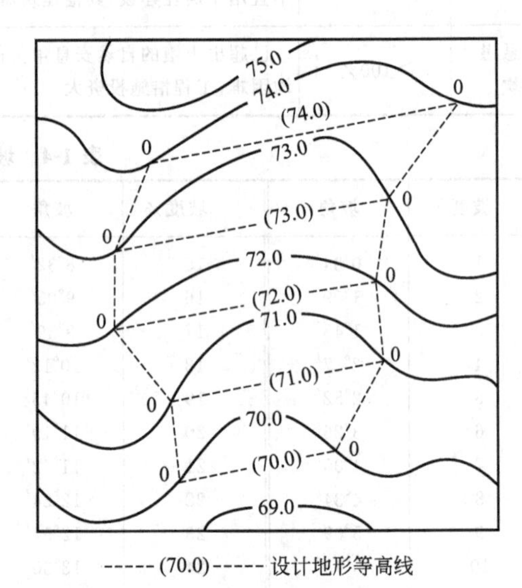

图 1-13　同一坡度坡面等高线设计

（3）削平山脊　将山脊铲平的设计方法和平垫沟谷的方法相同，只是设计等高线所切割的原地形等高线方向正好相反（图 1-14）。

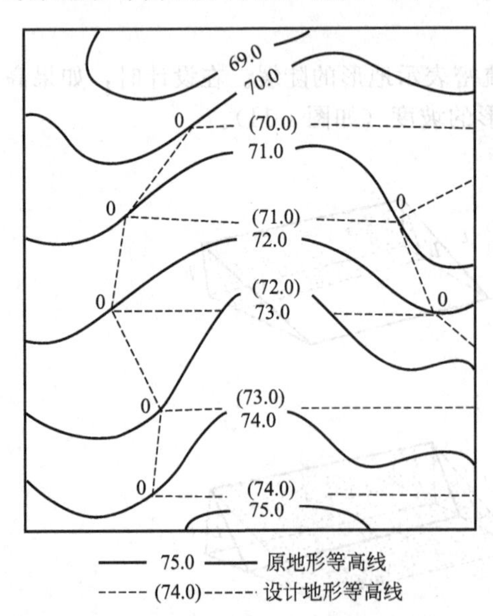

图 1-14　削平山脊等高线设计

（4）平整场地　场地平整是将需进行施工范围内的自然地面，通过人工或机械挖填平整改造成为设计所需要的平面，以利现场平面布置和文明施工。在工程总承包施工中，“三通一平”（水通、路通、电力电信通、平整场地）工作常常由施工单位来实施，因此场地平整也成为工程开工前的一项重要内容。

园林中的场地包括铺装的广场、建筑地坪及各种文体活动场地和较平缓的种植地段，如草坪、较宽的种植带等。非铺装场地对坡度要求不那么严格，目的是垫洼平凸，将坡度理顺，而地表坡度则任其自然起伏，排水通畅即可。铺装地面的坡度则要求严格，坡面要求平直（即同一坡度的坡面）（图 1-15）。

（5）道路、广场设计等高线的计算和绘制　道路、广场的平面位置，纵、横坡度，转折点的位置及标高经设计确定后，便可按坡度公式确定设计等高线在图面上的位置、间距等，并处理好它与周围地形的竖向关系。

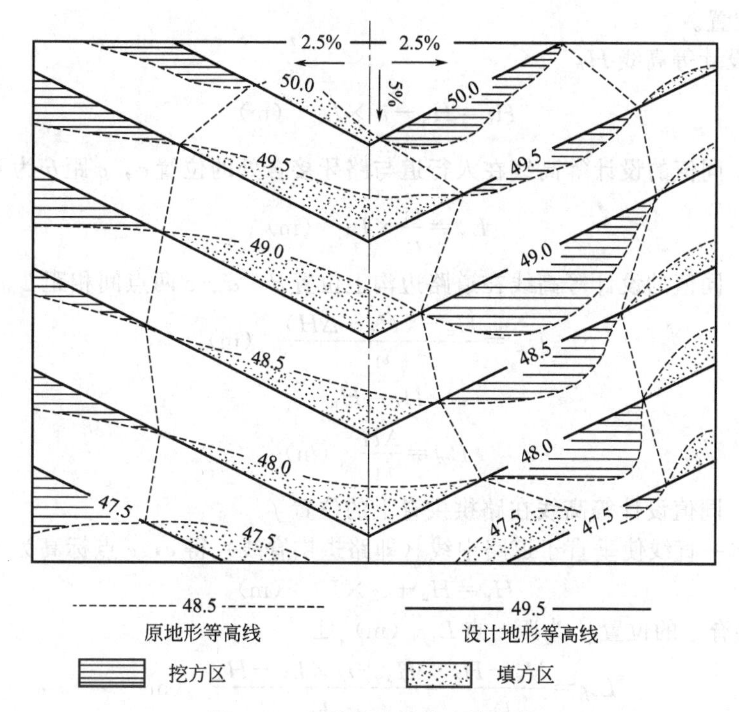

图 1-15　平整场地的等高线设计

绘制道路设计等高线的方法，以图 1-16 为例。

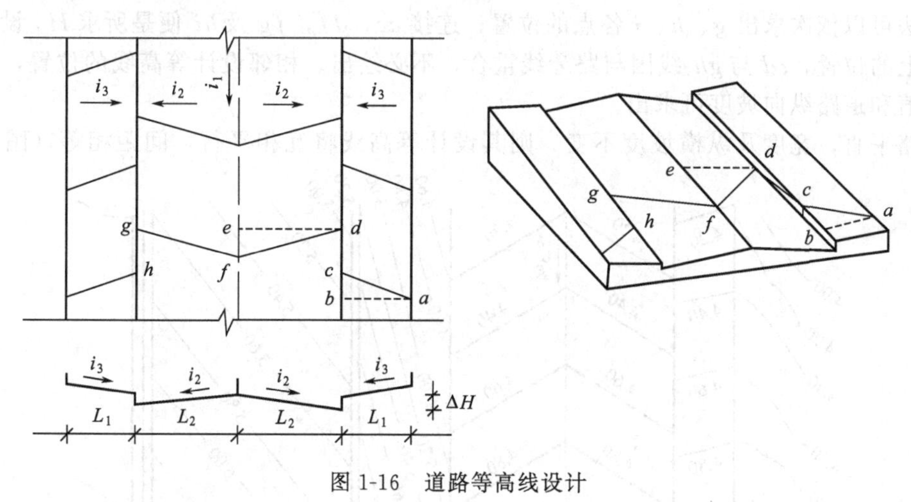

图 1-16　道路等高线设计

图中　ΔH——路牙高度，m；

i_1——道路纵坡，%；

i_2——道路横坡，%；

i_3——人行道横坡，%；

L_1——人行道宽度，m；

L_2——道路中线至路牙的宽度，m。

依据道路所设计的纵、横坡度及坡向、道路宽度、路拱形状及路牙高度、排水要求等，用坡度公式求取设计等高线的位置。

设 a 点地面的标高为 H_a，H_a 也是该点的设计标高，求与 H_a 同值的设计等高线在道路和人行道上的位置。

① 求 b 点设计等高线 H_b

$$H_b = H_a - i_3 \times L_1 \quad (\mathrm{m})$$

② 求与 H_a 同值的设计等高线在人行道与路牙接合处的位置 c，c 距 b 为 L_{bc}（m）

$$L_{bc} = \frac{i_3}{i_1} \times L_1 \quad (\mathrm{m})$$

③ 求与 H_a 同值的设计等高线在道路边沟上位置 d，d、c 两点间相距 L_{cd}（m）

$$L_{cd} = \frac{H_a - (H_c - \Delta H)}{i_1} \quad (\mathrm{m})$$

$\because$ $$H_c = H_a$$

$\therefore$ $$L_{cd} = \frac{\Delta H}{i_1} \quad (\mathrm{m})$$

④ 求与 H_a 同值设计等高线在路拱拱脊上的位置 f

先过 d 点作一直线使垂直于道路中线（即路拱拱脊线）得 e，e 点标高为

$$H_e = H_a + i_2 \times L_2 \quad (\mathrm{m})$$

则 H_a 在拱脊上的位置 f 为距 e 点 L_{ef}（m）处

$$L_{ef} = \frac{H_e - H_a}{i_1} = \frac{H_a + i_2 \times L_2 - H_a}{i_1} \quad (\mathrm{m})$$

$$= \frac{i_2}{i_1} \times L_2 \quad (\mathrm{m})$$

同法可以依次求出 g、h、i 各点的位置；连接 ac，df，fg 及 hi 便是所求 H_a 设计等高线在图上的位置，cd 与 gh 线因与路牙线重合，不必绘出。相邻设计等高线的位置，依据其等高差值和道路纵向坡度可求出。

道路平直，宽度及纵横坡度不变，则其设计等高线将互相平行，间距相等（图 1-17）。

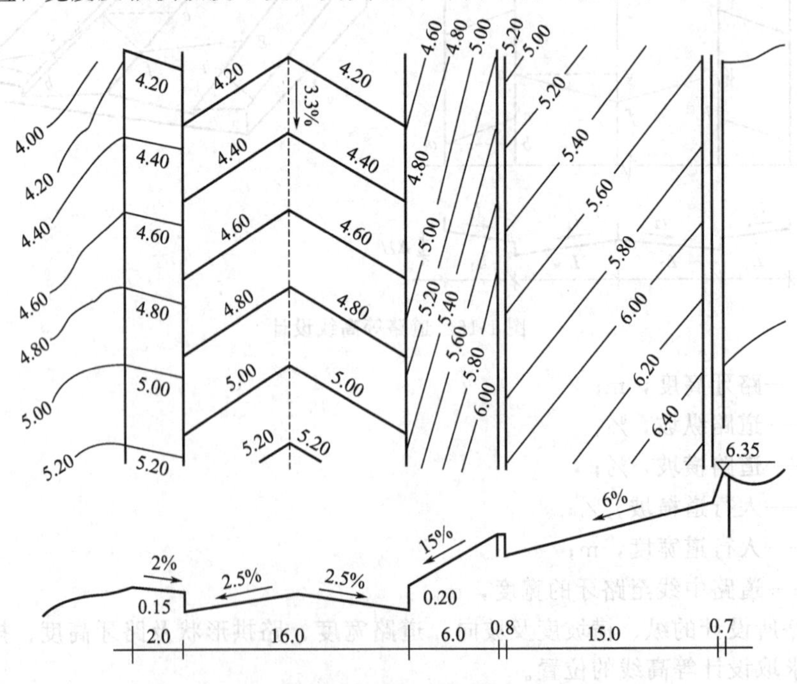

图 1-17　道路、坡地设计等高线

道路设计等高线也会因道路转弯、坡度起伏等变化而相应变化。从图 1-17 还可以看出道路的纵坡坡度不变（图中均为 3.3%）而横坡不同（图中车道为 2.5%、人行道为 2%、上部为 6%、草坪为 15%）时，等高线的密度不同，坡度越陡等高线密度越大，反之亦然。

实际上，大多数道路的路拱为曲线，路面上的等高线也为曲线而不是直线和折线。曲线等高线应按实际勾画（图 1-18）。同时，道路设计等高线也会同道路弯曲、弯坡、交叉等情况相应变化。

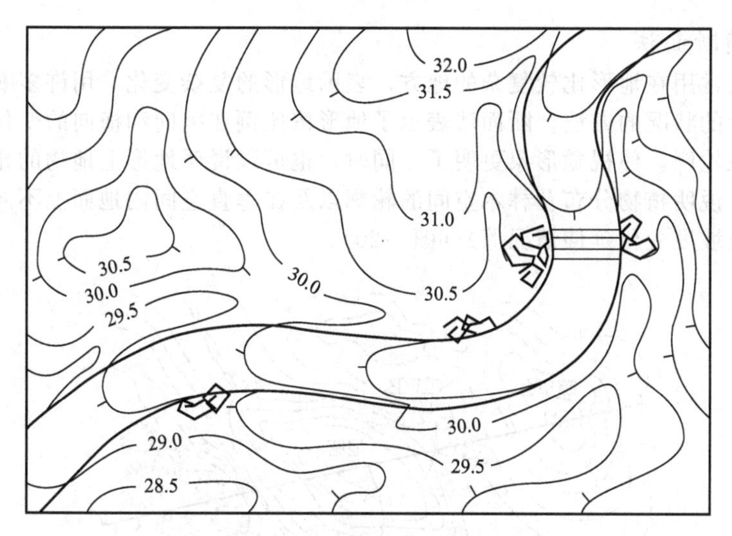

图 1-18　坡道的等高线设计

广场等高线的设计关键在于广场等高线脊线的确定，而脊线的确定与广场排水坡度的划分有极大的关系。因此，综合分析广场的环境条件，处理好广场的排水方式，从而在单坡、双坡广场或四面坡广场中选择，再进行等高线设计（图 1-19）。

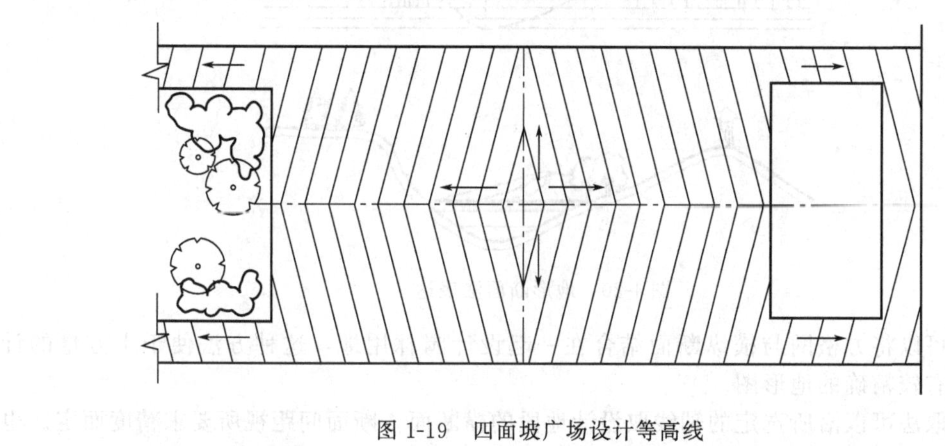

图 1-19　四面坡广场设计等高线

（二）重点高程坡向标注法

在平面地形图上，往往将图中某些特殊点（园路交叉点、建筑物的转角基底地坪、园桥顶点、涵闸出口处等）用十字或圆点或水平三角标记符号来标明高程，用细线小箭头来表示地形从高至低的排水方向，这种箭头标注又叫流水分析法。应用重点高程坡向标注法，能够快速判断设计地段的自然地貌与规划总平面地形的关系。它借助于水从高处流向低处的自然特性，在地图上用细线小箭头表示人工改变地貌时大致的地形变化情况，表示对地面坡向的具体处理情况，并且比较直观地表明了不同地段、不同坡面地表水的排除方向，反映出对地面排水的组织情况。它还根据等高线所指示的地面高程，大致判断和确定园路路口中心点的设计标高和园林建筑室内地坪的设计标高。

这种方法的特点是：对地面坡向变化情况的表达比较直观，容易理解；设计工作量小，图纸易于修改和变动，绘制图纸的过程比较快，是目前施工图的重要组成部分。其缺点则是：对地形竖向变化的表达比较粗略，在确定标高的时候要有综合处理竖向关系的工作经验。也可在地貌变化复杂时，作为一种指导性的地形设计方法。

（三）纵横断面法

纵横断面法常用在地形比较复杂的地方，表示地形的复杂变化。用许多断面表达设计地形以及原有地形的状况的方法。断面法表示了地形按比例在纵向和横向的变化。此种方法可以表达实际形象轮廓，使视觉形象更明了。同时，也可以说明地形上地物的相对位置和室内外标高的关系；说明植物分布及林木空间的轮廓以及在垂直空间内地面上不同界面的处置效果（如水体岸坡坡度变化延伸情况等）（图 1-20）。

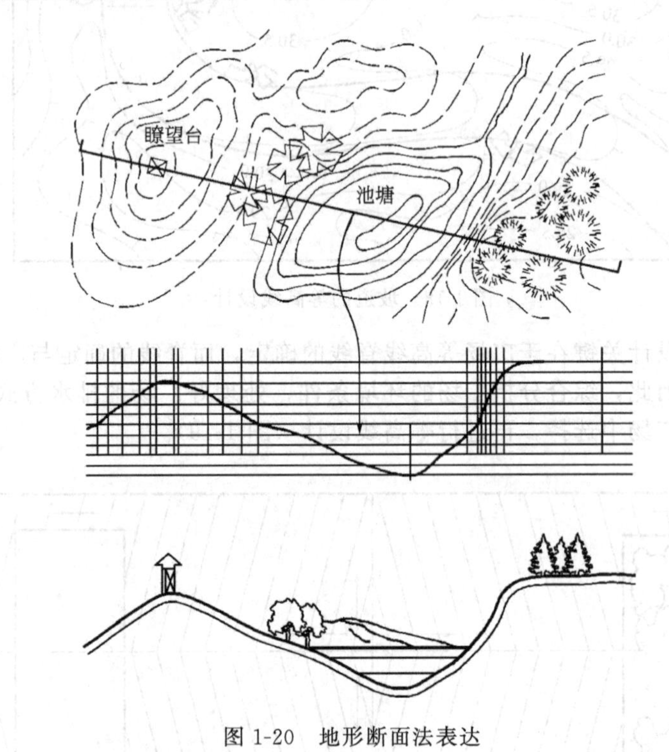

图 1-20　地形断面法表达

另外还可以将方格网与横纵断面结合在一起设计园林用地，这种方法便于土方量的计算，首先要有较精确的地形图。

断面的取法可以沿所选定的轴线取设计地段的横断面，断面间距视所要求精度而定。也可以在地形图上绘制方格网，方格边长可依设计精度确定，设计方法是在每一方格角点上，求出原地形标高，再根据设计意图求取该点的设计标高。对各角点的原地形标高和设计标高进行比较，求得各点的施工标高，依据施工标高沿方格网的边线绘制出断面图，沿方格网长轴方向绘制的断面图叫纵断面图，沿其短轴方向绘制的断面图叫横断面图。

采用纵横断面法的具体方法步骤如下所述。

(1) 绘制地形方格网　根据竖向设计所要求的精度和规划平面图的比例，在所设计区域的地形图上绘制方网格，方格的大小采用 10m×10m、20m×20m、30m×30m 等。设计精度高方格网就小一些；反之，方格网则大一些。图纸比例为 1∶200～1∶500 时，方格网尺寸较小；比例为 1：1000～1：2000 时，采用的方格网尺寸比较大。

（2）根据地形图中的自然等高线，用插入法求出方格网交叉点的自然标高。

插入法求标高公式如下：

$$H_x = H_a \pm \frac{xh}{L}$$

式中 H_x——角点原地形标高，m；

H_a——位于低边的等高线高程，m；

x——角点至低边等高线的距离，m；

h——等高距，m；

L——相邻两等高线间最短距离，m。

插入法求高程通常会遇到三种情况，见图 1-21。

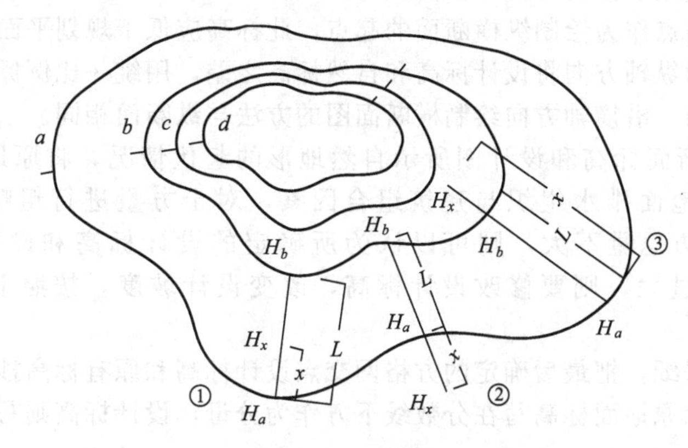

(a) 三点间平面关系

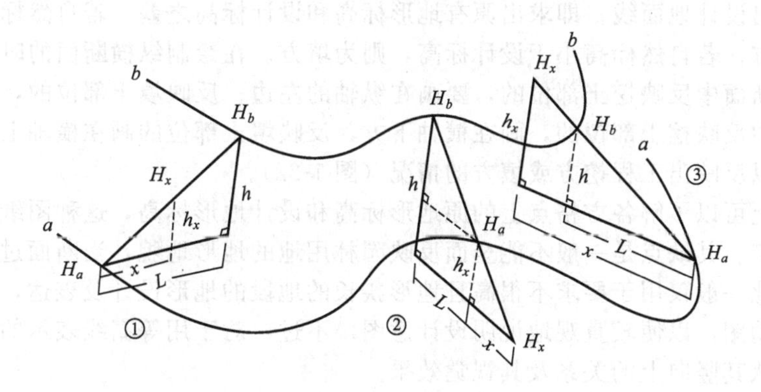

(b) 三点间竖向关系

图 1-21 插入法求任意点高程图示

① 待求点标高 H_x 在二等高线之间（图 1-21①）。

$$h_x : h = x : L \quad h_x = \frac{xh}{L}$$

$$H_x = H_a + \frac{xh}{L} \tag{1-2}$$

② 待求点标高 H_x 在低边等高线 H_a 的下方（图 1-21②）。

$$h_x : h = x : L \quad h_x = \frac{xh}{L}$$

$$H_x = H_a - \frac{xh}{L} \tag{1-3}$$

③ 待求点标高 H_x 在高边等高线 H_b 的上方（图 1-21③）。

$$h_x : h = x : L \quad h_x = \frac{xh}{L}$$

$$H_x = H_a + \frac{xh}{L} \tag{1-4}$$

(3) 按照自然标高情况，确定地面的设计坡度和方格网每一交点的设计标高，并在每一方格交点上注明自然地形标高和设计标高。

(4) 选定一标高点作为绘制纵横断面的起点，此标高应低于规划平面图中所有的自然标高。然后，在方格网纵轴方向将设计标高和自然标高之差，用统一比例标明，并将它们用线连接起来形成纵断面。沿横轴方向绘制横断面图的方法与纵断面相同。

(5) 根据纵横断面标高和设计图所示自然地形的起伏情况，将原地面标高和设计标高逐一比较，考虑地面排水组织与建筑组合因素，对土方量进行粗略的平衡。土方平衡中，若填、挖土方总量不大，则可以认为所确定的设计标高和设计坡度是恰当的。若填、挖土方总量过大，则要修改设计标高，改变设计坡度，按照上述方法重新绘制竖向设计图。

(6) 另外用一张纸，把最后确定的方格网交点设计标高和原有标高抄绘下来，标高标注方式是采用分数式，原地面标高写在分数线下方作为分母，设计标高则写在分数线上方，作为分子。

(7) 绘制出设计地面线，即求出原有地形标高和设计标高之差。若自然标高仍大于设计标高，则为挖方；若自然标高小于设计标高，则为填方。在绘制纵横断面的时候，一般习惯的画法是：纵断面中反映挖土部位的，要画在纵轴的左边；反映填土部位的，要画在纵轴的右边。横断面中反映挖土部位的，画在横轴下方，反映填土部位的画在横轴上方。纵横断面画出后，就可以反映出工程挖方或填方的情况（图 1-22）。

从断面图上可以了解各方格点上的原地形标高和设计地形标高，这种图纸便于土方量计算，也方便施工。其缺点是一般不能全面反映园林用地的地形地貌，当断面过多时既烦琐又容易混淆。因此一般仅用于要求不很高且地形狭长的地段的地形设计及表达，或将其作为设计等高线的辅助图，以便较直观地说明设计意图。不过，对于用等高线表示的设计地形借助断面图可以确认其竖向上的关系及其视觉效果。

（四）模型法

采用泥土、沙、泡沫等材料制作成缩小的模型法。本法可以直观地形地貌的形象，具有三维空间表现力，适宜于表现起伏较大的地形，可以在地形规划阶段斟酌地形规划方案。但模型的制作费工费时，并且不易搬动。如需保存，还需要专门的放置场所。

（五）计算机绘图法

通过现有的一系列计算机绘图软件，可以建立和原地形地表形状相一致的电子模型，同样，也可以建立地形改造后的设计地形电子模型，对于设计师来说可以在屏幕上从任意视角来观察和体验地形的三维形态，甚至可以制作成多媒体动画，从而可以连续地、实时地得到地形变化的印象，并据此对设计地形做出进一步调整。

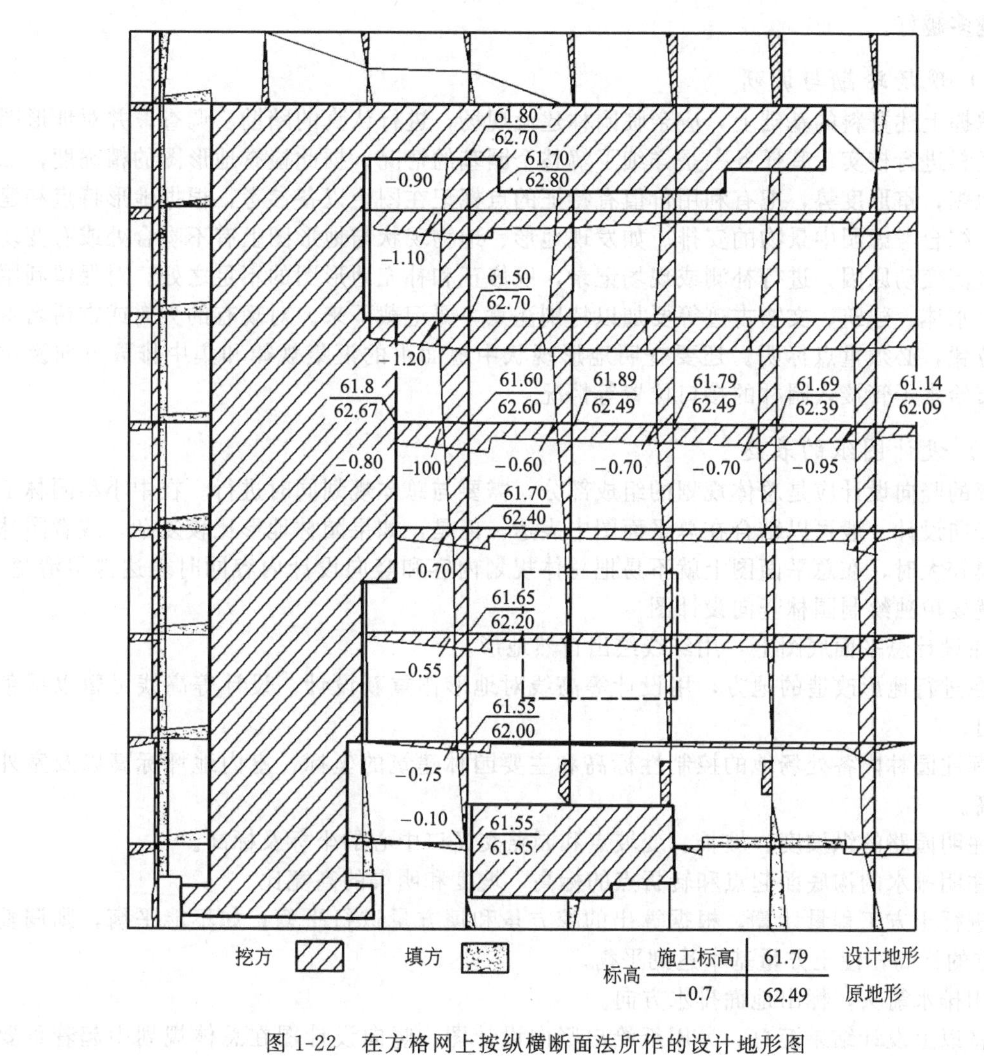

图 1-22 在方格网上按纵横断面法所作的设计地形图

四、地形设计阶段

园林地形设计是一项细致而烦琐的工作，设计和调整、修改的工作量都很大。一般经过以下一些设计步骤。

（一）资料的收集

在创作园林地貌以前要搜集有关资料，如原地形图、园基周围规划等图纸以及水文、土壤、气象等资料。

1. 全园用地及附近地区的地形图，比例 1∶500 或 1∶1000，这是竖向设计最基本的设计资料，必须收集到，不能缺少。

2. 当地水文地质、气象、土壤、植物等的现状和历史资料。

3. 城市规划对该园林用地及附近地区的规划资料，市政建设及其地下管线资料。

4. 园林总体规划初步方案及规划所依据的基础资料。

5. 所在地区的园林施工队伍状况和施工技术水平、劳动力素质与施工机械化程度等方面的参考材料。

地形设计资料的收集原则是：关键资料必须齐备，技术支持资料要尽量齐备，相关的参考资料越多越好。

（二）现场踏勘与调研

在掌握上述资料的基础上，应亲临园林建设现场，进行认真的踏勘、调查，并对地形图等关键资料进行核实。其任务一是详细了解整个园基的情况，据此检查地形图的精确度；二是观察地貌，审形度势，把有利用价值有特征的点标记在图上以备参考，根据地形特点和建园要求，综合考虑园中景物的安排。如发现地形、地物现状与地形图上有不吻合处或有变动处，要搞清变动原因，进行补测或现场记录，以修正和补充地形图的不足之处。对保留利用的地形、水体、建筑、文物古迹等要加以特别注意，要记载下来。对现有的大树或古树名木的具体位置，必须重点标明。还要查明地形现状中地面水的汇集规律和集中排放方向及位置，城市给水干管接入园林的接口位置等情况。

（三）设计图纸的表达

地形的竖向设计应是总体规划的组成部分，需要与总体规划同时进行。在中小型园林工程中，竖向设计一般可以结合在总平面图中表达。但是，如果园林地形比较复杂，或者园林工程规模较大时，在总平面图上就不易把总体规划内容和竖向设计内容同时表达得很清楚。因此，就要单独绘制园林竖向设计图。

1. 在设计总平面底图上，用红线绘出自然地形。

2. 在进行地形改造的地方，用设计等高线对地形作重新设计，设计等高线可暂以绿色线条绘出。

3. 标注园林内各处场地的控制性标高和主要园林建筑的坐标、室内地坪标高以及室外整平标高。

4. 注明园路的纵坡度、坡长、变坡点和园路交叉口中心的坐标及标高。

5. 注明排水的沟底面起点和转折点的标高、坡度和明渠的高宽比。

6. 进行土方工程量计算，根据算出的挖方量和填方量进行平衡；如不能平衡，则调整部分地方的标高，使土方量基本达到平衡。

7. 用排水箭头，标出地面排水方向。

8. 将以上设计结果汇总，另用纸绘出竖向设计图。竖向设计图在总体规划中起着重要作用，它的绘制必须规范、准确、详尽。绘制竖向设计的要求如下。

（1）绘图比例及等高距　平面图比例尺选择与总平面图相同。等高距（两条相邻等高线之间的高程差）根据地形起伏变化大小及绘图比例选定，绘图比例为 1∶200、1∶500、1∶1000 时，等高距分别为 0.2m、0.5m、1m。

（2）地形现状及等高线　地形设计采用等高线等方法绘制于图面上，并标注其设计高程。设计等高线的等高距应与地形图相同。如果图纸经过放大，则应按放大后的图纸比例，选用合适的等高距。一般可用的等高距在 0.25～1.0m 之间，设计地形等高线用细实线绘制，原地形等高线用细虚线绘制。等高线上应标注高程，高程数字处等高线应断开，高程数字的字头应朝向山头，数字要排列整齐。假设周围平整地面高程定为 0.00，高于地面为正，数字前“＋”号省略；低于地面为负，数字前应注写“－”号。高程单位为 m，要求保留两位小数。

（3）图纸内容　用国家颁布的《总图制图标准》（GBJ 103—1987）所规定的图例，表明园林各项工程平面位置的详细标高，如建筑物、绿化、园路、广场、沟渠的控制标高等，并要表示坡面排水走向。作土方施工用的图纸，则要注明进行土方施工各点的原地形标高与设计标高，标明填方区和挖方区，编制出土方调配表。

① 园林建筑及小品　按比例采用中实线绘制其外轮廓线，并标注出室内首层地面标高。

② 水体　标注出水体驳岸岸顶高程、常水水位及池底高程。湖底为缓坡时，用细实线绘出湖底等高线并标注高程。若湖底为平面时，用标高符号标注湖底高程。

③ 山石　用标高符号标注各山顶处的标高。

④ 排水及管道　地下管道或构筑物用粗虚线绘制，并用单箭头标注出规划区域内的排水方向。

为使图形清楚起见，竖向设计图中通常不绘制园林植物。

9. 根据表达需要，在重点区域、坡度变化复杂的地段，还应绘出设计剖面图或施工断面图，以便直观地表达该剖面上竖向变化情况，反映标高变化和设计意图，以方便施工（图1-23）。

10. 编制出正式的土方估算表和土方工程预算表。

11. 将图、表不能表达出的设计要求、设计目的及施工注意事项等需要说明的内容，编定成竖向设计说明书，以供施工参考。

12. 在园林地形的竖向设计中，如何减少土方的工程量，节约投资和缩短工期，这对整个园林工程具有很重要的意义。因此，对土方施工工程量应该进行必要的计算，同时还须提高工作的效率，保证工程质量。

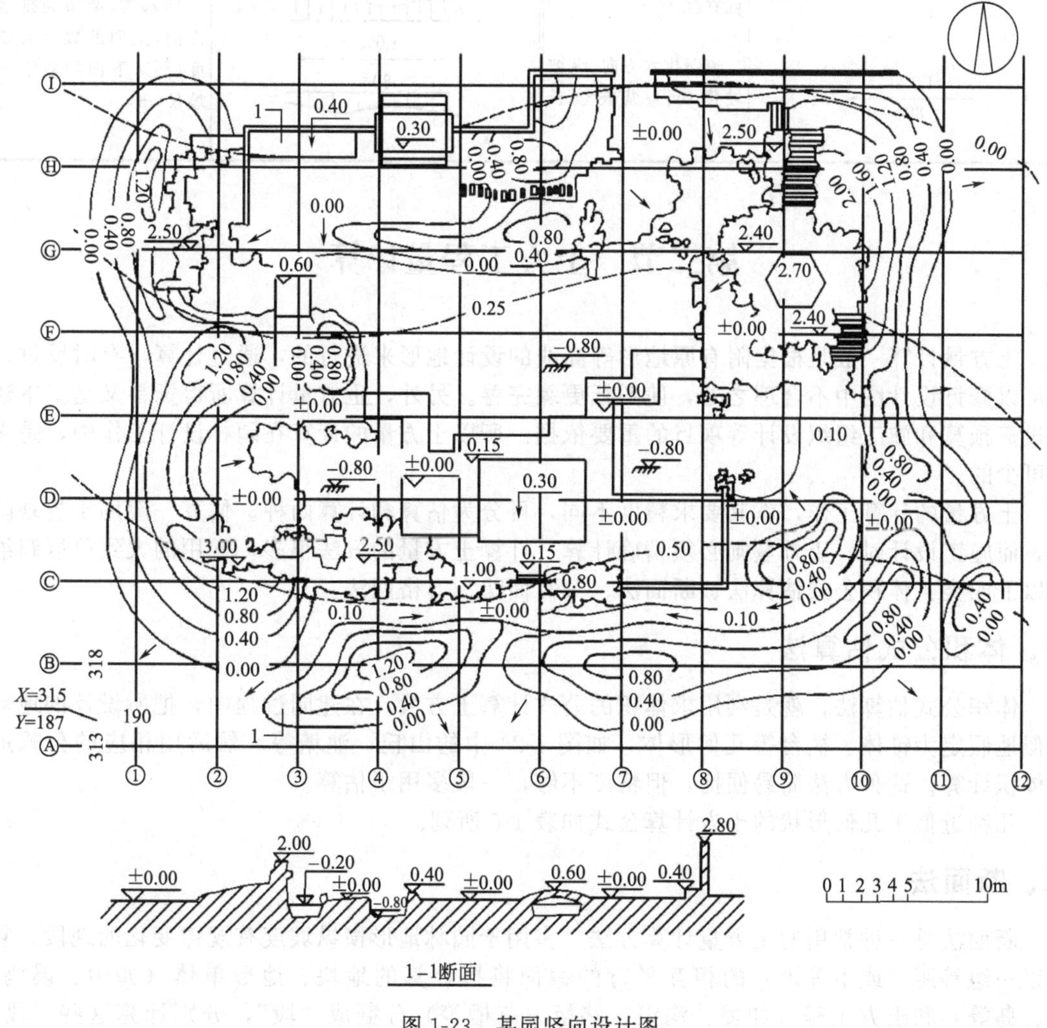

图 1-23　某园竖向设计图

（四）竖向设计图例

竖向设计要用规定的图例表达，见表 1-5。

表 1-5　竖向设计图例

图　例	内　容	图　例	内　容
30.00	原地形等高线及高程(m)	→	边坡、地面排水方向
30.10	设计地形等高线及高程(m)	+0.75　36.85 36.10	施工标高（左上角），设计标高（右上角），原地形标高（右下角）
30.20	室内地坪设计标高(m)	+16	挖方格网计算的土方量(m^3)，“+”为填方，“-”为挖方
30.60	总平面图室外地坪设计标高(m)		挡土墙（被挡土在突出的一面）
24.10	道路交叉点、控制点标高(m)	1.0% 80	排水沟，箭头为排水方向，上面的数字为坡度(%)，下面的数字为坡长(m)
1.0% 80	道路排水方向、纵坡坡度(%)/纵坡坡长(m)		

第二节　土方工程量计算

土方量计算一般是根据附有原地形等高线的设计地形来进行的，通过计算，有时反过来又可以修订设计图中不合理之处，使图纸更臻完善。另外，土方量计算所得资料又是基本建设投资预算和施工组织设计等项目的重要依据。所以土方量的计算在园林设计工作中，是必不可少的。

土方量的计算工作，就其要求精度不同，可分为估算和计算两种。估算一般用于规划阶段，而施工设计时，土方量则必须精确计算。计算土方量的方法很多，常用的大致可以归纳为以下四类：体积公式估算法、断面法、等高面法、方格网法。

一、体积公式估算法

体积公式估算法，就是利用求体积的公式计算土方量。在建园过程中，把所设计的地形近似地假定为锥体、棱台等几何形体，如图 1-24 中的山丘、池塘等。然后用相应的公式进行体积计算。这种方法简易便捷，但精度不够，一般多用于估算。

几种近似于几何形状的土方计算公式如表 1-6 所列。

二、断面法

断面法是一种常用的土方量计算方法，多用于园林地形横纵坡度有规律变化的地段。它是以一组等距（或不等距）的相互平行的截面将拟计算的地块、地形单体（如山、溪涧、池、岛等）和土方工程（如堤、沟渠、路堑、路槽等）分截成“段”，分别计算这些“段”的体积，再将各段体积累加，以求得该计算对象的总土方量。

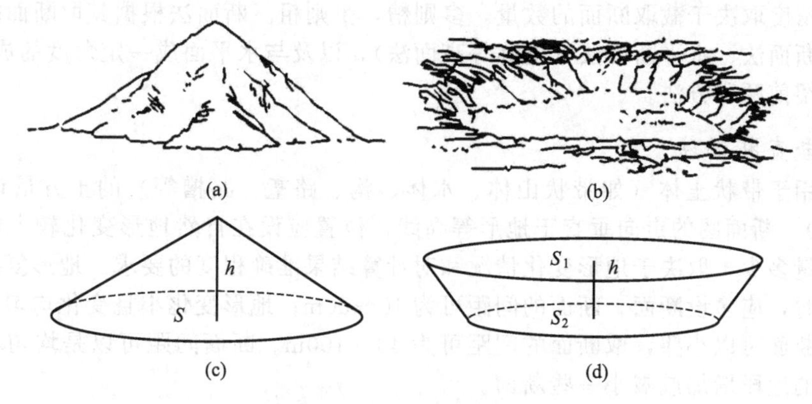

图 1-24　套用近似的规则图形计算土方量

表 1-6　几何体体积公式

序号	几何体名称	几何体形状	体　　积
1	圆锥		$V=\frac{1}{3}\pi r^2 h$
2	圆台		$V=\frac{1}{3}\pi h({r_1}^2+{r_2}^2+r_1 r_2)$
3	棱锥		$V=\frac{1}{3}Sh$
4	棱台		$V=\frac{1}{3}h(S_1+S_2+\sqrt{S_1 S_2})$
5	球缺		$V=\frac{\pi h}{6}(h^2+3r^2)$

注：V——体积；r——半径；S——底面积；h——高；r_1、r_2——分别为上、下底半径；S_1、S_2——分别为上、下底面积。

其计算公式如下：

$$V=\frac{S_1+S_2}{2}\times L \tag{1-5}$$

式中　S_1、S_2——两断面面积，m^2；

L——两断面间垂直距离，m。

此法的精度取决于截取断面的数量，多则精，少则粗。断面法根据其取断面的方向不同可分为垂直断面法、水平断面法（也称等高面法），以及与水平面成一定角度的成角断面法。这里主要介绍前两种方法。

（一）垂直断面法

此法适用于带状土体（如带状山体、水体、沟、路堑、路槽等）的土方量计算（图 1-25、图 1-26）。断面图的走向垂直于地形等高线，位置应设在自然地形变化较大的部位。所取断面的数量多少，取决于地形变化情况和对计算结果准确程度的要求。地形复杂，要求计算精度较高时，应多设断面，断面的间距可为 10～30m；地形变化小且变化均匀，要求做初步估算时，断面可以小些，取断面的间距可为 40～100m。断面间距可以是均匀相等的，也可在有特征的地段增加或减小一些断面。

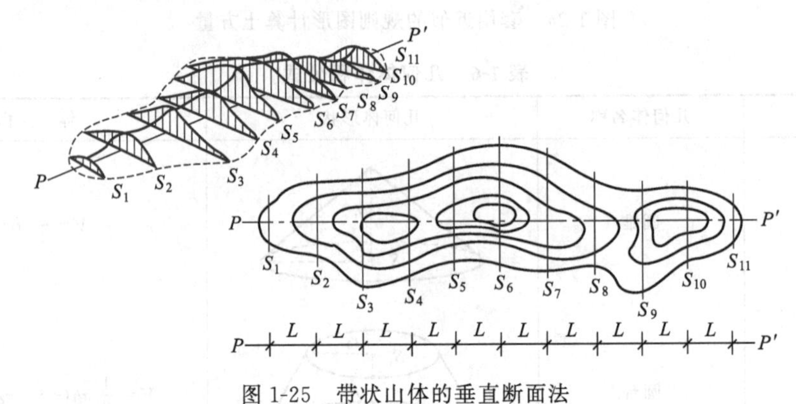

图 1-25　带状山体的垂直断面法

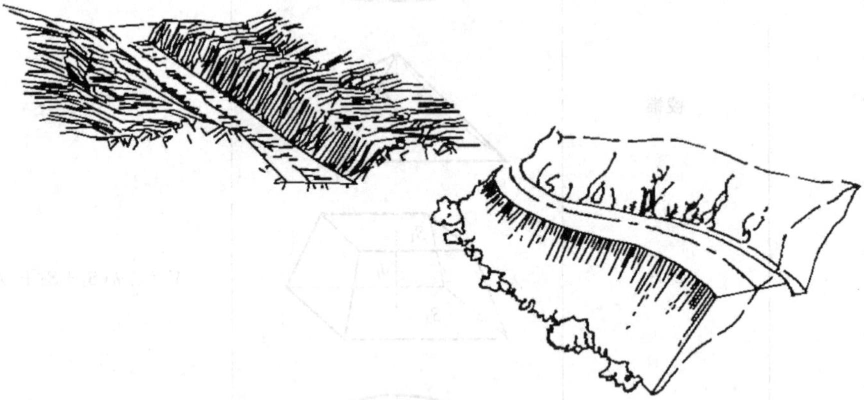

图 1-26　沟渠、路基

其计算公式为（1-5），但在 S_1 和 S_2 的面积相差较大时，计算结果误差较大。遇此情况，可改用以下公式计算：

$$V=\frac{1}{6}(S_1+S_2+4S_0) \tag{1-6}$$

式中，S_0 为中间断面面积，其求法有两种：

1. 用棱台中截面面积公式计算：

$$S_0=\frac{1}{4}(S_1+S_2+2\sqrt{S_1S_2}) \tag{1-7}$$

2. 用 S_1 与 S_2 各相应边的算术平均值求 S_0 的面积。

用垂直断面法求土方体积，比较烦琐的工作是断面面积的计算。断面面积的计算方法较多，对地形不规则的断面既可以用求积仪求其面积，也可以用“方格纸法”、“平行线法”或“割补法”等方法计算。

（二）水平断面法（等高面法）

在等高线处取断面的土方量计算方法，就是水平断面法，即等高面法。园林中多有自然山水式地形，地面变化情况较为复杂，但采用等高面法来计算土方量，还是要方便一些。

等高线是将地面上标高相同的点相连接而成的直线和曲线，它是假想的线，而实际上是不存在的。它是天然地形与一组有高程的水平面相交后，投影在平面图上绘出的迹线，是地形轮廓的反映。等高线具有线上各点标高相同，线不相交，总是闭合等特点。因此，利用等高线闭合形式的等高面作为土方计算断面，是比较方便而且也有一定精度的。

等高面法是在等高线处沿水平方向取断面（图 1-27），上下两层水平断面之间的高度差即为等高距值。等高面法与断面法基本相似，是由上底断面面积与下底断面面积的平均值乘以等高距，求得两层断面之间的土方量。这种方法的计算公式如下：

$$V=\frac{S_1+S_2}{2}\times h+\frac{S_2+S_3}{2}\times h+\cdots+\frac{S_{n-1}+S_n}{2}\times h+\frac{S_n h}{3}$$

$$=\left(\frac{S_1+S_n}{2}+S_2+S_3+S_4+\cdots+S_{n-1}\right)\times h+\frac{S_n h}{3} \quad (1\text{-}8)$$

式中　V——土方体积，m^3；

S_n——断面面积，m^2，$n=1，2，\cdots，n$；

n——断面数；

h——等高距，m。

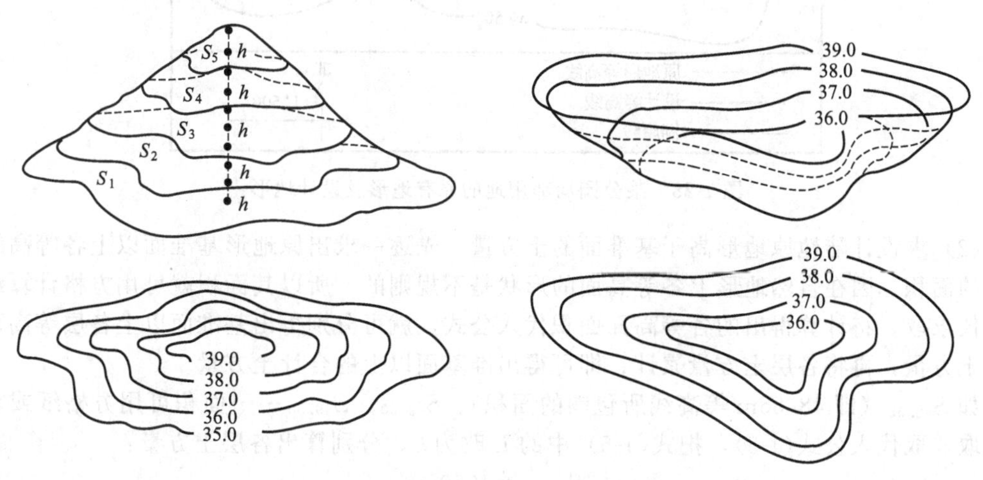

图 1-27　水平断面法

【例】某公园局部（为了便于说明，只取局部）地形过于低洼，不适于一般植物的生长和游人活动。现拟按设计水体挖掘线将低洼处挖成水生植物栽植池（常水位为 48.50m），挖出的土方加上自公园其他局部调运来的 $1000m^3$ 土方，适当将地面垫高，以适应一般乔灌木的生长要求，并在池边堆一座土丘（图 1-28），试计算其土方量。

计算步骤如下。

（1）先确定一个计算填方和挖方的交界面——基准面，基准面标高是取设计地面挖掘线范围内的原地形标高的平均值，本例的基准面标高为 48.55m。

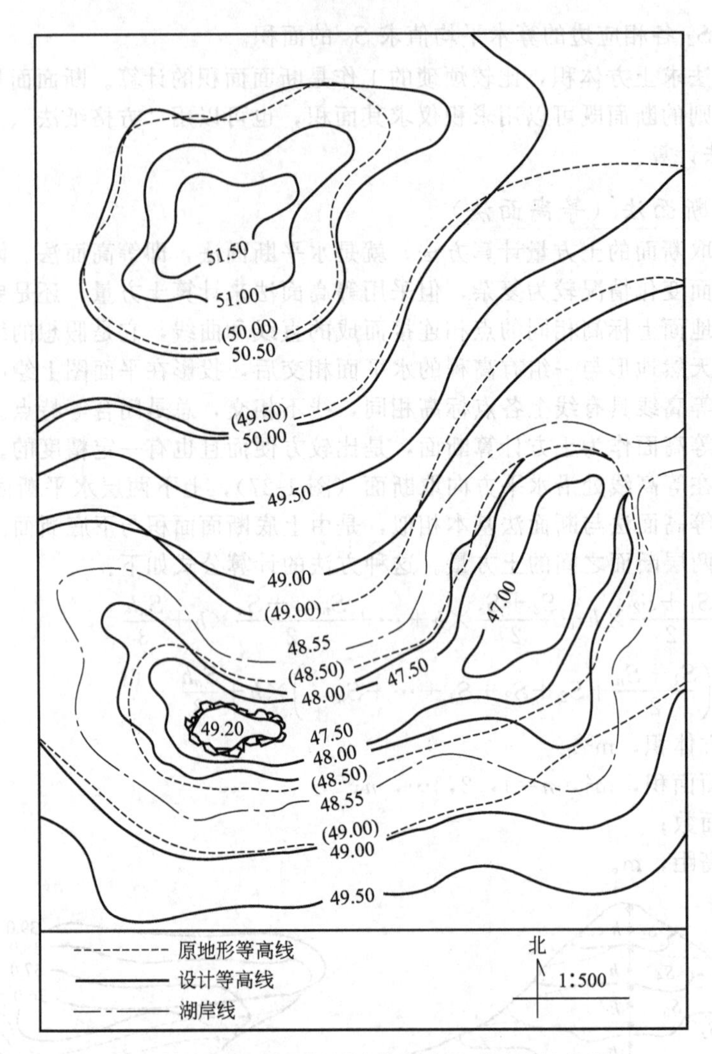

图 1-28　某公园局部用地的原有地形及设计地形

(2) 求设计陆地原地形高于基准面的土方量　先逐一求出原地形基准面以上各等高线所包围的面积。因在自然地形上各等高面的形状是不规则的，所以其面积就可用方格计算纸或求积仪求取。将计算得出的各等高面面积代入公式，就可分别得出基准面以上各层等高面之间的土方量，再将各层土方量累计；即可得出准基面以上的合计土方量。

如 $S_{48.55}$（即 48.55m 等高线所包围的面积）、$S_{49.00}$、$S_{49.50}$……面积可用方格纸或求积仪求取：取代入公式(1-5)，把式(1-5) 中的 L 改为 h，分别算出各层土方量：

$$S_{48.55}=4050\text{m}^2$$

$$S_{49.00}=2925\text{m}^2$$

$$h=49.00-48.55=0.45\text{m}$$

$$V_{48.55\sim49.00}=\frac{4050+2925}{2}\times0.45=1569.4\text{m}^2$$

$$V_{49.00\sim49.50}\cdots\cdots$$

以此类推，而后累计各层土方量即得。

(3) 求设计陆地土方量方法同上。

(4) 计算填方量　设计陆地土方量减去设计陆地原地形土方量即得。

(5) 求设计水体挖方量计算方法如下：

$$V_{挖}=AH-\frac{mH^2L}{2} \tag{1-9}$$

式中 A——基准面（标高 48.55m）范围内的面积，m^2；

H——最大挖深值，也可以取挖深平均值，m；

m——坡度系数；

L——岸坡的纵向长度，m。

本例中水生植物栽植池（图 1-29），测得其设计湖岸线包围的面积 $A\approx950m^2$；挖深 $H=48.55-47.00=1.55m$；坡度系数 $m\approx4$ 平均值；岸坡纵长 $L\approx150m$；代入公式(1-9)：

$$V_{挖}=950\times1.55-\frac{4(1.55)^2\times150}{2}\approx751.75m^3$$

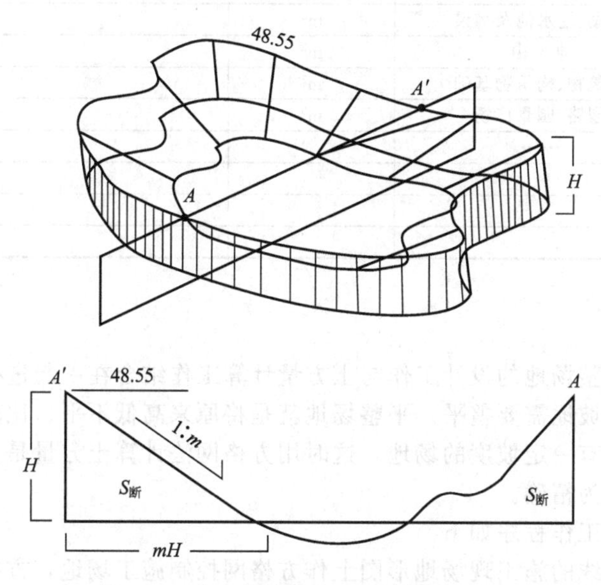

图 1-29 水生植物栽植池 A-A′断面示意

(6) 土方平衡 比较挖方总量与填方总量，令其相等或接近相等（允许有一定的误差，误差视精度的要求而定）。如果挖方与填方相差很大，应适当调整设计地形。但是计算中单纯追求数的绝对平衡是没有必要的，由于作为计算依据的地形图本身会存在一定的误差。除了土方的就地平衡，还要考虑在保证设计意图的前提下，如何尽可能减少动土量和不必要的搬运，这样做对于节约投资、缩短工期有很大的意义。

计算过程中，最好采用列表汇总的方法把计算结果随时记载下来，以免遗漏和重复，也便于检查、校核和汇总。计算汇总表的格式如表 1-7。

表 1-7 断面法土方计算表

断面编号	填方面积/m^2	挖方面积/m^2	断面间距	平均面积/m^2		土方体积/m^3	
				填方	挖方	填方	挖方
合计							

另外在进行土石方平衡时，除了考虑设计地形的土石方量以外，还要考虑各种园林设施如园路、管线工程的土石方开挖、各种地下构筑物、地下建筑物及有关设备的基础工程开挖的土石方量等。由于在初步土石方平衡时还不可能取得其他工程有关土石方的较准确的资料，所以，其他工程的土石方工程量可采取估算的方法取得。例如：园林建筑物的地下工程挖方量可用每平方米建筑占地面积估算；园路、场地的土石方量可根据路堑、路堤、放坡等具体情况来估算等。在初步平衡土石方时，管线工程的土石方量可以暂时不考虑。

园林中全部土石方量的平衡，可以采取列表的方式进行。表格的格式见表 1-8。

表 1-8　土石方平衡表

序号	土石方工程名称	单位	填方量	挖方量
1	挖湖、挖水池及沟渠	m^3		
2	堆土山	m^3		
3	建筑物、构筑物基础	m^3		
4	园路、园景广场	m^3		
5	……			
合计				
土壤松散系数增减量				
总计				

三、方格网法

方格网法是把平整场地的设计工作与土方量计算工作结合在一起进行的。园林中有许多各种用途的地坪，缓坡地需要整平。平整场地就是将原来高低不平、比较破碎的地形按设计要求整理为平坦的具有一定坡度的场地，这时用方格网法计算土方量是依据土方量计算方格网图进行的，结果较为精确。

方格网法的具体工作程序如下。

(1) 在附有等高线的施工现场地形图上作方格网控制施工场地，方格边长数值取决于所要求的计算精度和地形变化的复杂程度。在园林中一般用 20～40m。地形起伏较大地段，方格边长可采用 10～20m。在初步设计阶段，为提供设计方案比较的依据而进行的土方工程量估算，方格边长可放大到 50m。一般采用一种尺寸的方格网进行计算，但在地形变化较大或布置上有特殊要求处，可局部加密方格。

(2) 在地形图上用插入法求出各角点的原地形标高（或把方格网各角点测设到地面上，同时测出各角点的标高，并标记在图上），原地形标高数字填入方格网点的右下角（图 1-30）。

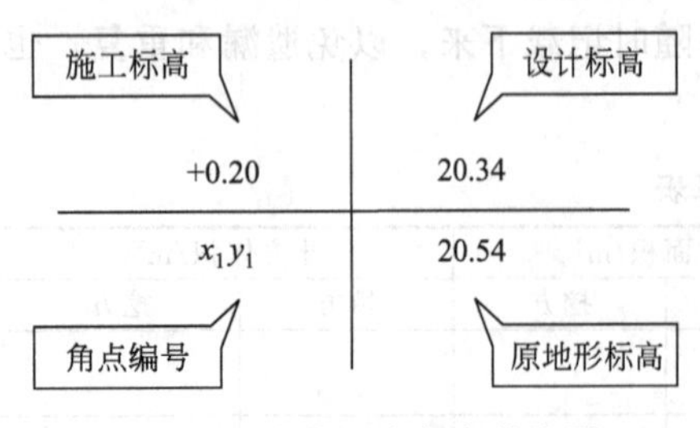

图 1-30　方格网点标高的注写

(3) 依设计意图（如：地面的形状、坡向、坡度值等）确定各角点的设计标高，设计标高数值填入方格网点的右上角（图 1-30）。

(4) 比较原地形标高和设计标高，求得施工标高。施工标高＝原地形标高－设计标高，得数为正（＋）数时表示挖方，得数为负（－）数时表示填方。施工标高数值应填入方格网点的左上角。有时为了计算方便，还可为每一方格网点编号，编号可填入网点的左下角（图 1-30）。

(5) 土方计算，其具体计算步骤和方法结合实例加以阐明。

【例】某公园广场土方量计算

某公园为了满足游人游园活动的需要，拟将这块地面平整为三坡向两坡面的“T”字形广场，要求广场具有1.5%的纵坡和2%的横坡，土方就地平衡，试求其设计标高并计算其土方量（图1-31）。

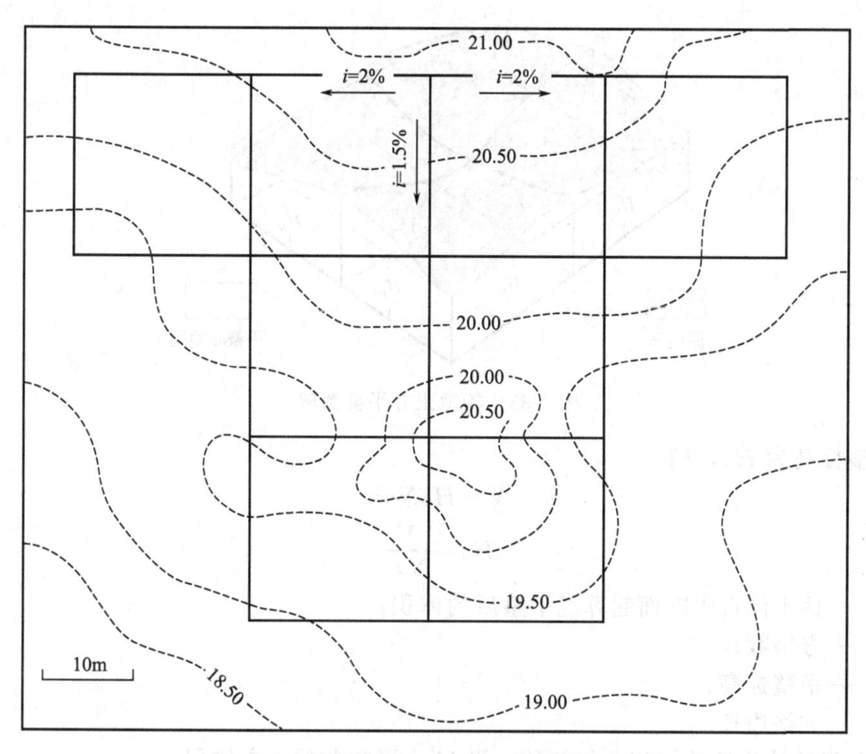

图1-31 某公园广场方格控制网

（一）作方格网

按正南北方向（或根据场地具体情况定）作边长为20m的方格控制网，将各方格角点测设到地面上，同时测量角点的地面标高并将标高值标记在图纸上，这就是该点的原地形标高，如果有较精确的地形图，可用插入法由图上直接求得各角点的原地形标高。

实例中角点1-1的原地形标高求法见图1-32，过1-1点作相邻两等高线间的距离最短的线段。用比例尺量得$L=12.6$m，$x=7.4$m，等高线等高差$h=0.5$m，代入公式(1-2)：

$$H_x=20.00+7.4\times0.5/12.6=20.29\text{m}$$

求点1-2的高程利用公式(1-4)。用最短直线连接1-2点及20.00，20.50等高线。由图上得$L=12.0$m，$x=13.0$m。

$$H_x=20.00+13\times0.5/12=20.54\text{m}$$

依次将其余各角点一一求出，并标写在图上。

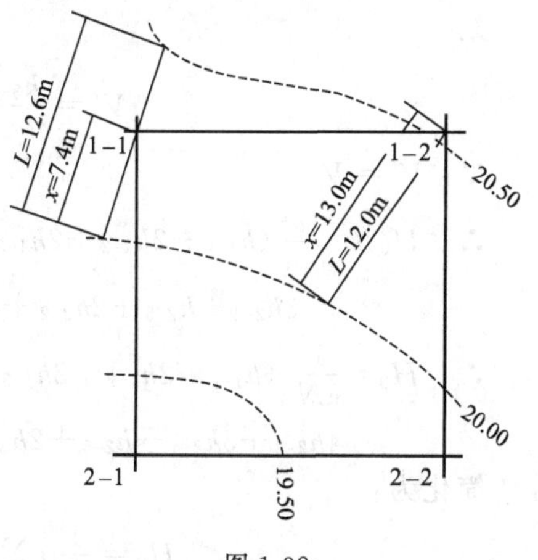

图1-32

（二）求平整标高

平整标高又叫设计标高。平整在土方工程中的含义就是把一块高低不平的地面在保证土方平衡的前提下，挖高垫低使地面成为水平的。这个水平地面的高程就是平整标高。设计工作中通常以原地面高程的平均值（算术平均或加权平均）作为平整标高。我们可以把这个标高理解为居于某一水准面之上凹凸不平的土体，经平整后使其表面成为水平的，经平整后的这块土体的高度就是平整标高，见图 1-33。

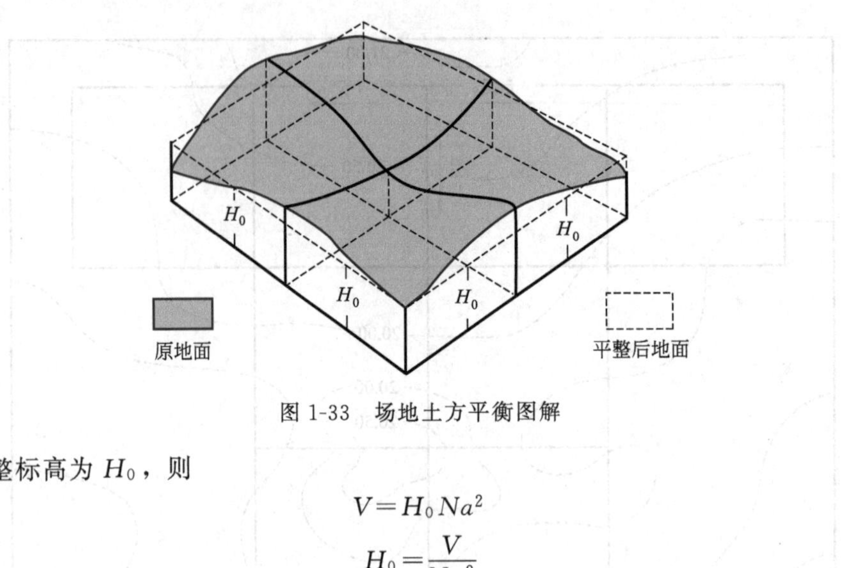

图 1-33 场地土方平衡图解

设平整标高为 H_0，则

$$V=H_0Na^2$$

$$H_0=\frac{V}{Na^2}$$

式中 V——该土体自水准面起算经平整后的体积；

N——方格数；

H_0——平整标高；

a——方格边长。

平整前后这块土体的体积是相等的。设 V' 为平整前的土方体积。

$V=V'$ 结合本实例则

$$V'=V'_1+V'_2+V'_3+V'_4+\cdots V'_8$$

$$V'_1=\frac{h_{1-1}+h_{1-2}+h_{2-1}+h_{2-2}}{4}\times a^2$$

$$V'_2=\frac{h_{1-2}+h_{1-3}+h_{2-2}+h_{2-3}}{4}\times a^2$$

...

$$V'_8=\frac{h_{3-3}+h_{3-4}+h_{4-3}+h_{4-4}}{4}\times a^2$$

$\because$ $V'=V$

$\therefore$ $H_0N_a^2=\frac{a^2}{4}(h_{1-1}+2h_{1-2}+2h_{1-3}+2h_{1-4}+h_{1-5}+h_{2-1}+3h_{2-2}+4h_{2-3}+3h_{2-4}+h_{2-5}+2h_{3-2}+4h_{3-3}+2h_{3-4}+h_{4-2}+2h_{4-3}+h_{4-4})$

$\therefore$ $H_0=\frac{1}{4N}(h_{1-1}+2h_{1-2}+2h_{1-3}+2h_{1-4}+h_{1-5}+h_{2-1}+3h_{2-2}+4h_{2-3}+3h_{2-4}+h_{2-5}+2h_{3-2}+4h_{3-3}+2h_{3-4}+h_{4-2}+2h_{4-3}+h_{4-4})$

简化为：

$$H_0=\frac{1}{4N}(\sum h_1+2\sum h_2+3\sum h_3+4\sum h_4) \tag{1-10}$$

式中 h_1——计算中使用一次的角点高程；

h_2——计算中使用二次的角点高程；

h_3——计算中使用三次的角点高程；

h_4——计算中使用四次的角点高程。

本例中：$\sum h_1 = h_{1\text{-}1} + h_{1\text{-}5} + h_{2\text{-}1} + h_{2\text{-}5} + h_{4\text{-}2} + h_{4\text{-}4}$

$= 20.29 + 20.23 + 19.37 + 19.64 + 18.79 + 19.32 = 117.64$

$2\sum h_2 = (h_{1\text{-}2} + h_{1\text{-}3} + h_{1\text{-}4} + h_{3\text{-}2} + h_{3\text{-}4} + h_{4\text{-}3}) \times 2$

$= (20.54 + 20.89 + 21.00 + 19.50 + 19.39 + 19.35) \times 2 = 241.34$

$3\sum h_3 = (h_{2\text{-}2} + h_{2\text{-}4}) \times 3$

$= (19.91 + 20.15) \times 3 = 120.18$

$4\sum h_4 = (h_{2\text{-}3} + h_{3\text{-}3}) \times 4$

$= (20.21 + 20.50) \times 4 = 162.84$

代入公式(1-10)，其中 $N=8$

$$H_0 = \frac{1}{4\times 8}(117.64 + 241.34 + 120.18 + 162.84) \approx 20.06\text{m}$$

(三) 确定设计标高

我们将图 1-31 所给的条件画成立体图，见图 1-34，图中 1－3 点最高，设其设计标高为 x，则依给定的坡向、坡度和方格边长，可以立即算出其他各角点的假定设计标高。以 4－2 为例，点 4－2 在点 4－3 的下坡，距离 $L=20\text{m}$，设计坡度 $i=2\%$，则点 4－2 和点 4－3 之间的高差为：

$$h = i \times L = 0.02 \times 20 = 0.4\text{m}$$

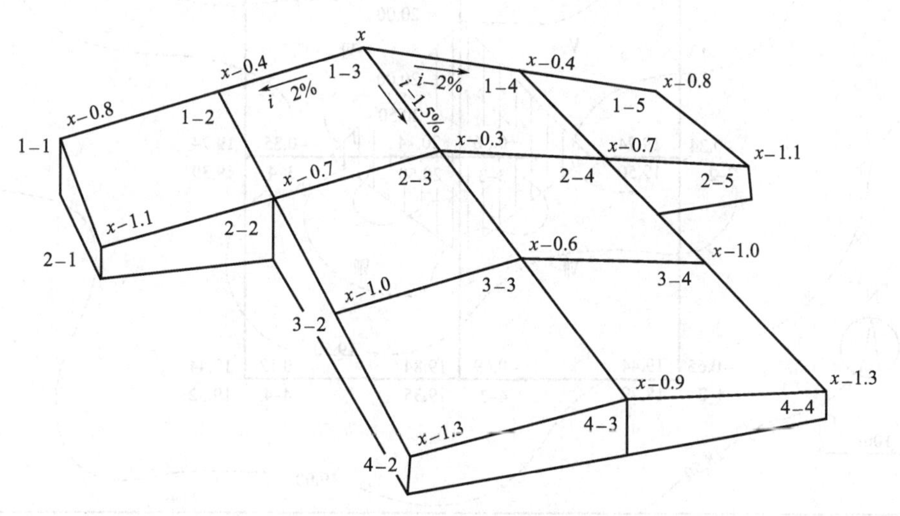

图 1-34　代入法求 H_0 的位置图示

所以点 4－2 的假定设计标高为 $x-0.4$m。而在纵向方向的点 2－3，因其设计纵坡坡度为 1.5%，所以该点低 0.3m，其假定设计标高应为 $x-0.3$m。依此类推，便可以将各角点的假定设计标高求出，见图 1-34。再将图中各角点假定标高值代入公式(1-10)。

$\sum h_1' = x-0.8 + x-0.8 + x-1.1 + x-1.1 + x-1.3 + x-1.3$

$= 6x - 6.4$

$2\sum h_2' = (x-0.4 + x + x-0.4 + x-1.0 + x-1.0 + x-0.9) \times 2$

$= 12x - 7.4$

$3\sum h_3' = (x-0.7 + x-0.7) \times 2$

$= 6x - 4.2$

$4\sum h_4' = (x-0.3 + x-0.6) \times 4$

$$=8x-3.6$$

$$H'_0=\frac{1}{4\times 8}(6x-6.4+12x-7.4+6x-4.2+8x-3.6)$$

$$=x-0.675$$

$\because$ $$H_0=H'_0, H_0=20.06\text{m}$$

$\therefore$ $$20.06=x-0.675$$

$$x=20.74\text{m}$$

求得点1—3的设计标高，就可依次将其他角点的设计标高求出（图1-35）。根据这些设计标高，求得的挖方量和填方量比较接近。

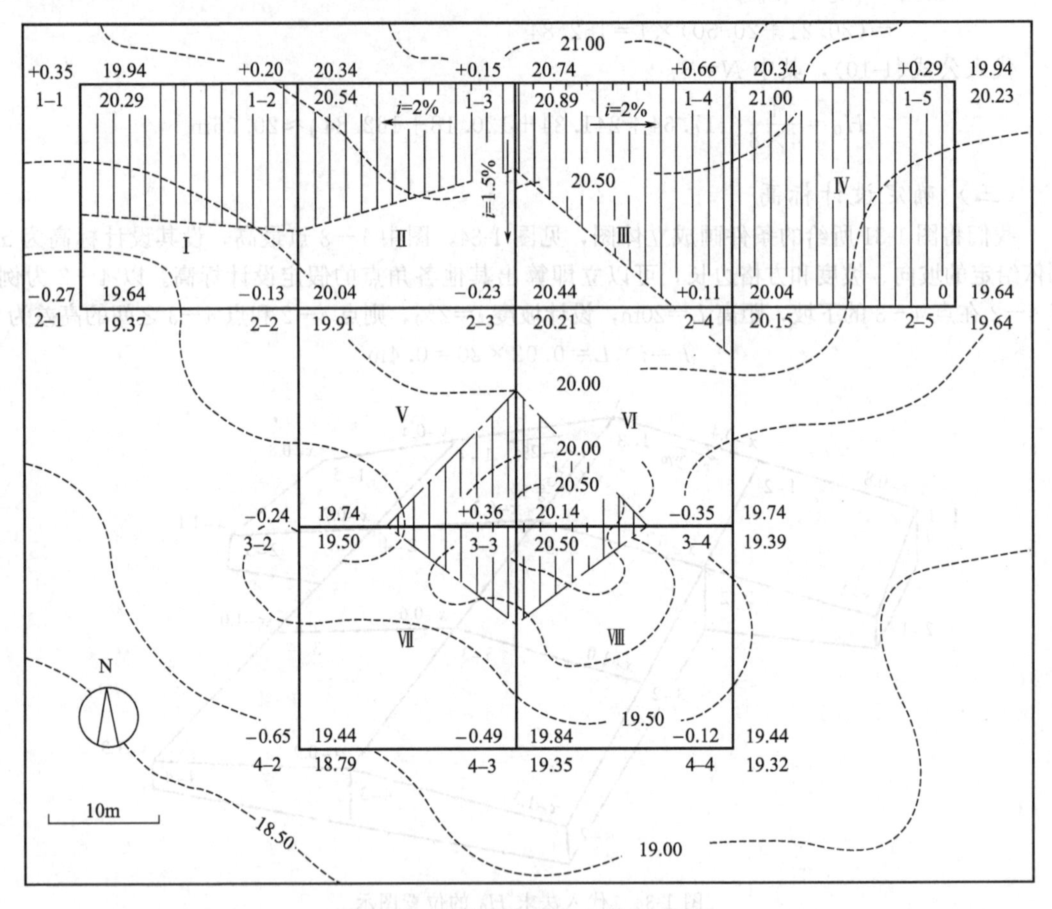

图1-35 某公园广场挖、填方区划图

（四）求施工标高

施工标高＝原地形标高－设计标高，得数“＋”号为挖方，“－”号为填方。

（五）求零点线

求出施工标高以后，如果在同一方格中既有填土又有挖土部分，就必须求出零点线。

零点就是既不挖土也不填土的点，是从填土转到挖土，或挖土转到填土的中间点。将零点互相连接起来的线就是零点线。零点线是挖方和填方区的分界线，它是土方计算的重要依据。

如图1-36，可以用以下公式求出零点：

$$x=\frac{h_1}{h_1+h_2}\times a \tag{1-11}$$

式中　x——零点距 h_1 一端的水平距离，m；

h_1、h_2——方格相邻两角点的施工标高绝对值，m；

a——方格边长，m。

确定零点的办法也可以用图解法，如图 1-37 所示。方法是用尺在各角点上标出挖填施工高度相应比例，用尺相连，与方格相交点即为零点位置。将相邻的零点连接起来，即为零线。它是确定方格中挖方与填方的分界线。

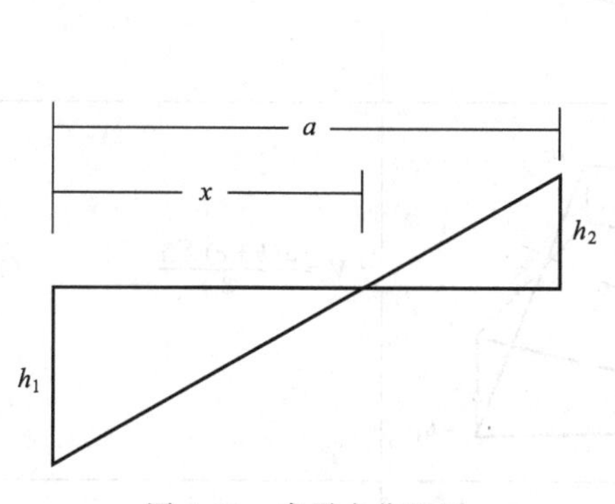

图 1-36　求零点位置图

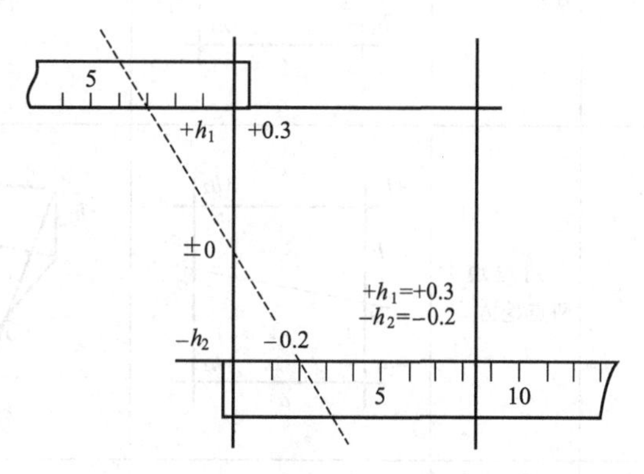

图 1-37　零点位置图解法

例题中，以图 1-35 中方格Ⅰ的点 1-2 和点 2-2 为例，求其零点。

$h_1=0.2$，$h_2=-0.13$，取绝对值代入公式(1-11)：

$$x=\frac{0.2}{0.2+0.13}\times 20=12.12\text{m}$$

零点位于距“1-2”点 12.12m 处（或距“2-2”点 7.88m 处），同法求出其余零点，并依地形特点将各零点连接成零点线，按零点线将挖方区和填方区分开，以便计算其土方量。

（六）土方量计算

根据方格网中各个方格的填挖情况，分别计算出每一方格土方量。由于每一方格内的填挖情况不同，计算所依据的图式也不同。计算中，应按方格内的填挖具体情况，选用相应的图式，并分别将标高数字代入相应的公式中进行计算。几种常见的计算图及其相应的计算公式，见表 1-9。

在例题中方格Ⅳ的四个角点的施工标高全为“＋”号，是挖方，用表 1-9 中公式(1-12)计算。

$$V_{\text{Ⅳ}}=\frac{a^2}{4}(h_1+h_2+h_3+h_4)=\frac{400}{4}\times(0.66+0.29+0.11+0)=106\text{m}^3$$

图 1-35 中方格Ⅰ中两点为挖方，两点为填方用表 1-9 中公式(1-13)，则

$$+V_{\text{I}}=\frac{a(b+c)\times\sum h}{8}$$

$$a=20\text{m}, b=11.29\text{m}, c=12.12\text{m}$$

$$+V_{\text{I}}=\frac{20\times(11.29+12.12)\times 0.55}{8}=32.2\text{m}^3$$

$$-V_{\text{I}}=\frac{20\times(8.71+7.88)\times 0.4}{8}=16.6\text{m}^3$$

表 1-9　常见土方量计算图示及计算公式

序号	挖填情况	平面图式	立面图式	计算公式
1	四点全为填方（或挖方）	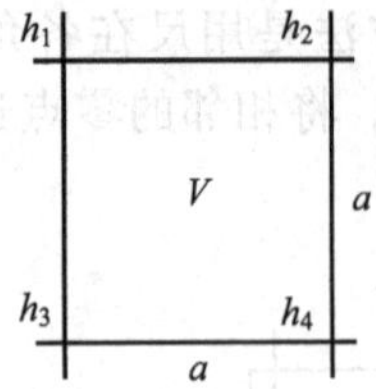	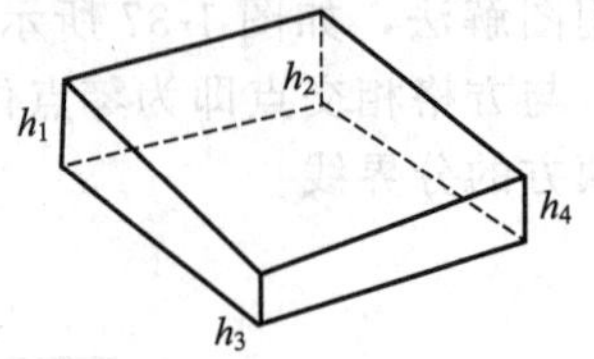	$\pm V=\frac{a^2\times\sum h}{4}$　(1-12)
2	两点填方两点挖方	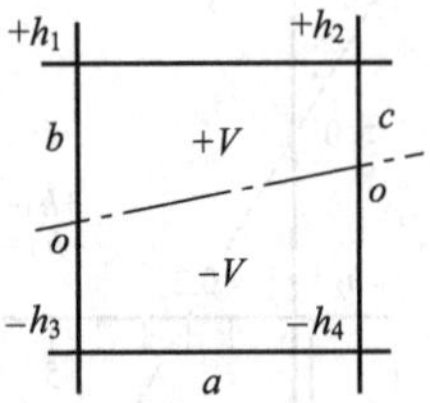	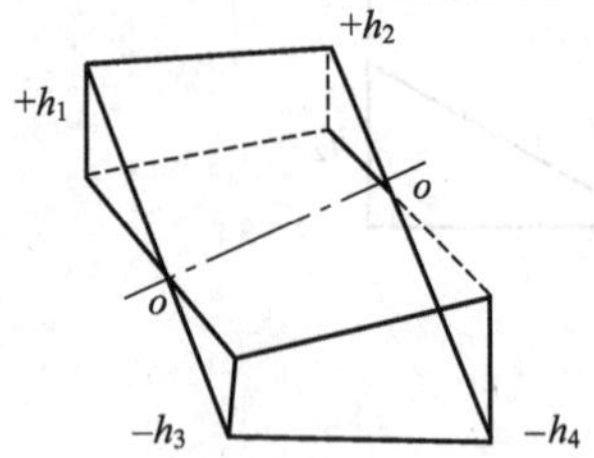	$\pm V=\frac{a(b+c)\sum h}{8}$　(1-13)
3	三点填方（或挖方）一点挖方（或填方）	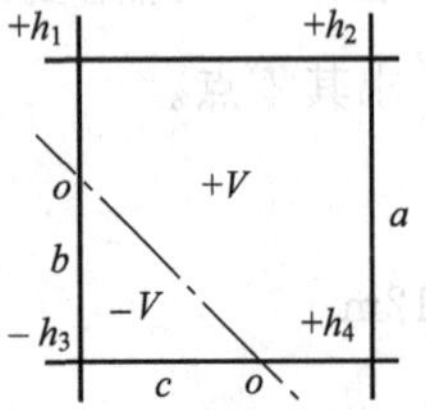	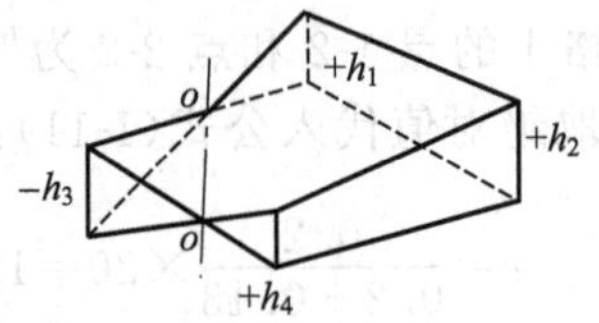	$\mp V=\frac{bc\sum h}{6}$　(1-14) $\pm V=\frac{(2a^2-bc)\sum h}{10}$　(1-15)
4	相对两点为填方（或挖方）余两点为挖方（或填方）	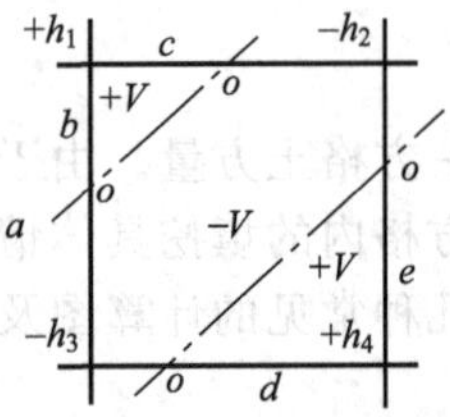	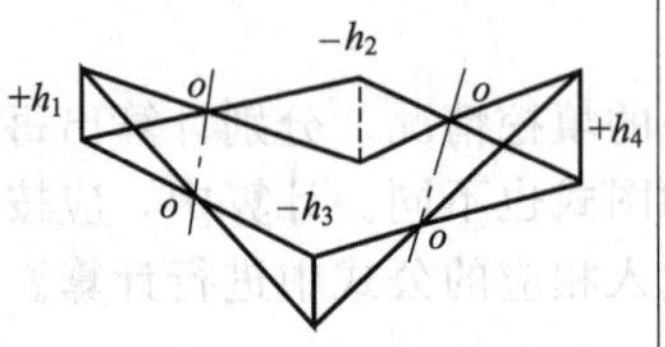	$\mp V=\frac{d\times e\times\sum h}{6}$　(1-16) $\mp V=\frac{de\sum h}{6}$　(1-17) $\pm V=\frac{(2a^2-bc-de)\sum h}{12}$　(1-18)

依法可以求出其余各个方格的土方量，并将计算结果逐项填入土方量计算表(表 1-10)。

表 1-10　土方平衡表

方格编号	挖方/m³	填方/m³	备注	方格编号	挖方/m³	填方/m³	备注
$V_{Ⅰ}$	32.2	16.6		$V_{Ⅵ}$	8.2	31.2	
$V_{Ⅱ}$	17.6	17.9		$V_{Ⅶ}$	6.1	88.5	
$V_{Ⅲ}$	58.5	6.3		$V_{Ⅷ}$	5.2	60.5	
$V_{Ⅳ}$	106.0				242.6	260.2	
$V_{Ⅴ}$	8.8	39.2					

（七）绘制土方调配表及土方平衡图

土方平衡调配主要是对土方工程中挖方的土需运至何处（利用或堆弃）及填方所需的土应取自何方进行综合协调处理。其目的是在使土方运输量或土方运输成本最低的条件下，确定挖方区、填方区土方的调配方向和数量，从而缩短工期，提高经济效益。

1. 土方调配原则

(1) 挖方与填方基本达到平衡，在挖方的同时进行填方，减少重复倒运。

(2) 挖（填）方量与运距的乘积之和尽可能最小，使总土方运输量或运输费用最小。

(3) 分区调配应与全场调配相协调，切不可只顾局部的平衡而妨碍全局。

(4) 土方调配应尽可能与地下建筑物或构筑物的施工相结合。

(5) 选择恰当的调配方向、运输路线，使土方运输无对流和乱流现象，并便于机械化施工。

(6) 当工程分期分批施工时，先期工程的土方余额应结合后期工程需要，考虑其利用的数量和堆放位置，以便就近调配。

2. 土方调配方法

(1) 划分土方调配区。即在场地平面图上先划出挖方区、填方区的分界线即零线，并在挖方区、填方区划出若干调配区。

(2) 计算各调配区的土方量，并标明在调配图上。

(3) 计算各调配区的平均运距，即挖方调配区土方重心到填方调配区土方重心之间的距离。

(4) 绘制土方调配图，在图中标明调配方向、土方数量及平均运距。

(5) 列出土方量平衡表。

土方调配表上可以一目了然地了解各个区的出土量和需土量、调拨关系和土方平衡情况。见表 1-11 和图 1-38。

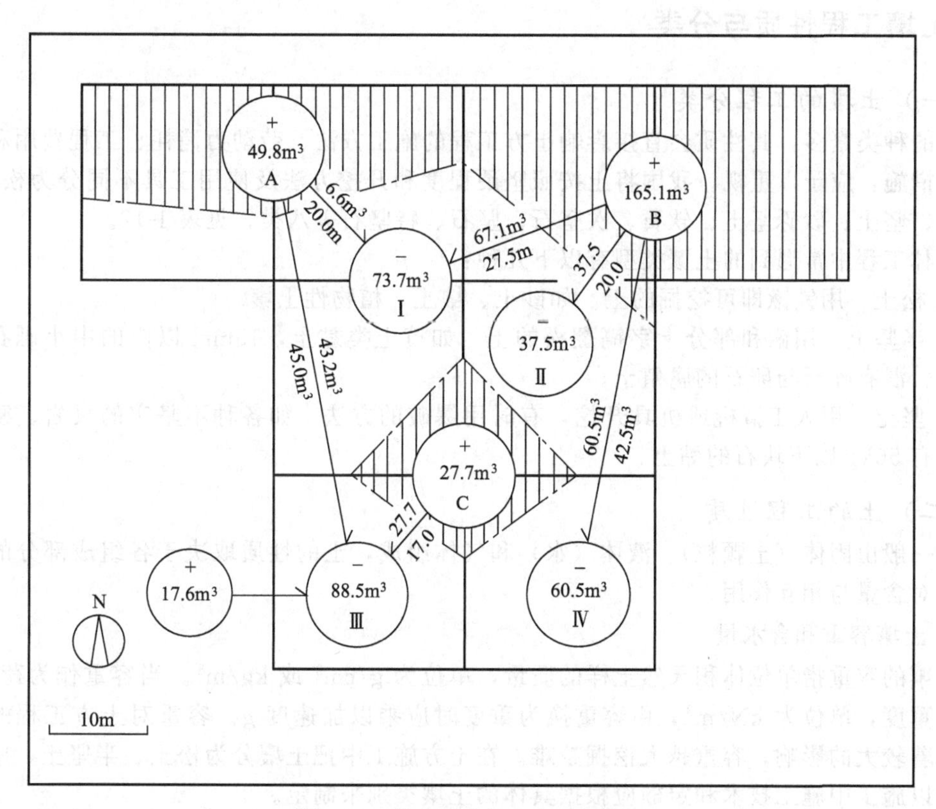

图 1-38　某公园广场土方量调配图

表 1-11　土方调配表

挖方及进土	体积/m^3	体积/m^3					
		填方Ⅰ	填方Ⅱ	填方Ⅲ	填方Ⅳ	弃土	总计
		73.7	37.5	88.5	60.5		260.1
A	49.8	6.6		43.2			
B	165.1	67.1	37.5		60.5		
C	27.7			27.7			
进土	17.6			17.6			
总计	260.1						

第三节　土方施工

园林中的地形改造，如挖湖堆山、平整场地等土方工程都要依靠土方施工来完成，园路工程、驳岸工程、建筑工程，也必须以土方工程为基础。土方工程的投资和工程量一般都很大，它的速度和质量，直接影响后续工程的速度和质量。

土方工程根据其使用期限和施工要求，可以分为永久性和临时性两种，但是不论是永久性还是临时性的土方工程，都要求具有足够的稳定性和密实性。为了使工程能多快好省地完成，需遵守有关的技术规范和设计要求，做好土方工程的设计和施工的安排。

一、土壤工程性质与分类

（一）土壤的工程分类

土的种类繁多，其性质会直接影响土方工程的施工方法、劳动力消耗、工程费用和保证安全的措施，应予以重视。我国将土按照坚硬程度和开挖方法及使用工具不同分为松软土、普通土、坚土、砂砾坚土、软石、次坚石、坚石、特坚石等八类，见表 1-12。

园林工程中常遇到的土壤类型有以下几种：

① 松土　用铁锹即可挖掘的土。如砂土、壤土、植物性土壤。

② 半坚土　用锹和部分十字镐翻松的土。如黄土类黏土，15mm 以内的中小砾石、砂质黏土、混有碎石与卵石的腐殖土。

③ 坚土　用人工撬棍或机具开挖，有时用爆破的方法。如各种不坚实的页岩、密实黄土、含有 50kg 以下块石的黏土。

（二）土的工程性质

土一般由固体（土颗粒）、液体（水）和气体组成，土的性质取决于各组成部分的特性及其相对含量与相互作用。

1. 土壤容重和含水量

土壤的容重指单位体积天然土样的质量，单位为 g/cm^3 或 kg/m^3。当容重作为荷载时，称土的重度，单位为 kN/m^3，由容重换为重度时应乘以加速度 g。容重对土方工程的难易程度有着较大的影响，容重越大挖掘越难。在土方施工中把土壤分为松土、半坚土、坚土等类，所以施工中施工技术和定额应根据具体的土壤类别来制定。

土壤的含水量是土壤孔隙中的水的质量和土壤颗粒质量的比值，以百分数表示。

表 1-12 土的工程分类

土的分类	土的级别	岩、土名称	天然重度/(kN/m³)	抗压强度/MPa	坚固系数/f	开挖方法及工具
一类土（松软土）	Ⅰ	略有黏性的砂土、粉土、腐殖土及松软土的种植土，泥炭（淤泥）	6～15	—	0.5～0.6	用锹，少许用脚蹬或用板锄挖掘
二类土（普通土）	Ⅱ	潮湿的黏性土和黄土，软的盐土和碱土，含有建筑材料碎屑、碎石、卵石的堆积土和种植土	11～16	—	0.6～0.8	用锹、条锄挖掘、需要脚蹬、少许用镐
三类土（坚土）	Ⅲ	中等密实的黏性土或黄土，含有碎石、卵石或建筑材料碎屑的潮湿的黏性土或黄土	18～19	—	0.8～1.0	主要用镐、条锄，少许用锹
四类土（砂砾坚土）	Ⅳ	坚硬密实的黏性土或黄土，含有碎石、砾石（体积在10%～30%重量在25kg以下石块）的中等密实黏性土或黄土；硬化的重盐土；软泥灰岩	19	—	1～1.5	全部用镐、条锄挖掘，少许用撬棍挖掘
五类土（软石）	Ⅴ～Ⅶ	硬的石炭纪黏土；胶结不紧的砾石；软石、节理多的石灰岩及页壳石灰岩；坚实的白垩纪；中等坚实的页岩、泥灰岩	12～27	20～40	1.5～4.0	用镐或撬棍、大锤挖掘，部分使用爆破方法
六类土（次坚石）	Ⅷ～Ⅸ	坚硬的泥质页岩；坚实的泥灰岩；角砾状花岗岩；泥灰质石灰岩；黏土质砂岩；云母页岩及砾质页岩；风化的花岗岩、片麻岩及正常岩；滑石质的蛇纹岩；密实的石灰岩；硅质胶结的砾岩；砂岩；砂质石灰页岩	22～29	40～80	4～10	用爆破方法开挖，部分用风镐
七类土（坚石）	Ⅹ～Ⅻ	白云岩；大理石；坚实的石灰岩、石灰质及石英质的砂岩；坚硬的砂质页岩；蛇纹岩；粗粒正长岩；有风化痕迹的安山岩及玄武岩；片麻岩；粗面岩；中粗花岗岩；坚实的片麻岩；粗面岩；辉绿岩；玢岩；中粗正长岩	25～31	80～160	10～18	用爆破方法开挖
八类土（特坚石）	ⅩⅣ～ⅩⅥ	坚实的细花岗岩；花岗片麻岩；闪长岩；坚实的玢岩；角闪岩、辉长岩、石英岩、安山岩、玄武岩、最坚实的辉绿岩、石灰岩及闪长岩；橄榄石质玄武岩；特别坚实的辉长岩、石英岩及玢岩	27～33	160～250	18以上	用爆破方法开挖

注：1. 土的级别为相当于一般16级土石分类级别。

2. 坚固系数 f 为相当于普氏岩石强度系数。

$$W=\frac{m_{湿}-m_{干}}{m_{干}}\times 100\%=\frac{m_w}{m_s}\times 100\% \quad (1\text{-}19)$$

式中 $m_{湿}$——含水状态时土的质量，kg；

$m_{干}$——烘干后土的质量，kg；

m_w——土中水的质量，kg；

m_s——固体颗粒的质量，kg。

土壤虽具有一定的吸持水分的能力，但土壤水的实际含量是经常发生变化的。土壤的含水量在5%以内称干土，在30%以内称潮土，大于30%称湿土。土壤含水量的多少，对土方施工的难易程度有直接影响，含水量过大、过小均会增加施工难度。含水量过小，土质硬，不易挖掘；含水量过大，土壤泥泞，也不利于施工（无论用人力或机械施工），工效均降低。以黏土为例，含水量在30%以内最易挖掘，若含水量过大时，则其本身性质发生很大变化，对土方边坡的稳定性及填方密实程度有直接的影响，因此含水量过大的土壤不宜做回填使用。

2. 土壤自然倾斜面和安息角

松散状态下的土壤颗粒，自然堆积沉降稳定后形成的天然斜坡面，叫做土壤自然倾斜面。该面与地平面的夹角，叫做土壤自然倾斜角（安息角），以 α 表示，见图 1-39。为了使工程稳定，就必须有意识地创造合理的边坡，使之小于或等于安息角。随着土壤颗粒、含水量、气候条件的不同，各类型土壤的安息角亦有所不同（表 1-13）。

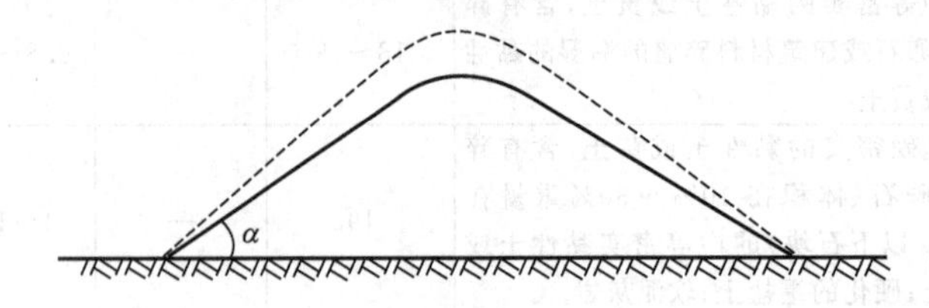

图 1-39

表 1-13　土壤的自然倾斜角　　单位：度

土壤名称	土壤的含水量			土壤颗粒尺寸/mm	土壤名称	土壤的含水量			土壤颗粒尺寸/mm
	干的	潮的	湿的			干的	潮的	湿的	
砾石	40°	40°	35°	2～20	细砂	25°	30°	20°	0.05～0.5
卵石	35°	45°	25°	20～200	黏土	45°	35°	15°	<0.001～0.005
粗砂	30°	32°	27°	1～2	壤土	50°	40°	30°	
中砂	28°	35°	25°	0.5～1	腐殖土	40°	35°	25°	

土方工程不论填方、挖方均需要稳定的边坡。边坡坡度应根据不同的挖填高度、土的性质及工程的特点而定，既要保证土体稳定和施工安全，又要节省土方。挖方中有不同的土层，或深度超过 10m 时，其边坡可作成折线形或台阶形，以减少土方量（图 1-40）。

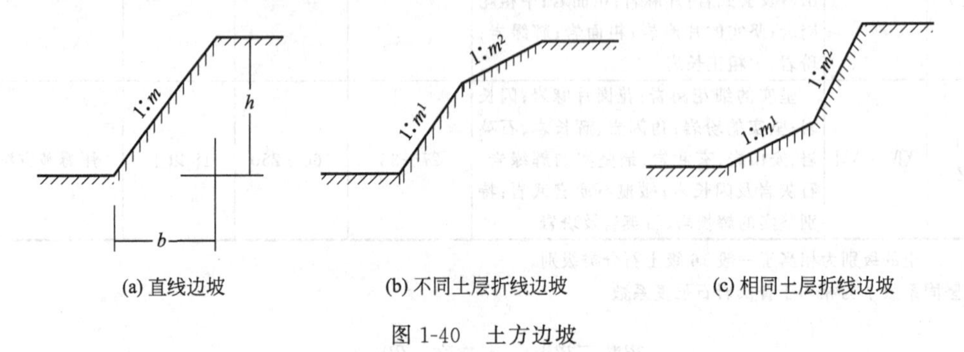

(a) 直线边坡　(b) 不同土层折线边坡　(c) 相同土层折线边坡

图 1-40　土方边坡

进行土方设计及施工时应结合当地情况，使挖方或填方的坡度合乎技术规范的要求，如果超出规范的规定，则须实际测试来确定解决方法。以下列举一些工程边坡坡度规范。

使用时间较长的临时性挖方边坡坡度，应根据地质和边坡高度，结合当地同类土体的稳定坡度值确定（表 1-14）。在山坡整体稳定情况下，如地质条件良好，土质较均匀，深度在 10m 以内的临时性挖方边坡坡度可参照表 1-15。

在地质条件良好，土质均匀的情况下，路堑边坡坡度及其最大高度可参考表 1-16。

在具有天然湿度、土体构造均匀、水文地质条件良好、土体不会坍滑、移动、松散、或不均匀下沉的情况下，基坑、基槽、管线不受地下水影响时，可直立开挖不加支撑，但开挖深度不得超过表 1-17 规定。

表 1-14 水文地质良好时永久性土工构筑物低洼放边坡坡度

项次	挖方性质	边坡坡度
1	天然湿度下层理均匀，不易膨胀的黏土、亚黏土、轻亚黏土和砂土(不包括细砂和粉砂)的挖方，深度不超过 3m	1∶1～1∶1.25
2	土质同上，挖深为 3～12m	1∶1.25～1∶1.5
3	干燥地区内土质结构未经破坏的干燥黄土及类黄土，深度不超过 12m	1∶0.1～1∶1.25
4	在碎石土和泥灰岩在内的挖方，深度不超过 12m，根据黄土的性质、层理特性和挖方深度确定	1∶0.5～1∶1.5
5	在风化岩石内，根据岩石性质、风化程度、层理特性和挖方深度决定	1∶0.2～1∶1.5
6	在轻微风化岩石内，岩石无裂缝且无倾向挖方坡角的岩层	1∶0.1
7	在未风化的完整岩石内挖方	直立的

注：1. 在个别设计中如有充分资料和经验做依据的话，可不受此表限制。

2. 表中 1～5 项挖方深度超过 12m 时，其边坡坡度应通过设计规定。

表 1-15 使用时间较长的临时挖方边坡坡度

土的类别		边坡坡度	土的类别		边坡坡度
砂土(不包括细砂、粉砂)		1∶1.25～1∶1.5	碎石类土	充填坚硬、硬塑黏性土	1∶0.5～1∶1.0
一般性黏土	坚硬	1∶0.75～1∶1.0			
	硬塑	1∶1.0～1∶1.5		充填砂土	1∶1.0～1∶1.5

注：1. 使用时间较长的临时性挖方是指使用时间超过 1 年的临时性道路、临时工程的挖方。

2. 岩石边坡应根据岩石性质、风化程度、层理特性和挖方深度按表中确定。

3. 黄土（不包括湿陷性黄土）边坡坡度应根据土质、自然含水量和挖方深度按表中确定。

4. 有成熟经验时可不受此表限制。

表 1-16 路堑边坡坡度

项目	土或岩石种类	边坡最大高度/m	路堑边坡坡度	项目	土或岩石种类	边坡最大高度/m	路堑边坡坡度
1	一般土	18	1∶0.5～1∶1.5	4	风化岩石	18	1∶0.1～1∶0.5
2	黄土及类黄土	18	1∶01～1∶1.25	5	一般岩石	—	1∶0.1～1∶0.5
3	砾石、碎石土	18	1∶05～1∶1.5	6	坚石	—	1∶0.1～直立

表 1-17 基坑、基槽和管线不加支撑时的允许深度

土的种类	允许深度/m
密实、中密的砂土和碎石土及亚黏土(充填物为砂土)	1.0
硬塑、可塑的轻亚黏土及亚黏土	1.25
硬塑、可塑的黏土和碎石类土(充填物为黏性土)	1.5
硬的黏土	2.0

超过上述规定值时，基坑、基槽和管沟的开挖必须留有坡度其最大允许边坡可参考表 1-18 的数值。

表 1-18 基坑、基槽和管沟开挖的最大允许边坡

土的名称	边坡坡度		
	人工挖土并将土抛于坑(槽)或沟的边沿	机械挖土	
		在坑(槽)或沟底挖土	在坑(槽)过沟上边挖土
砂土	1∶1	1∶0.75	1∶1
轻亚砂土	1∶0.67	1∶0.5	1∶0.75
亚黏土	1∶0.5	1∶0.33	1∶0.75
黏土	1∶0.33	1∶0.25	1∶0.67
含砾石、卵石土	1∶0.67	1∶0.5	1∶0.75
泥灰岩、白垩土	1∶0.33	1∶0.25	1∶0.67
干黄土	1∶0.25	1∶0.1	1∶0.33

注：1. 如挖土不把土抛于坑（槽）或沟的边沿，而随时把土运往弃土场时，则应采用机械在坑（槽）或沟底挖土的坡度。

2. 表中砂土不应包含细砂和粉砂；干黄土不包括类黄土。

3. 在个别情况下，如有足够资料和经验或采用多斗挖土机，均可不受此表限制。

3. 土壤的相对密实度

相对密实度用来表示土壤在填筑后的密实程度，可用下式来表示：

$$D=\frac{\varepsilon_1-\varepsilon_2}{\varepsilon_2-\varepsilon_3}$$

式中　D——土壤相对密实度；

ε_1——填土在最松散状况下的孔隙比；

ε_2——经碾压或夯实后的土壤孔隙比；

ε_3——最密实情况下的土壤孔隙比。

（注：孔隙比是指土壤空隙的体积与固体颗粒体积的比值）

在填方工程中土壤的相对密实度是检查土壤施工中密实程度的标准，为了使土壤达到设计要求的密实度可以采用人力夯实或机械夯实。一般采用机械压实，其密实度可达 95%，人力夯实在 87%左右。大面积填方如堆山等，通常不加夯压，而是借土壤的自重慢慢沉落，久而久之也可达到一定的密实度。

4. 土壤的可松性

是指土壤从自然状态被挖动后，其原有紧密结构遭到破坏，土体松散而使体积增加的性质。这种现象与土壤类型有着密切的关系。这一性质与土方工程的挖土和填土量的计算及运输等都有很大关系。往往因土体膨胀而造成土方剩余，或因造成塌方而给施工带来困难和不必要的经济损失。

填方后土体自落的快慢要看利用哪种外力的作用，若任其自然回落则需要 1 年时间，而一般以小型运土工具填筑的土体要比大型工具回落得快。当然如果随填随压，则填方较为稳定，但也要比实方体积大 3%～5%。由于虚方在经过一段时间回落后方能稳定，故在进行土方量计算时，必须考虑这一因素。在土方计算中，计算出来的土方体积应乘以可松性系数，方能得到真实的虚方体积。

土壤的可松性可用下列式子表示：

$$\text{最初可松性系数 } K_{\mathrm{p}}=\frac{\text{开挖后土壤的松散体积 } V_2}{\text{开挖前土壤的自然体积 } V_1}$$

$$\text{最后可松性系数 } K'_{\mathrm{p}}=\frac{\text{运至填方区夯实后土壤的体积 } V_3}{\text{开挖前土壤的自然体积 } V_1}$$

$$\text{最初体积增加百分比}=\frac{(V_2-V_1)}{V_1}\times 100\%=(K_{\mathrm{p}}-1)\times 100\%$$

$$\text{最后体积增加百分比}=\frac{(V_3-V_1)}{V_1}\times 100\%=(K'_{\mathrm{p}}-1)\times 100\%$$

各种土壤体积增加的百分比及其可松性系数见表 1-19。

二、土方工程机械

土方机械化开挖应根据基础形式、工程规模、开挖深度、地质、地下水情况、土方量、运距、现场和机具设备条件、工期要求以及土方机械的特点等合理选择挖土机械，以充分发挥机械效率，节省机械费用，加速工程进度。

（一）土方机械的选择

土方机械化施工常用机械有：推土机、铲运机、挖掘机（包括正铲、反铲、拉铲、抓铲等）、装载机等，一般常用土方机械的选择可参考表 1-20。

表 1-19　各级土壤的可松性

土壤的级别	体积增加百分比		可松性系数	
	最初	最后	K_p	K'_p
Ⅰ(植物性土壤除外)	8～17	1～2.5	1.08～1.17	1.01～1.025
Ⅰ(植物性土壤、泥炭、黑土)	20～30	3～4	1.20～1.30	1.03～1.04
Ⅱ	14～28	1.5～5	1.14～1.30	1.015～1.05
Ⅲ	24～30	4～7	1.24～1.30	1.04～1.07
Ⅳ(泥灰岩蛋白石除外)	26～32	6～9	1.26～1.32	1.06～1.09
Ⅳ(泥灰岩蛋白石)	33～37	11～15	1.33～1.37	1.11～1.15
Ⅴ～Ⅶ	30～45	10～20	1.30～1.45	1.10～1.20
Ⅷ～ⅩⅥ	45～50	20～30	1.45～1.50	1.20～1.30

表 1-20　常用土方机械的选择

机械名称、特性	作业特点及辅助机械	适用范围
推土机： 操作灵活，运转方便，需工作面小，可挖土、运土，易于转移，行驶速度快，应用广泛	1. 作业特点 (1)推平；(2)运距 100m 内的堆土(效率最高为60m)；(3)开挖浅基坑；(4)推送松散的硬土、岩石；(5)回填、压实；(6)配合铲运机助铲；(7)牵引；(8)下坡坡度最大 35°，横坡最大为 10°，几台同时作业，前后距离应大于 8m 2. 辅助机械 土方挖后运出需配备装土，运土设备 推挖三至四类土，应用松土机预先翻松	1. 推一至四类土 2. 找平表面，场地平整 3. 短距离移挖作填，回填基坑(槽)、管沟并压实 4. 开挖深不大于 1.5m 的基坑(槽) 5. 堆筑高 1.5m 内的路基、堤坝 6. 拖羊足碾 7. 配合挖土机从事集中土方、清理场地、修路开道等
铲运机： 操作简单灵活，不受地形限制，不需特设道路，准备工作简单，能独立工作，不需其他机械配合能完成铲土、运土、卸土、填筑、压实等工序，行驶速度快，易于转移；需用劳力少，动力少，生产效率高	1. 作业特点 (1)大面积整平；(2)开挖大型基坑、沟渠；(3)运距 800～1500m 内的挖运土(效率最高为 200～350m)；(4)填筑路基、堤坝；(5)回填压实土方；(6)坡度控制在 20°以内 2. 辅助机械 开挖坚土时需用推土机助铲，开挖三、四类土宜先用松土机预先翻松 20～40cm；自行式铲运机用轮胎行驶，适合于长距离，但开挖亦须用助铲	1. 开挖含水率 27%以下的一至四类土 2. 大面积场地平整、压实 3. 运距 800m 内的挖运土方 4. 开挖大型基坑(槽)、管沟，填筑路基等。但不适于砾石层、冻土地带及沼泽地区使用
正铲挖掘机： 装车轻便灵活，回转速度快，移位方便；能挖掘坚硬土层，易控制开挖尺寸，工作效率高	1. 作业特点 (1)开挖停机面以上土方；(2)工作面应在 1.5m 以上；(3)开挖高度超过挖土机挖掘高度时，可采取分层开挖；(4)装车外运 2. 辅助机械 土方外运应配备自卸汽车，工作面应有推土机配合平土、集中土方进行联合作业	1. 开挖含水量不大于 27%的一至四类土和经爆破后的岩石与冻土碎块 2. 大型场地整平土方 3. 工作面狭小且较深的大型管沟和基槽路堑 4. 独立基坑 5. 边坡开挖
反铲挖掘机： 操作灵活，挖土、卸土均在地面作业，不用开运输道	1. 作业特点 (1)开挖地面以下深度不大的土方；(2)最大挖土深度 4～6m，经济合理深度为 1.5～3m；(3)可装车和两边甩土、堆放；(4)较大较深基坑可用多层接力挖土 2. 辅助机械 土方外运应配备自卸汽车，工作面应有推土机配合推到附近堆放	1. 开挖含水量大的一至三类的砂土或黏土 2. 管沟和基槽 3. 独立基坑 4. 边坡开挖
拉铲挖掘机： 可挖深坑，挖掘半径及卸载半径大，操纵灵活性较差	1. 作业特点 (1)开挖停机面以下土方；(2)可装车和甩土；(3)开挖截面误差较大；(4)可将土甩在基坑(槽)两边较远处堆放 2. 辅助机械 土方外运需配备自卸汽车、推土机，创造施工条件	1. 挖掘一至三类土，开挖较深较大的基坑(槽)、管沟 2. 大量外借土方 3. 填筑路基、堤坝 4. 挖掘河床 5. 不排水挖取水中泥土

续表

机械名称、特性	作业特点及辅助机械	适用范围
抓铲挖掘机： 钢绳牵拉灵活性较差，工效不高，不能挖掘坚硬土；可以装在简易机械上工作，使用方便	1. 作业特点 (1)开挖直井或沉井土方；(2)可装车或甩土；(3)排水不良也能开挖；(4)吊杆倾斜角度应在45°以上，距边坡应不小于2m 2. 辅助机械 土方外运时，按运距配备自卸汽车	1. 土质比较松软，施工面较狭窄的深基坑、基槽 2. 水中挖取土，清理河床 3. 桥基、桩孔挖土 4. 装卸散装材料
装载机： 操作灵活，回转移位方便、快速；可装卸土方和散料，行驶速度快	1. 作业特点 (1)开挖停机面以上土方；(2)轮胎式只能装松散土方，履带式可装较实土方；(3)松散材料装车；(4)吊运重物，用于铺设管道 2. 辅助机械 土方外运需配备自卸汽车，作业面需经常用推土机平整并推松土方	1. 外运多余土方 2. 履带式改换挖斗时，可用于开挖 3. 装卸土方和散料 4. 松散土的表面剥离 5. 地面平整和场地清理等工作 6. 回填土 7. 拔除树根

一般讲，深度不大的大面积基坑开挖，宜采用推土机或装载机推土、装土，用自卸汽车运土；对长度和宽度均较大的大面积土方一次开挖，可用铲运机铲土、运土、卸土、填筑作业；对面积较深的基础多采用 $0.5m^3$ 或 $1.0m^3$ 斗容量的液压正铲挖掘机，上层土方也可用铲运机或推土机进行；如操作面狭窄，且有地下水，土体湿度大，可采用液压反铲挖掘机挖土，自卸汽车运土；在地下水中挖土，可用拉铲，效率较高；对地下水位较深，采取不排水时，亦可分层用不同机械开挖，先用正铲挖土机挖地下水位以上土方，再用拉铲或反铲挖地下水位以下土方，用自卸汽车将土方运出。

（二）推土机

在园林施工中推土机应用比较广泛，例如在挖掘水体时，以推土机推挖，将土推至水体四周，再行运走或堆置地形，最后岸坡用人工修整（图 1-41）。

推土机按行走的方式，可分为履带式推土机和轮胎式推土机。履带式推土机附着力强，爬坡性能好，适应性强。轮胎式推土机行驶速度快，灵活性好。

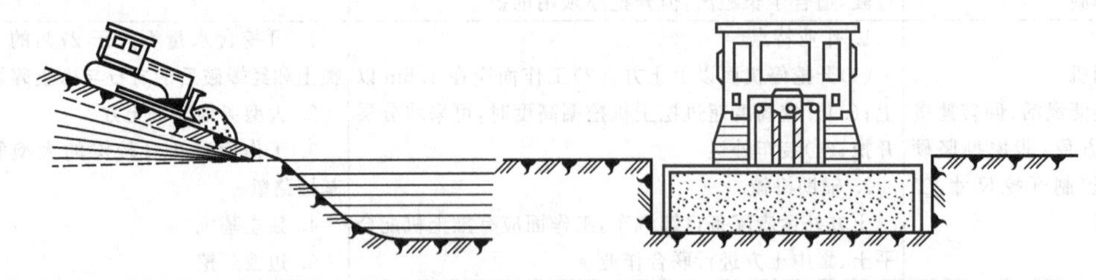

图 1-41　推土机

1. 作业方法

推土机开挖的基本作业是铲土、运土和卸土三个工作行程和空载回驶行程。铲土时应根据土质情况，尽量采用最大切土深度在最短距离（6～10m）内完成，以便缩短低速运行时间，然后直接推运到预定地点。回填土和填沟渠时，铲刀不得超出土坡边沿。上下坡坡度不得超过 35°，横坡不得超过 10°。几台推土机同时作业，前后距离应大于 8m。

2. 用推土机挖湖堆山效率较高，但应注意以下几方面。

（1）推土机手应识图或了解施工对象的情况，在动工之前应向推土机手介绍拟施工地段的地形情况及设计地形的特点，最好结合模型，使之一目了然。另外施工前还要了解实地定点放线情况，如桩位、施工标高等。这样施工起来司机心中有数，推土铲就像他手中的雕刻刀，能得心应手、随心所欲地按照设计意图去塑造地形。这一点对提高施工效率有很大关系，这一步工作做得好，在修饰山体（或水体）时便可省去许多劳力物力。

（2）注意保护表土。在挖湖堆山时，先用推土机将施工地段的表层熟土（耕作层）推到施工场地外围，待地形整理停当，再把表土铺回来，这样做比较麻烦费工，但对公园的植物生长却有很大好处。有条件之处应该这样做。

（3）桩点和施工放线要明显，推土机施工进进退退，其活动范围较大，施工地面高低不平，加上进车或退车时司机视线存在死角，所以桩木和施工放线很容易受破坏，为了解决这一问题：

① 应加高桩木的高度，桩木上可做醒目标志（如挂小彩旗或桩木上涂明亮的颜色），以引起施工人员的注意。

② 施工期间，施工人员应经常到现场，随时随地地用测量仪器检查桩点和放线情况，掌握全局，以免挖错（或堆错）位置。

（三）铲运机

铲运机在土方工程中主要用来铲土、运土、铺土、平整和卸土等工作。它本身综合完成铲、装、运、卸四个工序，能控制填土铺撒厚度，并通过自身行驶对卸下的土壤起初步压实作用。铲运机对运行的道路要求较低，适应较强，投入使用准备工作简单。具有操作灵活、转移方便与行驶速度较快等优点，因此适用范围较广。如筑路、挖湖、堆山、平整场地等均可使用。

按行走方式分为牵引式铲运机和自行式铲运机（图 1-42）；按铲斗操纵系统分，有液压操纵和机械操纵两种。

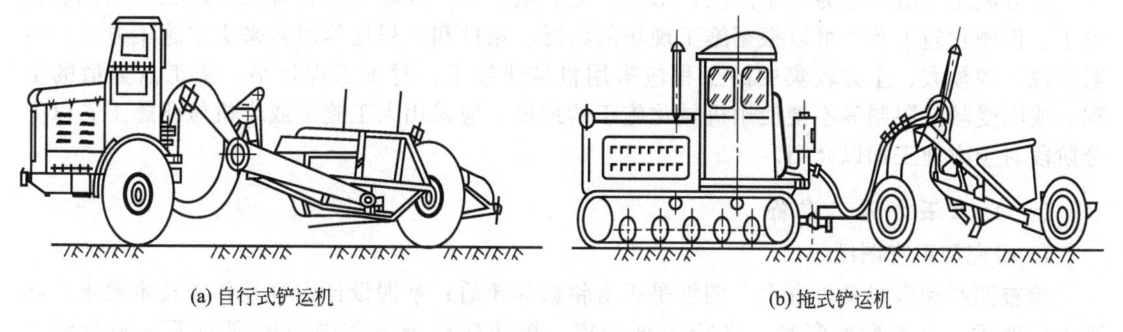

(a) 自行式铲运机　　(b) 拖式铲运机

图 1-42　铲运机

（四）挖掘机

挖掘机分为正铲挖掘机、反铲挖掘机、拉铲挖掘机、抓铲挖掘机（图 1-43）。

1. 正铲挖掘机

正铲挖掘机的工作特点是前进行驶，铲斗由下向上强制切土，挖掘力大，生产效率高；适用于开挖含水量不大于 27%的一至三类土，且与自卸汽车配合完成整个挖掘运输作业；可以挖掘大型干燥基坑和土丘等。

2. 反铲挖掘机

反铲挖土机的工作特点是机械后退行驶，铲斗由上而下强制切土，用于开挖停机面以下的一至三类土，适用于挖掘深度不大于 4m 的基坑、基槽、管沟，也适用湿土、含水量较大的及地下水位以下的土壤开挖。

3. 拉铲挖掘机

拉铲挖掘机工作时利用惯性，把铲斗甩出后靠收紧和放松钢丝绳进行挖土或卸土，铲斗由上而下，靠自重切土，可以开挖一、二类土壤的基坑、基槽和管沟等地面以下的挖土工程，特别适用于含水量大的水下松软土和普通土的挖掘。拉铲开挖方式与反铲相似，可沟端开挖，也可沟侧开挖。

4. 抓铲挖土机

抓铲挖土机主要用于开挖土质比较松软，施工面比较狭窄的基坑、沟槽、沉井等工程，特别适于水下挖土。土质坚硬时不能用抓铲施工。

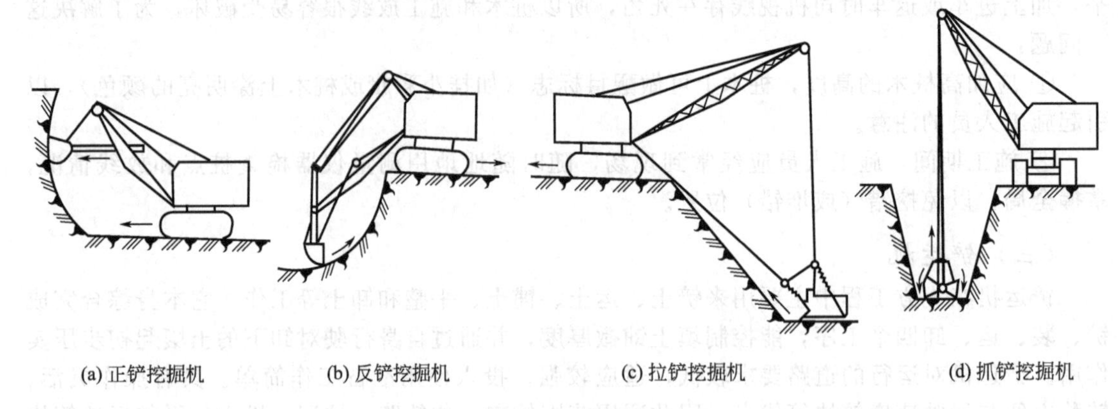

图 1-43 挖掘机

三、土方施工过程

土方施工一般可分为 4 个阶段，即挖、运、填、压。其施工方式有人力施工、半机械化施工、机械化施工等。可以根据施工现场的状况、条件和工程量等因素来决定施工方式。一般来说，规模大、土方较集中的工程应采用机械化施工；对于工程量小、施工点分散的工程，或因受场地限制等不便使用机械化施工的地段，应采用人工施工或半机械化施工。以下分阶段对土方施工加以介绍。

（一）土石方施工准备

1. 研究和审查图纸

检查图纸和资料是否齐全，图纸是否有错误和矛盾；掌握设计内容及各项技术要求，熟悉土层地质、水文勘察资料，进行图纸会审，搞清建设场地范围与周围地下设施管线的关系。

2. 勘查施工现场

摸清工程现场情况，收集施工相关资料，如施工现场的地形、地貌、地质、水文气象、运输道路、植被、邻近建筑物、地下设施、管线、障碍物、防空洞、地面上施工范围内的障碍物和堆积物状况，供水、供电、通讯情况，防洪排水系统等。

3. 编制施工方案

在掌握了工程内容与现场情况之后，根据甲方需求的施工进度及施工质量进行可行性分析的研究，制定出符合本工程要求及特点的施工方案与措施。绘制施工总平面布置图和土方开挖图，对土方施工的人员、施工机具、施工进度及流程进行周全、细致的安排。

4. 清理现场

在施工地范围内，凡是有碍于工程的开展或影响工程稳定的地面物和地下物均应予以清理，以便于后续的施工工作正常开展。

(1) 生物性废物　有碍挖方和填方的草皮、乔灌木及竹类应先行挖除，凡土方挖深不大于50cm，或填方高度较小的土方施工，其施工现场及排水沟中的树木，都必须连根拔除。伐除树木，可用锯斧等工具进行。在锯大树时，为了控制树的倒向，应在指定倒向的一面先砍一缺口，然后从另一侧开始锯伐。伐除树木还可以用推土机将树推倒，清除树墩时可用拖拉机的牵引力，或装在拖拉机上的起重绞车，通过钢丝绳将树墩拔出。

清除直径在50cm以上的大树墩或在冻土上清除树墩时，还可采用推土机铲除或用爆破法清除。在此需要说明的是大树一般不允许砍伐，如遇到现场的古树名木时，则更需要保存，必要时可与建设单位或设计单位共同考虑修正设计。

(2) 非生物性废物　在拆除建筑物与构筑物时，应根据其结构特点，按照一定次序进行，一定要按照《建筑工程安全技术规范》的规定进行操作。

另外，如果施工场地内的地面、地下或水中发现有管线通过或其它异常物体时，应事先请有关部门协调查清，在未查清前，不可动工，以免发生危险或造成其它损失。

5. 做好排水设施

对场地积水应立即排除。特别是在雨季，在有可能流来地表水的方向都应设上堤或截水沟、排洪沟。在地下水位高的地段和河地湖底挖方时，必须先开挖先锋沟（图1-44)，设置抽水井，选择排水方向，并在施工前几天将地下水抽干，或保证在施工面1.5m以下。施工期间，更须及时抽水。为了保证排水通畅，排水沟的纵坡不应小于2‰，沟的边坡值为1∶1.5，沟底宽及沟深不小于50cm。挖湖施工中的排水沟深度应深于水体挖深，沟可一次挖掘到底，也可以依施工情况分层下挖。

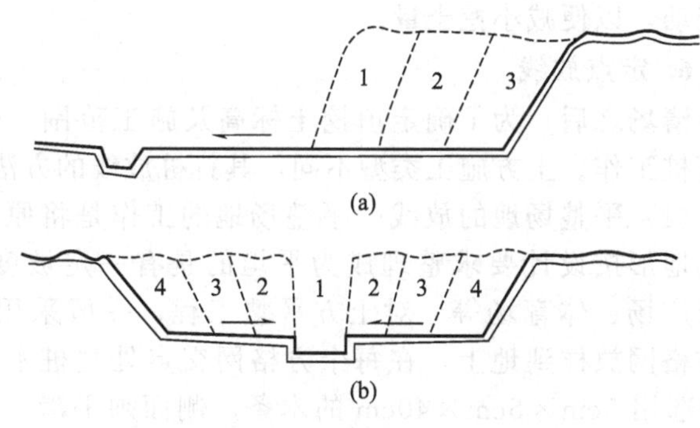

图1-44　排水先锋沟

具体要求如下：

(1) 人面积场地地面坡度不大时

① 在场地平整时，按向低洼地带或可泄水地带整成漫坡，以便排出地表水。

② 场地四周设排水沟，分段设渗水井，以便排出地表水。

(2) 大面积场地地面坡度较大时　在场地四周设排水主沟，并在场地范围内设置纵横向排水支沟，将水流疏干，也可在下游设集水井，设水泵排出。

(3) 大面积场地地面遇有山坡地段时　应在山坡底脚处挖截水沟，使地表水流入截水沟内排出场地外。

(4) 基坑（槽）排水　开挖底面低于地下水位的基坑（槽）时，地下水会不断渗人坑内。当雨期施工时，地表水也会流人基坑内。如果坑内积水，不及时排走，不仅会使施工条件恶化，还会使土被水泡软后，造成边坡塌方和坑底承载能力下降。因此，为保安全生产，在基坑（槽）开挖前和开挖时，必须做好排水工作，保持土体干燥才能保障安全。

基坑（槽）的排水工作，应持续到基础工程施工完毕，并进行回填后才能停止。

基坑的排水方法，可分为明排水和人工降低地下水位两种方法。

① 明排水法

a. 雨期施工时，应在基坑四周或水的上游，开挖截水沟或修筑土堤，以防地表水流入坑槽内。

b. 基坑（槽）开挖过程中，在坑底设置集水井，并沿坑底的周围或中央开挖排水沟，使水流入集水井中，然后用水泵抽走，抽出的水应予以引开，严防倒流。

c. 四周排水沟及集水井应设置在基础范围以外，地下水走向的上游，并根据地下水量大小、基坑平面形状及水泵能力，集水井每隔 20～40m 设置一个。集水井的直径或宽度一般为 0.6～0.8m，其深度随着挖土的加深而加深，随时保持低于挖土面 0.7～1.0m。井壁可用竹、木等进行简单加固。当基坑（槽）挖至设计标高后，井底应低于坑底 1～2m，并铺设碎石滤水层，以避免在抽水时间较长时，将泥砂抽出及防止井底的土被扰动。

d. 明排水法由于设备简单和排水方便，所以采用较为普遍，但它只宜用于粗粒土层，因水流虽大，但土粒不致被抽出的水流带走，也可用于渗水量小的黏性土。当土为细砂和粉砂时，抽出的地下水流会带走细粒而发生流砂现象，造成边坡坍塌、坑底隆起、无法排水和难以施工，此时应改用人工降低地下水位的方法。

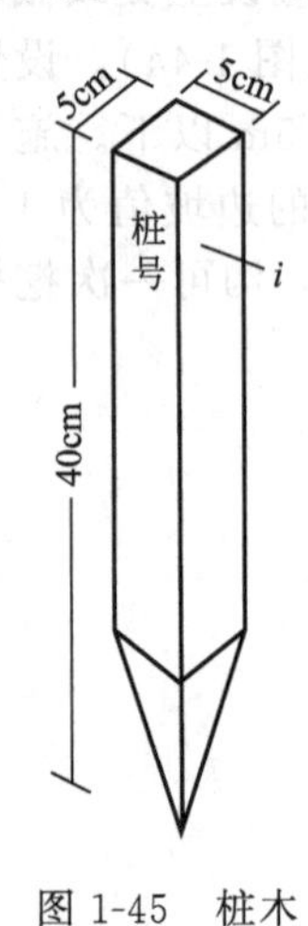

图 1-45　桩木

② 人工降低地下水位　人工降低地下水位，就是在基坑开挖前，预先在基坑（槽）四周埋设一定数量的滤水管（井），利用抽水设备从中抽水，使地下水位降落到坑底以下；同时在基坑开挖过程中仍然继续不断地抽水。使所挖的土始终保持干燥状态，从根本上防止细砂和粉砂土产生流砂现象，改善挖土工作的条件；同时土内的水分排出后，边坡坡度可变动，以便减小挖土量。

6. 定点放线

清场之后，为了确定填挖土标高及施工范围，应对施工现场进行放线打桩工作。土方施工类型不同，其打桩放线的方法亦不同。

(1) 平整场地的放线　平整场地的工作是将原来高低不平、比较破碎的地形按设计要求整理成为平坦的具有一定坡度的场地，如停车场、集散广场、体育场等。对土方平整工程，一般采用方格网法施工放线。将方格网放样到地上，在每个方格网交点处立桩木，桩木上应标有桩号和施工标高，木桩一般选用 5cm×5cm×40cm 的木条，侧面须平滑，下端削尖，以便打入土中，桩上的桩号与施工图上方格网的编号相一致，施工标高中挖方注上“+”号，填方注“—”号（图 1-45）。在确定施工标高时，由于实际地形可能与图纸有出入，因此，如所改造地形要求较高，则需要放线时用水准仪重新测量各点标高，以重新确定施工标高。

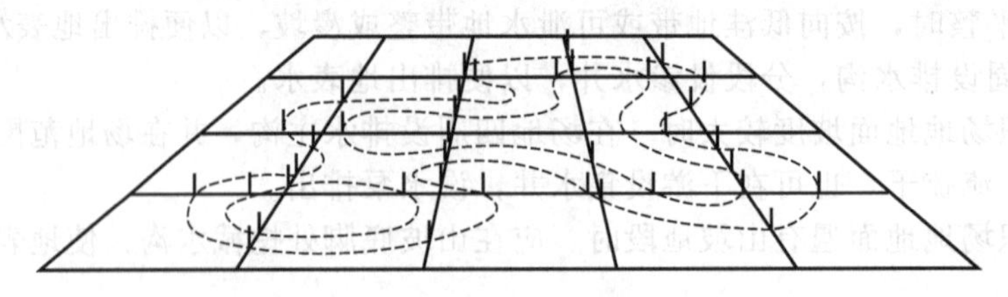
图 1-46　方格网放线

(2) 挖湖堆山的放线　对挖湖堆山的放线，我们仍可以利用方格作为控制网（图 1-46）。堆山填土时由于土层不断加厚，桩可能被土埋没，所以常采用标杆法或分层打桩法。对于较高山体，采用分层打桩法（图 1-47）。分层打桩时，桩的长度应大于每层填土的高度。土山不高于 5m 的，可用标杆法，即用长竹竿做标杆，在桩上把每层标高定好（图 1-48）。

挖湖工程的放线和山体放线基本相同，但由于水体挖深一般较一致，而且池底常年隐没

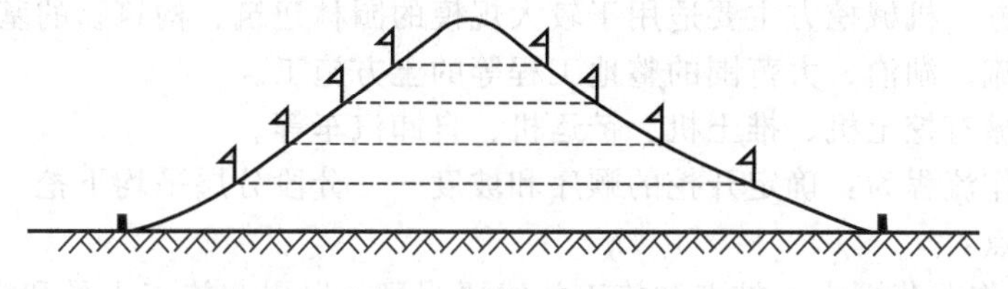

图 1-47 分层打桩法

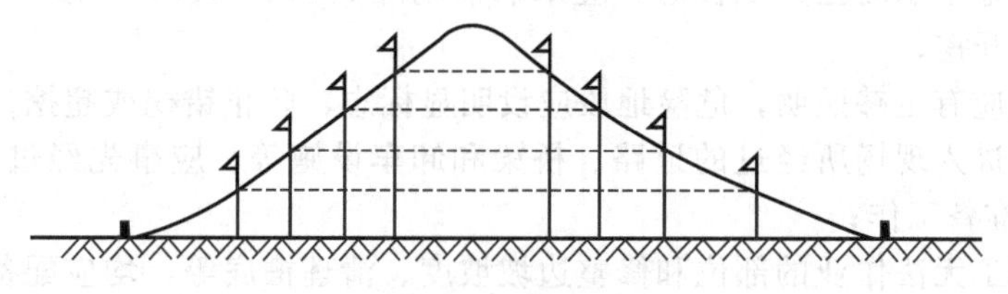

图 1-48 标杆法

在水下，放线可以粗放些，但水体底部应尽可能整平，不留土墩，这对养鱼和捕鱼有利。岸线和岸坡的定点放线应该准确，这不仅因为它是水上部分，有造景作用，而且和水体岸坡的稳定也有很大关系。为了精确施工，可以用边坡样板来控制边坡坡度（图 1-49）。

7. 修建临时设施及道路

修筑好临时道路，以供机械进场和土方运输之用，主要临时运输道路宜结合永久性道路的布置修筑。道路的坡度、转弯半径应符合安全要求，两侧作排水沟。此外，还要安排修建临时性生产和生活设施（如工具库、材料库、临时工棚、休息室、办公棚等），同时敷设现场供水、供电等管线并进行试水、试电等。

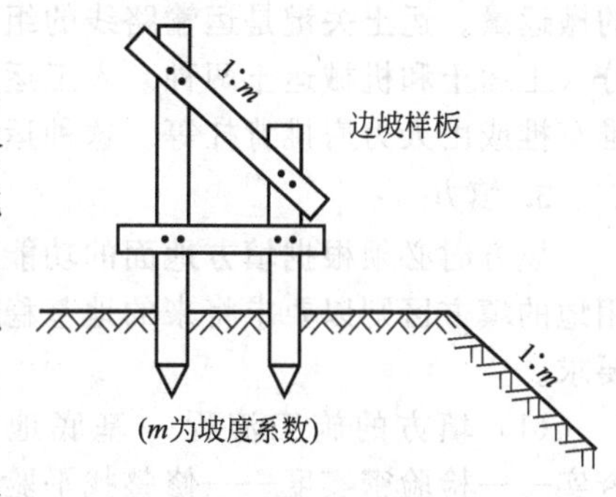

图 1-49 边坡样板

8. 准备机具、物资及人员

准备好挖土、运输车辆及施工用料和工程用料，并按施工平面图堆放，配备好土方工程施工所需的各专业技术人员、管理人员和技术工人等。

（二）土方施工

1. 挖方

（1）人力挖方 人力挖方适用于一般园林建筑、构筑物的基坑（槽）和管沟以及小溪流、假植沟、带状种植沟和小范围整地的人工挖方工程。

施工机具主要为尖、平头铁锹、手锤、手推车、梯子、铁镐、撬棍、钢尺、坡度尺、小线或铅丝等。

施工流程为：确定开挖顺序和坡度——确定开挖边界与深度——分层开挖——修整边缘部位——清底。

人力挖方必须注意以下要点：

① 挖土施工要有足够的工作面，平均每人 4～6m^2。

② 开挖地段附近不得有易坍落物。

③ 下挖时应注意观察地质情况，注意留出必要的边坡，松散土不超过 0.7m 深，中度密度土壤不超过 1.25m 深，坚硬土深不超过 2m。凡超过标准者，须加支撑板或留出边坡。

④ 挖方工作不得在土壁下面开挖，以防塌方。

⑤ 施工中必须随时保护基桩、龙门板或标杆，以防损坏。

（2）机械挖方　机械挖方主要适用于较大规模的园林建筑、构筑物的基坑（槽）和管沟以及园林中的河流、湖泊、大范围的整地工程等的土方施工。

施工主要机械有挖土机、推土机、铲运机、自卸汽车等。

机械挖方操作流程为：确定开挖的顺序和坡度——分段分层平均下挖——修边和清底。

机械施工要点：

① 由于施工作业范围大，桩点和施工放线要明显，以引起施工人员和推土机手的注意；

② 在开挖有地下水的土方工程时，应采取措施降低地下水位，一般要降至开挖面以下0.5m，然后才能开挖；

③ 夜间施工应有足够照明，危险地段应设明显标志，防止错挖或超挖；

④ 施工机械进入现场所经过的道路、桥梁和卸车设施等，应事先经过检查，必要时进行加固或加宽等准备工作；

⑤ 在机械施工无法作业的部位和修整边坡坡度、清理槽底等，均应配备人工进行；

⑥ 开挖基坑（槽）和管沟，不得挖至设计标高以下，如不能准确地挖至设计基底标高时，可在设计标高以上暂留一层土不挖，以便在找平后由人工挖出。

2. 运土

在土方调配中，一般都按照就近挖方和就近填方的原则，力求土方就地平衡以减少土方的搬运量。运土关键是运输路线的组织。一般采用回环式道路，避免相互交叉。运土方式也分人工运土和机械运土两种。人工运土一般是短途的小搬运。搬运方式有用人力车拉、用手推车推或由人力肩挑背扛等。这种运输方式在有些园林局部或小型施工中经常使用。

3. 填方

填方时必须根据填方地面的功能和用途，选择合适土质的土壤和施工方法。如作为建筑用地的填方区则以要求将来的地基稳定为原则，而绿化地段的填方区土壤应满足植物的种植要求。

（1）填方的施工流程　基底地坪的清整——检验土质——分层铺土、耙平——分层夯实——检验密实度——修整找平验收。

（2）填埋顺序　先填石方，后填土方；先填底土，后填表土；先填近处，后填远处。

（3）填埋方式

① 大面积填方应分层填土，一般每层30～50cm，一次不要填太厚，最好填一层就筑实一层。为保持排水，应保证斜面有3%的坡度。

② 在自然斜坡上填土时，为防止新填土方沿着坡面滑落，可先把斜坡挖成阶梯状，然后再填入土方，这样就增强了新填土方与斜坡的咬合性，以保证新填土方的稳定性（图1-50）。

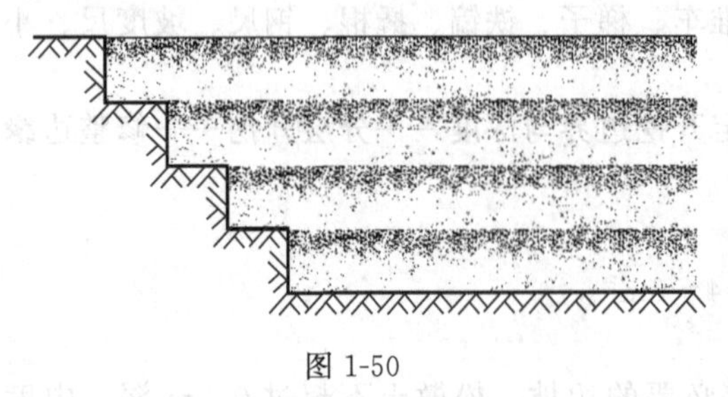

图1-50

③ 在填自然式山体时，应以设计的山头为中心，采用螺旋式分路上土法，运土顺循环道路上填，每经过全路一遍，便顺次将土卸在路两侧，空载的车（人）沿线路继续前行下山，车（人）不走回头路，不交叉穿行。这不仅合理组织了人工，而且使土方分层上升，土体较稳定，表面较自然（图1-51）。

④ 在堆土做陡坡时，要用松散的土堆出陡坡是不容易的，需要采取特殊处理。可以用袋装土垒砌的办法，直接垒出陡坡，其坡度可以做到200%以上。土袋不必装得太满，装土70%～80%即可，这样垒成陡坡

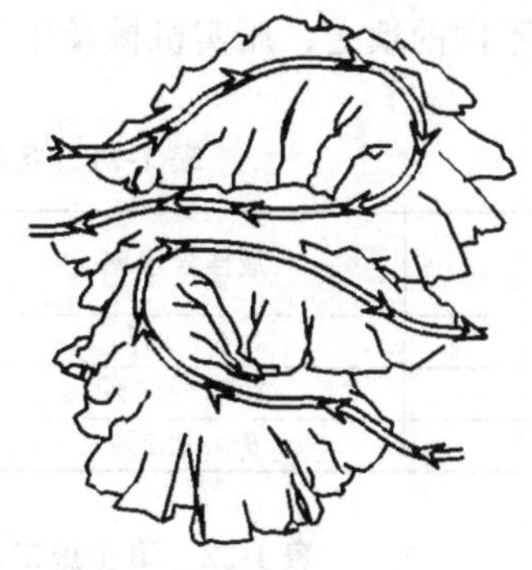

图 1-51

更为稳定。袋子可选用麻袋、塑料编织袋或玻璃纤维布袋。袋装土陡坡的后面，要及时填土夯实，使两者结成整体以增强稳定性。陡坡垒成后，还需要湿土对坡面培土，掩盖土袋使整个土山浑为一体。坡面上还可栽种须根密集的灌木或培植山草，利用树根和草根将坡土紧固起来（图 1-51）。

⑤ 土山的悬崖部分用泥土堆不起来，一般要用假山石或块石浆砌做成挡土石壁，然后在背面填土，石壁后要有一些长条形石条从石壁伸入山体中，形成狗牙槎状，以加强山体与石壁的连接，增强石壁的稳定性。砌筑时，石壁砌筑 1.2～1.5m，应停工几天，待水泥凝固硬化，并在石壁背面填土夯实之后，才能继续向上砌筑崖壁（图 1-52）。

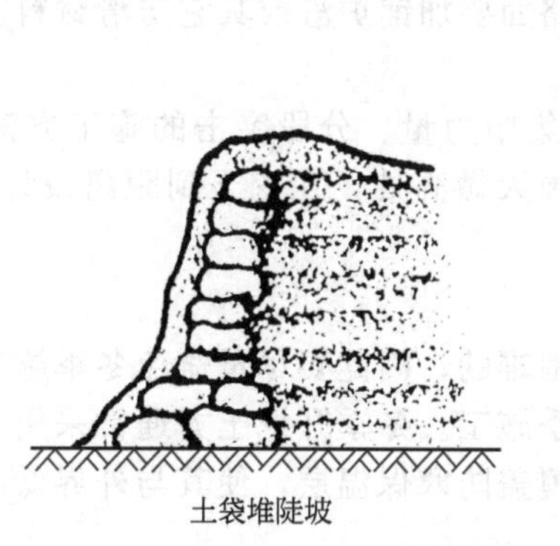

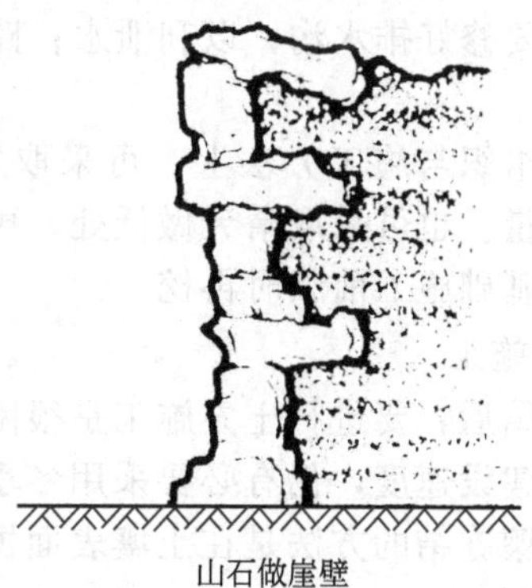

图 1-52

4. 压实

土方压实分为人力和机械两种。人力夯实可采用木夯、石硪、铁硪、滚筒、石碾等工具。一般 2 人或 4 人为一组。这种方式适用于面积较小，且机械压实不到的填方区。机械夯实所用机械为碾压机、电动震夯机、拖拉机带动的铁碾等。此方式适合于面积较大的填方区。园林常用的小型夯实机械有内燃夯、蛙式夯等。

土方夯实应注意以下几点：

(1) 为保证土壤相对稳定，压实要求均匀。

(2) 填方时必须分层堆填，分层碾压夯实，否则会造成土方上紧下松。

(3) 注意土壤含水量，过多过少都不利于夯实。为了保证土壤的压实质量，土壤应该具有最佳含水率（表 1-21）。如果土壤过分干燥，需先洒水湿润后再进行夯实。

(4) 自边缘向中心打夯，否则边缘土方外挤易引起坍落。

(5) 打夯应先轻后重。先轻打一遍，使土中细粉受震落下，填满下层土粒间的空隙；然后再加重打压，夯实土壤。

(6) 应根据不同的填土、压实机械及压实密度要求等来确定其填土压实的遍数(表 1-22)。

表 1-21 各种土壤最佳含水率

土壤名称	最佳含水率	土壤名称	最佳含水率
粗砂	8%～10%	黏土质砂质黏土和黏土	20%～30%
细砂和黏质砂土	10%～15%	重黏土	30%～35%
砂质黏土	6%～22%		

表 1-22 填土施工时的分层厚度及压实遍数

压实机具	分层厚度/mm	每层压实遍数	压实机具	分层厚度/mm	每层压实遍数
平碾	250～300	6～8	蛙式打夯机(柴油)	200～250	3～4
振动压实机	250～350	3～4	人工打夯	<200	3～4

5. 土方工程的雨季施工

大面积土方工程施工，应尽量在雨季前完成。如要在雨季时施工，则必须要掌握当地的气象变化，从施工方法上采取积极措施。

(1) 在雨季施工前要做好必要的准备工作　雨季施工中特别重要的问题是：要保证挖方、填方及弃土区排水系统的完整和通畅，并在雨季前修成，对运输道路要加固路基，提高路拱，路基两侧要修好排水沟，以利泄水；路面要加铺炉渣或其它防滑材料。并要有足够的抽水设备。

(2) 在施工组织与施工方法上，可采取集中力量、分段突击的施工方法，做到随挖随填，保证填土质量。也可采取晴天做低处，雨天做高处，在挖土到距离设计标高 20～30cm 时，预留垫层或基础施工前临时再挖。

6. 土方冬季施工

冬季土壤冻结后，要进行土方施工是很困难的，因此要尽量避免冬季施工。但为了争取施工时间，加快建设速度，仍有必要采用冬季施工。冬季开挖土方通常采用下面措施。

(1) 防止土壤冻结的方法是在土壤表面覆盖防寒保温层，使其与外界低温隔离，免遭冻结。具体方法如下。

① 机械开挖　冻土层在 25cm 以内的土壤可用 0.5～1.0m^3 单斗挖土机直接施工，或用大型推土机和铲运机等综合施工。

② 松碎法　可分人工与机械两种。人工松碎法适合于冻层较薄的砂质土壤、砂黏土及植物性土壤等，在较松的土壤中采用撬棍，比较坚实的土壤用钢锥。在施工时，松土应与挖运密切配合，当天松破的冻土应当天挖运完毕，以免再度遭受冻结。

③ 爆破法　适用于松解冻结厚度在 0.5m 以上的冻土。此法施工简便，工作效率高。

④ 解冻法　方法很多，常用的方法有热水法、蒸汽法和电热法等。

(2) 冬季土方施工的运输与填筑　冬季的土方运输应尽可能缩短装运与卸车时间，运输道路上的冰雪应加以清除，并按需要在道路上加垫防滑材料，车轮可装设防滑链，在土壤运输时须加覆盖保温材料以免冻结。

冬季回填土壤，除应遵守一般土壤填筑规定外，还应特别注意土壤中的冻土含量问题，除房屋内部及管沟顶部以上 0.5m 以内不得用冻土回填外，其它工程允许冻土的含量，应视工程情况而定，一般不得超过 15%～30%。

第四节　土工构筑物

园林土方工程主要包括山体、水体的开挖，路基的平整以及地形的堆筑等，在这些过程中涉及到地形挖填方护坡、挡土墙、堤坝等构筑物，这些构筑物对于确保地形稳定、减少水土流失、防止边坡滑坡等有着极其重要的作用。

一、挡土墙工程

挡土墙是能承受侧向压力，防止土坡坍塌的构筑物，广泛地用于房屋地基、堤岸、码头、河池岸壁、路堑边坡、桥梁台座、水榭、假山、地道地下室等工程中。广义地讲，园林挡墙包括园林内所有能够起阻挡作用，以砖石、混凝土等实体性材料修筑的竖向工程构筑物。根据其所处位置和功能作用不同，园林挡墙又可分为挡土墙、驳岸和景墙等。

（一）园林挡土墙类型与构造

1. 重力式挡土墙

重力式挡土墙依靠墙体自重取得稳定，在构筑物的任何部分都不存在拉应力。砌筑材料大多为砖砌体、毛石和不加钢筋的混凝土，是园林中常用的方式，见图 1-53。

2. 悬臂式挡土墙

悬臂式挡土墙断面通常作 L 型或倒 T 型，墙体材料都用混凝土。墙高不超过 9m 时都比较经济。3.5m 以下的低矮悬臂墙，可以用标准预制构件或者预制混凝土块加钢筋砌筑而成。根据设计要求，悬臂的脚可以向墙内一侧、墙外一侧或者墙的两侧伸出，构成墙体下的底板。如果墙的底板深入墙内侧，处于它所支撑的土壤下面，则利用了底板上面土壤的压力，使墙体自重增加，可更加稳固墙体，见图 1-54。

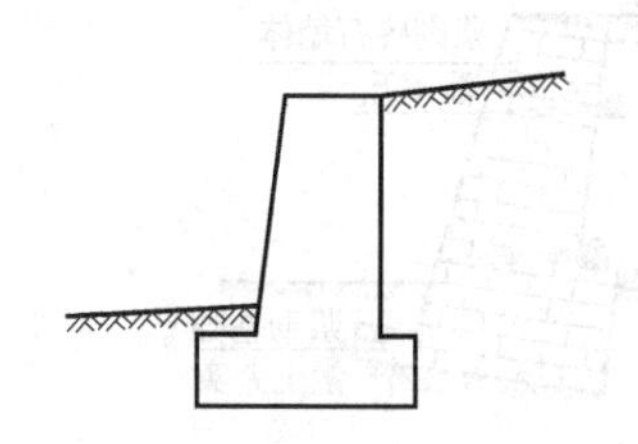
图 1-53　重力式挡土墙

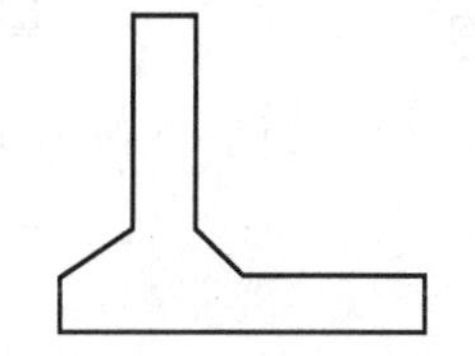
图 1-54　悬臂式挡土墙

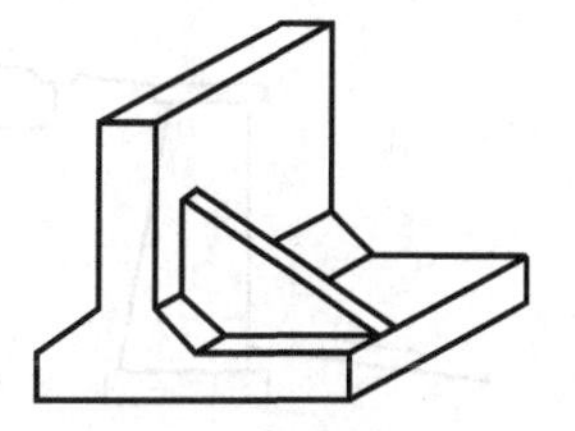
图 1-55　扶跺式挡土墙

3. 扶跺式挡土墙

当悬臂式挡土墙设计高度大于 6m 时，在墙后加设扶跺，连接墙体和墙下底板，扶跺间距为 1/2～2/3 墙高，但不小于 2.5m。这种加了扶跺壁的悬臂式挡土墙，称为扶跺式挡土墙。扶跺壁在墙后称为后扶跺壁；若在墙前设扶跺壁，则叫前扶跺墙，见图 1-55。

4. 桩板式挡土墙

将预制钢筋混凝土桩排成一行插入地面，桩后再横向插下钢筋混凝土栏板，栏板之间以企口相连接，这就构成了桩板式挡土墙。这种挡土墙的结构体积最小，也容易预制，而且施工方便，占地面积也最小。

5. 砌块式挡土墙

按设计的形状和规格预制混凝土砌块，然后用砌块按一定花式做挡土墙，这种挡土墙的高度在 1.5m 以下为宜。砌块一般是实心的，也可做成空心的。但孔径不能太大，否则挡土墙的挡土作用就降低了。用空心砌块砌筑的挡土墙，还可以在砌块空穴里填充营养土，并播种花卉或草籽，待花草长出后，形成一道生趣盎然的绿墙或花卉墙。这种与花草种植结合一体的砌块式挡土墙，被称为“生态墙”。

此外砌块式挡土墙的用材还包括自然块石。在坡度较陡的土山坡地常散置山石堆砌护坡，这些山石能够阻挡和分散地面径流，降低地面径流的流速从而减少水土流失。在坡度更陡的山上往往开辟成自然式台地，采用山石做挡土墙。

（二）挡土墙排水

1. 地面封闭处理

在墙后地面上根据各种填土及使用情况采用不同的地面封闭处理以减少地面渗水。在土壤渗透性较大而又无特殊使用要求时，可作 20～30cm 厚夯实黏土层或种植草皮封闭，还可采用胶泥、混凝土或浆砌毛石封闭。

2. 设地面截水明沟

在地面设置一道或数道平行于挡土墙的明沟，利用明沟纵坡将降水和上坡地面径流排除，减少墙后地面渗水。必要时还要设纵、横向盲沟，力求尽快排除地面水和地下水，见图 1-56。

3. 内外结合处理

在墙体之后的填土之中，用乱毛石做排水盲沟，盲沟宽不小于 50cm。经盲沟截下的地下水，再经墙身的泄水孔排出墙外。泄水孔一般宽 20～40mm，高以一层砖石的高度为准，在墙面水平方向上每隔 2～4m 设一个，竖向上则每隔 1～2m 设一个。混凝土挡土墙可以用直径为 5～10cm 的圆孔或用毛竹竹筒做泄水孔。有的挡土墙由于美观上的要求不允许墙面留泄水孔，则可以在墙背面刷防水砂浆或填一层厚度 50cm 以上的黏土隔水层，并在墙背面盲沟以下设置一道平行于墙体的排水暗沟。暗沟两侧及挡土墙基础上面用水泥砂浆抹面或沥青砂浆做隔水层，或做一层黏土隔水层。墙后积水可以通过盲沟、暗沟再从沟端被引出墙外，见图 1-57。

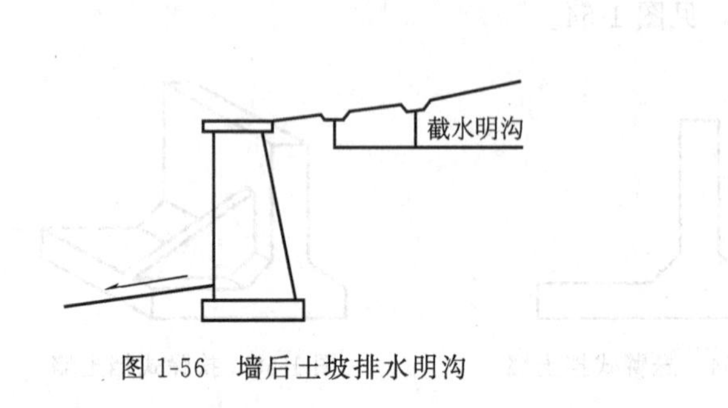

图 1-56　墙后土坡排水明沟

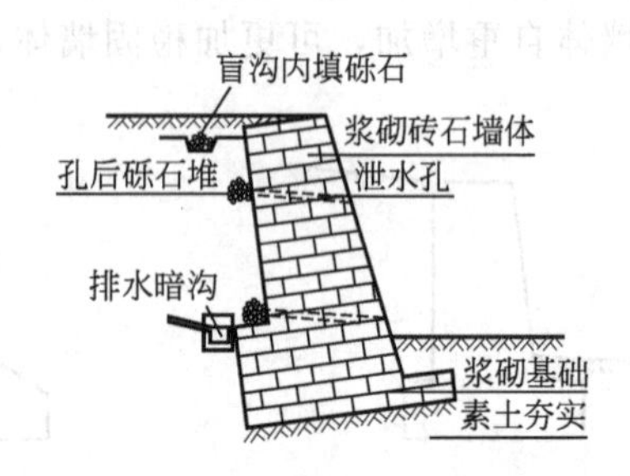

图 1-57　墙后排水盲沟和暗沟

（三）挡土墙施工

砖石挡土墙属于砌体工程，包括砌砖和砌石。砖石结构有许多优点，如取材易，施工方便，造价低，可节约钢材、木材和水泥，耐火、隔热、隔声性能好等。同时，它也存在一些缺点，如砖石结构强度低、自重大、抗展性能差等。

1. 施工准备

（1）材料

① 石料　应符合设计规定的类别和标号，石质应均匀，不易风化、无裂痕。

② 片石　一般用爆破或楔劈法开采石块，厚度 20～30cm，宽度为厚度的 1～1.5 倍，长度为厚度的 1.5～3 倍（如有锋棱锐角，应敲掉），块石作镶面时，应将外露面稍加修凿。

③ 粗料石　由岩层或大块石料开劈并经粗略修凿而成。应外形方正，成六面体，厚度 20～30cm，宽度为厚度的 1～1.5 倍，长度为厚度的 2.5～4 倍，表面凹陷深度不大于 2cm。

加工镶面粗料石时，丁石长度应比相邻顺石宽度至少大15cm。修凿面每10cm长须4～5条线纹，侧面应与外路面垂直，下面凹陷深度不超过1.5cm。镶面粗料石的外路面如细凿边缘时，细凿边缘的宽度应为3～5cm。

④ 砂浆　砂浆中所用水泥、砂、水等材料质量标准应符合混凝土工程相应材料质量标准。砂宜用中粗砂，当缺乏中砂及粗砂时，在适当增加水泥用量的基础上，也可采用细砂。同时，砂浆的配合比应由实验确定，拌制砂浆采用重量法配料。另外，砂浆必须具有良好的和易性，必须随拌随用，保持适宜的稠度，一般宜为3～4h内使用完毕，气温超过30°时，宜在2～3h内使用完毕。

⑤ 小石子混凝土　小石子混凝土的配合比设计、材料规格和质量检验标准同混凝土的有关规定。粗骨料可采用细砾石或碎石，最大粒径不超过2cm。小石子混凝土应有良好的和易性，坍落度宜为5～7cm（片石砌体）或7～10cm（块石砌体）。

(2) 主要机具设备及工作条件　主要机具有：混凝土搅拌机、砂浆拌和机、插入式振动器、运输车辆等。

工作条件：按规范及图纸要求进行施工测量，对施工现场进行清理、整平压实。墙基础直接置于天然地基上时，如有渗透水应及时排除，以免基础在砂浆初凝前遭水侵害。

2. 砌体施工

(1) 砖石砌体施工流程　砖砌体施工流程见表1-23。

表1-23　砖砌体施工流程表

施工流程	管理项目	施工管理方法		管理的要点	准备文件
		监督人	现场代理人		
准备	1. 施工位置的确认	确认	确认	根据设计图，测定并核对位置	根据需要编制施工图(施工计划书)
	2. 不同施工方法的工程量	确认	确认	根据设计图纸计算不同施工方法(装饰性混凝土砌块垒砌或砖砌)的工程量，并加以确认	
材料	3. 装饰式混凝土砌块、砖块	确认	确认	依据标准，确认规格尺寸； 确认裂损等质量问题；确认数量	各种质量证明书材料调拨申请
	4. 砂浆材料	确认	确认	确认数量；确认质量	
	5. 钢筋	确认	确认	确认形状尺寸和数量	
施工	6. 基础工程：挖掘基槽	确认	确认	确认水平 确认基槽挖掘量(距离、宽度、深度)	根据需要编制配筋分项图，根据施工规模，现场采取试验及压缩强度试验报告书
	7. 基础工程：基础地面作业	确认	确认	确认距离、宽度、厚度； 确认砾石充填材料的填充和捣固状况	
	8. 基础工程：模板	确认	确认	确认材质； 确认形状尺寸； 确认污垢和垃圾的附着情况及剥离剂的涂布状况	
	9. 配筋	确认	确认		
	10. 基础工程：基础混凝土的浇筑	确认	确认	根据设计图纸确认配置状态； 确认钢筋相互的结合状态； 确认浇筑方法； 确认捣固状况	
	11. 放线	确认	确认	确认龙门桩的位置； 确认形状	
	12. 垒砌	确认	确认	确认铺砌砂浆、充填砂浆的配合及拌和状态；确认铺砌砂浆及砂浆充填的施工方法；确认砖块的吸水状况；确认并遵守每天的垒砌高度和垒砌层数(1.20mn/日)	
完成	13. 完工形状	确认	确认	计测并确认不同施工方法的完工数量从美观的角度出发确认完工状态(特别要注意接缝的施工情况和污垢等)	完成形状管理图

（2）石砌体施工流程　石砌体施工流程见表 1-24：

表 1-24　石砌体施工流程

施工流程	管理项目	施工管理方法		管理的要点	准备文件
		监督人	工长		
准备	1. 施工位置的确认	确认	确认	根据设计图测定位置，进行核对；在建筑用地边界部位确认界线；	施工计划书根据需要编制施工图
	2. 编制不同施工方法的工程量及设计图	确认	确认	根据设计图纸，计算出不同施工方法的工程量，进行设计	
材料	3. 石材的形状、尺寸	确认	确认	计算宽度、长度、厚度、备用长度等	石材产地证明书
	4. 石材的材质（质量）	确认	确认	观察规格、制品、质量，注意裂缝、缺陷等	
	5. 不同材料的数量	确认	确认	确认不同石材的需要量	
	6. 基础材料和内侧装填材料	确认	确认	确认材质、粒径、数量	骨料各种试验表
	7. 混凝土材料和灰浆材料	确认	确认	确认质量、数量	混凝土配合报告书，不同场合的试验搅拌及其试验报告书，灰浆（水泥砂）的质量证明书
	8. 排水材料	确认	确认	确认材质、尺寸，数量	
施工	9. 挖方、挖槽、掘削			确认龙门桩； 计测基槽挖掘（距离、宽度、深度）	
	10. 基础作业	确认	确认	确认块石的铺设和捣固状况；确认基础的厚度，以及砾石填充材料的填塞状态	
	11. 堆砌方法	确认	确认	确认间隙处理状态； 确认合缝及堆砌形状是否正确，计测施工量	

二、花坛砌体

花坛具有很强的装饰性，可作为主景，也可作为配景。根据它的外部轮廓造型与形式，可分为独立花坛、组合花坛、立体花坛、异型花坛等。

独立花坛以单一的平面几何轮廓作为局部构图主体，在造型上相对独立，如方形、圆形、三角形、正六边形等。组合花坛是由两个以上的个体花坛在平面上组合成一个不可分割的构图整体，组合花坛的构图中心可以采用独立花坛，也可以是水池、喷泉、雕塑等，其内部可以做铺装或道路供人通行。立体花坛是有两个以上的花坛叠加、错位等在立面上形成具有高低变化及统一协调的外形。

花坛在布局上，一般设在道路的交叉口，公共建筑的正前方或园林绿地的入口处以及在广场中央，是游人视线的交汇处，构成视觉中心。花坛的平、立面造型应根据所在园林空间环境特点、尺度大小、拟栽花木生长习性和观赏特点来定。

花坛一般以砖石砌体做壁，顶部和外侧以各种方式装饰，见图 1-58。

（一）花坛砌体材料

花坛砌体材料常用的有烧结普通砖、料石、毛石、卵石等，用砂浆砌筑。

（1）烧结普通砖　以黏土、页岩、煤矸石、粉煤灰为主要原料，经焙烧而成，尺寸为 240mm×115mm×53mm。因其尺寸全国统一，故也称标准砖。

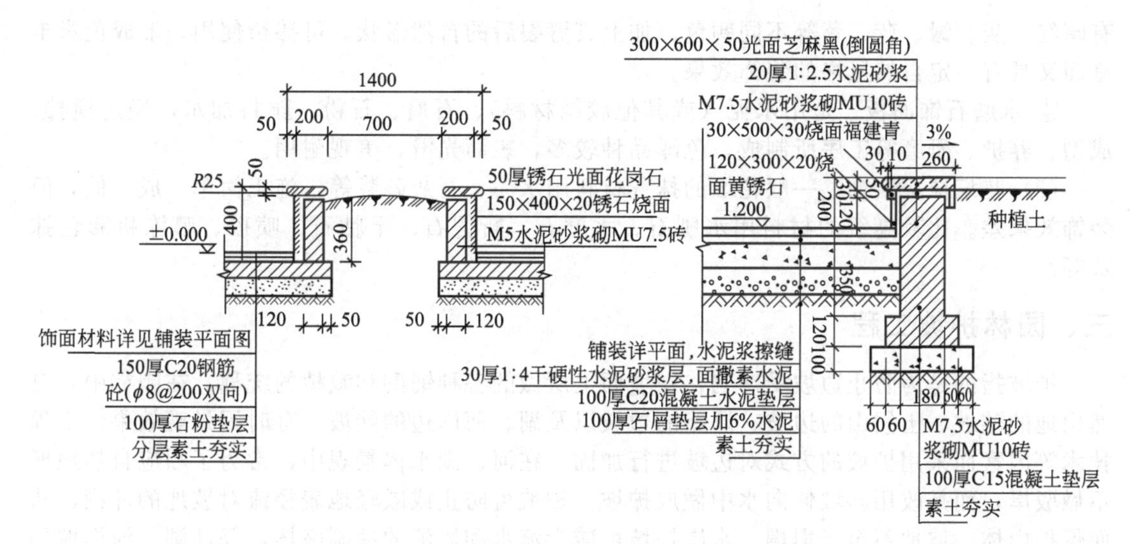

图 1-58　花坛结构

(2) 石材　石材的抗压强度高，耐久性好。其强度等级可分为：MU200、MU150、MU100、MU80、MU60、MU50 等。石材按其加工后的外形规则程度可分为料石和毛石。

料石也叫条石，由人工或机械开采的较规则的六面体石块，经人工略加凿琢而成，依其表面加工的平整程度分为毛料石、粗料石、半细料石和细料石四种。料石常由砂岩、花岗石、大理石等质地比较均匀的岩石开采琢制，至少有一个面的边角整齐，以便互相合缝，主要用于墙身、踏步、地坪、挡土墙等。粗料石部分可选来用于毛石砌体的转角部位，控制两面毛石墙的平直度。

毛石由人工采用撬凿法和爆破法开采，由于岩石层理的关系，往往可以获得相对平整和基本平行的两个面。它适用于基础、勒脚、一层墙体、挡土墙、护坡、堤坝等。

(3) 砂浆　砂浆由骨料（砂）、胶结料（水泥、石灰）、掺和料（石灰膏）和外加剂（如微沫剂、防水剂、抗冻剂）加水拌合而成，分为水泥砂浆、混合砂浆、石灰砂浆和防水砂浆。

（二）花坛表面装饰

花坛表面装饰应与园林的风格协调，色调或淡雅、或端庄，在质感上或细腻、或粗犷，与花坛内的植物相得益彰。

(1) 花坛贴面材料装饰　用装饰材料镶贴到花坛表层的一种装饰方法。常用的装饰材料有饰面砖、花岗岩饰面板、青石板和水磨石饰面板等，还常用一些不同颜色、不同大小的卵石来贴面。

① 饰面砖　适合于花坛饰面的砖有：外墙面砖（墙面砖），其一般规格为 200mm×100mm×12mm、150mm×75mm×12mm、75mm×75mm×8mm、108mm×108mm×8mm 等，表面分有釉和无釉两种。

陶瓷锦砖（马赛克），是以优质瓷土烧制的片状小瓷砖拼成各种图案贴在墙上的饰面材料。

玻璃锦砖（玻璃马赛克），是以玻璃烧制而成的小块贴于墙上的饰面材料，有金属透明和乳白色、灰色、蓝色、紫色等多种花色。

② 花岗岩饰面板　用花岗岩荒料经锯切、研磨、抛光及切割而成。表面处理方式有：机剁、机刨、火烧、粗磨、磨光等形式。

③ 青石板　系水成岩，材质软，易风化，其材性纹理构造易于劈裂成面积不大的薄片，

有暗红、灰、绿、蓝、紫等不同颜色，加上其劈裂后的自然形状，可掺杂使用，形成色彩丰富而又具有一定自然风格的装饰效果。

④ 水磨石饰面板　是用水泥（或其他胶结材料）、石屑、石粉、颜料加水，经过搅拌、成型、养护、研磨等工序所制成，色泽品种较多，表面光滑，美观耐用。

（2）花坛抹灰装饰　一般花坛的抹灰材料用水泥、石灰砂浆等，施工简单，成本低，但装饰效果差。比较高级的材料用水刷石、水磨石、斩假石、干粘石、喷砂、喷涂机彩色抹灰等。

三、园林护坡工程

护坡指的是为防止边坡受冲刷，在坡面上所做的各种铺砌和栽植的统称。在园林中，自然山地的陡坡、土假山的边坡、园路的边坡以及湖、河岸边的陡坡，有时因景观效果、工程技术等因素而采用护坡的方式对边坡进行加固。在河、湖水体景观中，常为了顺应自然地形不做驳岸，而是改用斜坡伸向水中做成护坡。护坡可防止或减轻地表径流对坡地的冲刷，从而保护山体、坡地不至于坍塌。水岸护坡可减少流水和风浪的冲刷破坏，保证湖、河岸坡的稳定。在园林绿地中，常见的护坡主要有以下几种。

1. 块石护坡

在岸坡较陡、风浪较大时，或因造景的需求，在园林中常使用块石护坡。护坡的石料，最好选用石灰岩、砂岩、花岗岩等比重大、吸水率小的石材。块石护坡应有足够的透水性以减少土壤从护坡上面流失，同时在寒冷地区块石护坡还应考虑石块的抗冻性。

块石护坡因做法不同可分为单层块石护坡和双层铺石护坡。

（1）单层块石护坡　当水面较小，护面高度在1m左右时，采用这种块石护坡形式，见图1-59。单层块石护坡构造比较简单，护坡可用条石、块石或大卵石砌筑，坡脚支撑也可用单层块石砌筑。如需增加坡面的透水性能，在流速不大的情况下，块石可砌筑在沙层、砾石层上，否则以碎石层作为倒滤层。如单层铺石厚度为20～30cm时，垫层厚度可采用15～25cm。

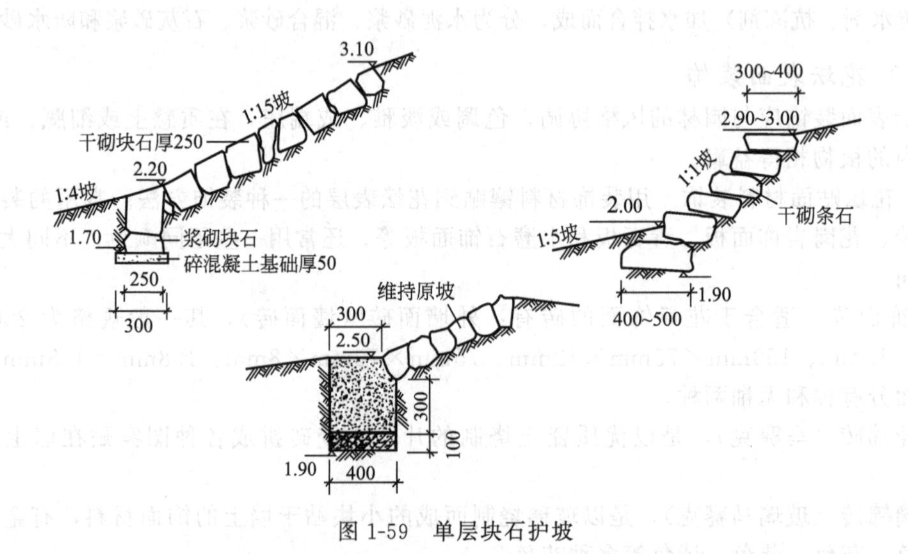

图1-59　单层块石护坡

（2）双层铺石护坡　当水面较大，坡面较高，一般在2m以上时，采用这种块石护坡形式，见图1-60。双层铺石护坡采用双层铺石的结构，上层铺石30cm，下层铺石20～30cm，砾石、碎石垫层10cm。坡脚用大石块或混凝土做挡板，防止铺石下滑，挡板的厚度应该是铺石最厚处的 1.33 倍，宽 0.3～1.5m。

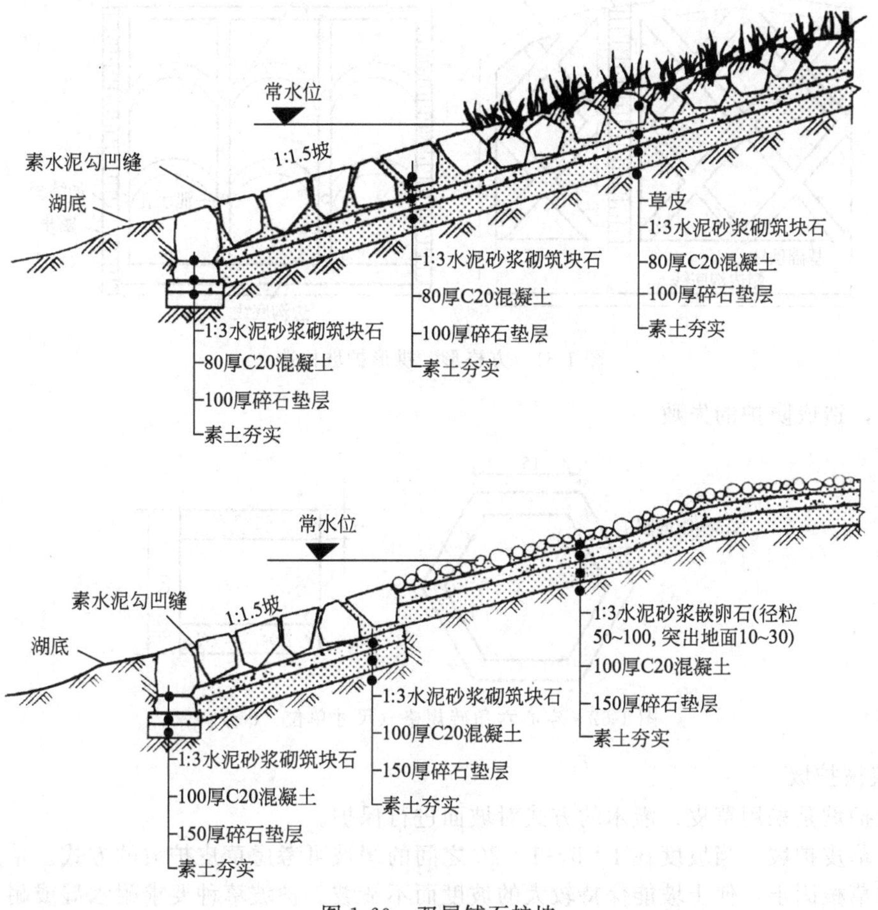

图 1-60　双层铺石护坡

2. 骨架护坡

骨架护坡是指用浆砌片石或钢筋混凝土在坡面形成骨架，骨架内填土铺草皮、喷播植草（可用三维植被网、土工格室固土）、栽植苗木等方法形成的护坡技术。骨架框格覆盖在陡坡坡面上，起到固定坡面、防止坍塌的作用；草皮、灌木以及少量乔木则起到防止坡面水土流失的作用。骨架护坡既能有效地固定陡坡，减小地表径流对坡体的冲刷，防止坡体滑坡，又能通过种植植物加固坡体增强景观效果及生态功能，是一种较好的护坡形式。当坡面较高、坡度较大的时候，采用这种护坡方式较好。

浆砌片石骨架护坡，按浆砌片石形状的不同可以分为方格形、拱形、人字形等，见图 1-61。

钢筋混凝土框架护坡是在边坡上现浇钢筋混凝土框架或将预制件铺设于坡面形成框架，框架用锚杆固定，在框架内回填客土并采取措施让客土固定于框架内，然后在框架内种植植物以达到美化、固定坡面的作用。它同浆砌片石骨架护坡类似，区别在于钢筋混凝土框架与锚杆联合使用对坡面的固定作用更强。

钢筋混凝土框内客土固定的方法很多，常用的有在框架内铺空心六角砖，砖内填土植草。该方法使客土有很强的稳定性，能抵抗雨水的冲刷，适用于坡率达到 1∶0.3 的土质边坡。常用的空心六角砖的规格如图 1-62 所示。空心砖植草也可单独应用，主要用于低矮路堤边坡或桥梁锥坡的防护、一般边坡坡率不超过 1∶1，高度不超过 10m，否则易引起空心

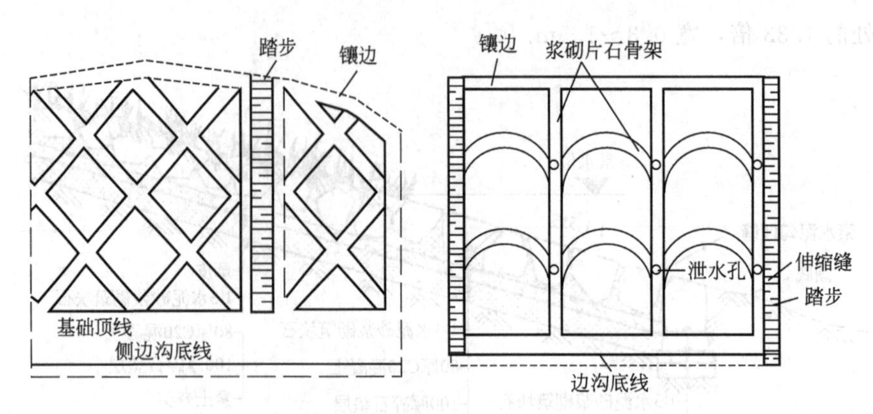

图 1-61　方格形、拱形护坡构造

砖的滑塌，造成防护的失败。

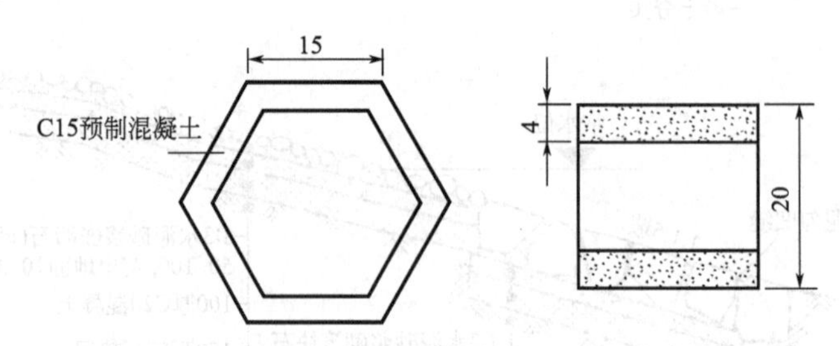

图 1-62　空心六角砖规格（尺寸单位：cm）

3. 植被护坡

植被护坡是采用草皮、灌木的方式对坡面进行保护。

（1）草皮护坡　当坡度在 1∶5～1∶20 之间的缓坡可考虑草皮护坡的方式。草皮护坡利用土中的草根固土，使土坡能保持较大的坡度而不滑坡。护坡草种要求耐水湿或耐干旱、根系发达、生长快、生命力强，如百喜草、假俭草、狗牙根等。

（2）灌木护坡　灌木护坡较适合于水面平缓的坡岸或者坡度不大的山体。部分灌木具有韧性强、根系发达、耐水湿的特点，能削弱风浪和水的冲击力，减少对岸坡的冲刷，因而护岸的效果较好。有时也在园林坡地上种植模纹花坛或群植灌木，既能美化坡地，又起到护坡的作用。护坡灌木应具备速生、根系发达、抗性强、生命力强等特点。

一般而言，植被护坡的坡面构造从上到下为植被层、坡面根系表土层以及底土层。采用草皮护坡方式的，植被层厚度 15～45cm；采用草花的护坡方式，植被层厚度 25～60cm；采用灌木的护坡方式，植被层厚度 45～180cm。在设计中，一般选用须根系的植物，其护坡固土作用较好。表土层处理：用草皮护坡和草花护坡时，坡面保持斜面即可。若坡度太大，达到 60 度以上时，坡面土壤应该先整细拍实，然后用护坡网等对土层进行加固处理，最后再撒播草种或种植草花，陡坡铺草皮要用竹、木桩固定，见图 1-63。用灌木护坡，坡面较大则可先整理成小型阶梯状，以方便种植灌木和积蓄雨水。有时坡度较大，为了避免地表径流直接冲刷陡坡坡面，在坡顶部顺着等高线设置一条截水沟，起到拦截雨水的作用。坡面的底土一般应拍打结实，坡度较缓时也可不作任何处理。

4. 三维植被网护坡

三维植被网是以热塑性树脂为原料，经挤压、拉伸等工序形成相互缠绕、接点上相互熔和、底部为高模量基础层的三维立体网垫。三维植被网的基础层由 1～3 层经双向拉伸处理后得到的均匀的方形网格组成，拉伸后的方形网格质轻、丝细且均匀，具有很好的适应坡面

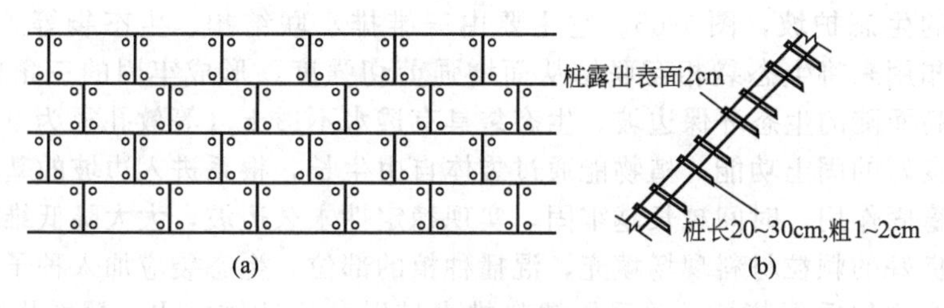

图 1-63 铺草皮护坡

变化的贴伏性能，三维植被网的上部为1～3层网包层，上下两层结构的复合即形成三维植被网垫。如图1-64，为一种三维植被网结构，其基础层和网包层均为双层，基础层是一种经双向拉伸后的平面网，以稳定三维植被网的尺寸和形状；网包层是一种经热变形后呈有规律波浪形的凹凸网。双层基础层和双层网包层的网格经纬线各自要平行排列，但两者之间要交错排列，一般设计为45度角。粘结点设计在基础层和网包层的经纬线交叉点处，以提高粘结性能。

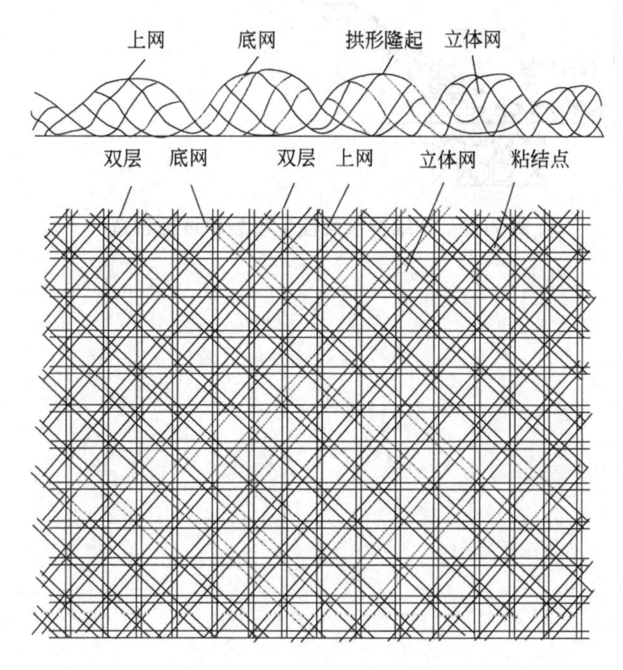

图 1-64 三维植被网结构

三维植被网护坡利用植物结合土工合成材料等工程材料，在坡面构建一个具有自身生长能力的防护系统，通过植物的生长对边坡进行加固。其作用一是在一定的厚度范围内，增加土壤的机械稳定性能；二是三维网与植物根系连接在一起，形成一个板块结构（相当于表层土壤加筋），从而增加防护层的抗张强度和抗剪强度，限制边坡浅表层滑动和隆起的发生。在草皮护坡易遭受强降雨或常年坡面径流形成冲沟、浅层失稳和滑塌等问题时，使用三维植被网护坡可以有效地固定土壤。

5. 三维排水生态袋护坡

三维排水生态袋护坡是一种新兴的护坡工艺。这种复合稳定的生态边坡，让水土保持与绿化一次完成，是生态、环保、节能与柔性结构四位一体的边坡防护建设新技术，具有良好的生态绿化效应，可有效防止水土流失，创造植物生长基层，促进植物生长。

三维排水柔性生态袋护坡是一种采用“三角内摩擦紧锁结构＋三维排水＋植被根系”构

建的复合稳定的生态护坡，图 1-65。它主要由三维排水联结扣、生态袋等工程组件构成。三维排水联结扣用来将生态袋相互联结从而增强剪切强度，形成牢固的三角内摩擦紧锁结构，可以建造高而陡的生态环保边坡。生态袋具有透水不透土（等效孔径为 0.20mm）的过滤功能，具有良好的固土功能，植物能通过袋体自由生长，根系进入边坡的基层土壤中，像无数锚杆完成稳固作用，时间越长越牢固，实现稳定性永久边坡，大大降低维护费用。生态袋内采用级配良好的颗粒材料现场填充，混播种植的部位，生态袋应加入种子，与基肥或复合肥、土壤混合均匀后再装填，并采用塑料排水带以利边坡体排水，塑料排水带梅花状布置，1 根/4 平方米。生态护坡底层将生态袋垂直坡面摆放作为基础，与抛石层结合。

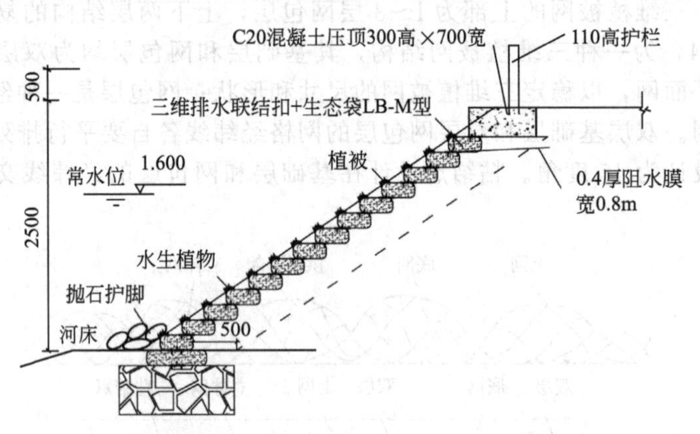

图 1-65　三维排水柔性生态袋护坡的构造

第二章
园路工程

园路是园林的重要组成部分，它像人体的脉络一样贯穿全园，形成完善的交通网络，是联系各个景区和景点的纽带与风景线。园路的规划布置，往往反映出不同的园林面貌和风格。同时，园路本身又是园林的造景要素，它蜿蜒起伏、寓意丰富，精美的铺地图案，给人以美的享受。在我国古典园林中，铺地多以砖、瓦、卵石、碎石片等组成各种图案，具有雅致、朴素、多变的风格，形成了我国园林艺术的一大特色。近年来新技术、新工艺的发展以及新材料的应用，如彩色水泥混凝土路面、彩色沥青混凝土路面、透水透气路面等，都极大地促进了我国园林建设与发展步伐。本章园路工程主要讲述园路的线形、结构和铺装等的设计与施工。

第一节　园路功能与分类

一、园路的功能

在园林中，道路以线或面的形式构成贯穿全园的交通网，承担着组织交通的功能，同时，它又是划分和联系各景区和景点的纽带，也是组成园林风景的造景要素。因此无论在使用功能上，还是在景观功能方面，均有较高的要求。

1. 组织交通

园路主要解决人流、车流的交通集散，一方面对游客观光游览进行引导和集散，另一方面为园林建设、养护、管理提供运输通道。此外，公园运行中的一些日常工作，如安全、防火、职工生活等都需要园路来衔接。对于小型公园，观光和园务交通可综合考虑；对于大型公园，由于园务工作交通量大，需要设置专门的路线和出入口。

2. 划分组织空间

在园林中常常是利用地形、建筑、植物或道路把全园分隔成各种不同功能的景区，同时又通过园路，把各个景区联系成一个整体。道路构成园林的结构骨架，它结合其它造园要素来构成园林空间、格局和形态，将园林划分成多个大小不同、开合变化的空间，为创造丰富多变的景区奠定了空间基础。

3. 引导游览

园林不是设计一个个静止的“境界”，而是创作一系列运动中的“境界”，游人所获得的是连续印象所带来的综合效果。园路正是能起到组织园林的观赏顺序、向游客展示园林风景画面的作用，它能通过合理的布局，引导游客按照设计者的意图、路线和角度来游赏景物。从这个意义上来讲，园路是游客的“导游”。园路的引导体现在两个方面：首先，园路按一定的顺序，将各景区、景点连接起来，各景区、景点看似零散，实则以园路为纽带，通过有意识的布局，有层次、有节奏地展开，使游人充分感受园林艺术之美；其次，园路的线形是经过精心设计、合理安排的，使得遍布全园的道路网按设计意图把游人引导输送到各景区景点的最佳观赏位置，让游人以最佳观赏的视距、视角来欣赏园林景观。

4. 创造景观

园路优美的曲线，丰富多彩的路面铺装，能表达不同的主题立意与情感，强化视觉效果，使游人通过视觉产生心理效应和环境感受。园路与周围的山、水、建筑、花草、树木、石景等景物紧密结合，不仅“因景设路”，而且“因路得景”。

二、园路的分类

1. 按园路断面划分

（1）路堑型（街道式） 高出路面的立道牙位于道路边缘，路面低于两侧地面，一般利用路面排水（图 2-1）。

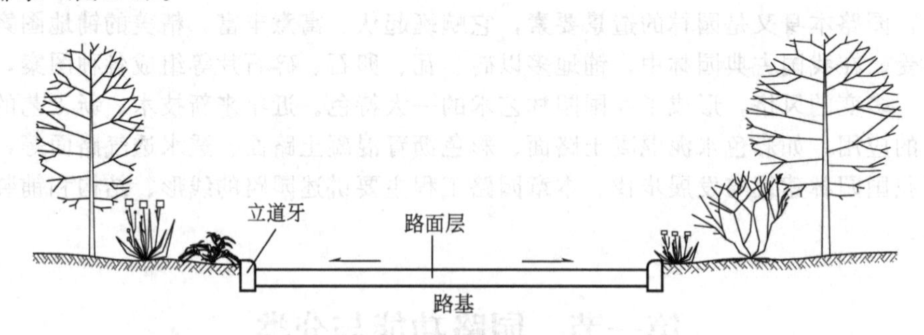

图 2-1 路堑型道路断面

（2）路堤型（公路式） 与路面齐平的平道牙位于路肩内侧，路面高于两侧地面，一般利用道路两边明沟排水（图 2-2）。

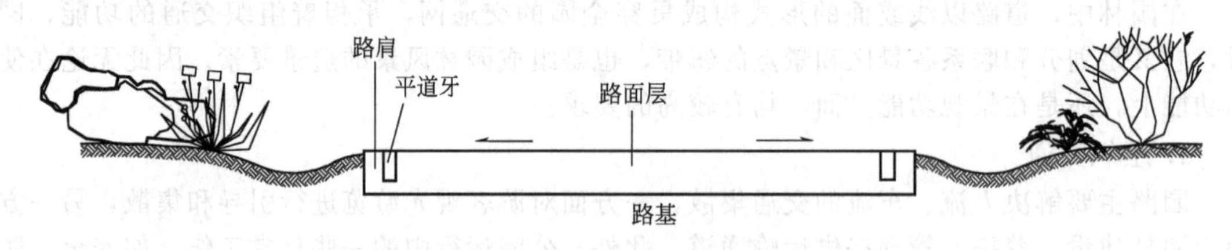

图 2-2 路堤型道路断面

2. 按路面材料划分

园路铺地类型多样，按使用材料和做法的不同可以分为整体路面、块料路面、碎料路面和特殊路面。但实践中，路面往往并不是仅采用一种材料和做法，而是多种材料和做法组合在一起，形成丰富多彩的园路。

（1）整体路面 整体路面是指整体浇筑、铺设的路面，常用水泥混凝土或沥青混凝土进行统铺。它平整、耐压、耐磨、整体性好，用于通行车辆或人流集中的公园主路。

（2）块料路面 块料路面是利用各种天然或人工块材铺筑的路面，包括各种强度高、质感好的天然石块、预制混凝土板、砖、陶瓷砖、木板、橡胶块等块料铺设的路面。它坚固、平稳、便于行走，图案的纹样和色彩丰富多彩，通过块材的大小、方向、色彩、质感等组合，更是变化多端，适用于公园步行路，或通行少量轻型车的地段。

（3）碎料路面 碎料路面是用小青砖、瓦片、碎石、卵石、碎瓷片等材料拼砌铺设的路面。它材料细小，可以拼合成各种精巧的图案，形成美丽的地纹。主要用于庭院和各种游憩、散步的小路。这种路面经济、古典、富有装饰性，传统的花街铺地就是这种类型。

（4）特殊路面 特殊路面指园林中的步石、汀步等异型路面。步石是草地上间断铺设的天然石块或人工预制砼块材路面。天然石块选用坚硬、耐磨损的石材，形状可以是规整方形，也可是不规则的自然形状；人工预制砼块材常预制成长方形、圆形、树桩形等，表面可处理成彩色、印花纹或仿木纹等形式。一般步石的数量不宜过多，块体不宜小于30～40cm，两块相邻块体的中心间距按人的步距来定，一般60cm左右为宜。步石易与自然环境协调，能取得轻松活泼的效果。汀步是在水面上设置的间断型步道，使游人可以平水而过。为了游人的安全，汀步用石不宜过小，间距不宜过大，块材中心间距比步石略小，一般50cm左右为宜，一般数量也不宜过多，适用于窄而浅的水面。

3. 按使用功能划分

（1）主路　主路是园内的主要道路，用于解决园林对外交通及景区之间的交通。从园林入口通向全园各主景区、中心广场、公共建筑、后勤管理区等，形成全园骨架和环路，组成游览和交通的主干路线。

（2）支路　支路是主要园路的辅助道路，用于解决景区内部交通，沟通景区内的景点和建筑。路宽依游人流量、景区功能及活动内容等因素而定。

（3）小路　小路是园路系统的最末梢，是供游人游览、休憩、散步的通幽曲径，可通达园林的各个角落。

第二节　园路铺装设计

一、铺装的空间作用和构图作用

1. 暗示游览的速度和节奏

园路与铺装的形状能影响行走的速度和节奏。路面越宽，运动的速度越缓慢。在较宽的路上，行人能随意停下观看景物而不妨碍旁人行走，而当路面较窄时，行人只能一直向前行走，几乎没有机会停留。

铺装图案具有动态的方向感和静态的停止感。当铺装具有方向性时，产生动感，暗示人的前行路线，引导行人继续行走；当铺装地面以相对较大、并且无方向性的形式出现时，暗示着一个静态停留空间的存在（图2-3）。

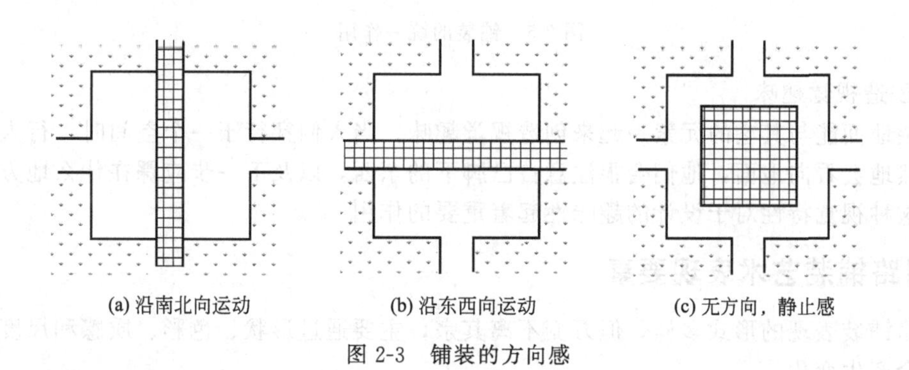

(a) 沿南北向运动　　(b) 沿东西向运动　　(c) 无方向，静止感

图2-3　铺装的方向感

2. 表现场所特性

铺装材料的变换能使行人辨认和区别出运动、休息、静坐、聚集及焦点等空间特性。如果改变铺装材料的色彩、质地，或铺装材料本身的组合，那么各空间的用途和特性的区别也由此而得到明确。实践证明，如果要使空间有所区别，则不同场地的铺装应在设计上有所变化。

3. 对空间比例的影响

在外部空间中，铺装地面能影响空间的比例，每一块铺料的大小以及铺砌形状的大小和间距等，都能影响铺装面的视觉比例。形体较大，较开展，会使一个空间产生一种宽敞的尺度感。而较小、紧缩的形状，则使空间具有压缩感和亲密感（图 2-4）。

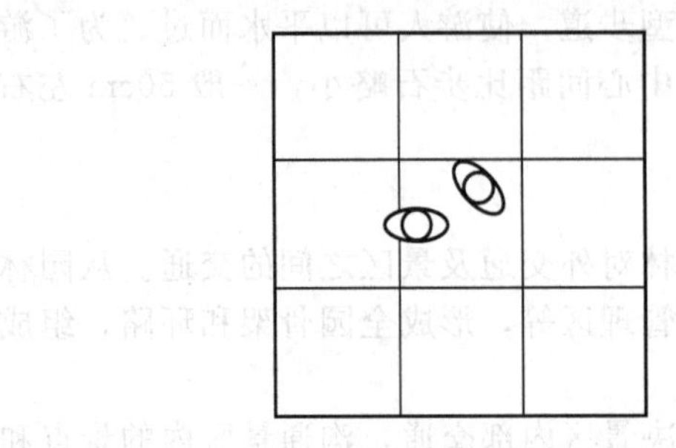

(a) 铺装图案使人感到尺度大

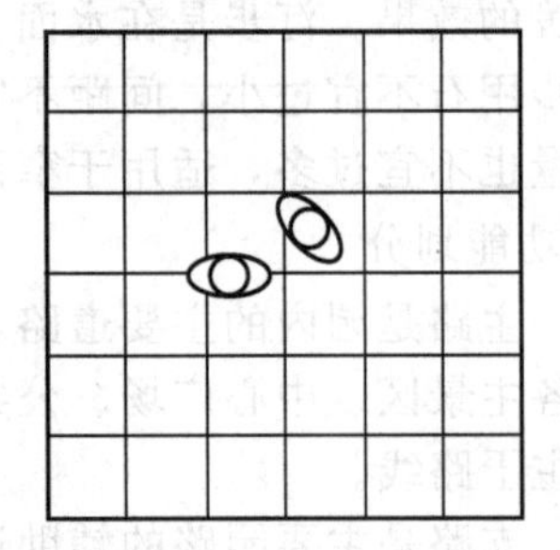

(b) 铺装图案使人感到尺度小

图 2-4　铺装的空间感

4. 统一作用

铺装地面有统一协调设计的作用，铺装材料这一作用，是利用其充当与其它设计要素和空间相关联的公共因素来实现的。在设计中，即使某种因素在尺度和特性上有着很大的差异，但在总体布局中，只要它们处于统一的铺装之中，相互之间便连接成一整体（图 2-5）。

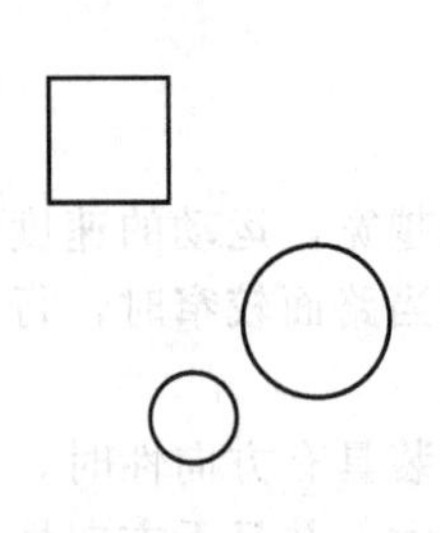

(a) 单独的因素缺少联系

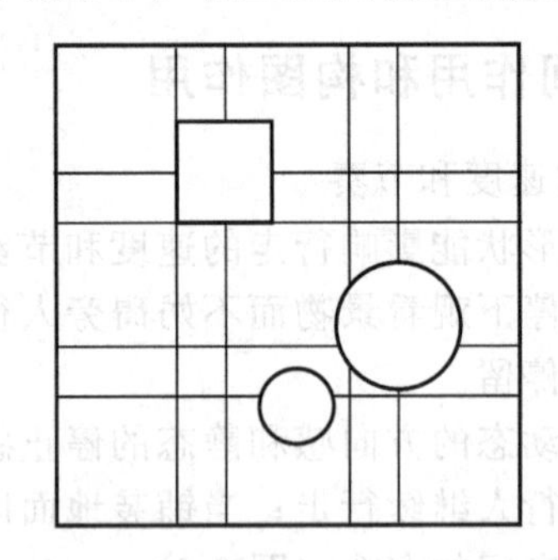

(b) 铺装作为背景统一了各单独的因素

图 2-5　铺装的统一作用

5. 创造视觉趣味

铺装地面能与其它的元素一起来创造视觉趣味。当人们穿行于一个空间时，行人的注意力很自然地会看向地面，他们会很注意自己脚下的东西，以及下一步应踩在什么地方。因此铺装的这种视觉特性对于设计的趣味性起着重要的作用。

二、园路铺装艺术表现要素

园路铺装表现的形式多样，但万变不离其宗，主要通过形状、色彩、质感和尺度四个要素的组合产生变化。

1. 形状

铺装的形状是通过平面构成要素中的点、线和形得到表现。

点可以吸引人的视线，成为视觉焦点。在单纯的铺地上，分散布置跳跃的点形图案，能够丰富视觉效果，给空间带来活力。

线的运用比点效果更强，直线带来安定感，曲线具有流动感，折线和波浪线则具有起伏的动感。

形本身就是一个图案，不同的形产生不同的心理感应。方形（包括长方形和正方形）整齐、规矩，具安定感，方格状的铺装产生静止感，暗示着一个静态停留空间的存在；三角形零碎、尖锐，具活泼感，如果将三角形进行有规律的组合，也可形成具有统一动势的有很强的指向作用的图案；圆形完美、柔润，是几何形中最优美的图形，水边散铺圆块，会让人联想到水面波纹、水中荷叶；园林中还常用一种仿自然纹理的不规则形，如乱石纹、冰裂纹等，使人联想到荒野、乡间，具自然、朴素感。

在园林铺装的应用中，一般通过点、线、形的组合达到实际需要的效果。有规律排列的点、线和图形可产生强烈的节奏感和韵律感，给人一种有条理的感觉。园林铺装中有许多图案已成为约定成俗的符号，能予人以种种联系，如波浪与海的联想；精致纹理与古典的联想；或者用形似河流的地坪铺装，使人联想到水体。

2. 色彩

园林铺地色彩常以中性色为基调，以少量偏暖或偏冷的色彩做装饰性花纹，做到稳定而不沉闷，鲜明而不俗气。如果色彩过于鲜艳，可能喧宾夺主而埋没主景，甚至造成园林景观杂乱无序。

色彩具有鲜明的个性，暖色调热烈、兴奋，冷色调幽雅、明快；明朗的色调使人轻松愉快，灰暗的色调则更为沉稳宁静。铺地的色彩应与园林空间气氛协调，如儿童游戏场可用色彩鲜艳的铺装，而休息场地则宜使用色彩素雅的铺装，灰暗的色调适宜于肃穆的场所，但很容易造成沉闷的气氛，用时要特别小心。

3. 质感

质感是由于感触到素材的结构而有的材质感。自然面的石板表现出原始的粗犷质感，而光面的地砖透射出的是华丽的精致质感。利用不同质感的材料组合，其产生的对比效果会使铺装显得生动活泼，尤其是自然材料与人工材料的搭配，往往能使城市中的人造景观体现出自然的氛围。

4. 尺度

铺装图案的尺寸与场地大小有密切的关系。大面积铺装应使用大尺度的图案，这有助于表现统一的整体大效果，如果图案太小，铺装会显得琐碎。

铺装材料的尺寸也影响到其使用。通常大尺寸的花岗岩、抛光砖等板材适宜大空间，而中、小尺寸的地砖和小尺寸的玻璃马赛克，更适用于一些中、小型空间。但就形式意义而言，尺寸的大与小在美感上并没有多大的区别，并非愈大愈好，有时小尺寸材料铺装形成的肌理效果或拼缝图案往往能产生更多的形式趣味，或者利用小尺寸的铺装材料组合成大图案，也可与大空间取得比例上的协调。

三、园路铺装艺术手法

1. 景题联想

中国园林的创作追求诗情画意的境界，铺装设计要发挥艺术的想像力，通过联想的方式来表达园林景区的意境和主题，烘托景区气氛。

（1）特定符号的运用　铺装设计中运用符号能唤起欣赏者的某种共鸣，达到表现传统文化及地域风格的作用。如中国古典园林中的花街铺地纹样在长期的使用过程中，形成了某种程式化的风格，被赋予了特殊的含义，极易使人联想到东方文化，因而，花街铺地可以作为表现中国古典园林的符号，应用于仿古型的传统园林中。而传统的欧洲铺装，其严谨的几何图案和体系化的粗面石材体现了理性的艺术风格，很自然地会引发欣赏者的中世纪欧洲情结，在西式园林中可予以应用。

（2）书画图案的运用　铺装设计中可以运用彩绘、浮雕、线刻等书画图案表现景区或景点的主题。表现途径有：①运用具有象征意义的图案表现主题，如深圳植物园的“山塘仙渡”景点，利用八块预制混凝土块上刻划的八仙法器图案，使游人联想到“八仙过海”，继而进一步联想到“仙渡”之主题。大连星海广场的百年城雕，由一本形似翻开的大书的广场式平台和一条铜铸脚印浮雕路组成，书象征大连百年沧桑的历史记载，脚印按年龄由1岁至百岁共排列100行，每行10双脚印，象征大连一步一个脚印地走过了百年，书和路的组合寓意城市由人民创造、城市的历史由人民书写，另在路的尽端有2个手指远方的儿童雕塑，象征下一代将创造更美好的未来。香港星光大道上将香港著名影视明星手印铺贴在地面上，配合明星本人签名和星形铜雕图案，表现了明星璀璨、熠熠生辉的星光大道主题。②运用表现历史事件、风俗民情、神话传说、特色建筑、自然景观等石刻画表达主题情感，以唤起人们的美好记忆和联想。如杭州西湖滨水绿地中应用路面浮雕表现孩童水边捕鱼捞虾和村姑水上采莲的场景，唤起人们对过去美好生活的记忆。③以石刻文字表达主题。如成都诗歌大道，将历代古诗雕刻于花岗岩地面上，阐述了中国诗歌三千年的发展历程。

2. 因境而成

园路与场地总是从属于某个特定的环境，它必须与环境中的其它要素取得风格上的协调，因境而成地创造符合场地环境气氛的铺装。

（1）风景区园路与场地　风景区、森林公园等游览地以自然原始气息为特点，铺装应力求自然，就地取材。当地石材因其自然属性贴近大自然，与周围环境极易协调，而且获取容易，节约开支，所以应充分利用，甚至在某些地段直接利用原有山石开凿为路，与自然浑然一体。

（2）公园园路与场地　公园内不同的空间应选用不同的铺装形式，以产生不同的视觉特征。有些铺装较庄重，多适合于开阔的公共场所，另一些则具轻松自然之感，适合于幽静的休息空间。

主路及大型活动场地宜采用简洁统一的铺装。最简单的铺装为单种材质和单种色调的直缝铺装，或者稍加变化成为工字缝、席纹缝等。这种铺装观赏性不强，只是形成一个供人行走的实体的面，适合于以通行为目的的主路等场地。而集中的广场和景观主路则要考虑铺装的观赏性，可在统一的基调上，采用几何线条或简洁的图案形成变化，或者在完全一致的铺装面上，用色彩或质感的细微差异来增添变化与趣味，如同一色系的深浅变化，同种材料的毛面与光面的结合。

小路及小型活动场地多处于景区之中，其铺装应结合景区特点，烘托景区气氛。对于宁静、安详的休息区，铺装色彩宜淡，采用自然为主的材质，形成自然素雅的风格；而儿童活动区的铺装则力求生动活泼，适宜采用色彩鲜艳的几何图案。铺装受环境影响很大，山地铺装宜用乱石、木桩等，采用自然拼缝；水边铺装宜用卵石等，采用同心圆图形，似水中波纹往外扩散；竹林下的铺装采用冰裂纹图形与竹叶形状有几分相似。

3. 美感创造

铺装必须遵循艺术构图原理，表现出形式美感。图案的设计要坚持统一协调的原则，构图繁简适度，材料的过多变化或图案的繁琐复杂易造成视觉的杂乱无章。在设计中，至少应有一种铺装材料占据主导地位，它能与附属材料在视觉上形成对比和变化，起到统领空间的作用。这一种占主导地位的材料，还可贯穿于整个设计的不同区域，以便建立统一性和多样性。在有些情况下，如果需要做复杂的图案，比如用多种色彩或不同质地的材料拼装成中心图案或类似装饰地毯的效果，则要注意构图的秩序，如有规律的散点、格子、线形、重复、近似等，它可使纷繁复杂的图形趋向于一种简单的结构，就像波斯地毯的图案虽然繁复，但其井然的秩序却使之绚丽多彩而构图和谐。

4. 装饰美化

在进行铺装设计时，在平面布局上应注意铺装与其它要素的相互协调作用，并利用其它要素对地面铺装进行装饰美化。首先，铺装要考虑与邻近的建筑物、种植池、照明设施、雨水口和座椅等的关系处理。如果使用恰当，铺地材料才能与所有的设计要素产生强烈的联系。其次，可以利用植物、山石及光影来美化铺地。如路面嵌草可以柔化铺装的生硬感，或者在乱石铺地缝中种植稀疏芦苇，形成乡野气息。还可以在自然的路旁或铺装场地上点缀山石，丰富景观。光影的利用是用各种条纹、凹槽的板块铺地，在阳光的照射下，能产生平面装饰难以替代的光影效果，不仅具有很好的装饰性，还可减少路面反光，提高路面抗滑性。

四、园路特色铺地实例

1. 花街铺地

花街铺地是中国传统园林中以砖瓦为骨，以石填心的铺地作法。它是用规整的砖、石板以及不规则的砾石、卵石、碎砖、碎瓦、碎瓷片等废料相结合，组成图案精美、色彩丰富的各种地纹。如：人字纹、席纹、海棠花、万字、球门、冰纹梅花、长八方、攒六方、四方灯景、冰裂纹等路面（图 2-6）。

2. 卵石拼花路面

卵石颜色对比度强，如白色、黑色、灰色等区别明显，易于组成各种图案。如杭州花港观鱼在牡丹亭边、山坡的一株古梅树下，以黄卵石为纸，黑卵石为绘，组成一幅苍劲古朴的梅影图案，图 2-7（a）。苏州留园在东部庭院中的一块地铺成仙鹤的图案，图 2-7（b）。扬州平远楼局部铺地，似一块精美的地毯，图 2-7（c）。杭州植物园竹类区的一块休憩性小场地，在一片翠竹、山石中用卵石拼成翠竹石影图案，在阳光下，相映成趣，更增加了幽静的感觉，它们都起到了增加景区特色、深化意境的作用。这种路面耐磨性好，防滑，富有江南园路的传统特点。

3. 雕砖卵石路面

又被誉称“石子画”，它是选用精雕的砖、细磨的瓦和经过严格挑选的各色卵石拼凑成的路面，图案内容丰富，如“古城会”、“战长沙”、“回荆州”等三国故事；有以寓言为题材的图案，如“黄鼠狼给鸡拜年”、“双羊过桥”；有传统的民间图案；有四季盆景，花、鸟、鱼、虫等，成为我国园林艺术的杰作之一（图 2-8）。为了保持传统风格，增加路面的强度，革新工艺，降低造价，现在常用预制混凝土卵石嵌花路，有较好的装饰作用(图 2-9)。

4. 嵌草路面

天然石块和各种形状的预制水泥混凝土块铺地时，在块料间留 3～5cm 的缝隙，填入种植土，然后种草。常见的有仿木纹混凝土板嵌草路、圆形混凝土块嵌草路、冰裂纹嵌草路、花岗岩石板嵌草路等（图 2-10）。

5. 拼筑块料路面

以石板、方砖和预制水泥混凝土块等拼筑而成的路面。预制混凝土块可制成各种花纹图案，如木纹板路、花纹板路、假卵石路、拉条板路等（图 2-11）。

这种路面简朴、大方，各种拉条路面，利用条纹方向变化产生的光影效果，加强了花纹的效果。不仅有很好的装饰性，而且可以防滑和减少反光强度，美观、舒适。

6. 拼花广场

以石板、方砖、卵石等材料根据广场形状拼成装饰性强或主题明确的铺地图案。如花岗岩拼成刺绣式的地毯式铺地，具有较强的装饰性（图 2-12），花岗岩拼成火焰式图案，可以

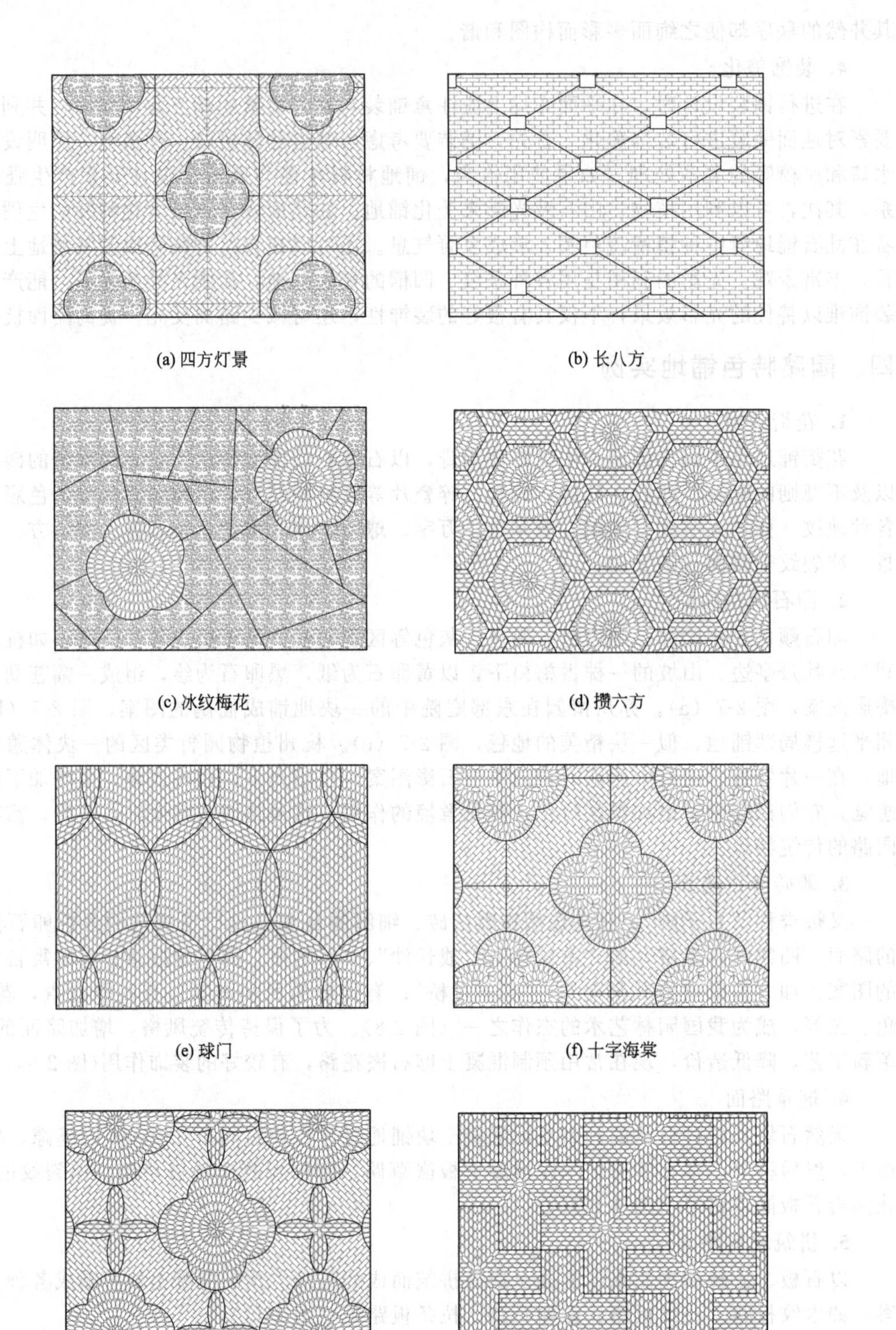

(a) 四方灯景　(b) 长八方　(c) 冰纹梅花　(d) 攒六方　(e) 球门　(f) 十字海棠　(g) 海棠花　(h) 万字

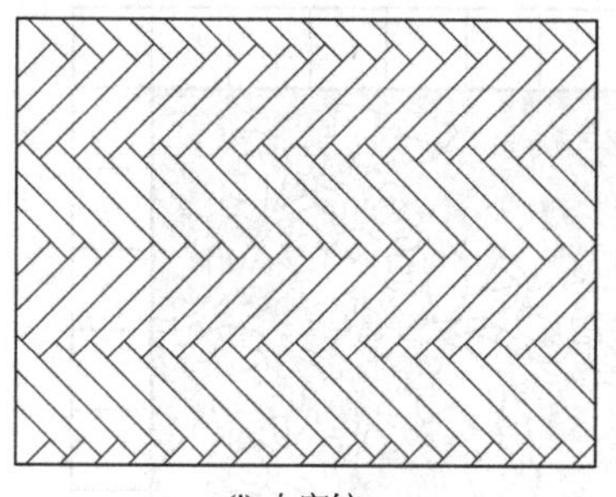

(i) 人字纹

(j) 席纹

图 2-6　花街铺地

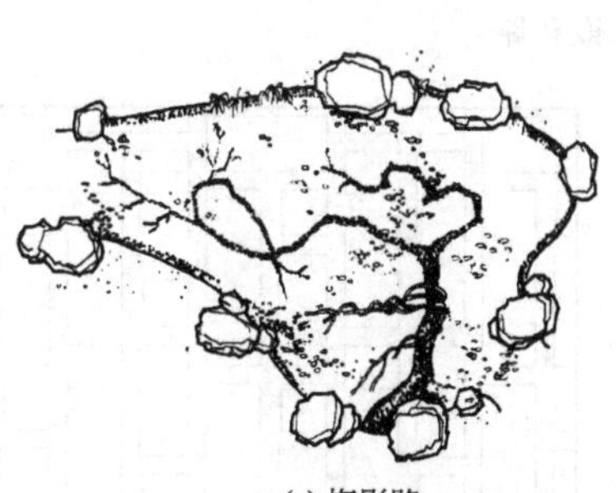

(a) 梅影路

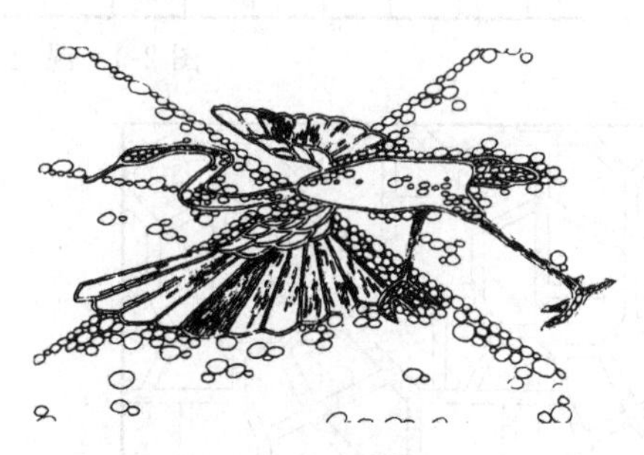

(b) 鹤纹路

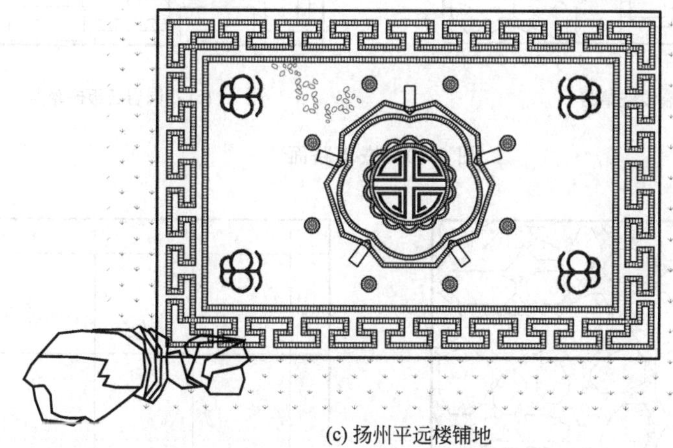

(c) 扬州平远楼铺地

图 2-7　卵石拼花铺地

图 2-8　雕砖卵石嵌花路——战长沙

图 2-9　混凝土嵌花路

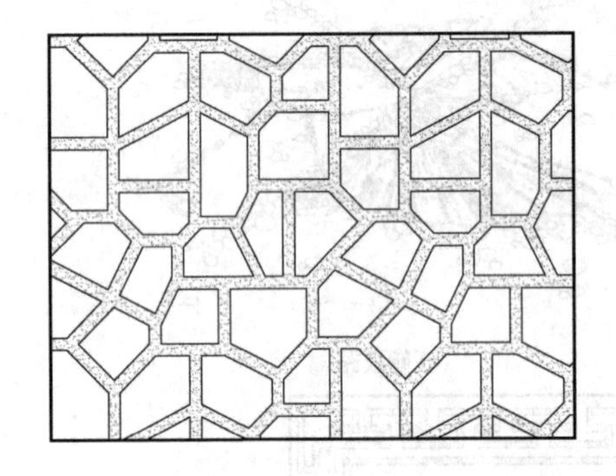

(a) 冰裂纹嵌草路

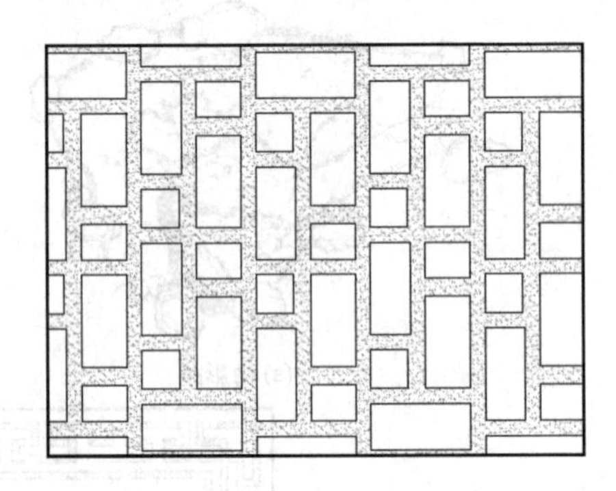

(b) 花岗岩石板嵌草路

图 2-10　嵌草路面

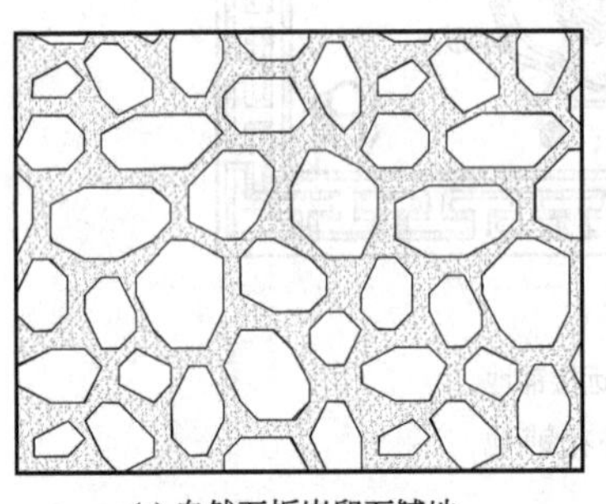

(a) 自然石板嵌卵石铺地

(b) 预制纹理铺地

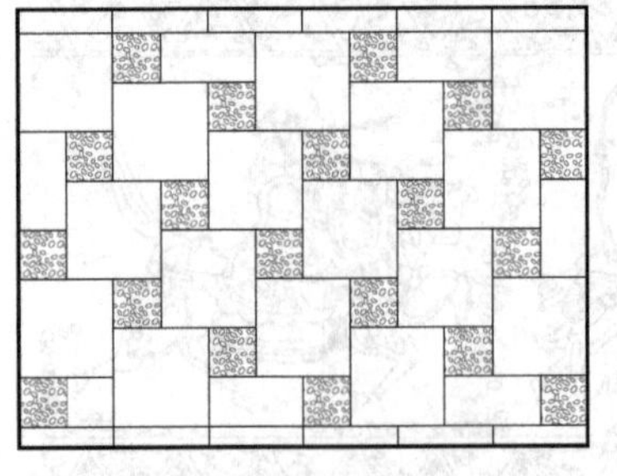

(c) 卵石与石板拼纹路

(d) 卵石与预制块拼纹路

图 2-11　块料路面

表现太阳、热烈等主题（图 2-13）。

图 2-12　石板拼花铺地

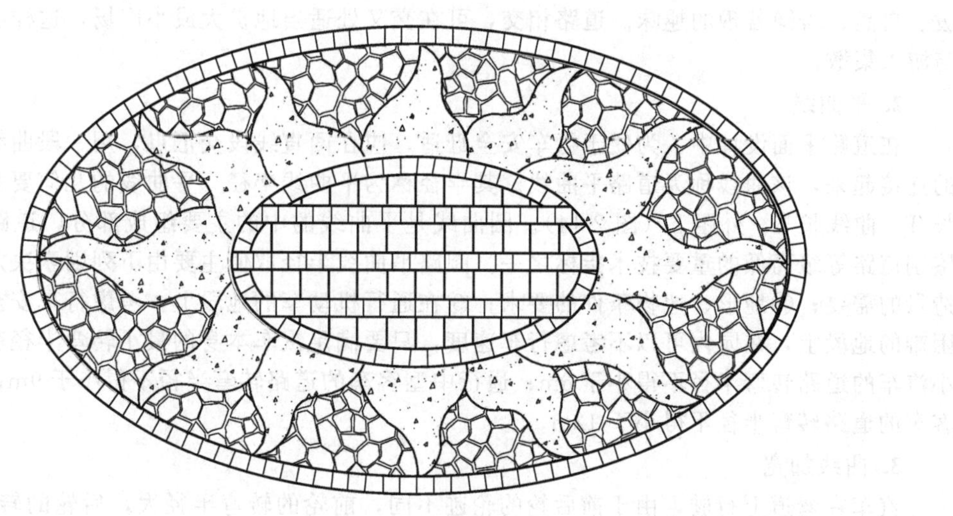

图 2-13　石板拼花铺地

第三节　园路线形与断面设计

一、平面线形设计

道路平面线形指道路中线投影到水平面的几何形状和尺寸，它由直线、圆曲线、缓和曲线等各种基本线性组成。

1. 一般要求

（1）主次分明、疏密得当　园路设计必须主次分明，方向明确，能很好地组织游赏的程序。园路布置应主路成环，小路成网，可以通达园林各处景点。园路的布置应根据需要而有疏有密，并切忌互相平行。

（2）园路与地形的关系　为了组织风景，扩大空间，增加游览趣味，园路在平面上常常曲折迂回。但这种曲折要做到像《园冶》中讲的那样“因地制宜”，“得主随形，自成天然之趣，不烦人事之工”。即顺应地形、地物的要求，曲折有因，曲折有度。如道路在前进的方向遇到了山丘、水体、建筑、树木、石块或山路较陡，可绕路而行，或为了减缓坡度，盘旋而上。恰当的曲线，能获得轻松和美感，如运用不好，会使所要表现的意图分散，使空间变得软弱无力。因此，必须防止无目的“三步一弯，五步一曲”，防止矫揉造作。

（3）园路与建筑的联系　园路与建筑相连接，通常采用外弧线连接，并且在接近建筑的一面，应局部加宽，在有大量游人的建筑物前，应设置广场。这样既能取得较好的艺术效果，又有利于游人的集散和休憩等活动。一般地讲，主环路不能横穿建筑物，不使园路与建筑物斜交或走死胡同。

（4）园路与园路的交叉与分歧　两条道路相交叉，可以正交成十字形，也可以斜交，但应使道路的中心线交叉在一点，斜交道路的对角最好相等，以求得美观。丁字形交叉多为外弧交接，并最好为直角相交或钝角相接，而不宜在凹入的部分交接。这样路线的方向性、目的性明确。上山的路，除通往某些庄严的纪念性建筑物外，一般不宜与主路正交，以取得活泼、自然、若隐若现的趣味。道路相交，可在交叉处适当地扩大成小广场，这样有利于交通与游人集散。

2. 平曲线

在道路平面设计中，为便于行车安全舒适，应在两直线段交汇点，用一段曲线将其平顺的连接起来，该曲线称为道路平曲线。其半径称为平曲线半径。平曲线的几何要素有：切线长 T、曲线长 L、外距 E（图 2-14）。圆曲线是平曲线的中的主要组成部分，道路平曲线是鉴别道路等级高低的重要技术指标之一。园路平曲线半径取值主要由下列因素决定：①园林造景的需要；②地形、地物条件的要求；③在通行机动车的地段上，考虑行车安全。在条件困难的地段上，在园内可以不考虑行车速度，只要满足汽车本身的最小转弯半径就行。通行小汽车的道路转弯半径不得小于 6m；通行中型客车的道路转弯半径不得小于 9m；通行大型客车的道路转弯半径不得小于 12m。

3. 曲线加宽

汽车在弯道上行驶，由于前后轮的轮迹不同，前轮的转弯半径大，后轮的转弯半径小。因此，弯道内侧的路面要适当加宽，如图 2-15 所示。

（1）曲线加宽值 e 与车体长度 l 的平方成正比，与弯道半径 R 成反比。

当 $R\geqslant 15$m 时，$e=\frac{l^2}{R}$

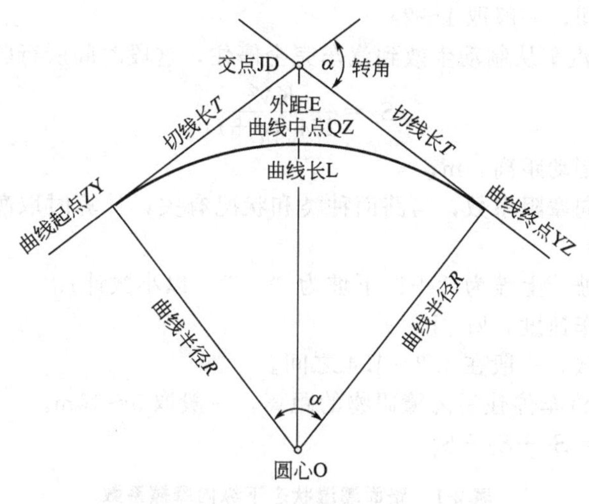

图 2-14　平曲线图

当 $R<15$m 时，$e=2(R-\sqrt{R^2-l^2})$

（2）当弯道中心线平曲线半径 $R\geqslant200$m 时可不必加宽。

（3）为了使直线路段上的宽度逐渐过渡到弯道上的加宽值，需设置加宽缓和段，加宽缓和段长度与超高缓和段长度相同，如无超高，则取 10m。

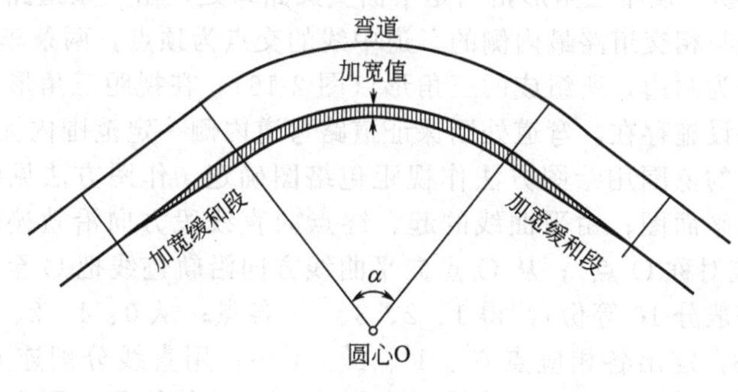

图 2-15　曲线加宽

4. 平面视距

为了保证行车安全，驾驶员应能看到前方一定距离内的路面，以便及时发现障碍物或对向来车，使汽车在一定的车速下及时制动或绕过。汽车在这段时间内沿路面所行驶的最短距离称为行车视距。行车视距将直接关系到汽车行驶的安全与迅速，无论在公路的平面上或纵断面上，都应保证必要的行车视距。在平面设计中，行车视距包括停车视距、会车视距和超车视距。

（1）停车视距　在行车道路上，汽车驾驶员发现障碍物后，从开始采取制动措施至完全停车时汽车所行驶的最短距离称为停车视距。停车视距包括反应距离、制动距离和安全距离三部分。

反应距离 S_1：驾驶员发现前方的障碍物，经过判断决定采取制动措施的那一瞬间到制动开始生效的时候汽车所行驶的距离。

$$S_1=\frac{Vt}{3.6}$$

式中　S_1——反应距离，m；

V——计算行车速度，km/h；

t——反应时间，一般取 1～2s。

制动距离 S_2：指汽车从制动生效到汽车完全停住，这段时间所行驶的距离。

$$S_2=\frac{KV^2}{254\ (\varphi+i)}$$

式中 S_2——汽车的制动距离，m；

φ——路面纵向摩阻系数，与路面种类和状况有关，计算时取潮湿状态下的系数值，见表 2-1；

i——道路纵坡，上坡为“+”下坡为“-”，以小数计；

V——计算行车速度，km/h；

K——制动系数，一般在 1.2～1.4 之间。

安全距离 S_0：指汽车停住后离障碍物的距离，一般取 5～10m。

停车视距 S_t：$S_t=S_1+S_2+S_0$

表 2-1　路面潮湿状态下纵向摩擦系数

设计速度/(km/h)	120	100	80	60	40	30	20
标准速度/(km/h)	102	85	68	54	36	30	20
纵向摩擦系数 ϕ	0.29	0.30	0.31	0.38	0.38	0.44	0.44

停车视距主要应用于道路交叉口和弯道处设计。在道路交叉口保证视距三角形范围无高度超过 1.2m 的障碍物。视距三角形指的是平面交叉路口处，由一条道路进入路口行驶方向的最外侧的车道中线与相交道路最内侧的车道中线的交点为顶点，两条车道中线各按其规定车速停车视距的长度为两边，所组成的三角形（图 2-16）。在视距三角形内不允许有阻碍司机视线的物体和道路设施存在。弯道处则保证道路弯道内侧一定范围内无高度超过 1.2m 的障碍物。清除障碍物的范围用绘图方法作视距包络图确定，作图方法见图 2-17。其步骤如下：按比例画出弯道平面图；由平曲线的起、终点向直线段方向沿轨迹线量取设计视距 S 长度，定出 O 点（或对称 O′点）；从 O 点向平曲线方向沿轨迹线把 O 至曲线中点的轨迹距离分成若干等份（一般分 10 等份），得 1、2、3、… 各点；从 0、1、2、3、… 分别沿轨迹方向量取设计视距 S，定出各相应点 0′、1′、2′、3′…；用直线分别连 0—0′、1—1′、2—2′、3—3′、…，各线段互相交叉；用曲线板内切于各交叉的线段，画出内切曲线，这条内切曲线就是视距包络线。

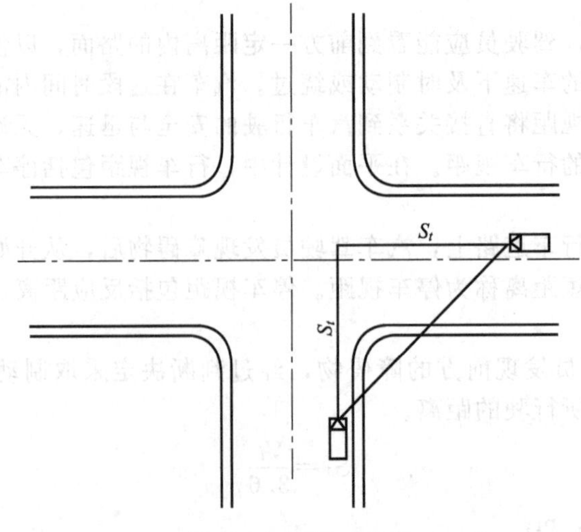

图 2-16　视距三角形

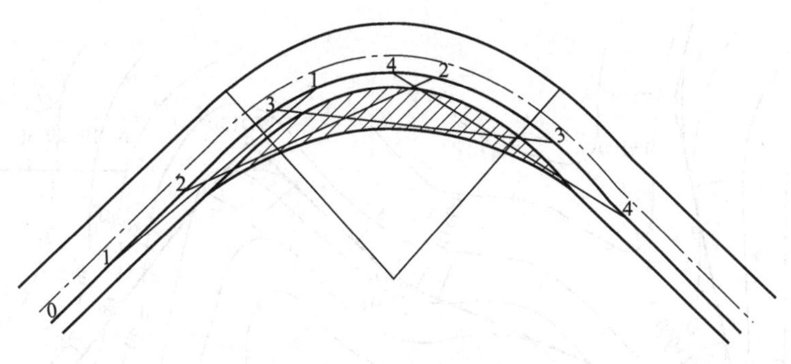

图 2-17　视距包络线

(2) 会车视距　在双向混合行驶的道路上，对向行驶的车辆无法错让时，双方采取措施进行制动至完全停车时两辆汽车所行驶的距离，称为会车视距。会车视距约为二倍的停车视距。在双向行驶的道路上，后车超越前车时，从开始驶离原车道起算，至可见逆行车并能超车后安全驶回原车道时所需的安全距离，即为超车视距。高速公路、一级公路应满足停车视距的要求，见表 2-2；其他各级公路一般应满足会车视距的要求，见表 2-3。

表 2-2　高速公路、一级公路停车视距

设计速度/(km/h)	120	100	80	60
停车视距/m	210	160	110	75

表 2-3　二、三、四级公路停车视距、会车视距与超车视距

设计速度/(km/h)	80	60	40	30	20
停车视距/m	110	75	40	30	20
会车视距/m	220	150	80	60	40
超车视距/m	550	350	200	150	100

5. 路线平面图

路线平面图一般所用比例较小，通常采用 1∶500～1∶2000 的比例。所以在路线平面图中依道路中心画一条粗实线来表示路线。如比例较大，也可按路面宽画双线表示路线。新建道路用中粗线，原有道路用细实线。路线平面由直线段和曲线段（平曲线）组成，为清楚地看出路线总长和各段长，一般由起点到终点沿前进方向左侧注写里程桩，沿前进方向右侧注写百米桩。路线转弯处要注写转折符号，即交角点编号，例如 JD17 表示第 17 号交角点。沿线每隔一定距离设水准点，BM3 表示 3 号水准点，73.837 是 3 号水准点高程。

在图纸的适当位置画路线平曲线表，按交角点编号表列平曲线要素，包括交角点里程桩、转折角 α（按前进方向右转或左转）、曲线半径 R、切线长 T、曲线长 L、外距 E（交角点到曲线中心距离），如图 2-18 所示。

二、纵断面线形设计

园路纵断面是沿着道路中线的竖直剖切面。道路纵断面线性由直线和竖曲线组成，其设计内容包括纵坡设计和竖曲线设计两项。纵断面图上有两条主要的线，一是地面线，即路中线各桩点原地面高程连线；二是设计线，即路中线各桩点设计高程连线。

1. 一般要求

(1) 园路应紧密结合地形，依山就势，盘旋起伏。这样既可满足造景的需要，又可减少土方工程量，保证路基的稳定和道路交通的畅通。

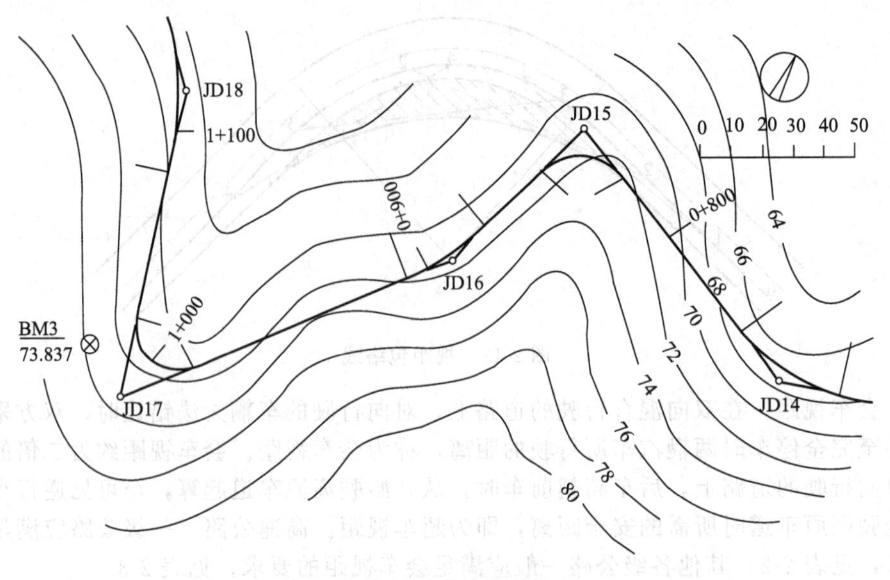

图 2-18　路线平面图

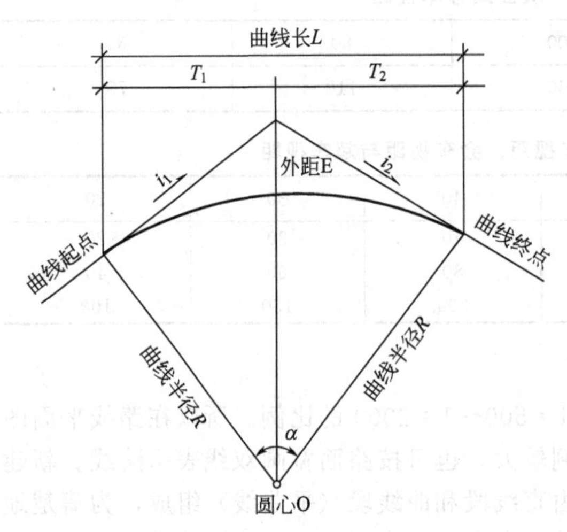

图 2-19　竖曲线图

(2) 在主干道上不宜有台阶等，纵坡需考虑行车的平顺，起伏不宜过大和频繁。在游步道上，道路的起伏可以更大一些，一般坡道在12°以下较舒适，超过12°则行走较费力，可设置台阶，18°以上则必须设置台阶。

(3) 填挖平衡是纵坡设计的重要控制因素，可节省土石方数量和其他工程量，降低工程造价。

2. 竖曲线

在道路纵断面上，为便于行车安全舒适，在两个不同坡度的坡段转折处需要设置一段曲线进行缓和，该曲线称为竖曲线。其半径叫竖曲线半径。竖曲线的几何要素有切线长、曲线长、外距，但竖曲线中的切线长和曲线长均按其在水平面上的投影长度计，当 i_1 与 i_2 不同时，T_1 与 T_2 是不相等的，但在设计时还是按 $T_1=T_2=L/2$ 计算，见图 2-19。凹形竖曲线最小半径主要从限制离心力、夜间行车前灯照射的影响以及在跨线桥下的视距三个方面计算分析确定。凸形竖曲线的最小半径主要从极限失重不致过大和纵面行车视距两个方面计算分析。园路竖曲线半径最小值见表 2-4。

表 2-4　园路竖曲线最小半径建议值　　单位：m

园路级别	风景区主干道	主园路	次园路	小路
凸曲线	500～1000	200～400	100～200	＜100
凹曲线	500～600	100～200	70～100	＜70

3. 园路坡度

园路要组织地面水的排除，并与各种地下管线密切配合，故一般园路应有 0.3%～8% 的纵坡，以保证地面水的排除。纵坡度是两变坡点间高差与坡长的比值。坡长指变坡点与变坡点之间的水平长度，坡长限制包括纵坡的最大坡长限制和最小坡长限制两个方面。纵坡度设计指标有以下3点。

① 最大坡度　是道路设计的极限值，是纵面线型设计的一项重要指标。制定最大坡度主要是依据汽车的动力特性、道路等级、自然条件、车辆行驶安全以及工程、运营经济等因素进行确定。

② 平均坡度　是指一定路线长度范围内，路线两端点的高差与路线长度的比值。平均纵坡是衡量路线线性设计质量的重要指标之一。

③ 最小纵坡　为保证路基的排水，防止水分渗入路基，特别是长路堑、低填方或横向排水不畅通的路段，均应设置不小于0.3%的最小纵坡，一般情况下以不小于0.5%为宜。当必须设置平坡时，应进行边沟的纵向排水设计。各类型路面对纵横坡度的要求不同，见表2-5。考虑残疾人轮椅通行要求，规范对无障碍坡道坡度有限制，要求建筑入口和室内不大于1∶12，室外通道不大于1∶20，困难地段不大于1∶10～1∶8。

表2-5　各种类型路面的纵横坡度表

路面类型	纵坡/‰				横坡/%	
	最小	最大		特殊	最小	最大
		游览大道	园路			
水泥混凝土路面	3	60	70	100	1.5	2.5
沥青混凝土路面	3	50	60	100	1.5	2.5
块石、炼砖路面	4	60	80	110	2	3
拳石、卵石路面	5	70	80	70	3	4
粒料路面	5	60	80	80	2.5	3.5
改善土路面	5	60	60	80	2.5	4
游步小道	3		80		1.5	3
自行车道	3	30			1.5	2
广场、停车场	3	60	70	100	1.5	2.5
特殊停车场	3	60	70	100	0.5	1

4. 道路纵断面图

路线纵断面图用于表示路线中心地面起伏状况。纵断面图是用铅垂剖切面沿着道路的中心线进行剖切，然后将剖切面展开成纵断面图，由直线和竖曲线（凸形竖曲线和凹形竖曲线）组成，纵断面的横向长度就是路线的长度。

由于路线的横向长度和纵向高度之比相差很大，故路线纵断面图通常采用两种比例，长度采用1∶500～1∶2000，高度采用1∶50～1∶200。

路线纵断面图用粗实线表示顺路线方向的设计坡度线，简称设计线。地面线用细实线绘制，具体画法是将水准测量测得的各桩高程，按图样比例点绘在相应的里程桩上，然后用细实线顺序把各点连接起来，故纵断面图上的地面线为不规则曲折状。

设计线的坡度变更处，两相邻纵坡坡度之差超过规定数值时，变坡处需设置一段圆弧竖曲线来连接两相邻纵坡。应在设计线上方表示凸形竖曲线和凹形竖曲线，标出相邻纵坡交点的里程桩和标高，竖曲线半径、切线长、外距、竖曲线的始点和终点。如变坡点不设置竖曲线时，则应在变坡点注明“不设”。路线上的桥涵构筑物和水准点都应按所在里程注在设计线上，标出名称、种类、大小、桩号等，如图2-20所示。

在图的正下方还应绘制资料表，主要内容包括：每段设计线的坡度和坡长，用对角线表示坡度方向，对角线上方标坡度，下方标坡长，水平段用水平线表示；每个桩号的设计标高和地面标高；平曲线（平面示意图），直线段用水平线表示，曲线用上凸或下凹图线表示，标注交角点编号、转折角和曲线半径。资料表应与路线纵断面图的各段一一对应。

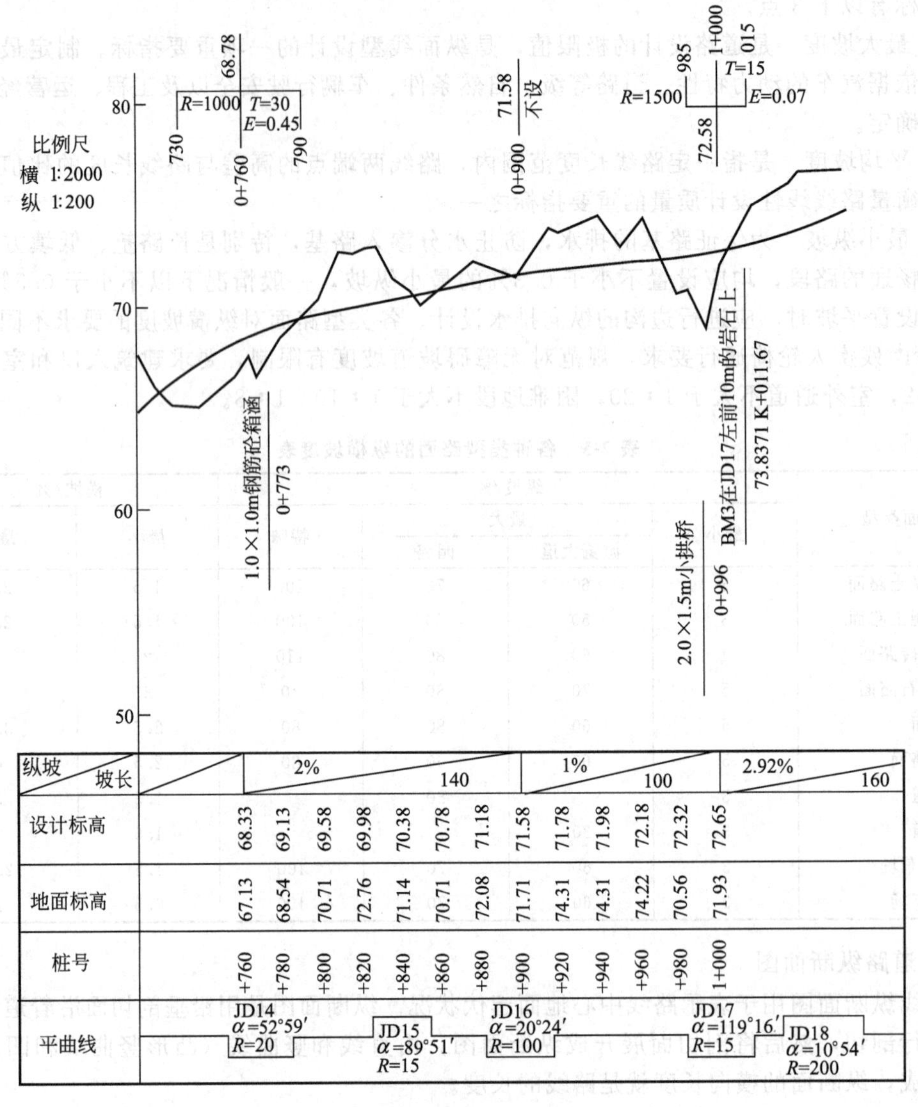

图 2-20 **路线纵断面图**

三、横断面设计

1. 园路宽度

公园道路按交通功能分为主路、支路和小路三级。各级道路宽度按规范要求执行，见表2-6，并符合车行、人行之要求。一般情况下，单人行走需要 0.6m 宽度的空间，考虑行人避让取 1.0m；双人并行 1.2m；三人并行 1.8～2.0m。单条车道宽度：小汽车为 3.0m；中型汽车（洒水车、垃圾车、喷药车）为 3.5m；大型客车为 3.5m 或 3.75m。

表 2-6 园路宽度（公园设计规范 CJJ48～92）

道路级别	陆地面积/hm²			
	＜2	2～10	10～50	＞50
主路	2.0～3.5	2.5～4.5	3.5～5.0	5.0～7.0
支路	1.2～2.0	2.0～3.5	2.0～3.5	3.5～5.0
小路	0.9～1.2	0.9～2.0	1.2～2.0	1.2～3.0

2. 路拱设计

为便于路面横向排水，道路横断面的路面线一般呈由中间向两侧倾斜的拱形，称为路拱。

抛物线型路拱最常见，不适于较宽的道路以及低级的路面。抛物线型路拱，路面各处的横坡度一般宜控制在2%左右。

① 折线型路拱　将路面做成由道路中心线向两侧逐渐增大横坡度的若干短折线组成的路拱。这种路拱的横坡度变化比较徐缓，路拱的直线较短，近似于抛物线型路拱，一般用于比较宽的园路。

② 直线型路拱　适用于2车道或多车道并且路面横坡坡度较小的双车道或多车道水泥混凝土路面。最简单的直线型路拱是由两条倾斜的直线所组成的。为了行人和行车方便，通常可在横坡1.5%的直线型路拱的中部插入两段0.8%～1.0%的对称连接折线，使路面中部不至于呈现屋脊形。在直线型路拱的中部也可以插入一段抛物线或圆曲线，但曲线的半径不宜小于50m，曲线长度不小于路面总宽度的10%。

③ 单坡型路拱　这种路拱可以看作是以上三种路拱各取一半所得到的路拱形式，其路面单向倾斜，雨水只向道路一侧排除。在山地园林和风景区的游览道中，常常采用单坡型路拱。但这种路拱不适宜较宽的道路，道路宽度一般都不大于9m。

3. 弯道与超高

汽车在弯道上行驶时，产生横向往外的离心力，为平衡这种离心力，需将弯道处的路面外侧加高，即超高。超高一般以横坡度2%～6%考虑，缓和长度5～10m，常与加宽缓和长度相等。

超高计算公式为：　$i_{超}=\mu v^2/127R$

式中　$i_{超}$——超高横坡度,%；

μ——横向力系数，取值小于0.1；

v——规定的行车速度，km/h；

R——弯道平曲线半径，m。

4. 路基横断面图

路基横断面图是用垂直于设计路线的剖切面进行剖切所得到的图形，作为计算土石方和路基施工依据。

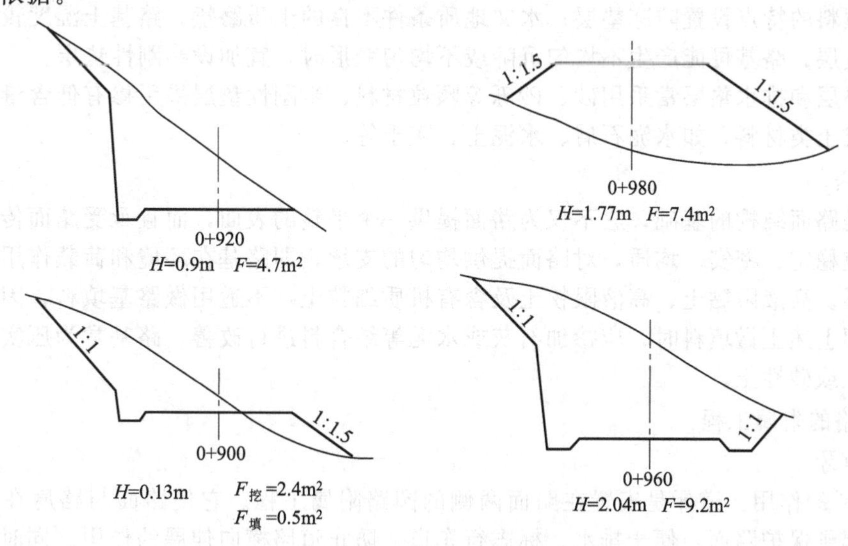

图2-21　路基横断面图

沿道路路线一般每隔 20m 画一路基横断面图，沿着桩号从下到上、从左到右布置图形。横断面的地面线一律画细实线，设计线一律画粗实线。每一图形下标注桩号、断面面积 F、地面中心到路基中心的高差 H，如图 2-21 所示。断面图一般有三种形式：填方段称路堤，挖方段称路堑和半填半挖路基。路基横断面图一般用 1∶50、1∶100、1∶200 的比例。

第四节　园路构造设计

一、园路构造组成

园路一般由路面、路基和附属工程三部分组成。路面又包括面层、结合层、基层和垫层。

1. 路面

(1) 面层　面层是路面最上的一层。它直接承受人流、车辆的荷载和不良气候的影响，因此要求其坚固、平稳、耐磨。为了使用方便，还要求表面平整，便于清扫；具有一定的粗糙度，防滑；质感柔和，防止反光；同时具有装饰性，美观大方，与周围的地形、山石、植物相配合，和园林绿地景观融为一体。

面层常用材料有水泥混凝土、沥青混凝土、天然石材、预制混凝土板材、砖块、陶瓷砖、卵石等。

(2) 结合层　结合层是块料路面的面层和基层之间的一层找平和粘结层。结合层的主要作用是将面层和基层粘结成一整体，同时起到找平的作用。

结合层常用材料有水泥砂浆、石灰砂浆、混合砂浆、水泥干砂、白灰干砂、净干砂等。

(3) 基层　基层在路基之上，主要起承重作用，它一方面承受由面层传下来的荷载，一方面把荷载传给路基。因此要求基层密实，有一定强度及承载力。

基层常用材料有混凝土、碎石、水泥石屑、灰土、碎砖三合土等。

(4) 垫层　在温度和湿度状况不良的道路上，应设置水稳定性、隔温性和透水性好的垫层，以改善路面结构的使用性能。

在季节性冰冻地区，道路结构设计总厚度小于最小防冻厚度要求时，宜根据路基干湿类型和路基填料的特点设置防冻垫层；水文地质条件不良的土质路堑，路基土湿度较大时，宜设置排水垫层；路基可能产生不均匀沉降或不均匀变形时，宜加设半刚性垫层。

防冻垫层和排水垫层常采用砂、砂砾等颗粒材料；半刚性垫层采用掺有低含量水泥、石灰的粒料或土类材料，如水泥石屑、水泥土、灰土等。

2. 路基

路基是路面结构的基础，它不仅为路面提供一个平整的表面，而且承受路面传下来的荷载。路基应稳定、密实、均质，对路面提供均匀的支承，即路基在环境和荷载作用下不产生不均匀变形。高液限黏土、高液限粉土及含有机质细粒土，不适用做路基填料，因条件限制而必须采用上述土做填料时，应掺加石灰或水泥等结合料进行改善。路基常为压实度不小于90％的黏土或砂性土。

3. 园路的附属工程

(1) 道牙

① 道牙的作用　道牙是安置在路面两侧的园路附属工程。它使路面与路肩在高程上衔接起来，起到保护路面、便于排水、标志行车道、防止道路横向伸展的作用。同时，作为控制路面排水的阻挡物，还可以对行人和路边设施起到保护作用。道牙的设计不能只看作是满

足特定工程方面的要求，而应考虑装饰作用，与周围绿地协调。

② 道牙的结构形式　道牙是路缘石的俗称，是分隔道路与绿地的设施，一般分为立道牙和平道牙。如图 2-22 所示。

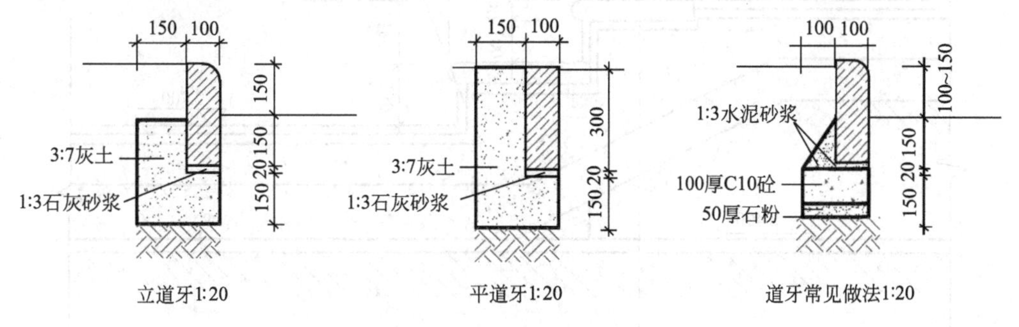

图 2-22　道牙结构图

(2) 边条和槽块　边条具有与道牙相同的功能，所不同者，仅用于较轻的荷载处，且在尺度上较小，特别适用于限定步行道、草地或铺砌地面的边界。槽块一般紧靠道牙设置，且地面应稍高于槽块，以便将地面水迅速、充分排除。

(3) 明渠和雨水井　明渠是园林中常用的排除雨水的渠道。多设置在园路的两侧，目前园林中它常成为道路的拓宽。明渠可用砖、石板、卵石或混凝土砖铺砌而成。雨水井是收集路面水的构筑物，在园林中常用砖块砌成，并多为矩形。

(4) 台阶、坡道、磴道

① 台阶　当路面坡度超过 12°时，为了便于行走，在不通行车辆的路段上，可设台阶，其做法如图 2-23 所示。在设计中应注意以下几点。

a. 台阶的高度和宽度要便于行人行走，每级台阶的高度为 10～17cm、宽度为 28～38cm。

b. 一般台阶不宜连续使用，如地形许可，每 10～18 级后应设一段平坦的地段，使游人有恢复体力的机会。

c. 为了防止台阶积水、结冰，每级台阶应有 1%～2%的向下的坡度，以利排水。

d. 台阶的造型及材料可以结合造景的需要，如利用天然山石、预制混凝土做成仿木桩、树桩等各种形式，装饰园景。为了夸张山势，造成高耸的感觉，台阶的高度也可增加至 15cm 以上，以增加登山趣味。

② 坡道　在坡度较大的地段上本应设置台阶，但是为了车辆通行必须做成坡道。为了防止车辆打滑，坡道表面做成锯齿形，其形式和尺寸如图 2-24 所示。

③ 磴道　磴道指用山石砌成的自然式台阶。踏面宽 30～50cm，踢面高 12～20cm。在地形陡峭的地段，可结合地形或利用露岩设置磴道。当其纵坡大于 60%时，应做防滑处理，并设扶手、栏杆等。

二、整体路面构造

整体路面主要包括水泥混凝土路面和沥青路面。

1. 水泥混凝土路面

(1) 水泥混凝土路面构造　水泥混凝土路面是以水泥混凝土面层和承载基层、路基共同构成的路面，具有路面强度高、刚度大、抗变形能力强的特点，故又称为刚性路面。其断面由水泥混凝土面层板、水泥稳定石屑或碎石等基层和路基构成。

水泥混凝土面层板是以水泥作为胶凝材料与矿质集料胶结而成的整体构造物。面层要求

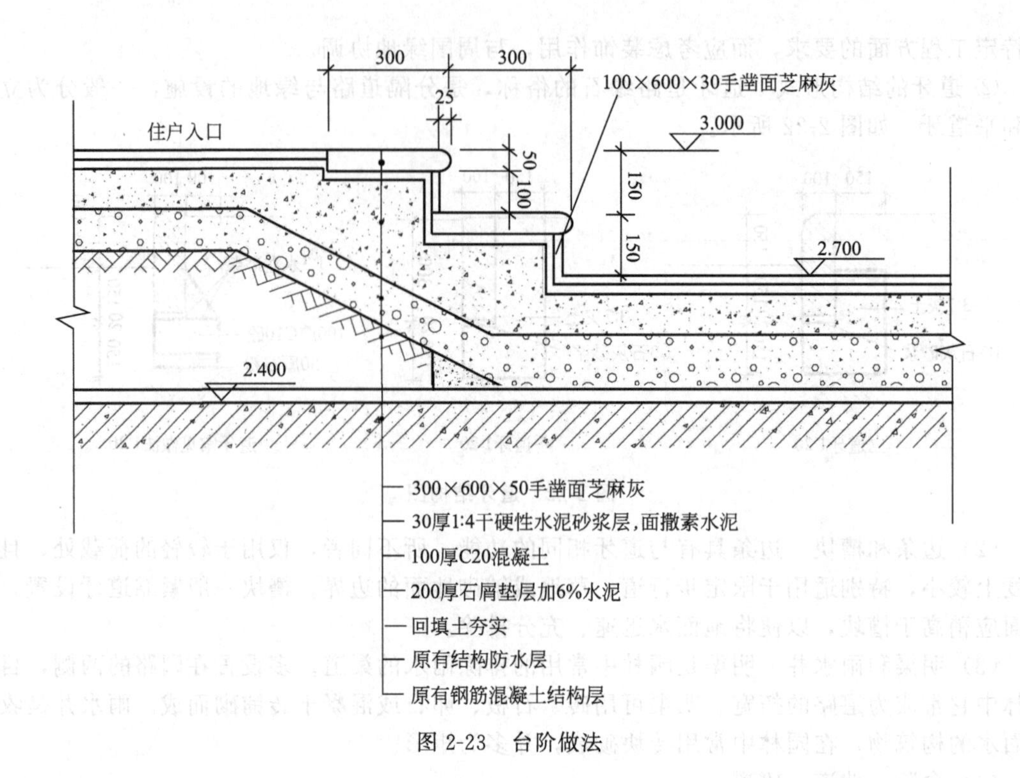

图 2-23 台阶做法

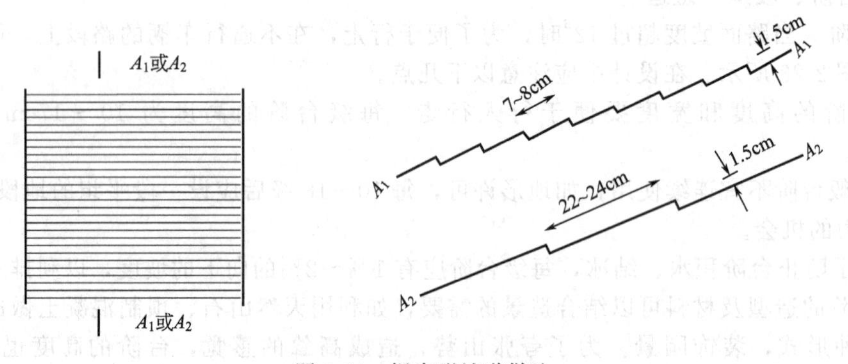

图 2-24 锯齿形坡道做法

平整、耐磨，强度高，故应采用标号 C20～C25 的混凝土，园林步行道厚度一般 80～120mm，车行道厚度一般 150～200mm。

水泥混凝土路面的基层主要作用不在于承重，而在于防止唧泥和错台，是作为保证水泥混凝土路面结构整体强度，延长路面使用寿命，便于混凝土施工的重要支承层。因此要求基层强度均匀，整体性好、稳定性好，表面平整、密实不透水。基层常为 150～180mm 厚的水泥稳定石屑层，水泥剂量 4%～6%，也可采用 150～200mm 厚的碎石或级配砂石。

(2) 水泥混凝土路面接缝处理　水泥混凝土路面修筑后在凝固过程中会发生收缩现象，受温度等环境因素变化的影响又会产生热胀冷缩现象，从而引起路面的不规则裂缝或隆起，导致路面板破坏。为了避免这一问题的产生，必须正确设置伸缩缝。板因温度降低发生收缩时可在缩缝处有规则断裂，从而避免不规则裂缝产生；板因温度升高发生膨胀时可向涨缝伸展，从而避免路面拱起。混凝土路面因施工不连续，暂时停止施工时要设置施工缝。

① 伸缝（胀缝）　或称真缝，为缝宽 20～25mm 的贯通缝，间距一般为 18～24m。涨缝下部嵌入泡沫树脂板或沥青浸制的软木板等嵌缝板，上部 30～40mm 浇填沥青类、聚氯

乙烯胶泥类填缝料，防止地面水下渗和砂石进入。胀缝是混凝土路面的薄弱点，当地面水通过胀缝渗透入地基后，易使地基软化，发生唧泥、错台等病害，时间久了，就会使路面板在胀缝处破坏；同时胀缝容易至使行车颠簸。设计时除按规范要求设置外，宜尽量少设或不设胀缝。

② 缩缝　或称假缝，是位于混凝土板上部的不贯通到底的假缝，其缝宽为 3～8mm，深度为板厚的 1/4～1/3，一般为 50～60mm，当板收缩时在此处形成规则裂缝，缝中浇填填缝料。

③ 纵缝　纵缝是多条车道之间的纵向接缝，间距一般 3～4m，即一条车道宽度，多采用企口缝，也有用平头拉杆式或企口缝加拉杆式纵缝。

④ 施工缝　施工缝应尽量设在伸缝处，如条件不允许，也要设在缩缝处，并做成施工缝的形式。施工缝采用平头缝或企口缝的构造形式，上部设置宽 5～10mm，深 3～4mm 的凹槽，其内浇填填缝料。

(3) 水泥混凝土表面装饰处理

① 压印纹样　在抹平的混凝土面层尚未硬化时，及时用滚筒滚压出各种平行条纹或利用模具压出装饰纹样。

② 彩色水泥砂浆　用厚度 20～25mm 的 1∶2 彩色水泥砂浆抹面。

③ 水磨石饰面、水洗（刷）石饰面、斩假石饰面　用 1∶1.25～1∶1.50 的水泥细石子浆铺面，厚度 10～15mm。表面分别用水磨、水洗或斧剁方式处理。

④ 彩色压模地坪（也叫艺术地坪）　艺术地坪是一种能在混凝土表层依靠高分子聚合物彩色硬化剂、脱模料和地坪保护剂，创造出逼真的石板、砖块、岩石、卵石、地砖等图案效果的地面材料工艺。具有耐磨、防滑、高强度、自然美观、颜色持久、施工方便等特点。

硬化剂是采用特殊级配的耐磨矿物骨料、高标号水泥、无机颜料及聚合物添加剂合成的高强度耐磨材料。脱模料是一种无颜色或有颜色的防水粉质材料，它能在压模工具和混凝土之间形成隔潮层以便于柔性工具脱模。地坪溶基混凝土密封剂是为满足深层渗透需要而专门设计配置的耐磨聚合体，可以渗透进混凝土，将表面的水分置换出来，以增强混凝土的握持力。保护层具有耐磨性、高防水性、高抗碱性、防蚀性、装饰性、持久性及防紫外线等特性。

2. 透水混凝土路面

透水混凝土是专用胶结料、水泥、骨料、水等拌制而成的一种多孔轻质混凝土。透水混凝土路面结构疏松，多孔穴呈蜂窝状，有 15%～25%的孔隙，具有透水、透气和重量轻的特点，是一种生态型道路。

透水混凝土专用胶结料是以多种增加强度与粘结力的助剂（如掺合料、水性树脂、彩色强化剂、稳定剂等）组成的粉状料，并可加入无机耐候颜料。胶结料和水泥、碎石、水按一定比例混合，每立方米透水混凝土配合比（按质量计，单位：kg）：胶结料∶水泥∶石子∶水＝7∶300∶1520∶115，水泥为 42.5MPa 硅酸盐水泥。

透水混凝土强度较低，主要用于步行道或轻型车道。人行道、自行车道等轻荷重地面，一般面层厚度不低于 80mm；对停车场、广场等中荷重地面，面层厚度不低于 100mm。为了节约成本，可将面层分为两层，即表层为彩色透水混凝土层，厚度一般不低于 30mm，下层为素色透水混凝土层。面层下需有透水基层和较好保水性的垫层。基层要求采用级配砂砾或级配碎石等。采用级配碎石时，碎石的最大粒径应小于 0.7 倍的基层厚度，且不超过 50mm。垫层一般采用天然碎石，根据地基情况铺设一定厚度。

3. 沥青路面

沥青路面是用沥青结合料粘结矿质材料作面层，结合基层、路基共同组成的路面。

(1) 沥青面层　按施工方法、技术品质沥青面层分为：沥青混凝土面层、沥青碎石面层、沥青贯入式面层和沥青表面处治面层等。

① 沥青混凝土面层是由适当比例的各种不同大小颗粒的集料、矿粉和沥青，加热到一定温度后拌和，经摊铺压实而成的路面面层。路面具有很高的强度，可以承受比较繁重的车辆交通。较小的空隙率使沥青混凝土路面透水性小，水稳性好，耐久性高，有较大的抵抗自然因素的能力，使用年限达15～20年以上。沥青混凝土路面适用于高速公路及一、二级公路面层。

② 沥青碎石面层为开级配沥青混凝土，其细集料和矿粉含量较少，粗集料比例较大，沥青用量相应也较少，加工工艺和铺筑工艺接近沥青混凝土路面，但其孔隙较大，一般孔隙率在10%以上。路面较易保持粗糙，有利于高速行车，对石料级配和沥青规格要求较宽，材料组成设计比较容易满足要求，沥青用量少，且不用矿粉，造价低。沥青碎石适用于一般公路，不宜用于高等级公路。因多孔之故，路面容易渗水和老化，故常用中粒式、粗粒式沥青碎石作沥青混凝土面层下层、联结层或整平层。

③ 沥青贯入式路面指的是用沥青贯入碎（砾）石作基层、联结层、面层的路面。即在初步压实的碎石（或破碎砾石）上，分层浇洒沥青、撒布嵌缝料，最上层撒布封层料或铺筑热拌沥青混合料封层。沥青贯入式适用于二、三级公路，也可作为沥青混凝土面层的联结层。

④ 沥青表面处治是用沥青和细粒料按层铺或拌和方法施工，厚度不超过3cm的薄层路面面层。由于处治层很薄，一般不起提高强度作用，其主要作用是抵抗行车的磨耗和大气作用，增强防水性，提高平整度，改善路面的行车条件。沥青表面处治，一般用于三级公路，也可用作沥青路面的磨耗层、防滑层。

(2) 沥青路面基层　按结构组合设计要求，一般有沥青稳定碎石、沥青贯入式、级配碎石、级配砂砾等柔性基层；水泥稳定土或粒料、石灰与粉煤灰稳定土或粒料的半刚性基层；碾压式水泥混凝土、贫混凝土等刚性基层以及上部使用柔性基层，下部使用半刚性基层的混合式基层。

(3) 沥青路面构造组合　要求面层耐久、基层坚实、土基稳定。根据沥青路面的工作特性，各结构层应尽量按强度和刚度自上而下逐层递减的规律安排；各结构层应具有适宜的厚度，不宜使层数过多而厚度过小，组成如下。

① 面层　单层、双层或三层沥青面层。

② 基层　柔性、半刚性、刚性或组合式。

③ 垫层　排水、防冻、防水、防污等粒料或稳定土。

④ 路基　密实、坚固、不透水土基。

三、块料路面构造

块料路面的使用历史悠久，中国很早就利用各种天然、人工块料铺装路面。

(1) 薄板材铺地　薄板材是指厚度在5～40mm之间的块状铺地材料，常用的薄板材主要是天然的花岗岩、大理石石板和人造的釉面地砖、陶瓷广场砖和马赛克等。由于薄板材厚度不大，抗弯强度小，故下部需要承载力大、强度高的刚性基层作支撑，一般为100～150mm厚，标号在C10以上的混凝土，基层下再布置150mm厚水泥石屑层或碎石层，薄板材与基层间用20～30mm厚1∶3水泥砂浆粘贴。

① 天然薄石板铺地　指厚度为20～40mm的花岗岩、青石板等石材，一般加工成正方形、长方形等规则形状，也有自然冰裂纹形状的。规格多样，一般采取300mm×600mm、400mm×600mm、600mm×600mm、600mm×900mm等尺寸。

园林铺地以花岗岩为主，大理石主要用于室内铺地和其它装饰，石材表面经过各种处理，形成质感不同的效果，花岗岩常见处理方法有机切面、亚光面、抛光面、火烧面、荔枝面、菠萝面、自然面等。表面处理方法及特点如下。

a. 机切面　直接由圆盘锯砂锯或桥切机等设备切割成型，表面较粗糙，带有明显的机切纹路。

b. 亚光面　表面低度磨光，平滑，产生漫反射，无光泽，不产生镜面效果。

c. 抛光面　表面非常的平滑，高度磨光，有高光泽的镜面效果。花岗岩、大理和石灰石通常是抛光处理，并且需要时常维护以保持其光泽。

d. 火烧面　表面粗糙。利用炽热的气体火焰喷烧花岗岩表面，部分颗粒热胀松动脱落，形成自然、深度不超过1～1.5mm的凹凸表面。

e. 荔枝面　表面粗糙，凹凸不平，是用机打或人工凿击的方法在石材表面凿出密集凹坑，似荔枝表皮效果。

f. 菠萝面　表面比荔枝加工更加的凹凸不平，就像菠萝的表皮一般。

g. 剁斧面　也叫龙眼面，是用刀斧剁击石材表面，形成密集的条状纹理，有些像龙眼表皮的效果。

h. 自然面　表面粗糙，通常是用手工开凿，使石头形成自然开裂面。

i. 拉沟或拉丝　在石材表面上开一定的深度和宽度的沟槽

j. 蘑菇面　一般是用人工劈凿，效果和自然面相似，但是石材为中间突起四周凹陷的形状。

花岗岩和大理石颜色花纹非常丰富，有红色、青色、绿色、米色、白色、灰色、黑色等多种颜色和点状、云纹、木纹等多种纹理。

② 釉面地砖铺地　釉面地砖有丰富的颜色和表面图案，尺寸规格也很多，在铺地设计中选择余地很大。其商品规格主要有：100mm×200mm、300mm×300mm、400mm×400mm、400mm×500mm、500mm×500mm等多种，厚度5～10mm。

③ 陶瓷广场砖铺地　广场砖多为陶瓷或琉璃质地，产品基本规格是100mm×100mm×20mm，有方形、扇形等形状，可以在路面组合成直线的矩形图案，也可以组合成圆形图案。

④ 马赛克铺地　马赛克色彩丰富，块体小，一般20～40mm大小，容易拼合地面图纹，装饰效果较好，但铺在路面较易脱落，不适宜人流较多的道路铺装。

(2) 厚板材铺地　厚板材指厚度在50～100mm的块状铺地材料，常用材料有天然和人工板材、方砖、砌块等。其构造做法有两种，厚度50～60mm的板材通过30mm厚的1∶3水泥沙或石灰沙结合层与其下的基层黏结成一体。厚度70mm以上的板材通过30～50mm厚沙或砂土找平层直接与地基相接，板材间还可留30～50mm缝填土嵌草。

① 石板铺地　以花岗岩、片麻岩、玄武岩和砂岩为主的天然石板，厚度80～100mm，也有厚至200mm的。平面尺寸较大，可以根据需要加工成各种规格，一般都在300mm×500mm以上。

② 预制混凝土板铺地　其规格尺寸按照具体设计而定，与石板类似。不加钢筋的混凝土板，其厚度不要小于80mm。加钢筋的混凝土板，最小厚度可取60mm，所加钢筋一般为直径6～8mm，间距200～250mm，双向布筋。预制混凝土铺砌板的顶面，常加工成压纹、彩色水磨石面或露骨料面等。

③ 混凝土方砖铺地　常见规格有300mm×300mm×60mm、400mm×400mm×60mm等，表面经翻模加工为方格纹或其它图案纹样。

④ 机制砖、水泥彩砖漫地　机制标准砖的大小为240m×115m×53m，有青砖和红砖之

分，园林铺地多用青砖，色彩素雅。砖漫地时，平铺、仄铺均可，排列亦有多种样式，以席纹、工字形和人字形最常见。目前用于铺地的砖种类很多，主要有彩色水泥铺地砖、岩土烧结路面砖和透水路面砖，形状以长方形、方形为主，色彩非常丰富，常利用不同颜色的砖组成各种几何图案和线条。其中，透水砖是一种新型的高渗透路面材料，由一定级配的集料、水泥、特种胶结剂等制成，有20%左右的气孔率，透水系数大。

四、碎料路面构造

碎料路面所用碎砖、卵石、碎瓦片、碎瓷片等材料多为废料，是比较环保的园林铺地。碎料路面主要有卵石路、砌块铺地和花街铺地。

卵石路一般用30～40mm厚1∶2水泥砂浆将卵石牢固地粘贴在混凝土基层上，面层与基层形成一个结构整体，使卵石不易脱落。

砌块铺地是用凿打整形的石块，或用预制的混凝土砌块作为园路结构面层使用，直接通过沙土找平层铺在土基上，块间缝隙用沙或沙土填实。

花街铺地因面层材料厚度相差较大，故结合层较厚，一般为40～70mm的1∶3～1∶4水泥沙或石灰沙，其较强的黏结力可保证路面小碎料不松动。

各种路面常见构造做法图见图2-25，图2-26是园路断面图实例。

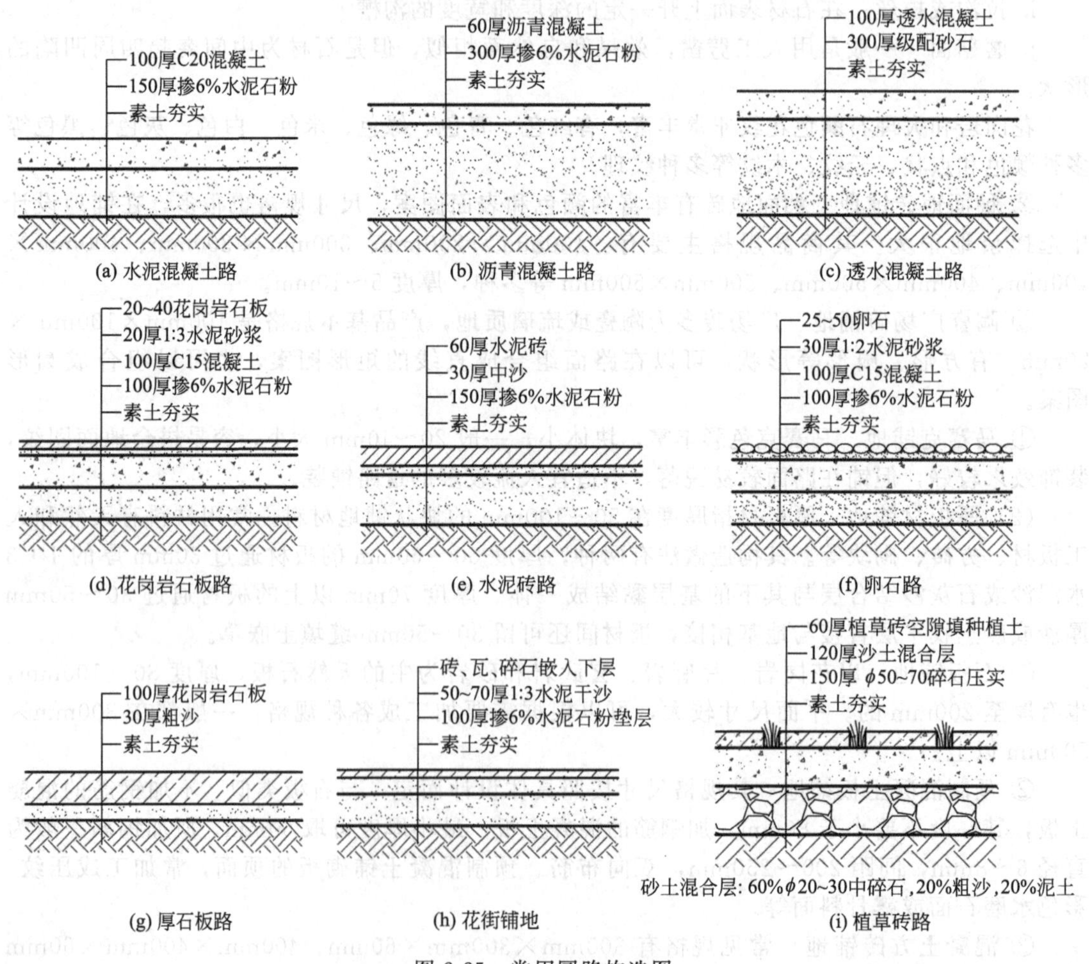

图2-25 常用园路构造图

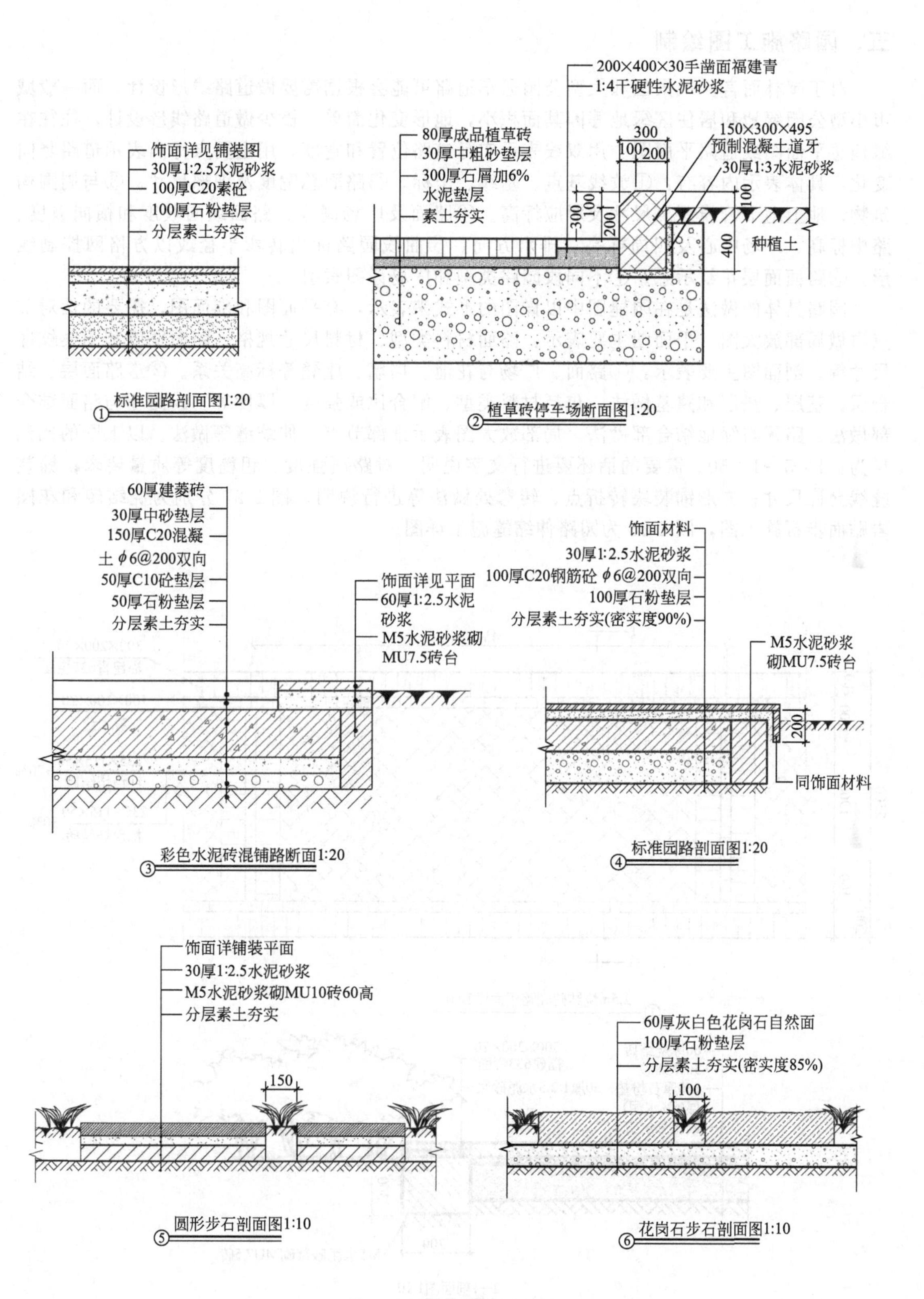

图 2-26　园路断面图实例

五、园路施工图绘制

对于园林而言，风景区和大型公园通车道路可能会根据需要做道路线形设计，而一般城市小型公园绿地和居住区绿地等因其面积小，地形变化简单，极少做道路线形设计，往往在绿地总平面图或道路平面图中用双线表示实际道路位置和宽度，用主要点标高表示道路竖向变化，具体表示内容有：①放线基点、基线、坐标。②路面总宽度及细部尺寸。③与周围构筑物、地上地下管线距离尺寸及对应标高。④路面及广场高程、路面纵向坡度和横向坡度、路中标高、广场中心及四周标高、排水方向。⑤曲线园路标出转弯半径或以方格网控制线形。⑥路面面层花纹示意。⑦不同段园路类型和广场详图索引。

园路具体的做法是在园建图中以详图的形式来表示，有平面图和剖面图，需要的话对节点再做局部放大图。平面图主要表示：路面材料类型、材料尺寸规格、路面宽度和图案纹样尺寸等。剖面图主要表示：①路面、广场与花池、挡墙、座凳等标高关系。②道路面层、结合层、基层、垫层和路基做法，包括材料类型、配合比或强度、厚度等。③路牙与路面结合部做法、路牙与绿地结合部做法。局部放大图表示细部节点、伸缩缝等做法。以上图的比例尺为：1∶5～1∶50。需要的话还要进行文字说明，对路面强度、粗糙度等质量要求；铺装缝线允许尺寸；方形铺装块转折点、转弯处做法等进行说明。图 2-27 分别为烧结砖和花岗岩贴面步石施工图，图 2-28 为园路伸缩缝施工详图。

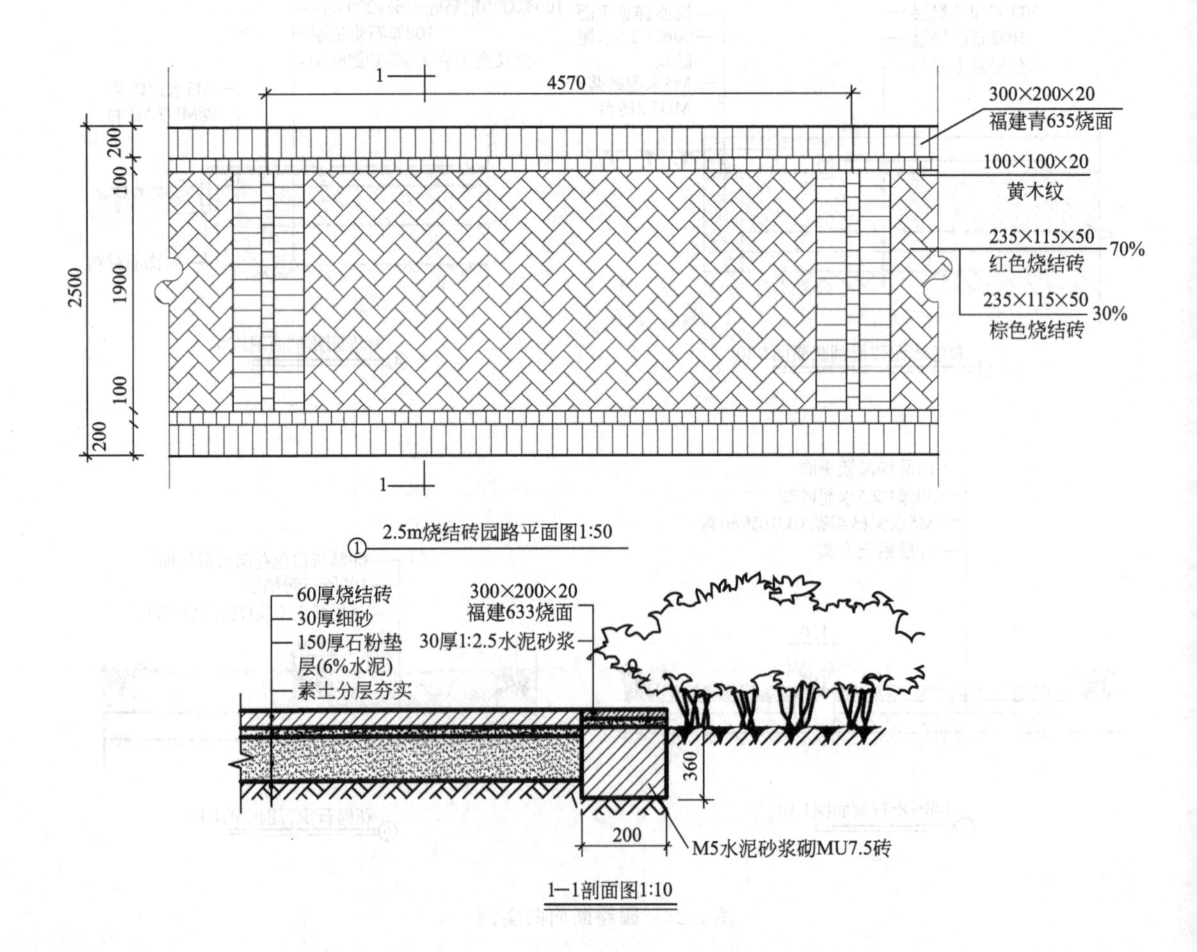

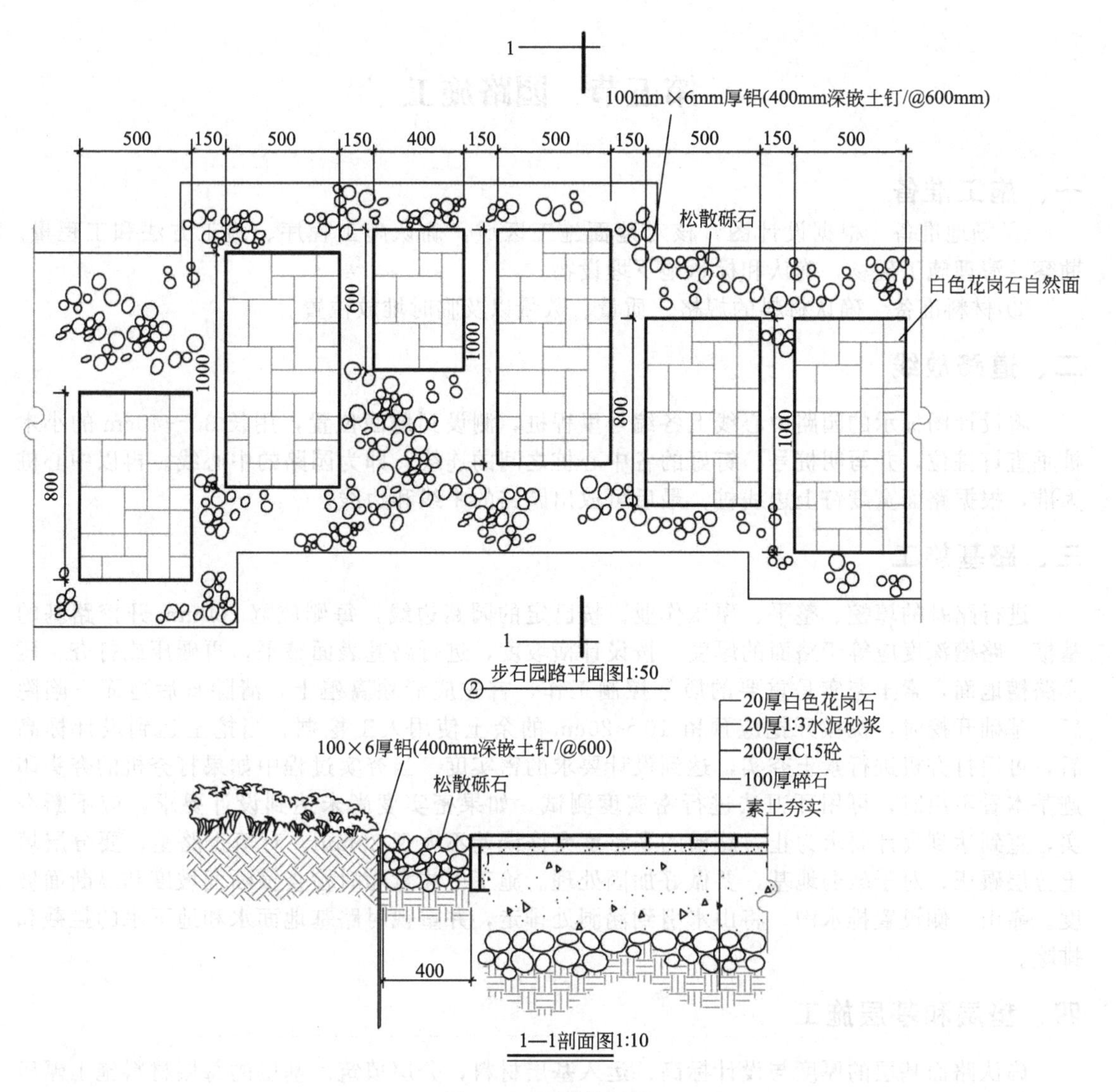

图 2-27　园路施工图

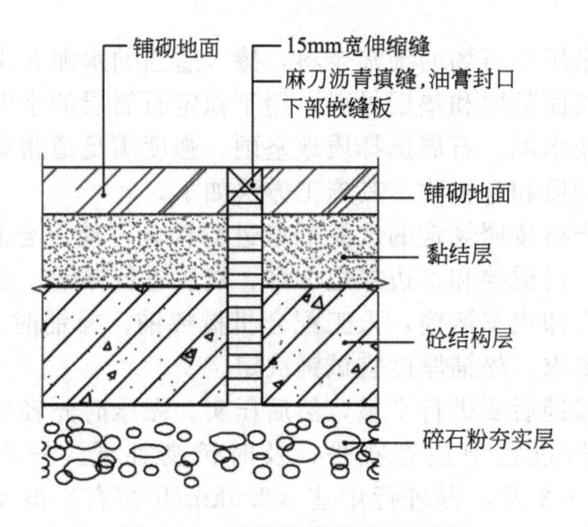

图 2-28　园路伸缩缝施工详图

第五节　园路施工

一、施工准备

① 场地准备　根据设计图，核对地面施工区域，确认施工程序、施工方法和工程量。勘察、清理施工现场，确认和标示地下埋设物。

② 材料准备　确认材料的规格、质量、数量以及临时堆放位置。

二、道路放线

将设计图标示的园路中心线上各编号里程桩，测设到地面位置，用长 30～40cm 的小木桩垂直钉桩位，并写明桩号。钉好的各中心桩之间的连线，即为园路的中心线。再以中心桩为准，根据路面宽度钉上边线桩，最后可放出园路的中线和边线。

三、路基施工

进行路基的填挖、整平、碾压作业。按已定的园路边线，每侧放宽 200mm 开挖路基的基槽；路槽深度应等于路面的厚度。按设计横坡度，进行路基表面整平，再碾压或打夯，压实路槽地面，素土夯实是重要的质量控制工作，首先应清除腐殖土，清除日后地面下陷隐患。基础开挖时，机械开挖应预留 10～20cm 的余土使用人工挖掘。当挖土达到设计标高后，可用打夯机进行素土夯实，达到设计要求的密实度。当夯实过程中如果打夯机的夯头印迹基本看不出时，可用环刀法进行密实度测试。如果密实度尚未达到设计要求，应不断夯实，直到达到设计要求为止。路槽的平整度允许误差不大于 20mm。对填土路基，要分层填土分层碾压，对于软弱地基，要做好加固处理。施工中注意随时检查横断面坡度和纵断面坡度。靠山一侧设置排水沟，将山水引到涵洞处排走，并重视对路基地面水和地下水的拦截和排除。

四、垫层和基层施工

确认路面基层的厚度与设计标高；运入基层材料，分层填筑。基层的每层材料施工碾压厚度是：下层为 200mm 以下，上层 150mm 以下。

1. 水泥稳定石屑层

水泥稳定石屑层是采用碎石场的细筛余料，掺入适当的水泥和水，经过拌和、压实、养生后，达到规定强度的路面基层和垫层材料。用于稳定石屑层的水泥，要采用安定性好，终凝时间较长的普通硅酸盐水泥。石屑选择质地坚硬、强度满足道路集料要求的碎石场的筛余料，经检验无风化、无杂质和有机物。其施工方法如下。

(1) 拌和、摊铺　严格按照规定的水泥剂量进行拌合，使混合料和水泥充分拌和均匀。可采用现场拌和法施工，机械拌和，边拌边加水，然后进行摊铺；也可由大型稳定土厂用厂拌设备进行集中搅拌，自卸汽车运输，人工配合机械摊铺。摊铺时，其厚度必须均匀一致，同时应符合纵横断面的要求，松铺厚度宜试铺决定。

(2) 碾压　混合料摊铺后要进行平整，然后压实。碾压时先轻后重，自路边至路中，每次重叠后轮宽 1/2，碾压过程中注意找平，及时铲高补低。先由 18T 压路机进行低速(1.5km/h 左右）静压 2～3 遍，再进行中速（2.5km/h 左右）振动压实 2～3 遍，然后用 30T 压路机进行高速（3.5km/h 左右）振动压实 2～3 遍，最后用 30T 压路机进行低速(1.5km/h 左右）静压 2～3 遍。碾压的遍数还要通过检验压实度进行调整，要求碾压直至表面平整，无明显轮迹为止，密实度大于98%。在雨水口、检查井等附近压路机无法进行碾压的地方，采用打夯机进行打夯。

(3) 养护　混合料碾压完成，待水泥达到终凝时间（8～10h）后应开始喷水养护。要求连续养护一周以上。

2. 级配砂石

级配砂石是指将砂石按一定的级配比例混合后用来做基础或其它用途的混合材料。级配砂石材料宜采用质地坚硬的中砂、粗砂、砾砂、碎（卵）石、石屑或其他工业废粒料。在缺少中、粗砂和砾石的地区，可采用细砂，但宜同时掺入一定数量的碎石或卵石，其掺量应符合设计要求，颗粒级配应良好。砂石中避免树枝等有机质混入，并按设计要求控制石子颗粒大小，碎石或卵石最大粒径不得大于垫层厚度的2/3，并不宜大于50mm。为保证施工质量，控制好砂石垫层的厚度很重要，一般每层为15～20cm，回填时其虚铺厚度应考虑压实后能符合设计要求。压实前适当洒水以保持砂石最佳含水量，一般为8%～12%。压实一般采用打夯机夯实和振动压路机碾压方式进行。采用水夯或蛙式打夯机夯实时，保持落距为40～50cm，要一夯压半夯，行行相接，全面夯实，一般不少于3遍。采用压路机碾压时，一般碾压不少于4遍，其轮距搭接不小于50cm。边缘和转角处应用人工或蛙式打夯机补夯密实。

3. 混凝土基层

混凝土基层的浇筑工序为：清理基底⟶支模⟶拌制混凝土⟶混凝土浇筑⟶振捣⟶找平⟶养护。

(1) 基底表面清理　基底表面的淤泥、杂物均应清理干净；如果是干燥非黏性土应用水润湿；表面不得留有积水。最后按设计坡度进行基底平整。

(2) 支模　正确安装边缘挡板及涨缝嵌板。铺筑混凝土时宜使用钢模板，钢模板应直顺、平整，每1m设置一处支撑装置。

(3) 拌制混凝土　后台操作人员要认真按设计配合比配制混凝土，应严格控制塌落度，搅拌要均匀。

(4) 混凝土浇筑　铺筑时卸料应均匀，布料应与摊铺速度相适应。浇筑混凝土一般从一端开始，并应连续浇筑。如面积较大无法连续作业时，应根据规范规定留置施工缝。

(5) 振捣　混凝土浇筑后，应及时振捣，在2h内必须振捣完毕，否则应按规范规定留置施工缝。振捣可采用插入式振捣器或平板式振捣器。

(6) 找平　混凝土振捣密实后，用长1m以上的直尺将顶面刮平，顶面稍干一点，再用抹灰砂板抹平至设计标高。混凝土表面要处理为粗糙的毛面，以便下一步铺贴表面块料时易于粘合。

(7) 养护　混凝土浇筑完成后应及时进行养护，应在12h左右覆盖和浇水，可采用保湿膜、土工毡、麻袋、草袋、草帘等覆盖物洒水湿养护方式，养护时间应根据混凝土弯拉强度增长情况而定，一般宜为14～21d，特别应注重前7d的保湿（温）养护。

(8) 待混凝土基层基本硬化后，用锯割机锯出路面缩缝，并用填缝料填缝。在切缝时应注意与道路面层铺贴块料的拼缝吻合。

五、面层施工

在完成的路面基层上，重新定点、放线，放出路面的中心线、边线及各设计标高点。如果是整体现浇路面，设置边线处的施工挡板，然后进行混凝土浇筑。如果是块料和碎料路面，确定砌块路面的砌块行列数及拼装方式，根据设计图案弹线定位，然后进行面层铺贴。

(一) 水泥混凝土面层施工

混凝土面层的浇筑与前述混凝土基层施工方法相同，只是水泥混凝土面层板要求强度较高的混凝土，一般标号为C20以上，而且要求最后一道工序中，混凝土表面要进行抹光处理，然后用滚筒压出平行直纹或其它装饰花纹，有利于路面防滑。混凝土表面纹理有多种方法实施：①滚花，用各种花纹的滚筒，在水泥面层上滚压出各种细密纹理；②压纹，利用一块边缘有许多整齐凸点或凹槽的木板或木条，在面层上压出纹样；③刷纹，使用弹性钢丝刷，在未硬的混凝土面层上可以刷出直纹、波浪纹等纹理。

（二）水泥混凝土路面的装饰施工

1. 饰面处理

在混凝土基层上，可以使用多种方式进行装饰处理，使园路表面更为美观和耐磨。常见有以下几种形式。

① 水磨石饰面　用水泥石子浆罩面，待水泥石子浆凝固后（约24h）再经过磨光处理而做成的装饰性路面。

② 水洗（刷）石饰面　用水泥石子浆罩面，2～6h内将表面水泥浆洗去少许，露出石子。

③ 斩假石饰面　用水泥石子浆罩面，待水泥石子浆凝固后（约48h）再用刀斧斩出细纹，形似自然石材。

饰面施工方法：在平整、粗糙、已基本硬化的混凝土基层上，弹线分格，水磨石和水洗石根据需要用玻璃条、铝合金条或铜条作分格条，斩假石则用木条分缝。然后在混凝土面层刷上一道素水泥浆，再用1∶1.25～1∶1.50的水泥细石子浆铺面，厚度10～15mm。铺好后拍平、压实，待出浆后再用抹子抹平。然后分别在规定时间用打磨、水洗或刀斩方法处理，以获得不同饰面效果。

2. 露骨料处理

用粒径较小的卵石配制混凝土，在浇好后2～6h内（最迟不得超过16～18h）用硬毛刷子和钢丝刷子刷洗，露出骨料，表面洗净。刷洗后3～7d内，再用10%的盐酸水洗一遍，使石子表面色泽更明净，最后要用清水把残留盐酸完全冲洗掉。

3. 艺术地坪装饰

在混凝土的表面撒布硬化剂、脱模料，经模板压印形成颜色持久的天然石材外观。艺术地坪对基层混凝土的要求较高，要求混凝土的强度应在C20以上，其水灰比尽可能小且混凝土中不能含有早强剂。在混凝土基层施工完成后，接着按以下步骤进行艺术地坪饰面施工。

(1) 表面拉毛处理　在混凝土初凝前，表面加上10mm水泥浆，用手工铁板将混凝土表面砂浆抹匀、找平并拉毛。

(2) 撒布硬化材料　将规定用量的2/3硬化剂均匀撒布在初凝阶段的混凝土表面，待硬化材料吸水润湿后用手工铁板找平收光完成第一次作业，待硬化材料初凝至一定阶段，再进行第二次1/3材料撒布收光找平作业。硬化剂用量：①交通流量大或浅颜色表面，硬化剂用量4～5kg/m²；②交通流量适中区域，硬化剂用量3～4kg/m²；③交通流量小的区域，硬化剂用量2～3kg/m²。

(3) 找平收光硬化材料　根据混凝土的硬化情况，实行至少三次以上的手工铁板收光找平作业，且收光操作应相互交错进行。

(4) 撒布脱模粉　在硬化材料初凝一定阶段，表面干燥无明显水分的情况下均匀撒布一层与硬化材料配套的脱模粉，用量标准一般在0.12kg/m²。

(5) 压制图案　待硬化剂和脱模粉结合在一起但又未完全凝固前，即用专用施工模板进行压模成型。压膜时保持模具固定平整，压制图案要一次成型不能二次重压。

(6) 冲洗地坪表面　混凝土强度达到设计强度的70%后（一般2～3天后），就可使用高压冲洗机清洗地面，冲洗时不要将脱模粉全部冲掉，可以在混凝土表层保留20%左右的脱模粉。根据效果需要，冲洗时可以将突出部位上的脱模粉冲掉，而在较深的部位多保留些颜色，会产生更为立体的古典效果。

(7) 涂敷密封剂　混凝土表层全部干燥后（至少1天后），必须喷涂上二遍30%固体含量的封闭保护剂，用量一般在0.33kg/m²，必须在第一遍保护剂全部干燥后（一般30min以上）才能涂第二遍保护剂。保护剂可以用滚刷或喷筒进行喷涂，两次喷涂方向垂直。

(8) 养护　艺术压模地坪不需洒水养护，但养护阶段必须防止人员随便进出，进行必要的保护。

（三）透水混凝土路面施工

先铺设级配砂砾或级配碎石基层，然后在完成的透水基层上进行透水混凝土路面施工，步骤如下。

(1) 立模　首先按设计要求进行分隔立模及区域立模，立模中须注意路面标高、泛水坡度等问题。

(2) 搅拌　根据工程量的大小，配置不同容量的机械搅拌器。透水混凝土中水泥浆的稠度较大，且数量较少，为了便水泥浆能保证均匀地包裹在骨料上，不能采用人工搅拌，宜采用强制式搅拌机，搅拌时间为5min以上。

(3) 运输　透水混凝土属干性混凝土料，其初凝快，一般根据气候条件控制混合物的运输时间，运输一般控制在10min以内。

(4) 摊铺、浇筑成型　在浇筑之前，基层必须先用水湿润。大面积施工采用分块隔仓方式进行摊铺物料，其松铺系数为1.1。将混合物均匀摊铺在工作面上，用括尺找准平整度和泛水度，然而用平板振动器或人工捣实，不宜采用高频振动器捣实。振捣以后，应进一步采用实心钢管或轻型压路机压实压平透水混凝土拌合料，考虑到拌合料的稠度和周围温度等条件，可能需要多次辊压。

(5) 养护　透水混凝土由于存在大量的孔洞，易失水，因此铺摊结束后，宜立即覆盖塑料薄膜，以保持水分。透水混凝土在浇注后1d开始洒水养护，高温时在8h后开始养护，但淋水时不宜用压力水直接冲淋混凝土表面。透水混凝土湿养时间不少于7d。

（四）沥青路面施工

1. 热拌沥青混合料路面施工

(1) 安装路缘石　沥青路面的路缘石可根据要求和条件选用沥青混凝土或水泥混凝土预制块、条石、砖等。

(2) 清扫基层　基层必须坚实、平整、洁净和干燥，对有坑槽、不平整的路段应先修补和整平。整体强度不足时，应给以补强。

(3) 浇洒透层或粘层沥青　透层指为使沥青面层与非沥青材料基层结合良好，在基层上浇洒沥青而形成的透入基层表面的薄层。透层的沥青材料宜采用慢裂的洒布型乳化沥青，或者是中、慢凝液体石油沥青或煤沥青。透层宜紧接在基层施工结束表面稍干后浇洒，在喷洒透层沥青后，如不能立即铺筑沥青面层，而需开放施工车辆通行时，应立即撒布2～3m³/1000m²的石屑或粗砂；在半刚性基层洒布透层时，也应撒布石屑或粗砂，并用轻型压路机滚压一遍。粘层指为加强路面的沥青层与沥青层之间、沥青层与水泥混凝土路面之间的粘结而洒布的沥青材料薄层。粘层的沥青材料宜采用快裂的洒布型乳化沥青，或者是快、中凝液体石油沥青或煤沥青。在路缘石、雨水口、检查井等局部地方应用刷子人工涂刷粘层。

（4）拌合与运输　按配合比规定的用量将集料和沥青材料由工厂沥青拌合设备集中拌合，拌合的沥青混合料应均匀一致、无花白料、无结团块。拌合好的材料采用自卸车运输至现场摊铺。

（5）摊铺　沥青混合料可用人工或机械摊铺，热拌沥青混合料应采用机械摊铺，摊铺必须均匀、缓慢、连续不断地进行。

（6）碾压　沥青混合料的碾压应按初压、复压、终压三个阶段进行。初压主要为了增加沥青混合料的初始密度，起到稳定的作用，采用双钢轮压路机静压 2 遍或采用双钢轮压路机单程静压、单程（返程）微振 1 遍；复压主要要求提高密实度，一般采用 11～13t 双钢轮振动 2～3 遍、20～25t 胶轮碾压 3～4 遍；终压主要是消除压实中产生的轮迹，使表面平整度达到要求，可采用双钢轮式压路机碾压 2 遍，消除轮迹，速度 4km/h。碾压要掌握好碾压时间，碾压有效时间是从开始摊铺到温度下降到 80℃之间的时间。一般都控制在初压 140～150℃，复压 120～140℃，终压 90～120℃。

（7）接缝处理　沥青路面的各种施工缝（包括纵缝及横缝）都必须密实、平顺。纵向接缝施工：摊铺时采用梯队作业的纵缝应采用热接缝；半幅施工不能采用热接缝时，宜加设挡板或采用切刀切齐，铺另半幅前必须将缝边缘清扫干净，并涂洒少量粘层沥青。横向接缝的施工：对高速公路和一级公路，中下层的横向接缝时可采用斜接缝，在上面层应采用垂直的平接缝，其它等级公路的各层均可采用斜接缝。

（8）开放交通　热拌沥青混合料路面应待摊铺层完全自然冷却，混合料表面温度低于 50℃（石油沥青）或 45℃（煤沥青）后开放交通。

2. 沥青贯入式路面施工

（1）准备下承层　沥青贯入式面层施工前，先检测其下承层高程、宽度、横坡度，然后人工清扫其表面，做到表面干燥、清洁，无松散的石料、灰尘与杂质。当需要安装路缘石时，应在路缘石安装完成后施工。乳化沥青贯入式路面或厚度 5cm 以下的浅贯式路面必须浇洒透层或粘层沥青。

（2）摊铺主层集料及碾压　用摊铺机摊铺主层集料。摊铺时避免颗粒大小不均，并检查松铺厚度。摊铺后严禁车辆在铺好的集料层上通行。主层集料摊铺后采用 6～8t 的钢筒式压路机进行初压，碾压速度为 2km/h。碾压自路边缘逐渐向路中心，每次轮迹重叠约 30cm，以此标准碾压一遍。然后检验路拱和纵向坡度，当不符合要求时，调整找平再压，至集料无显著推移为止。然后再用 10～12t 压路机进行碾压，每次轮迹重叠 1/2 左右，碾压 4～6 遍，直到主层集料嵌挤稳定，无显著轮迹为止。

（3）浇洒第一层沥青和撒布嵌缝料、碾压　主层集料碾压完毕后，浇洒第一层沥青，沥青的浇洒温度根据沥青标号及气温情况选择。沥青浇洒后，立即均匀撒布第一层嵌缝料，扫匀，不足处找补。接着用 10～12t 钢筒及振动压路机进行碾压，轮迹重叠 1/2 左右，碾压 4～6 遍，直至稳定为止。碾压时随压随扫，使嵌缝料均匀嵌入。因气温过高使碾压过程中发生较大推移现象时，立即停止碾压，待气温稍低时再继续碾压。

（4）第二、三层施工　浇洒第二层沥青，撒布第二层嵌缝料，然后碾压，再浇洒第三层沥青，撒布封层料，然后终压。施工方法与第一层相同，只是终压用 6～8t 钢筒及振动压路机碾压 2～4 遍。

（5）交通管制及初期养护　除乳化沥青需破乳后水分蒸发并基本成型后方可通车外，在碾压结束后即可开放交通，在通车初期应设专人指挥交通或设置障碍物控制行车，并使路面全部宽度均匀压实，并限制车速不超过 20km/h。当发现有泛油时，应在泛油处补撒与最后一层石料规格相同的集料并扫匀，过多的浮动集料应扫出路面外，并不得搓动已经黏着在位的集料，如有其它破坏现象，也应及时进行修补。

3. 沥青表面处治路面施工

(1) 下承层准备　在表面处治层施工前，应将路面基层清扫干净，使基层的矿料大部分外露，并保持干燥。对有坑槽、不平整的路段应先修补和平整，若基层整体强度不足，则应先补强。

(2) 浇洒沥青　在浇洒透层沥青或待做封层的基础表面清扫后浇洒第一层主层沥青。沥青的浇洒温度应根据施工气温及沥青标号来选择，石油沥青的洒布温度宜为 130～170℃，煤沥青的洒布温度宜为 80～120℃，乳化沥青可在常温下洒布。

(3) 撒铺集料　第一层集料在浇洒主层沥青后应立即进行撒布，前幅路面浇洒沥青后，应在两幅搭接处暂留 10～15cm 宽度不撒石料，待后幅浇洒沥青后一起撒布集料。

(4) 碾压　撒布一段集料后，应立即用 6～8t 钢筒双轮压路机或轮胎式压路机由路边至中心碾压，每次碾压轮迹应重叠 30cm，碾压 3～4 遍。碾压速度开始不超过 2km/h，以后可适当增加。第二层、第三层的施工方法和要求应第一层相同，但可采用 8～10t 压路机。

(5) 交通管制及初期养护　同沥青贯入式路面施工。

（五）块料面层铺贴施工

块状材料作路面面层，在面层与基层之间所用的结合层做法有两种：一种是用湿性的水泥砂浆、石灰砂浆或混合砂浆作结合材料，另一种是用干性的水泥沙、中沙、石灰沙、灰土等作为结合材料。结合层厚度为 20～30mm。

1. 湿法砌筑

湿法砌筑是用湿性结合材料砌筑块状贴面层的做法。结合层材料有 1∶2.5～1∶3 水泥砂浆、1∶3 石灰砂浆、1∶2∶6 混合砂浆或 1∶2 灰泥浆等，薄石板、釉面砖、陶瓷广场砖、碎拼石片、马赛克等块状材料贴面铺地，一般都采用湿法铺砌。

在完成的基层上放样，根据设计标高和位置打好横向桩和纵向桩，拉好控制线。扫净基层后，洒上一层水，略干后先在基层上平铺一层干硬性水泥砂浆，厚度和配合比按设计要求，铺好后抹平。再在上面薄薄地浇一层水泥浆，也可将水泥浆涂在块料背面，然后按设计的图案铺贴块料，注意留缝整齐。面层每拼好一块，就用平直的木板垫在顶面，以橡皮锤在多处敲击，使所有的石板的顶面均保持在一个平面上。路面铺好后，再用干燥的水泥沙或石灰沙撒在路面上并扫入砌块缝隙中，使缝隙填满，最后将多余的灰砂清扫干净。花岗岩板材是密缝铺贴，板间缝隙极小，故要根据花岗岩颜色选择相同颜色矿物颜料和水泥拌合均匀，调成 1∶1 稀水泥浆，用浆壶徐徐灌入石板之间缝隙。灌浆 1～2h 后，用棉丝团蘸水泥浆擦缝，与地面擦平，同时将板面上水泥浆擦净。施工完后，应多次浇水进行养护。

2. 干法砌筑

以干性粉沙状材料，作面层和基层间的结合层，材料常见有 1∶3 水泥干沙、1∶3 石灰干沙、沙、沙土、3∶7 细灰土等。适宜干法砌筑的路面材料主要有厚石板、铺地砖、预制混凝土板、预制混凝土方砖等。砌筑时，先将粉沙材料在路面基层上平铺一层，厚度根据设计要求确定，铺好后找平，然后于其上按设计图案拼砌路面面层。路面每拼装好一小段，就用平直的木板垫在顶面，以铁锤在多处敲击，使所有砌块保持平整。路面铺好后，同湿法砌筑进行填缝。

（六）碎料路面施工

1. 卵石面层施工

首先按设计要求定好各控制桩和控制线，并根据需要在地面弹出分格线。其次挑选卵石，要求质地好，色泽、大小均匀。然后在清理好的基层上，刷一道素水泥浆，把已搅拌好的1：2水泥砂浆铺到地面，接着在水泥砂浆层嵌入卵石，砂浆厚度控制在30～50mm，应注意鹅卵石2/3以上高度埋入砂浆中。要求卵石排列美观、均匀、高低一致（可以用一块1m×1m的平板盖在卵石上轻轻敲打，以便面层平整）。每铺好一块面层（手臂距离长度），用抹布轻轻擦除多余部分的水泥砂浆。第二天再以10%的草酸液体，洗刷表面，则石子颜色鲜明。待面层干燥后，应注意洒水保养。

2. 花街铺地施工

先在已做好的道路基层上，铺垫一层结合材料，厚度一般可在40～70mm之间。结合材料主要用1：3水泥干砂、1：3石灰干砂、3：7细灰土等，一般采用干法施工方法更为方便。在铺平的松软结合层上，按照预定的图样开始镶嵌拼花。先用立砖、青瓦铺线条和图案骨架，再用卵石、砾石、瓷片填充块面，然后修饰、整平。铺完后，用水泥干砂、石灰干砂扫入砖石缝隙中填实。最后，清扫干净，再用细孔嘴壶对地面喷洒清水，稍使地面湿润即可。完成铺贴后，养护7～10d。砌块铺地做法与此相同。

六、安装道牙

路面铺好后，即安装道牙。先浇筑下部砼垫层，用1：3水泥砂浆做结合层，将道牙平稳安装后，用1：1水泥砂浆勾缝。

第六节　停车场设计

一、停车场布局

（一）停车场布置形式

1. 路旁停车

沿道路或广场边缘设置停车位的布置形式。该形式使用方便、节省用地，但影响道路交通，不适于人、车通行繁忙的地段。

2. 港湾式停车场

道路或广场外侧开辟的相对封闭的停车场，通过出入口与道路或广场联系。该形式停车场自成体系，对周边道路交通影响小，管理方便，但占地面积大，适于中、大型停车场。

（二）出入口

机动车停车场的出入口应有良好的视野。出入口距离人行过街天桥、地道和桥梁、隧道引道须大于50m；距离交叉路口须大于80m。

当机动车停车泊位数小于等于50辆时，宜设一个出入口；当机动车停车泊位数大于50辆小于等于300辆时，可设2个出入口；当机动车停车泊位数大于300辆小于等于500辆时，应设2个以上出入口，不宜超过3个，且出口和入口应分开设置；当机动车停车泊位数大于500辆时，应设3个以上出入口，不宜超过4个，并宜分别布置在不同的城市道路上。当停车场设2个以上出入口时，300个车位以下的停车场出入口之间的净距须大于10m，300个车位以上的停车场出入口之间的净距须大于20m。

机动车双向行驶的出入口车行道宽度宜为7～10m，单向行驶的出入口车行道宽度宜为5～7m。出入口须有停车线、限速标志和夜间显示装置，同时要综合考虑绿化、照明、排水等设施。

（三）通道宽度、平曲线半径和坡度

微型车、小型车停车场车辆双向行驶的，通道宽度不应小于 5.5m，单向行驶的不应小于 3.0m；弯道处当转弯半径（内径）小于 15m 时，双向行驶的不应小于 7.0m，单向行驶的不应小于 4.0m。中型客车、大型客车、公交铰接车停车场车辆双向行驶的，通道宽度不应小于 7.0m，单向行驶的不应小于 3.5m，弯道处当转弯半径（内径）小于 20m 时，双向行驶的不应小于 8.0m，单向行驶的不应小于 5.0m。

机动车停车场通道的最小平曲线半径应符合下列规定：微型汽车 3.0m；小型汽车 7.0m；中型汽车 10.5m；大型汽车 13.0m。

停车场的坡道最大纵坡应符合表 2-7 的规定，当纵坡大于 10%时，坡道的上下两端应增设缓坡。其直线缓坡段的水平长度不应小于 3.6m，曲线缓坡段的水平长度不应小于 2.4m，曲线的半径不应小于 20m。缓坡段的中点为坡道原起点或止点，缓坡坡度应为坡道坡度的 1/2。

表 2-7　停车场的最大纵坡

车辆类型	直线纵坡/%	曲线纵坡/%	车辆类型	直线纵坡/%	曲线纵坡/%
铰接车	8.0	6.0	中型汽车	12.0	10.0
大型汽车	10.0	8.0	小(微)型汽车	15.0	12.0

二、停车场设计基本参数

（一）停车用地面积

机动车停车场单位停车用地面积指标，以小型汽车为计算当量。设计时，应将其他类型车辆按表 2-8 所列换算系数换算成当量车型，以当量车型核算车位总指标。小型汽车单位停车用地面积一般按 25～30m² 计算（包括通道），自行车单位停车用地面积一般按 1.5～1.8m² 计算。

表 2-8　停车场设计车型外廓尺寸和换算系数

车辆类型		各类车型外廓尺寸/m			车辆换算系数
		总长	总宽	总高	
机动车	微型汽车	3.20	1.60	1.80	0.70
	小型汽车	5.00	2.00	2.20	1.00
	中型汽车	8.70	2.50	4.00	2.00
	大型汽车	12.00	2.50	4.00	2.50
	铰接车	18.00	2.50	4.00	3.50
自行车		1.93	0.60		1.00

注：1. 三轮摩托车可按微型汽车尺寸计算。

2. 二轮摩托车可按自行车尺寸计算。

3. 车辆换算系数是按面积换算。

（二）停车方式与设计参数

机动车停车场内的停车方式应以占地面积小、疏散方便、保证安全为原则。主要停车方式有平行式、斜列式和垂直式，见图 2-29。在停车场内停放的机动车之间的最小净距见表 2-9。停车场要根据场地大小、车型，采取适当的停车方式进行布置，主要设计指标见表 2-10。

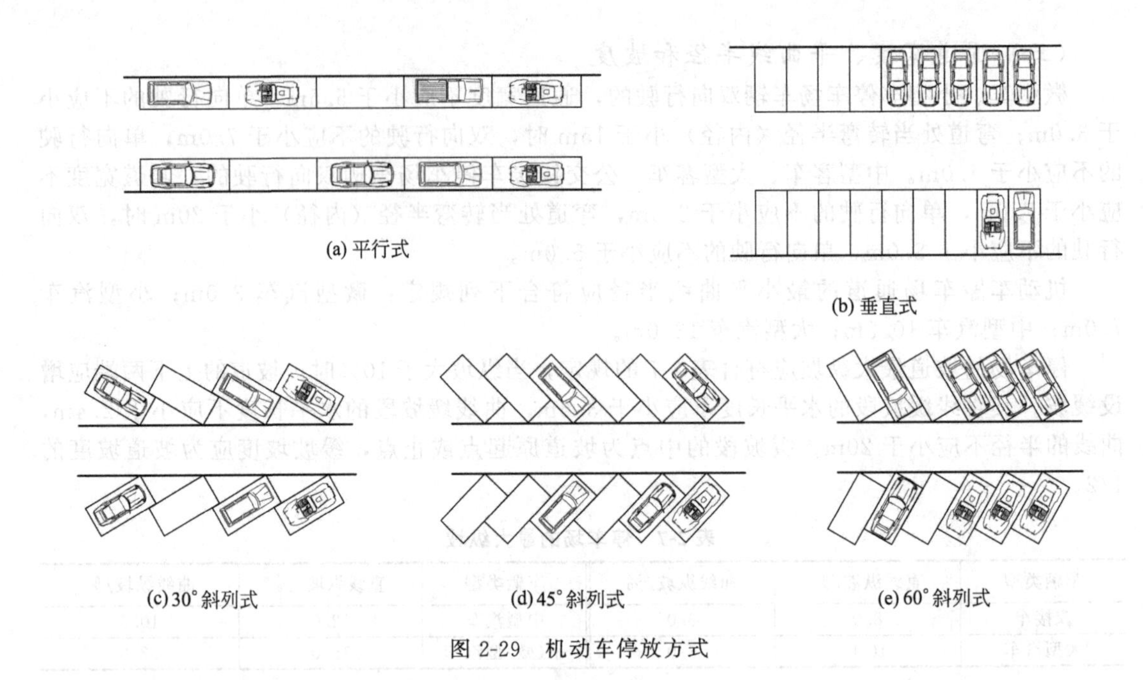

图 2-29 机动车停放方式

表 2-9 车辆纵横向净距 单位：m

项目		微型汽车和小型汽车	大中型汽车和铰接车
车间纵向净距		2.00	4.00
车背对停车时车间尾距		1.00	1.50
车间横向净距		0.60	1.00
车与围墙、护栏及其他构筑物之间的净距	纵向	0.50	0.50
	横向	1.00	1.00

表 2-10 机动车停车场设计参数

停车方式		垂直通道方向的停车带宽/m					平行通道方向的停车带长/m					通道宽/m					单位停车面积/m²				
		Ⅰ	Ⅱ	Ⅲ	Ⅳ	Ⅴ	Ⅰ	Ⅱ	Ⅲ	Ⅳ	Ⅴ	Ⅰ	Ⅱ	Ⅲ	Ⅳ	Ⅴ	Ⅰ	Ⅱ	Ⅲ	Ⅳ	Ⅴ
平行式	前进停车	2.6	2.8	3.5	3.5	3.5	5.2	7.0	12.7	16.0	22.0	3.0	4.0	4.5	4.5	5.0	21.3	33.6	73.0	92.0	132.0
斜列式 30°	前进停车	3.2	4.2	6.4	8.0	11.0	5.2	5.6	7.0	7.0	7.0	3.0	4.0	5.0	5.8	6.0	24.4	34.7	62.3	76.1	78.0
斜列式 45°	前进停车	3.9	5.2	8.1	10.4	14.7	3.7	4.0	4.9	4.9	4.9	3.0	4.0	6.0	6.8	7.0	20.0	28.8	54.4	67.5	89.2
斜列式 60°	前进停车	4.3	5.9	9.3	12.1	17.3	3.0	3.2	4.0	4.0	4.0	4.0	5.0	8.0	9.5	10.0	18.9	26.9	53.2	67.4	89.2
斜列式 60°	后退停车	4.3	5.9	9.3	12.1	17.3	3.0	3.2	4.0	4.0	4.0	3.5	4.5	6.5	7.3	8.0	18.2	26.1	50.2	62.9	85.2
垂直式	前进停车	4.2	6.0	9.7	13.0	19.0	2.6	2.8	3.5	3.5	3.5	6.0	9.5	10.0	13.0	19.0	18.7	30.1	51.5	68.3	99.8
垂直式	后退停车	4.2	6.0	9.7	13.0	19.0	2.6	2.8	3.5	3.5	3.5	4.2	6.0	9.7	13.0	19.0	16.4	25.2	50.8	68.3	99.8

注：1. 表中Ⅰ类指微型汽车，Ⅱ类指小型汽车，Ⅲ类指中型汽车，Ⅳ类指大型汽车，Ⅴ类指绞接车。

2. 停车库的设计参数按上表所列数减去 0.4m。

第三章 园林给水排水工程

在各类园林绿地中，因满足造景、生活以及生产等活动，需要充足的水源供给。给水就是根据各用水点在水质、水量和水压三方面的基本要求，从水源取水并处理达到一定标准后，按要求用输、配水管将水送至各处使用。在这一给水过程中由相关构筑物和管道所组成的系统称为给水系统。

清洁的水经过人们在生活生产中使用而被污染，形成大量污水。排水就是将被污染的水经过处理而被无害化，再和雨水等其它地面水一起通过排水管道排除。在这一排水过程中由相关构筑物和管道所组成的系统称为排水系统。

园林给排水工程是城市给排水工程的一个组成部分。它们之间有共同点，但又有其自身的特点和具体要求。本章主要介绍了园林给排水工程的基本常识、管道布置和计算方法，包括园林给水工程、园林排水工程、园林喷灌工程三部分。

第一节 园林给水工程

一、城市给水系统简介

（一）城市给水系统的组成

（1）取水工程　是从地表（河、湖）和地下（泉、井）取水的一种工程。通常由取水构筑物、管道、机电设备等组成。

（2）净水工程　是通过在天然水质中加药混凝、沉淀、过滤、消毒等工序使水净化，满足国家生活饮用水标准和工业生产用水水质标准。

（3）输配水工程　将足够达标准的水量输送和分配到各用水地点。一般由加压水泵（或水塔）、输水管和配水管组成（图 3-1）。

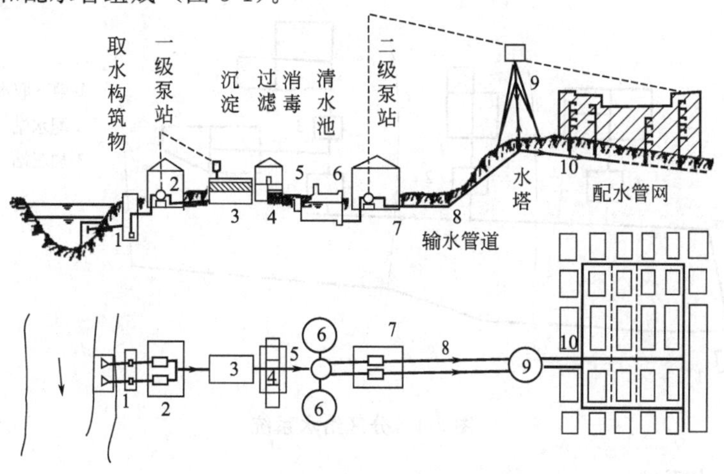

图 3-1　城市地面水源给水系统示意

（二）城市给水系统的布置形式

（1）统一给水系统　统一给水系统就是在整个用水区域内用同一系统供应生活、生产、消防以及市政等各项用水。在城市中生活饮用水、工业用水、消防用水等都按照生活饮用水水质标准，用统一的给水管网供给用户的给水系统（图 3-2）。

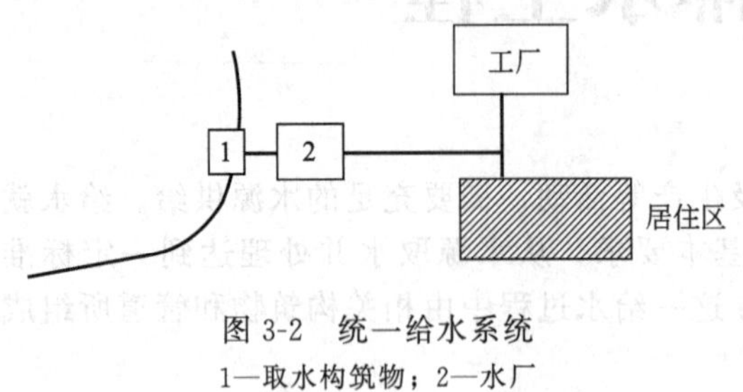

图 3-2　统一给水系统

1—取水构筑物；2—水厂

（2）分质给水系统　当用户对水质要求相差较大时，可采用两个或者两个以上的独立系统，把不同水质的水分别供给各个用户，这种供水系统称为分质给水系统。例如在某些工业用水、绿化生产用水对水质要求较低，可采用简单处理的原水或者用城市污水处理厂的回用水。采用分水质供水可以减少供水成本，充分利用用水资源，对于解决我国的水资源短缺，实现可持续发展具有重要意义（图 3-3）。

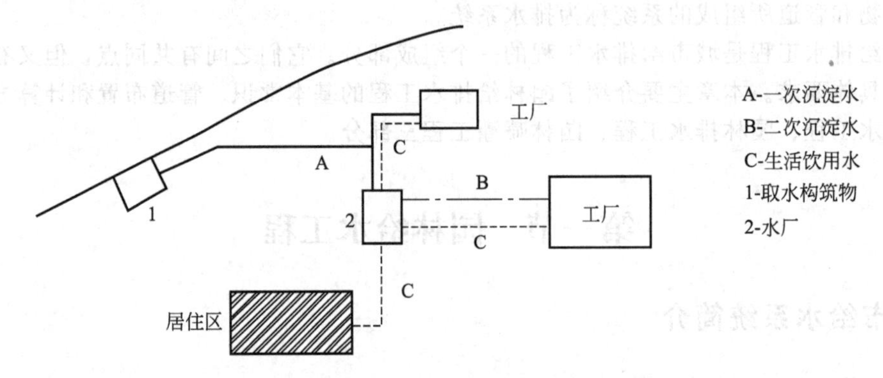

图 3-3　分质给水系统

（3）分区给水系统　当供水区域过大，将城市或工业区按其特点分成几个区，各区自成系统给水，有时系统和系统间可保持适当联系，这种系统称为分区给水系统。一般而言，分区给水系统有两种情况：一是供水区域内由于功能分区明确或者自然分割而分区，例如城市被河流分隔，两岸用水分别供给，各自成独立的给水系统；二是因地形高差较大或管网分布范围较远而分区给水（图 3-4）。

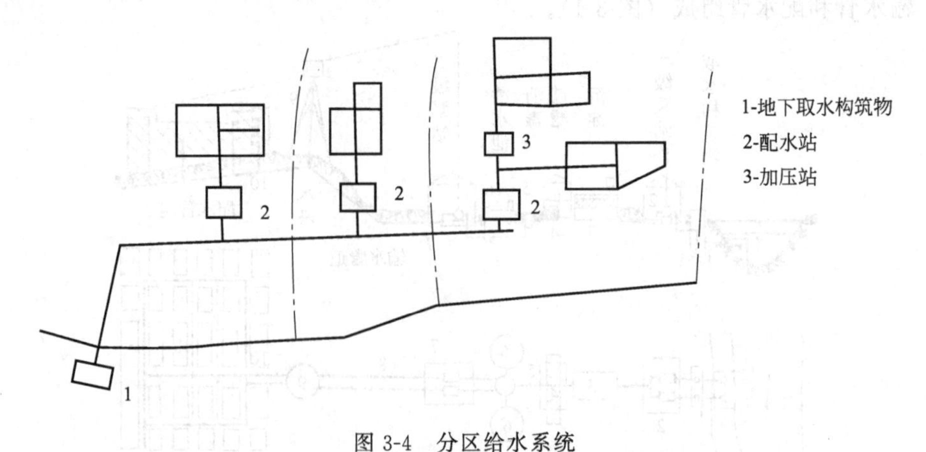

图 3-4　分区给水系统

（4）分压给水系统

由于用户对水压要求相差较大而采用不同水压供水，这称为分压供水系统。一般而言分水压给水系统主要应用在不同高程地区的供水系统（图 3-5）。

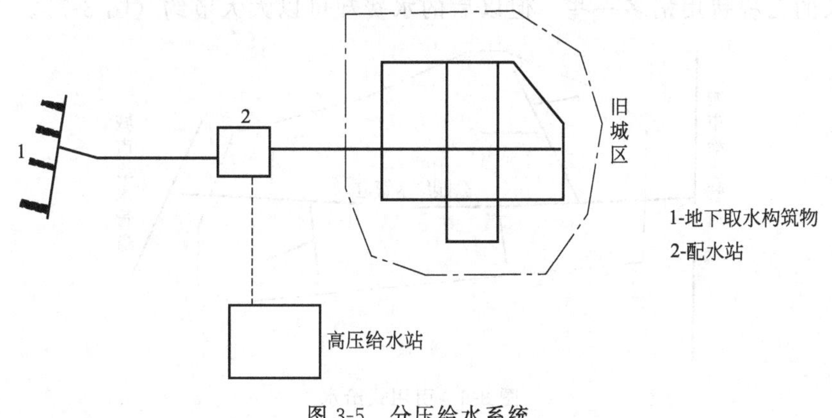

图 3-5 分压给水系统

二、园林用水类型与给水方式

1. 园林用水的类型

园林绿地是人们休息游览的场所，同时又是花草树木较为集中的地方；园林用水涉及游人活动需要，植物养护以及水景景观用水等，用水类型多样，归纳起来主要有以下几个方面。

（1）生活服务用水　生活服务用水主要指饮用水、烹饪、洗涤、清洁卫生用水等。例如餐厅、茶室、卫生设备等的用水。

（2）养护用水　养护用水指园林绿地中植物养护灌溉、动物笼舍清洗、广场园路喷水等。

（3）造景用水　造景用水指在园林水景中如溪涧、湖泊、瀑布、跌水、喷泉、景观水池等用水。

（4）游乐用水　游乐用水指在园林景观中用于水上娱乐项目的用水，例如泳池、漂流等

（5）消防用水　消防用水指在园林绿地中在古建筑或者主要建筑周边设置的消防栓。

2. 园林给水的特点

园林绿地用水类型多样，用水点分布不均匀，不同功能、内容等对水的要求也不同，大致具有以下特点：①用水点较为分散；②用水点水头变化大；③水质可据用途不同分别处理；④用水高峰时间可错开。

3. 园林给水的方式

（1）引用式　在园林绿地中其用水直接到城市给水管网上取水，这种方式称为引用式给水。一般而言当园林绿地附近有自来水管道通过时，采用此法给水。园林绿地用水类型复杂，用水点分散以及地形地貌等因素影响，为了确保园林用水需求，根据实际情况管线的引入可考虑一点式或多点式。当用水量过大，一点接入无法满足水量要求时，采用多点式；当园林绿地为狭长形，宜采用二点以上式接入，以减少水头损失（图 3-6）。

（2）自给式　当园林绿地中周边没有城市给水管道时，可就地取地表水或者地下水，自成系统，独立供水。以地下水为水源时，水质一般较好，往往不用净化处理就可以直接使用；若采用地表水为水源时，应根据园林绿地中对水质的不同用途分别进行净化处理。

（3）兼用式　在既有城市给水条件，又有地下水、地表水可供采用的地方，园林

生活用水或游泳池等对水质要求较高的项目用水水源，可由城市给水系统供给；而园林生产用水、造景用水等，则另设一个以地下水或地表水为水源的独立给水系统。这样做所投入的工程费用稍多一些，但以后的水费却可以大大节约（图 3-7）。

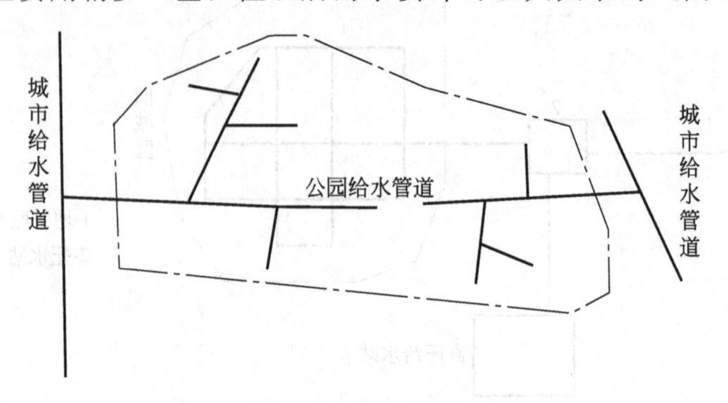

图 3-6　引用式给水

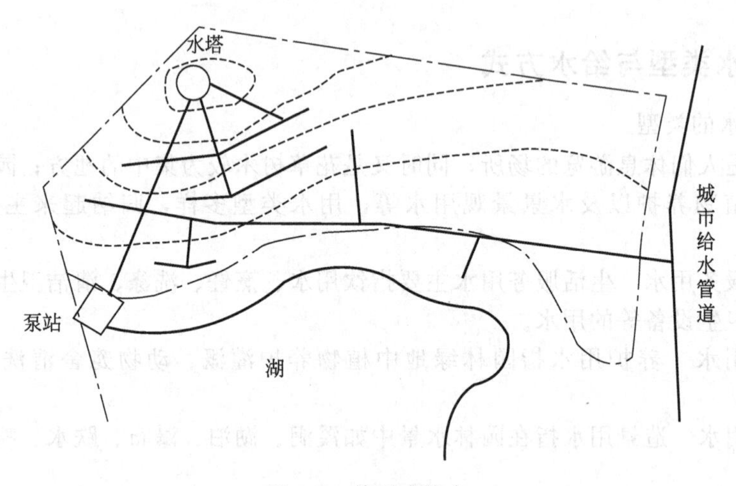

图 3-7　兼用式给水

三、园林给水管网布置

1. 管道布置的原则

（1）在技术上，使园林各用水点有足够的水量和水压，如干管的布置应靠近主要供水点。

（2）在经济上，选用最短的管道线路，施工方便，避开复杂地形和难于施工的地段，以减少土方工程量，并努力使给水管道网的修建费用最少。

（3）在安全上，干管尽量埋设于绿地下，避免穿越道路等设施；当管道网发生故障或进行检修时，要求仍能保证继续供给一定数量的水。

2. 管网布置的形式

（1）树状管网　树状管网布置就是像树干分枝分叉，即以一条或少数几条主干管为骨干，从主管上分出许多配水支管连接到各用水点。这种方式布置较简单，省管材，适用于用水点较分散的情况。在一定范围内，用树状管网形式的管道总长度比较短，管网建设和用水的经济性比较好，但如果主干管出故障，则整个给水系统就可能断水，用水的安全性较差。

（2）环状管网　环状管网就是供水主干管道在园林内布置成一个闭合的大环形，再从环形主管上分出配水支管向各用水点供水。这种方式所用管道的总长度较长，耗用管材较多，建设费用稍高于树枝形管网。但管网的使用很方便，主干管上某一点出故障时，其它管段仍能通水（图 3-8）。

在实际工程中，给水管网往往同时存在以上两种布置形式，称为混合管网。工程中对于连续性供水要求高的地区，地段布置成环状管网，而对于用水量不大、用水点较分散的地区、地段则用树状管网。

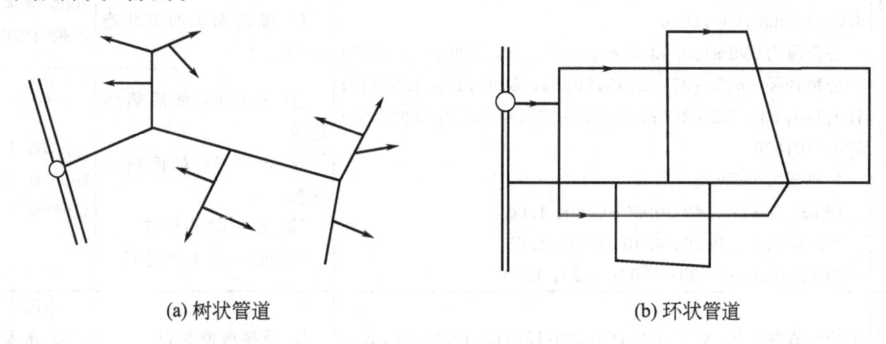

图 3-8　给水管网基本布置形式

3. 管道布置的一般规定

（1）管道埋深　冰冻地区，应埋设于冰冻线以下 40cm 处。不冻或轻冻地区，覆土深度也不小于 70cm。当然管道也不宜埋得过深，埋得过深工程造价高。但也不宜过浅，否则管道易遭破坏。

（2）阀门及消防栓　给水管网的交点叫做节点，在节点上设有阀门等附件，为了检修管理方便，节点处应设阀门井。

阀门除安装在支管和干管的连接处外，为便于检修养护，要求每 500m 直线距离设一个阀门井。

配水管安装消防栓，按规定间距为 120m，位置距建筑不得少于 5m，为了便于消防车补给水，离车行道不大于 2m。

4. 管道材料的选择

园林给水管道要求能承受一定的压力，并具耐久性，常用给水管材如下。

（1）焊接钢管　管材承压能力较高，管材的力学性能较好，也好连接、施工，但耐腐蚀性能差，需经镀锌或涂塑处理。

（2）硬聚氯乙烯（PVC-U）给水管　管材轻便，好施工，节约能源，耐腐蚀性能好，小口径管材使用性价比高于钢管和球墨铸铁管，但管材的力学性能与钢管、球墨铸铁管相比差。

（3）聚乙烯（PE）给水管　一种新型环保建材，施工需要专门工具和电源，不如 PVC 管方便。管材的抗推拉、抗剪切性能、耐腐蚀性能都很好。但此管不耐高压，PE100 给水管的最大工作压力为 1.6MPa。缺点是阻燃性差、易老化，不宜明敷。

（4）球墨铸铁给水管　管材的强度、刚度都很好，管材的耐腐蚀性能较好，管子的施工、安装难度也不大，只是价格较高。

（5）复合管　用铝、钢等金属和聚乙烯、聚丙烯等塑料材料通过多层组合或管内衬塑等方式制造的管材。室内用的有直径较小的铝塑管等，室外用的有直径大于 300mm 以上的以高强软金属作支撑，内衬聚氯乙烯的钢管等。

一般管径 200 以下管道用 PE 和 PVC-U 管，管径 300～1000 管道用球墨铸铁管。

常见各种给水管材规格见表 3-1。

表 3-1　给水管道规格表

管材名称	管材规格/mm	连接方式	备注
焊接钢管	公称直径 DN:15;20;25;32;40;50;65;80;100;150;200;250;300;350;400;500;600;700;800;900;1000;1200	DN≤80mm 螺纹连接; DN≥100mm 焊接或法兰连接	
硬聚氯乙烯(PVC-U)给水管	公称外径 dn:20;25;32;40;50;63;75;90;110;125;140;160;180;200;225;250;280;315;355;400;450;500;560;630;710;800;900;1000 公称压力(MPa):0.63;0.80;1.00;1.25;1.60;2.00;2.50	① 胶黏承插接口(dn≤225) ② 橡胶圈承插柔性连接(dn≥63)	GB/T 10002.1—2006 给水用硬聚氯乙烯(PVC-U)管材
聚乙烯(PE)给水管(PE63、PE80、PE100)	公称外径 dn:20;25;32;40;50;63;75;90;110;125;140;160;180;200;225;250;280;315;355;400;450;500;560;630;710;800 公称压力(MPa): PE63:0.32;0.40;0.60;0.80;1.00 PE80:0.40;0.60;0.80;1.00;1.25 PE100:0.60;0.80;1.00;1.25;1.60	① dn≤63 承插热熔连接 ② dn＞63 对接热熔连接 ③ dn≤160 电熔连 ④ dn＞160 法兰连接	GB/T 13663—2000 给水用聚乙烯(PE)管材
球墨铸铁给水管	公称直径 DN:40;50;65;80;100;125;150;200;250;300;350;400;450;500;600;700;800;900;1000 等直至 2600	① 承插胶圈接口 ② 法兰胶圈接口	GB/T 13295—2003 水及燃气管道用球墨铸铁管、管件和附件
铝塑复合给水管	公称外径 dn:16;20;25;32;40;50	① 卡压式连接(不锈钢接头) ② 卡套式连接(铸铜接头 dn≤32) ③ 螺旋挤压式连接(铸铜接头 dn≤32)	GB/T 18997.2—2003 铝塑复合压力管 第 2 部分 铝管对接焊式铝塑管

四、园林给水管网计算

(一) 几个基本概念

(1) 用水量标准　用水量标准是进行给水管段计算的重要依据之一。它是国家根据我国各地区城镇的性质、生活水平和习惯、气候、房屋设备和生产性质等的不同情况而制定的用水数量标准，通常用一年中用水最高的那一天的用水量来表示。例如在公共食堂中，每一次顾客每次用水在 15～20L。现将与园林相关的项目列表 3-2。

表 3-2　园林用水量标准参考值

用水类型	用水量标准(最高日)	备注	用水类型	用水量标准(最高日)	备注
餐厅	15～20l/人·次	普通标准餐厅	公共厕所	100l/位·h	
内部食堂	10～15l/人·次		循环水系统补充水量	5%	按循环水量计
茶室	5～10l/人·次	统计数据	道路洒水	1.5l/m^2·d	
小卖部	3～5l/人·次	统计数据	绿地	1.5～4l/m^2·d	

(2) 日变化系数与时变化系数　一年中不同日期用水量是不同的，季节、生活方式、工作制度等对用水量均有影响。在一年中用水量最多的那一天的用水量称为最高日用水量。一年中的总用水量除以一年的天数称为平均日用水量。年最高日用水量与年平均日用水量的比值称为日变化系数。

$$日变化系数\ K_d=\frac{最高日用水量}{平均日用水量}$$

日变化系数 K_d 的值，在城镇中通常取 1.2～2.0；由于园林绿地中各种活动、服务设施、养护工作、造景设施运转等基本集中在白天进行用水较为集中，故日变化系数 K_d 的值较大，一般取 2～3。

在最高日内用水量最多的那一小时的用水量称为最高时用水量。最高日那天总用水量除以一天的小时数称为平均时用水量。最高时用水量与最高日平均时用水量的比值称为时变化系数。

$$时变化系数\ K_h=\frac{最高时用水量}{平均时用水量}$$

时变化系数 K_h 的值，在城镇通常取 1.3～2.5；在园林绿地中各种活动、服务设施运转等相对集中，例如餐厅的其服务时间很集中，通常指供应一段时间。所以在园林绿地中时变化系数 K_h 的值较大，一般取 4～6。

将平均时用水量乘以日变化系数 K_d 和时变化系数 K_h，即可求得最高日最高时用水量；这是设计管网中必须用到的用水量，这样在用水高峰期才能保证水的正常供应。

(3) 流量与流速　管道的流量 Q 指单位时间内流过管道某一截面的水量。单位 m^3/s 。

流速 V 指单位时间内水流所通过的距离。单位 m/s。

过水断面 A：垂直于水流方向上，水流所通过的断面。单位 m^2。三者之间存在如下关系：

$$Q=VA$$

在管网计算中用到的流量包括沿线流量、节点流量和管段计算流量。在管网流速的计算中通常采用管道的经济流速。经济流速是指使整个给水系统的成本降至最低时的流速，即管网造价和一定年限内的营运费用最低。

不同管径的经济流速：

$$D_g\ 100～400m，V\ 0.6～0.9m/s；$$

$$D_g>400m，V\ 0.9～1.4m/s$$

(4) 水头与水头损失　在给水管上任意点接上压力表所测得的读数称为该点的水压力值，管道内的水压力通常以 kPa（千帕）表示。有时为便于计算管道阻力，并对压力有一个较形象的概念，又常以“米水柱”高度表示。水力学上又将水柱高度称为“水头”。

水在管中流动，水和管壁发生摩擦，克服这些摩擦力所消耗的势能就叫做水头损失。水头损失有两种形式：

① 沿程水头损失（h_y）：为克服水流全部流程的摩擦阻力而引起的水头损失。

② 局部水头损失（h_j）：水流因边界的改变而引起断面流速分布发生急骤的变化，从而产生局部阻力，克服局部阻力而引起的水头损失称为局部水头损失。一般情况下，局部水头损失按经验用沿程水头损失的百分数来计算，如，生活用水管网的 $h_j=25\%～30\%h_y$；生产用水管网的 $h_j=20\%h_y$；消防用水管网的 $h_j-10\%h_y$。

（二）园林给水管网计算

给水管网水力的计算的目的是根据设计要求，在最高日最高时用水量的条件下，确定各管段的设计流量、管径及水头损失，再据此确定所需水泵扬程或水塔高度。对于从市政干管引水的园林绿地来说，是确定所需市政干管的水压。简单来说，园林给水管网的计算过程可由图 3-9 表示。

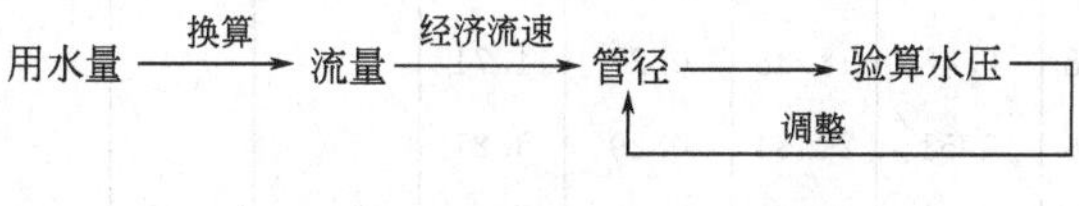

用水量 —换算→ 流量 —经济流速→ 管径 ——→ 验算水压（调整→管径）

图 3-9　给水管网计算示意图

园林绿地中树状管网的设计与计算步骤如下。

1. 收集资料

首先从园林绿地设计图纸、附近城市给水管网布置情况以及绿地周边地表、地下水源情况等。

2. 布置管网

在园林绿地设计平面图上，定出给水干管的位置、走向，并对节点进行编号，量出节点间的长度。

3. 求园林绿地中各用水点的用水量

（1）求某一用水点的最高日用水量 Q_d

$$Q_d = q_d N$$

式中 N——用水单位数，人、次、席位等；

q_d——最高日用水量标准，升/人，日等。

（2）求该用水点的最高时用水量 Q_h

$$Q_h = \frac{Q_d}{T} K_h$$

式中 T——每日时间，24 小时；

K_h——时变化系数；

Q_h——最高时用水量标准，升/人，日等。

4. 求设计秒流量

$$q_0 = \frac{Q_h}{3600}$$

5. 求管径

$$由\ q_0 = AV = \frac{\pi}{4} D_g^2 V\ 得$$

$$D_g = \sqrt{\frac{4q_0}{\pi V}}$$

式中 q_0——设计秒流量；

V——管道经济流速。

根据各用水点所求得的设计秒流量 q_0，通过查管道水力计算表确定各管段的管径。查表时还可查出与该管径相应的流速和每千米长度的水头损失的值。查表时根据设计所用管材查相应的水力计算表（表 3-3～表 3-5）。

表 3-3 硬聚氯乙烯给水管（公称压力 1.00MPa）**水力计算表**（20～63）

Q		公称外径 DN/mm											
		20		25		32		40		50		63	
(L/s)	(m³/h)	v/(m/s)	1000i	v/(m/s)	1000i	v/(m/s)	1000i	v/(m/s)	1000i	v/(m/s)	1000i	v/(m/s)	1000i
0.14	0.50	0.68	47.04	0.40	13.02	0.22	3.34						
0.15	0.54	0.73	53.16	0.43	14.72	0.24	3.77						
0.16	0.58	0.78	59.61	0.45	16.51	0.26	4.23						
0.17	0.61	0.83	66.38	0.48	18.38	0.27	4.71						
0.18	0.65	0.87	73.46	0.51	20.34	0.29	5.21						
0.19	0.68	0.92	80.86	0.54	22.39	0.30	5.73						
0.20	0.72	0.97	88.56	0.57	24.52	0.32	6.28						
0.25	0.90	1.31	131.57	0.71	36.43	0.40	9.33	0.24	2.83				
0.30	1.08	1.46	181.81	0.85	50.34	0.48	12.89	0.29	3.91				

续表

Q		公称外径 DN/mm											
		20		25		32		40		50		63	
(L/s)	(m³/h)	v/(m/s)	1000i	v/(m/s)	1000i	v/(m/s)	1000i	v/(m/s)	1000i	v/(m/s)	1000i	v/(m/s)	1000i
0.35	1.26	1.70	238.99	0.99	66.17	0.56	16.95	0.34	5.14	0.22	1.78		
0.40	1.44	1.94	302.87	1.13	83.86	0.64	21.48	0.39	6.52	0.25	2.26		
0.45	1.62	2.18	373.25	1.28	103.35	0.72	26.47	0.44	8.03	0.28	2.78		
0.50	1.80	2.43	449.97	1.42	124.59	0.80	31.91	0.49	9.69	0.31	3.36	0.20	1.11
0.55	1.98	2.67	532.86	1.56	147.54	0.88	37.79	0.53	11.47	0.34	3.97	0.22	1.31
0.60	2.16	2.91	621.80	1.70	172.17	0.96	44.09	0.58	13.38	0.37	4.64	0.24	1.53
0.65	2.34			1.84	198.43	1.04	50.82	0.63	15.43	0.41	5.35	0.26	1.77
0.70	2.52			1.98	226.31	1.12	57.96	0.68	17.59	0.44	6.10	0.27	2.01
0.75	2.70			2.13	255.78	1.20	65.51	0.73	19.89	0.47	6.89	0.29	2.28
0.80	2.88			2.27	286.81	1.28	73.46	0.78	22.30	0.50	7.73	0.31	2.55
0.85	3.06			2.41	319.37	1.36	81.80	0.83	24.83	0.53	8.60	0.33	2.84
0.90	3.24			2.55	353.45	1.44	90.53	0.87	27.48	0.56	9.52	0.35	3.15
0.95	3.42			2.69	389.03	1.52	99.64	0.92	30.24	0.59	10.48	0.37	3.46
1.00	3.60			2.83	426.10	1.60	109.13	0.97	33.13	0.62	11.48	0.39	3.79
1.05	3.78			2.98	464.62	1.68	119.00	1.02	36.12	0.65	12.51	0.41	4.14
1.10	3.96					1.76	129.23	1.07	39.23	0.69	13.59	0.43	4.49
1.15	4.14					1.84	139.84	1.12	42.45	0.72	14.71	0.45	4.86
1.20	4.32					1.92	150.80	1.17	45.78	0.75	15.86	0.47	5.24
1.25	4.50					2.00	162.13	1.22	49.21	0.78	17.05	0.49	5.63
1.30	4.68					2.08	173.81	1.26	52.76	0.81	18.28	0.51	6.04
1.35	4.86					2.16	185.86	1.31	56.41	0.84	19.54	0.53	6.46
1.4	5.04					2.24	198.23	1.36	60.17	0.87	20.85	0.55	6.89
1.45	5.22					2.32	210.97	1.41	64.04	0.90	22.19	0.57	7.33
1.50	5.40					2.40	224.04	1.46	68.01	0.94	23.56	0.59	7.79
1.55	5.58					2.48	237.46	1.51	72.08	0.97	24.97	0.61	8.25
1.60	5.76					2.56	251.22	1.56	76.26	1.00	26.42	0.63	8.73
1.65	5.94					2.64	265.32	1.60	80.53	0.03	27.90	0.65	9.22
1.70	6.12					2.72	279.75	1.65	84.91	1.06	29.42	0.67	9.72
1.75	6.30					2.80	294.51	1.70	89.39	1.09	30.97	0.69	10.23
1.80	6.48					2.88	309.60	1.75	93.98	1.12	32.56	0.71	10.76
1.85	6.66					2.96	325.02	1.80	98.66	1.15	34.18	0.73	11.29
1.90	6.84					3.04	340.77	1.85	103.44	1.18	35.84	0.75	11.84
1.95	7.02							1.90	108.31	1.22	37.53	0.76	12.40
2.00	7.20							1.94	113.29	1.25	39.25	0.78	12.97
2.10	7.56							2.04	123.53	1.31	42.80	0.82	14.14
2.20	7.92							2.14	134.16	1.37	46.48	0.86	15.36
2.30	8.28							2.24	145.17	1.43	50.29	0.90	16.62
2.40	8.64							2.33	156.55	1.50	54.24	0.94	17.92
2.50	9.00							2.43	168.31	1.56	58.31	0.98	19.27

表 3-4 硬聚氯乙烯给水管（公称压力 1.00MPa）水力计算表（75～160）

Q		公称外径 DN/mm											
		75		90		110		125		140		160	
(L/s)	(m^3/h)	v/(m/s)	1000i	v/(m/s)	1000i	v/(m/s)	1000i	v/(m/s)	1000i	v/(m/s)	1000i	v/(m/s)	1000i
1.80	6.48	0.5	4.70	0.35	1.96	0.23	0.76						
1.85	6.66	0.51	4.93	0.36	2.06	0.24	0.79						
1.90	6.84	0.53	5.17	0.37	2.16	0.25	0.83						
1.95	7.02	0.54	5.42	0.38	2.26	0.25	0.87	0.19	0.47				
2.00	7.20	0.55	5.67	0.38	2.37	0.26	0.91	0.20	0.49				
2.10	7.56	0.58	6.18	0.40	2.58	0.27	0.99	0.21	0.54				
2.20	7.92	0.61	6.71	0.42	2.80	0.28	1.08	0.22	0.59				
2.30	8.28	0.64	7.26	0.44	3.03	0.30	1.17	0.23	0.63				
2.40	8.64	0.67	7.83	0.46	3.27	0.31	1.26	0.24	0.68	0.19	0.40		
2.50	9.00	0.69	8.42	0.48	3.52	0.32	1.36	0.25	0.73	0.20	0.43		
2.60	9.36	0.72	9.02	0.50	3.77	0.34	1.45	0.26	0.79	0.21	0.46		
2.70	9.72	0.75	9.65	0.52	4.03	0.35	1.55	0.27	0.84	0.21	0.49		
2.80	10.08	0.78	10.29	0.54	4.30	0.36	1.66	0.28	0.90	0.22	0.52		
2.90	10.44	0.80	10.95	0.56	4.58	0.37	1.76	0.29	0.96	0.23	0.56		
3.00	10.80	0.83	11.63	0.58	4.86	0.39	1.87	0.30	1.02	0.24	0.59		
3.10	11.16	0.86	12.33	0.60	5.15	0.40	1.98	0.31	1.08	0.25	0.63		
3.20	11.52	0.89	13.04	0.62	5.45	0.41	2.10	0.32	1.14	0.25	0.66	0.20	0.35
3.30	11.88	0.91	13.77	0.63	5.75	0.43	2.22	0.33	1.20	0.26	0.70	0.20	0.37
3.40	12.24	0.94	14.62	0.65	6.07	0.44	2.34	0.34	1.27	0.27	0.74	0.21	0.39
3.50	12.60	0.97	15.29	0.67	6.39	0.45	2.46	0.35	1.33	0.28	0.78	0.21	0.41
3.60	12.96	1.00	16.07	0.69	6.71	0.46	2.59	0.36	1.40	0.29	0.82	0.22	0.43
3.70	13.32	1.03	16.87	0.71	7.05	0.48	2.72	0.37	1.47	0.29	0.86	0.23	0.45
3.80	13.68	1.05	17.69	0.73	7.39	0.49	2.85	0.38	1.54	0.30	0.90	0.23	0.48
3.90	14.04	1.08	18.62	0.75	7.74	0.50	2.98	0.39	1.62	0.31	0.94	0.24	0.50
4.00	14.40	1.11	19.37	0.77	8.09	0.52	3.12	0.40	1.69	0.32	0.98	0.24	0.52
4.10	14.76	1.14	20.24	0.79	8.46	0.53	3.26	0.41	1.77	0.33	1.03	0.25	0.54
4.20	15.12	1.16	21.12	0.81	8.83	0.54	3.40	0.42	1.84	0.33	1.07	0.26	0.57
4.30	15.48	1.19	22.03	0.83	9.20	0.55	3.55	0.43	1.92	0.34	1.12	0.26	0.59
4.40	15.84	1.22	22.94	0.85	9.59	0.57	3.69	0.44	2.00	0.35	1.16	0.27	0.62
4.50	16.20	1.25	23.88	0.87	9.98	0.58	3.84	0.45	2.03	0.36	1.21	0.27	0.64
4.60	16.56	1.27	24.82	0.88	10.37	0.59	4.00	0.46	2.17	0.37	1.26	0.28	0.67
4.70	16.92	1.30	25.79	0.90	10.78	0.61	4.15	0.47	2.25	0.37	1.31	0.29	0.69
4.80	17.28	1.33	26.77	0.92	11.19	0.62	4.31	0.48	2.34	0.38	1.36	0.29	0.72
4.90	17.64	1.36	27.77	0.94	11.60	0.63	4.47	0.49	2.42	0.39	1.41	0.30	0.75
5.00	18.00	1.39	28.78	0.96	12.03	0.64	4.63	0.50	2.51	0.40	1.46	0.30	0.77
5.10	18.36	1.41	29.81	0.98	12.46	0.66	4.80	0.51	2.60	0.41	1.51	0.31	0.80
5.20	18.72	1.44	30.86	1.00	12.89	0.67	4.97	0.52	2.69	0.41	1.57	0.32	0.83

续表

Q		公称外径 DN/mm											
		75		90		110		125		140		160	
(L/s)	(m³/h)	v/(m/s)	1000i	v/(m/s)	1000i	v/(m/s)	1000i	v/(m/s)	1000i	v/(m/s)	1000i	v/(m/s)	1000i
5.30	19.08	1.47	31.92	1.02	13.33	0.68	5.14	0.53	2.79	0.42	1.62	0.32	0.86
5.40	19.44	1.50	32.99	1.04	13.78	0.70	5.31	0.54	2.88	0.43	1.67	0.33	0.89
5.50	19.80	1.52	34.08	1.06	14.24	0.71	5.49	0.55	2.98	0.44	1.73	0.34	0.92
5.60	20.16	1.55	35.19	1.08	14.70	0.72	5.67	0.56	3.07	0.45	1.79	0.34	0.95
5.70	20.52	1.58	36.31	1.10	15.17	0.74	5.85	0.57	3.17	0.45	1.84	0.35	0.98
5.80	20.88	1.61	37.45	1.12	15.65	0.75	6.03	0.58	3.27	0.46	1.90	0.35	1.01
5.90	21.24	1.63	38.60	1.13	16.13	0.76	6.21	0.59	3.37	0.47	1.96	0.36	1.04
6.00	21.60	1.66	39.77	1.15	16.62	0.77	6.40	0.60	3.47	0.48	2.02	0.37	1.07
6.10	21.96	1.69	40.96	1.17	17.11	0.79	6.59	0.61	3.57	0.49	2.08	0.37	1.10
6.20	22.32	1.72	42.15	1.19	17.61	0.80	6.79	0.62	3.68	0.49	2.14	0.38	1.13
6.30	22.68	1.75	43.37	1.21	18.12	0.81	6.98	0.63	3.79	0.50	2.20	0.38	1.17
6.40	23.04	1.77	44.60	1.23	18.63	0.83	7.18	0.64	3.89	0.51	2.26	0.39	1.20
6.50	23.40	1.80	45.84	1.25	19.15	0.84	7.38	0.65	4.00	0.52	2.33	0.40	1.23
6.60	23.76	1.83	47.10	1.27	19.68	0.85	7.58	0.66	4.11	0.52	2.39	0.40	1.27
6.70	24.12	1.86	48.37	1.29	20.21	0.86	7.79	0.67	4.22	0.53	2.45	0.41	1.30
6.80	24.48	1.88	49.66	1.31	20.75	0.88	7.99	0.68	4.33	0.54	2.52	0.41	1.34
6.90	24.84	1.91	50.96	1.33	21.29	0.89	8.20	0.69	4.45	0.55	2.59	0.42	1.37
7.00	25.20	1.94	52.28	1.35	21.84	0.90	8.42	0.70	4.56	0.56	2.65	0.43	1.41
7.10	25.56	1.97	53.61	1.36	22.40	0.92	8.63	0.71	4.68	0.56	2.72	0.43	1.44
7.20	25.92	1.99	54.96	1.38	22.96	0.93	8.85	0.72	4.80	0.57	2.79	0.44	1.48
7.30	26.28	2.02	56.32	1.40	23.53	0.94	9.07	0.73	4.92	0.58	2.86	0.45	1.52
7.40	26.64	2.05	57.70	1.42	24.11	0.95	9.29	0.74	5.04	0.59	2.93	0.45	1.55
7.50	27.00	2.08	59.09	1.44	24.69	0.97	9.51	0.75	5.16	0.60	3.00	0.46	1.59
7.60	27.36	2.11	60.49	1.46	25.27	0.98	9.74	0.76	5.28	0.60	3.07	0.46	1.63
7.70	27.72	2.13	61.91	1.48	25.87	0.99	9.97	0.77	5.40	0.61	3.14	0.47	1.67
7.80	28.08	2.16	63.35	1.50	26.47	1.01	10.20	0.78	5.53	0.62	3.21	0.48	1.70
7.90	28.44	2.19	64.79	1.52	27.07	1.02	10.43	0.79	5.66	0.63	3.29	0.48	1.74
8.00	28.80	2.22	66.25	1.54	27.68	1.03	10.67	0.80	5.78	0.64	3.36	0.49	1.78
8.10	29.16	2.24	67.73	1.56	28.30	1.04	10.90	0.81	5.91	0.64	3.44	0.49	1.82
8.20	29.52	2.27	69.22	1.58	28.92	1.06	11.14	0.82	6.04	0.65	3.51	0.50	1.86
8.30	29.88	2.30	70.73	1.60	29,.55	1.07	11.39	0.83	6.17	0.66	3.59	0.51	1.90
8.40	30.24	2.33	72.25	1.61	30.18	1.08	11.63	0.84	6.31	0.67	3.67	0.51	1.94
8.50	30.60	2.35	73.78	1.63	30.82	1.10	11.88	0.85	6.44	0.68	3.74	0.52	1.98
8.60	30.96	2.38	75.32	1.65	31.47	1.11	12.13	0.86	6.57	0.68	3.82	0.52	2.03
8.70	31.32	2.41	76.89	1.67	32.12	1.12	12.38	0.87	6.71	0.69	3.90	0.53	2.07
8.80	31.68	2.44	78.46	1.69	32.78	1.13	12.63	0.88	6.85	0.70	3.98	0.54	2.11
8.90	32.04	2.47	80.05	1.71	33.44	1.15	12.89	0.89	6.99	0.71	4.06	0.54	2.15
9.00	32.40	2.49	81.65	1.73	34.11	1.16	13.14	0.90	7.13	0.72	4.14	0.55	2.20
9.10	32.76	2.52	83.27	1.75	34.79	1.17	13.40	0.91	7.27	0.72	4.22	0.55	2.24
9.20	33.12	2.55	84.90	1.77	35.47	1.19	13.67	0.92	7.41	0.73	4.31	0.56	2.28

续表

Q		公称外径 DN/mm											
		75		90		110		125		140		160	
(L/s)	(m^3/h)	v/(m/s)	1000i	v/(m/s)	1000i	v/(m/s)	1000i	v/(m/s)	1000i	v/(m/s)	1000i	v/(m/s)	1000i
9.30	33.48	2.58	86.54	1.79	36.16	1.20	13.93	0.93	7.55	0.74	4.39	0.57	2.33
9.40	33.84	2.60	88.20	1.81	36.85	1.21	14.20	0.94	7.70	0.75	4.47	0.57	2.37
9.50	34.20	2.63	89.87	1.83	37.55	1.22	14.47	0.95	7.84	0.76	4.56	0.58	2.42
9.60	34.56	2.66	91.56	1.85	38.25	1.24	14.74	0.96	7.99	0.76	4.65	0.59	2.46
9.70	34.92	2.69	93.25	1.86	38.96	1.25	15.01	0.97	8.14	0.77	4.73	0.59	2.51
9.80	35.28	2.71	94.97	1.88	39.68	1.26	15.29	0.98	8.29	0.78	4.82	0.60	2.55
9.90	35.64	2.74	96.69	1.90	40.40	1.28	15.57	0.99	8.44	0.79	4.91	0.60	2.60
10.00	36.00	2.77	98.43	1.92	41.13	1.29	15.85	1.00	8.59	0.79	4.99	0.61	2.65
10.25	36.90	2.84	102.84	1.97	42.97	1.32	16.56	1.02	8.98	0.81	5.22	0.62	2.77
10.50	37.80	2.91	107.33	2.02	44.84	1.35	17.28	1.05	9.37	0.83	5.45	0.64	2.89
10.75	38.70	2.98	111.91	2.07	46.75	1.39	18.1	1.07	9.77	0.85	5.68	0.66	3.01
11.00	39.60	3.05	116.56	2.11	48.70	1.42	18.76	1.10	10.17	0.87	5.91	0.67	3.14
11.25	40.50			2.16	50.68	1.45	19.53	1.12	10.59	0.89	6.15	0.69	3.26
11.50	41.40			2.21	52.70	1.48	20.30	1.15	11.01	0.91	6.40	0.70	3.39
11.75	42.30			2.26	54.75	1.51	21.09	1.17	11.44	0.93	6.65	0.72	3.52
12.00	43.20			2.31	56.83	1.55	21.90	1.20	11.87	0.95	6.90	0.73	3.66
12.25	44.10			2.35	58.95	1.58	22.71	1.22	12.31	0.97	7.16	0.75	3.79
12.50	45.00			2.40	61.10	1.61	23.54	1.25	12.76	0.99	7.42	0.76	3.93
12.75	45.90			2.45	63.28	1.64	24.38	1.27	13.22	1.01	7.68	0.78	4.07
13.00	46.80			2.50	65.50	1.68	25.24	1.30	13.68	1.03	7.95	0.79	4.22
13.25	47.70			2.55	67.75	1.71	26.10	1.32	14.15	1.05	8.23	0.81	4.36
13.50	48.60			2.59	70.04	1.74	26.98	1.35	14.63	1.07	8.50	0.82	4.51
13.75	49.50			2.64	72.35	1.77	27.88	1.37	15.11	1.09	8.79	0.84	4.66
14.00	50.40			2.69	74.70	1.80	28.78	1.40	15.61	1.11	9.07	0.85	4.81
14.25	51.30			2.74	77.09	1.84	29.70	1.42	16.10	1.13	9.36	0.87	4.96
14.50	52.20			2.79	79.50	1.87	30.63	1.45	16.61	1.15	9.65	0.88	5.12
14.75	53.10			2.83	81.95	1.90	31.58	1.47	17.12	1.17	9.95	0.90	5.28
15.00	54.00			2.88	84.43	1.93	32.53	1.50	17.64	1.19	10.25	0.91	5.44
15.50	55.80			2.98	89.49	2.00	34.48	1.55	18.69	1.23	10.87	0.94	5.76
16.00	57.60			3.08	94.67	2.06	36.48	1.60	19.78	1.27	11.50	0.97	6.09
16.50	59.40					2.13	38.52	1.65	20.89	1.31	12.14	1.01	6.44

表 3-5 硬聚氯乙烯给水管（公称压力 1.00MPa）**水力计算表**（180～315）

Q		公称外径 DN/mm											
		180		200		225		250		280		315	
(L/s)	(m^3/h)	v/(m/s)	1000i	v/(m/s)	1000i	v/(m/s)	1000i	v/(m/s)	1000i	v/(m/s)	1000i	v/(m/s)	1000i
10.50	37.8	0.50	1.64	0.41	0.99	0.32	0.57	0.26	0.34	0.21	0.20		
10.75	38.7	0.52	1.71	0.42	1.04	0.33	0.59	0.27	0.36	0.21	0.21		
11.00	39.6	0.53	1.78	0.43	1.08	0.34	0.62	0.27	0.37	0.22	0.22		
11.25	40.5	0.54	1.85	0.44	1.12	0.35	0.64	0.28	0.39	0.22	0.23		

续表

Q		公称外径 DN/mm											
		180		200		225		250		280		315	
(L/s)	(m^3/h)	v/(m/s)	1000i	v/(m/s)	1000i	v/(m/s)	1000i	v/(m/s)	1000i	v/(m/s)	1000i	v/(m/s)	1000i
11.50	41.4	0.55	1.93	0.45	1.17	0.35	0.67	0.29	0.40	0.23	0.23		
11.75	42.3	0.56	2.00	0.46	1.21	0.36	0.69	0.29	0.42	0.23	0.24		
12.00	43.2	0.58	2.08	0.47	1.26	0.37	0.72	0.30	0.43	0.24	0.25		
12.25	44.1	0.59	2.15	0.48	1.31	0.38	0.74	0.31	0.45	0.24	0.26		
12.50	45.0	0.60	2.23	0.49	1.35	0.39	0.77	0.31	0.47	0.25	0.27	0.20	0.15
12.75	45.9	0.61	2.31	0.50	1.40	0.39	0.80	0.32	0.48	0.25	0.28	0.20	0.16
13.00	46.8	0.63	2.39	0.51	1.45	0.40	0.83	0.32	0.50	0.26	0.29	0.20	0.17
13.25	47.7	0.64	2.48	0.52	1.50	0.41	0.86	0.33	0.52	0.26	0.30	0.21	0.17
13.50	48.6	0.65	2.56	0.53	1.55	0.42	0.88	0.34	0.53	0.27	0.31	0.21	0.18
13.75	49.5	0.66	2.64	0.54	1.60	0.42	0.91	0.34	0.55	0.27	0.32	0.22	0.18
14.00	50.4	0.67	2.73	0.55	1.66	0.43	0.94	0.35	0.57	0.28	0.33	0.22	0.19
14.25	51.3	0.69	2.82	0.56	1.71	0.44	0.97	0.36	0.59	0.28	0.34	0.22	0.19
14.50	52.2	0.70	2.91	0.57	1.76	0.45	1.00	0.36	0.60	0.29	0.35	0.23	0.20
14.75	53.1	0.71	3.00	0.58	1.82	0.45	1.04	0.37	0.62	0.29	0.36	0.23	0.21
15.00	54.0	0.72	3.09	0.58	1.87	0.46	1.07	0.37	0.64	0.30	0.38	0.24	0.21
15.50	55.8	0.75	3.27	0.60	1.98	0.48	1.13	0.39	0.68	0.31	0.40	0.24	0.23
16.00	57.6	0.77	3.46	0.62	2.10	0.49	1.20	0.40	0.72	0.32	0.42	0.25	0.24
16.50	59.4	0.79	3.65	0.64	2.22	0.51	1.26	0.41	0.76	0.33	0.44	0.26	0.25
17.00	61.2	0.82	3.85	0.66	2.34	0.52	1.33	0.42	0.80	0.34	0.47	0.27	0.27
17.50	63.0	0.84	4.06	0.68	2.46	0.54	1.40	0.44	0.84	0.35	0.49	0.27	0.28
18.00	64.8	0.87	4.26	0.70	2.59	0.55	1.47	0.45	0.89	0.36	0.52	0.28	0.29
18.50	66.6	0.89	4.48	0.72	2.71	0.57	1.55	0.46	0.93	0.37	0.54	0.29	0.31
19.00	68.4	0.91	4.69	0.74	2.85	0.59	1.62	0.47	0.98	0.38	0.57	0.30	0.32
19.50	70.2	0.94	4.92	0.76	2.98	0.60	1.70	0.49	1.02	0.39	0.60	0.31	0.34
20.00	72.0	0.96	5.14	0.78	3.12	0.62	1.78	0.50	1.07	0.40	0.62	0.31	0.36
20.50	73.8	0.99	5.37	0.80	3.26	0.63	1.86	0.51	1.12	0.41	0.65	0.32	0.37
21.00	75.6	1.01	5.61	0.82	3.40	0.65	1.94	0.52	1.17	0.42	0.68	0.33	0.39
21.50	77.4	1.03	5.84	0.84	3.54	0.66	2.02	0.54	1.22	0.43	0.71	0.34	0.40
22.00	79.2	1.06	6.09	0.86	3.69	0.68	2.10	0.55	1.27	0.44	0.74	0.35	0.42
22.50	81.0	1.08	6.34	0.88	3.84	0.69	2.19	0.56	1.32	0.45	0.77	0.35	0.44
23.00	82.8	1.11	6.59	0.90	3.99	0.71	2.28	0.57	1.37	0.46	0.80	0.36	0.46
23.50	84.6	1.13	6.84	0.92	4.15	0.72	2.36	0.59	1.42	0.47	0.83	0.37	0.47
24.00	86.4	1.15	7.10	0.94	4.31	0.74	2.45	0.60	1.48	0.48	0.86	0.38	0.49
24.50	88.2	1.18	7.37	0.95	4.47	0.75	2.55	0.61	1.53	0.49	0.90	0.38	0.51
25.00	90.0	1.20	7.64	0.97	4.63	0.77	2.64	0.62	1.59	0.50	0.93	0.39	0.53
25.50	91.8	1.23	7.91	0.99	4.80	0.79	2.73	0.64	1.65	0.51	0.96	0.40	0.55
26.00	93.6	1.25	8.19	1.01	4.96	0.80	2.83	0.65	1.70	0.52	0.99	0.41	0.57
26.50	95.4	1.27	8.47	1.03	5.13	0.82	2.93	0.66	1.76	0.53	1.03	0.42	0.59
27.00	97.2	1.30	8.75	1.05	5.31	0.83	3.02	0.67	1.82	0.54	1.06	0.42	0.60
27.50	99.0	1.32	9.04	1.07	5.48	0.85	3.12	0.68	1.88	0.55	1.10	0.43	0.62

Q		公称外径 DN/mm											
		180		200		225		250		280		315	
(L/s)	(m^3/h)	v/(m/s)	1000i	v/(m/s)	1000i	v/(m/s)	1000i	v/(m/s)	1000i	v/(m/s)	1000i	v/(m/s)	1000i
28.00	100.8	1.35	9.34	1.09	5.66	0.86	3.23	0.70	1.94	0.56	1.13	0.44	0.65
28.50	102.6	1.37	9.64	1.11	5.84	0.88	3.33	0.71	2.00	0.57	1.17	0.45	0.67
29.00	104.4	1.39	9.94	1.13	6.02	0.89	3.43	0.72	2.07	0.58	1.21	0.46	0.69
29.50	106.2	1.42	10.24	1.15	6.21	0.91	3.54	0.73	2.13	0.59	1.24	0.46	0.71
30.00	108.0	1.44	10.55	1.17	6.40	0.92	3.65	0.75	2.20	0.60	1.28	0.47	0.73
30.50	109.8	1.47	10.87	1.19	6.59	0.94	3.75	0.76	2.26	0.61	1.32	0.48	0.75
31.00	111.6	1.49	11.19	1.21	6.78	0.95	3.86	0.77	2.33	0.62	1.36	0.49	0.77
31.50	113.4	1.51	11.51	1.23	6.98	0.97	3.98	0.78	2.39	0.63	1.40	0.49	0.79
32.00	115.2	1.54	11.83	1.25	7.17	0.99	4.09	0.80	2.46	0.64	1.44	0.50	0.82
32.50	117.0	1.56	12.16	1.27	7.37	1.00	4.20	0.81	2.53	0.65	1.48	0.51	0.84
33.00	118.8	1.59	12.50	1.29	7.58	1.02	4.32	0.82	2.60	0.66	1.52	0.52	0.86
33.50	120.6	1.61	12.84	1.31	7.78	1.03	4.43	0.83	2.67	0.67	1.56	0.53	0.89
34.00	122.4	1.63	13.18	1.32	7.99	1.05	4.55	0.85	2.74	0.68	1.60	0.53	0.91
34.50	124.2	1.66	13.52	1.34	8.20	1.06	4.67	0.86	2.81	0.69	1.64	0.54	0.93
35.00	126.0	1.68	13.87	1.36	8.41	1.08	4.79	0.87	2.89	0.70	1.68	0.55	0.96
35.50	127.8	1.71	14.23	1.38	8.62	1.09	4.91	0.88	2.96	0.71	1.73	0.56	0.98
36.00	129.6	1.73	14.58	1.40	8.84	1.11	5.05	0.90	3.03	0.72	1.77	0.56	1.01
36.50	131.4	1.75	14.95	1.42	9.06	1.12	5.16	0.91	3.11	0.73	1.82	0.57	1.03
37.00	133.2	1.78	15.31	1.44	9.28	1.14	5.29	0.92	3.19	0.74	1.86	0.58	1.06
37.50	135.0	1.80	15.68	1.46	9.50	1.15	5.42	0.93	3.26	0.75	1.90	0.59	1.08
38.00	136.8	1.83	16.05	1.48	9.73	1.17	5.55	0.95	3.34	0.76	1.95	0.60	1.11
38.50	138.6	1.85	16.43	1.50	9.96	1.19	5.68	0.96	3.42	0.77	2.00	0.60	1.13
39.00	140.4	1.87	16.81	1.52	10.19	1.20	5.81	0.97	3.51	0.78	2.04	0.61	1.16
39.50	142.2	1.90	17.19	1.54	10.42	1.22	5.94	0.98	3.58	0.78	2.09	0.62	1.19
40.00	144.0	1.92	17.58	1.56	10.66	1.23	6.07	1.00	3.66	0.79	2.14	0.63	1.21
41.00	147.6	1.97	18.37	1.60	11.13	1.26	6.35	1.02	3.82	0.81	2.23	0.64	1.27
42.00	151.2	2.02	19.17	1.64	11.62	1.29	6.62	1.05	3.99	0.83	2.33	0.66	1.32
43.00	154.8	2.07	19.99	1.68	12.12	1.32	6.90	1.07	4.16	0.85	2.43	0.67	1.38
44.00	158.4	2.11	20.82	1.71	12.62	1.35	7.19	1.10	4.33	0.87	2.53	0.69	1.44
45.00	162.0	2.16	21.67	1.75	13.13	1.39	7.48	1.12	4.51	0.89	2.63	0.71	1.50
46.00	165.6	2.21	22.53	1.79	13.66	1.42	7.78	1.15	4.69	0.91	2.74	0.72	1.56
47.00	169.2	2.26	23.40	1.83	14.19	1.45	8.09	1.17	4.87	0.93	2.84	0.74	1.62
48.00	172.8	2.31	24.29	1.87	14.73	1.48	8.39	1.19	5.05	0.95	2.95	0.75	1.68
49.00	176.4	2.35	25.20	1.91	15.27	1.51	8.71	1.22	5.24	0.97	3.06	0.77	1.74
50.00	180.0	2.40	26.12	1.96	15.83	1.54	9.02	1.24	5.43	0.99	3.17	0.78	1.80
51.00	183.6	2.45	27.05	1.99	16.40	1.57	9.35	1.27	5.63	1.01	3.29	0.80	1.87
52.00	187.2	2.50	28.00	2.03	16.97	1.60	9.67	1.29	5.83	1.03	3.40	0.82	1.93
53.00	190.8	2.5	28.96	2.06	17.56	1.63	10.01	1.32	6.03	1.05	3.52	0.83	2.00
54.00	194.4	2.59	29.94	2.10	18.15	1.66	10.34	1.34	6.23	1.07	3.64	0.85	2.07
55.00	198.0	2.64	30.93	2.14	18.75	1.69	10.69	1.37	6.43	1.09	3.76	0.86	2.14

续表

Q		公称外径 DN/mm											
		180		200		225		250		280		315	
(L/s)	(m^3/h)	v/(m/s)	1000i	v/(m/s)	1000i	v/(m/s)	1000i	v/(m/s)	1000i	v/(m/s)	1000i	v/(m/s)	1000i
56.00	201.6	2.69	31.94	2.18	19.36	1.72	11.03	1.39	6.64	1.11	3.88	0.88	2.20
57.00	205.2	2.74	32.95	2.22	19.98	1.75	11.38	1.42	6.86	1.13	4.00	0.89	2.28
58.00	208.8	2.79	33.99	2.26	20.60	1.79	11.74	1.44	7.07	1.15	4.13	0.91	2.35
59.00	212.4	2.83	35.03	2.30	21.24	1.82	12.10	1.47	7.29	1.17	4.25	0.93	2.42
60.00	216.0	2.88	36.09	2.34	21.88	1.85	12.47	1.49	7.51	1.19	4.38	0.94	2.49
61.00	219.6	2.93	37.17	2.38	22.53	1.88	12.84	1.52	7.73	1.21	4.51	0.96	2.57
62.00	223.2	2.98	38.26	2.42	23.19	1.91	13.22	1.54	7.96	1.23	4.65	0.97	2.64
63.00	226.8	3.03	39.36	2.45	23.86	1.94	13.60	1.57	8.19	1.25	4.78	0.99	2.72
64.00	230.4	3.08	40.47	2.49	24.53	1.97	13.98	1.59	8.42	1.27	4.91	1.00	2.79

6. 计算各用水点自由水头

首先，求引水点的水压标高线，水压线标高＝地面标高＋自由水头。

接着，求其它各点的水压线标高，次点水压线标高＝前点水压线标高－两点间管内水头损失。

水流经管道的水头损失为：$h_{损}=h_y+h_j$ (mH_2O)；$h_y=iL$ (mH_2O)

式中 h_y——沿程水头损失，mH_2O；

i——每千米长度的水头损失值，一般查管道水力计算表可得；

L——管段长度，m；

h_j——局部水头损失，mH_2O。一般情况下，局部水头损失按经验用沿程水头损失的百分数来计算。

然后，将各点的水压线标高减去该点的地面高程（根据等高线算出），得到各点的自由水头。

7. 校核水压

当水输送到配水点（即用水点）时，配水管网在用户接管点处应维持的最小水头称为最小服务水头。最小服务水头包括水由地面输送到建筑物最高层时克服高差和水头损失所消耗的水头以及用水所需的工作水头。《室外给水设计规范》规定，层高 3.5m 以下民用建筑，最小服务水头取值：平房为 $10mH_2O$；二层楼房为 $12mH_2O$；三层以上楼房，每增加一层，增加 $4mH_2O$。

各配水点水压校核主要根据建筑物层数进行判断，要求其自由水头大于最小服务水头，如满足该条件，说明该管段的设计是合理的。否则，需对管网布置方案或对供水压力进行调整。

例：某公园局部给水管网如图 3-10，其中大众餐厅（二层楼房）见用水点①位置，其设计接待能力为 1500 人次/日，每人最高日用水量 15 升/人次，引水点 O 处的自由水头为 $40.00mH_2O$，标高为 44.60m，计算餐厅①的用水量，其余各点用水量题中已给出。并计算各管段管径、水头损失以及各点水压线标高、自由水头，并以①点餐厅为例复核自由水头能否满足其用水要求。

（1）计算各点用水量

如①点的最高日用水量及最高时用水量

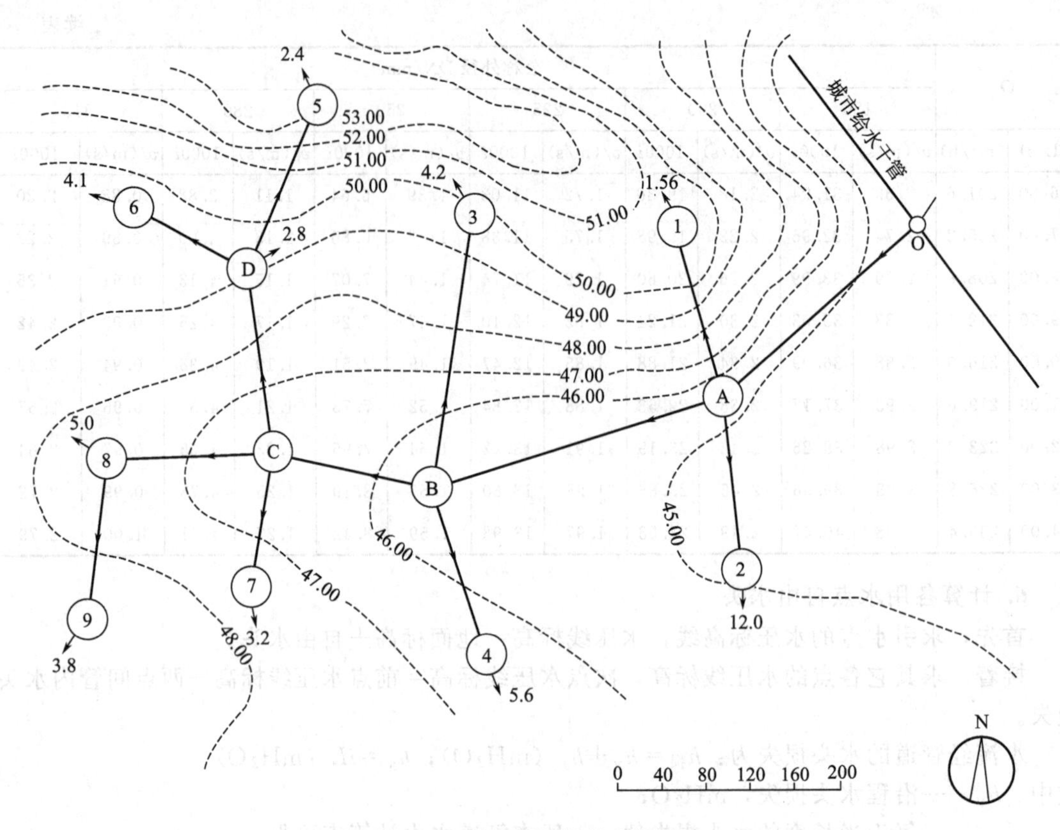

图 3-10　某公园局部给水管网图

最高日用水量：

$$Q_d = q_d N = 1500 \times 15 = 22500 \quad \text{L/d}$$

最高时用水量：

$$Q_h = \frac{Q_d}{T} K_h ,\ K_h = 6$$

$$Q_h = \frac{Q_d}{T} K_h = \frac{22500}{24} \times 6 = 5625 \quad \text{L/h}$$

(2) 计算设计秒流量

① 点的设计秒流量：

$$q_0 = \frac{Q_h}{3600} = \frac{5625}{3600} = 1.56 \quad \text{L/s}$$

其余各点计算方法相同，本例题中已给出，不再计算。

各管段的设计流量从支管到干管逐级依次累加，即可得每一段管道的设计流量。例如在图 3-10 中 C-D 段管道的设计流量为管段⑤-D、⑥-D 的设计流量以及 D 点的设计流量之和，即 $q_{CD} = 2.4 + 4.1 + 2.8 = 9.3$。

(3) 计算各管段管径和水头损失

求①-A 管段管径：

由 q_0（设计秒流量）及合适的 V（经济流速），代入公式 $q_0=AV=\frac{\pi}{4}DN^2V$ 可求出 DN。

一般通过管道的计算流量查管道水力计算表得到管径，如本例聚氧乙烯管，则查表 3-3，计算流量 $q_0=1.56$L/s，取设计流量 $q_0=1.6$L/s，即可得到 DN=63mm，同时查得 V=0.63m/s，每千米沿程水头损失=8.73mH_2O/1000m。

由此可求得该管段实际水头损失（管道长度 148m，局部水头损失按沿程水头损失的 25%取值）：

$h_{①\text{-A}}=1.25\times 8.73\text{m}H_2O/1000\text{m}\times 148\text{m}=1.62\text{m}H_2O$。

其余各管段计算方法相同。

（4）计算自由水头

各点水压线标高＝地面标高＋自由水头；次点水压线标高＝前点水压线标高－两点间管内水头损失。

O 点的水压线标高＝地面标高＋自由水头＝44.60＋40.00＝84.60(mH_2O)

A 点的水压线标高等于 O 点的水压线标高减去引水管 O-A 的水头损失。则

$$H=84.60-0.76=83.84\text{m}$$

① 点的水压线标高等于 A 点的水压线标高减去引水管①-A 的水头损失。则

$$H=83.84-1.62=82.22\text{m}$$

其余各点类推。

A 点的自由水头等于该点的水压线标高与该点的地面高程之差。则

$$h=83.84-45.60=38.24\text{m}$$

配水点①的自由水头等于该点的水压线标高与该点的地面高程之差。则

$$h=82.22-50.50=31.72\text{m}$$

其余各点类推。

（5）校核水压

以餐厅为例，二层建筑最小服务水头按规范为 12m，该点的自由水头为 24.80m，大于最小服务水头，故可以满足餐厅用水要求，设计合理。

其余各点同法校核。实际工程中，一般可以仅校核最不利点的水压，如本题的⑤点，如果该点的水压得以满足，则其余各用水点均可满足。最后，将计算结果填入干管水力计算表，并在管网设计图上标示全部计算结果，见表 3-6 和图 3-11。

表 3-6　干管水力计算表

管段编号	长度/m	流量/(L/s)	管径/mm	流速/(m/s)	1000i	水头损失/(m H_2O)
O-A	232	44.66	280	0.89	2.63	0.76
A-B	272	31.10	250	0.78	2.39	0.81
B-C	148	21.30	200	0.84	3.54	0.65
C-D	160	9.30	140	0.74	4.39	0.88
D-5	156	2.40	75	0.67	7.83	1.53

园林管网的水力计算是按全部用水点同时用水的情况计算的，但实际公园中各用水点用

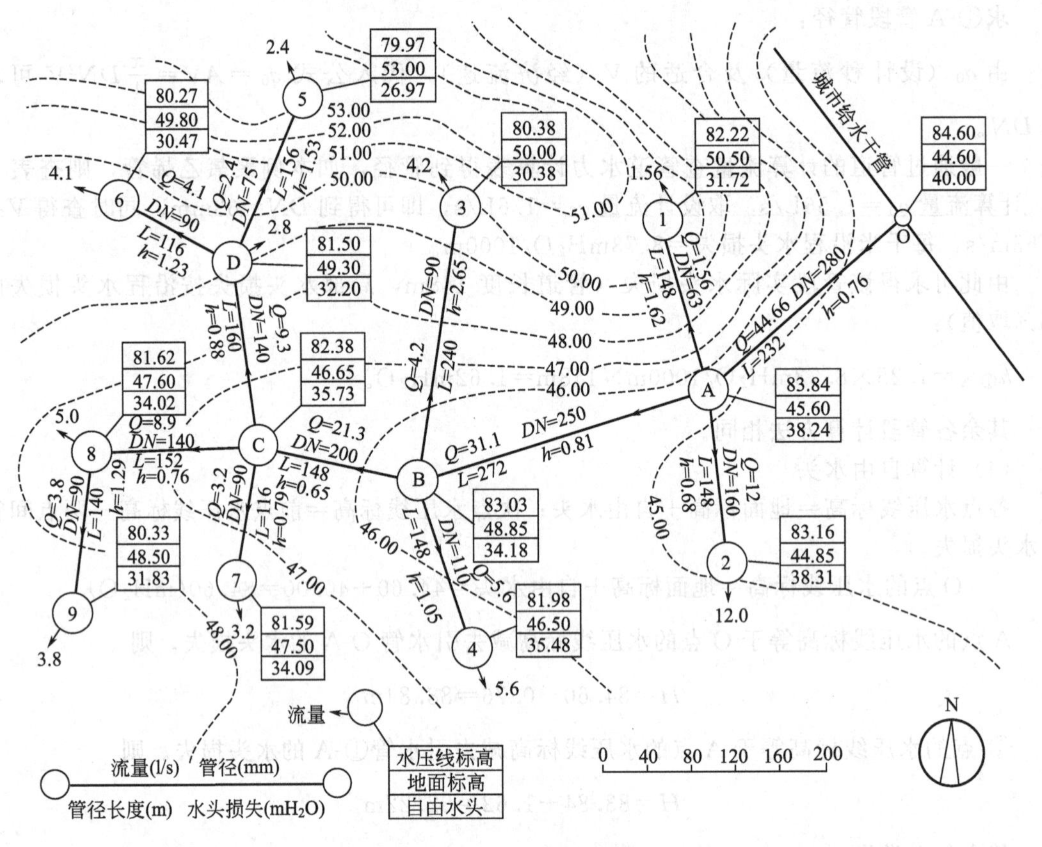

图 3-11 给水管网设计图

水时间往往不在同一时间，如公园浇灌养护用水一般在清晨和傍晚，与餐厅、茶室等用水时间可以错开。在设计时可考虑将用水量大的几个点的用水时间错开，管道计算时就可按用水时间分开累加流量，可减少管道投资。

第二节 园林排水工程

一、城市排水系统简介

（一）城市排水系统的体制

在城镇和工业企业中通常有生活污水、工业废水和雨水，它们既可采用一个管渠系统来排除，也可采用两个或两个以上各自独立的管渠系统来排除。这种不同排除方式所形成的排水系统，称为排水系统的体制。城市排水系统的体制，一般分为分流制和合流制两种。

1. 分流制排水系统

分流制排水系统是将生活污水、工业废水和雨水分别在两个或者两个以上的各自独立的管渠汇集排除的系统。排除生活污水、城市污水或者工业污水的系统称为污水排水系统；排除雨水的系统称为雨水排除系统。

根据排除雨水的方式，分流制排水系统又分为完全分流制和不完全分流制两种排水系统。在完全分流制排水系统中，是将污水和雨水分别采用独立的排水系统。在不完全分流制排水系统中，只有污水排水系统，雨水沿地面、路边沟和明渠排走。

2. 合流制排水系统

合流制排水系统是将生活污水、工业废水和雨水混合在同一个管渠内排除的系统，分为直排式和截流式。

直排式合流制排水系统，是将排除的混合污水不经过处理直接就近排入水体，国内外很多老城市以往几乎都采用这种合流制排水系统。截流式排水系统是在临河岸边建造一条截流干管，同时在合流干管与截流干管相交前或者相交处设置溢流井，并在截流干管下游设置污水处理厂。当雨量不大时，污水与雨水一同送至污水处理厂，经处理后排入水体，当降雨量过大、混合污水的流量超过截流干管的输水能力后，就有部分混合污水经溢流井溢出，直接排入水体。

（二）城市排水系统的平面布置形式

城市排水系统的平面布置形式受到城市规模、布局以及地形、土壤条件、河流位置等因素的影响。其主要平面布置形式有以下几种。

1. 集中式排水系统

全市只设置一个污水处理厂和出水口，布置在城市下游，城市污水都汇集到该污水处理厂后排入水体，这种方式对中小城市较适合。当地形平坦、坡度方向基本一致的地区，亦可使用集中式排水系统（图 3-12）。

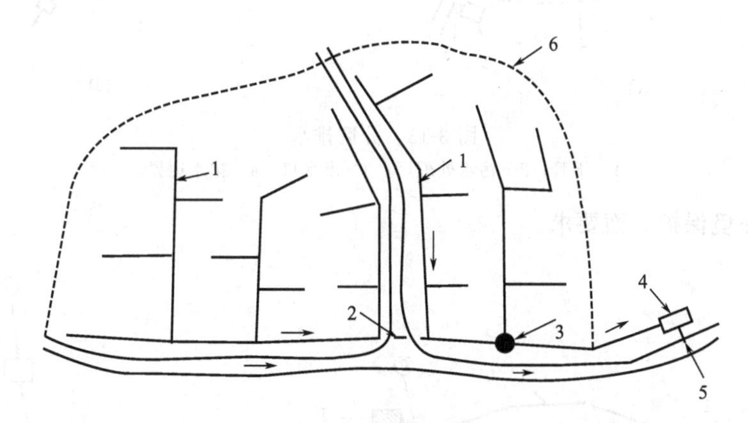

图 3-12　集中式排水系统

1—干管；2—倒虹管；3—中途泵站；4—污水处理厂；5—出水口；6—排水区域边界

2. 分区式排水系统

分区式排水系统是按城市布局和地形条件，将城市划分为几个排水区域，各区有独立的排水系统，大中城市常采用此类系统（图 3-13）。采取分区式排水大致有下列四种情况。

（1）地势高低相差大，形成高低两个台地，在高台地与低台地分别设置污水管道，污水汇集到低台地污水处理厂处理后再排放。

（2）地形中间隆起，形成分水岭，岭两边分别设置排水系统，单独设污水处理厂及出水口。

（3）城市用地布局分散，地形复杂，被河流分隔成几个区域，各区域形成独立排水系统

（4）地处平原的大城市，地区广阔，污水量大，为了避免干管太长，埋置太深，采取分区布置，可以降低管渠系统造价和泵站的经营费用。

3. 区域排水系统

区域排水系统是将某区域相邻城镇的污水集中排到一个大型污水处理厂处理排放（图 3-14）。在工业和人口稠密地区，采用这种排水系统能减低污水处理厂的建设与经营费用，

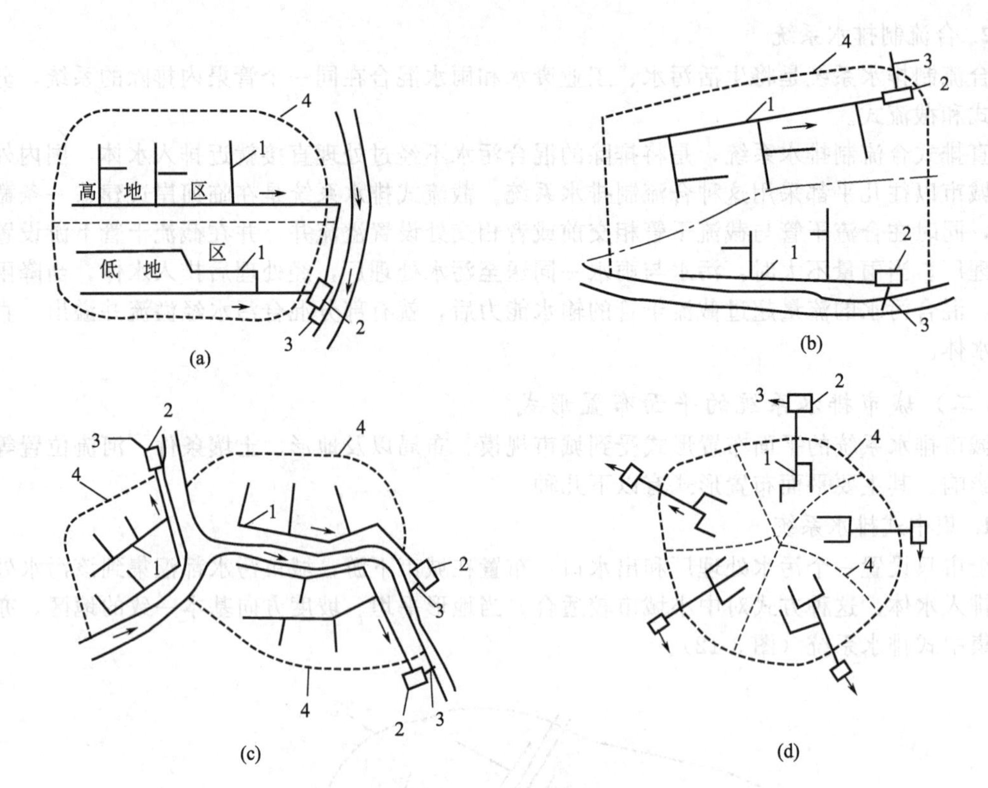

图 3-13　分区排水

1—干管；2—污水处理厂；3—出水口；4—排水边界

能更好地满足环境保护方面要求。

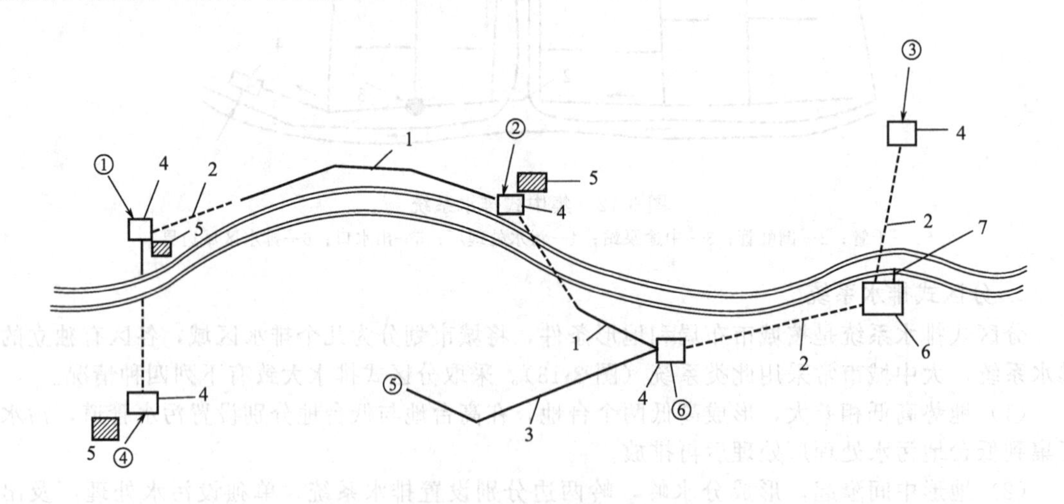

图 3-14　区域排水系统

1—区域主干管；2—压力管　3—新建城市排水干管；4—泵站；5—废除的城市污水厂；6—区域污水厂；7—出水口；①②③④⑤⑥—城镇

二、园林排水特点

园林排水与城市排水相比，规模较小，具有布置灵活的优势，有以下特点：

① 主要排除雨水和少量的生活污水，排水体制以不完全分流制为主；

② 园林中地形起伏多变有利于地表水的排除；

③ 排水系统平面布置形式以分区式排水系统为主，根据地形特点，就近排入附近水体或城市污水管道；

④ 园林可采用多种方式排水，不同地段可根据其具体情况采用适当的排水方式；

⑤ 排水构筑物应尽量结合造景，如雨水出水口的处理；

⑥ 排水的同时还要考虑土壤能吸收足够的水分，以利于植物生长，干旱地区尤其应注意保水；

⑦ 雨量过大时，局部地区可考虑短期滞水。

三、园林排水方式

园林绿地中基本上有两种排水方式，即地形排水和管渠排水，二者之间以地形排水最为经济。

（一）地形排水

地形排水是最经济、最常用的园林排水方式，即利用地面坡度使雨水汇集就近排入附近水体或城市雨水管渠。在园林绿地中，地形起伏度丰富，有一定坡度，多利用地形排水；仅在地形排水不畅的地方或者道路、广场等排水要求较高的地方，才局部敷设管道。地形排水常通过谷、涧、道路，对雨水加以组织，就近排入水体或附近的城市雨水管渠。

在利用地形排水，应通过设计和工程措施来避免和减少水土流失。

地面排水方式可以归结为四个字：拦、蓄、分、导。

① 拦　把地表水有组织地拦截，减少地表径流对园林建筑及其他重要景点的影响。

② 蓄　利用绿地保水、蓄水和地表洼地与池塘蓄水。

③ 分　用山石、地形、建筑墙体将大股地表径流分成多股细流以减少危害。

④ 导　把多余的地表水或造成危害的地表径流通过地表、明沟和管渠及时排至水体或城市雨水干管。

（二）管渠排水

园林绿地应尽可能利用地形排除雨水，但在某些局部如广场、主要建筑周围或难于利用地面排水的局部，可以设置明沟、暗沟或管道排水。这些管渠可根据分散和直接的原则，分别排入附近水体或城市雨水管，不必搞完整的系统。

1. 明沟排水

主要是利用土质明沟，其断面形式有梯形、三角形和自然式浅沟，通常采用梯形断面，某些地段根据需要也可砌砖、石或者混凝土明沟，断面形式常采用梯形或矩形。明沟的优点是工程费用较少、造价低，但明沟容易淤积、滋生蚊虫、影响环境卫生。

2. 暗沟排水

暗沟是一种地下排水渠道，又名盲渠。主要用于排除地下水，降低地下水位。适用于一些要求排水良好的全天候的体育活动场地、儿童游戏场地等或地下水位高的地区以及某些不耐水的园林植物生长区等。暗沟排水的优点是取材方便，可废物利用，造价低廉；不需附加雨水口、检查井等构筑物，地面不留“痕迹”，从而保持了园林绿地草坪及其他活动场地的完整性；对公园草坪的排水尤为适用。

3. 管道排水

在园林中的某些地方，如低洼的绿地、广场及休息场所，建筑物周围的积水、污水的排除，需要或只能利用敷设管道的方式进行。利用管道排水的优点是不妨碍地面活动，卫生和美观，排水效率高。但造价高，检修困难。

（三）雨水管道排水组成

管道排除雨水系统由雨水口、管道、出水口三部分组成，其附属构筑物有雨水口、检查井、跌水井、出水口。

1. 雨水口

雨水口一般为矩形井，用砖或混凝土做成。雨水口通常设置在道路边沿或地势低洼处，是雨水排水管道收集地面径流的孔道。雨水口设置的间距，在直线上一般控制在30～80m。

雨水口的构造由进水篦、井筒、连接管三部分组成。雨水口按进水篦的布置方式不同，分为三种形式：平篦式、侧篦式、联合式。连接管长度不宜超过25m长，直径200mm，在园林中连接管直径常用300mm，坡度一般为1%。

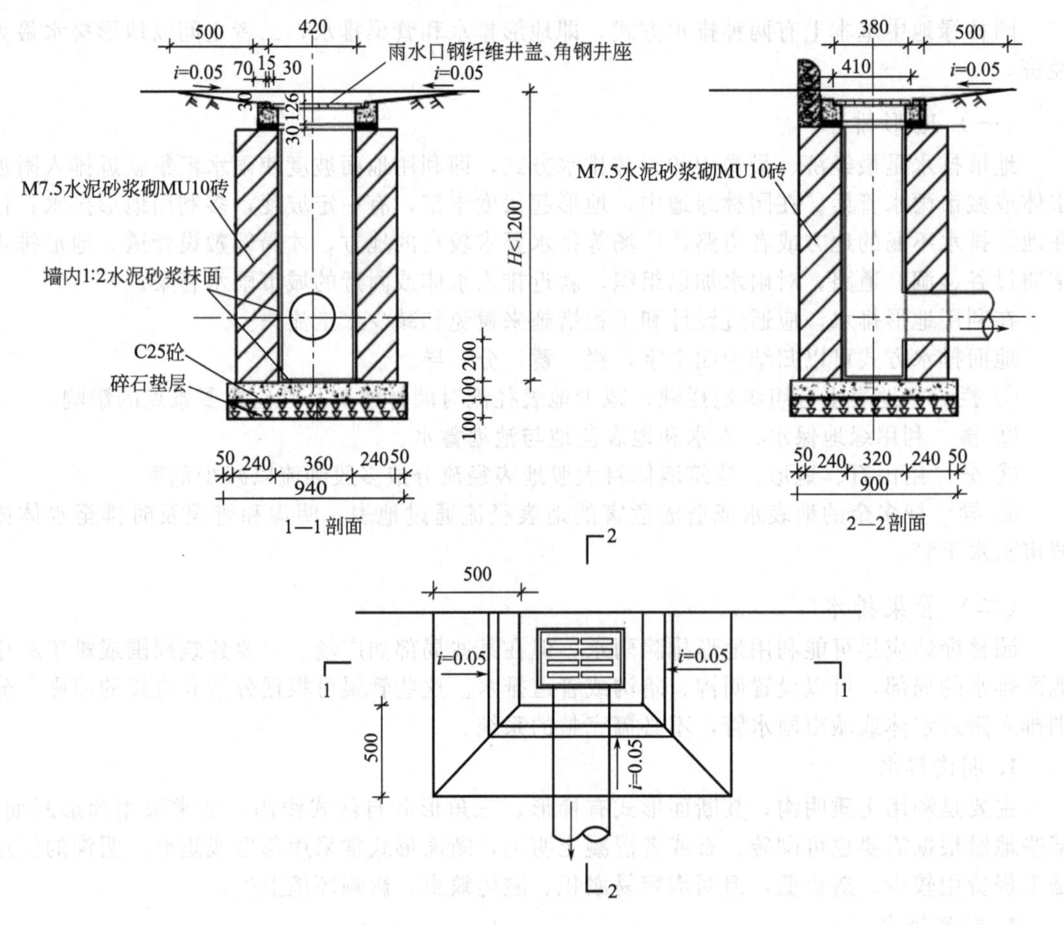

图3-15　雨水口构造

2. 管道

雨水管道目前常用的种类有钢筋混凝土管以及PVC和PE塑料管等。

① 钢筋混凝土管　管径基本都在d300mm以上，大多数都用于大流量的排水工程中。优点是取材制造方便、强度高、造价较低；缺点是管材的抗剪切性能差，容易腐蚀，且抗渗能力较差，尤其接口易渗漏。

② 硬聚氯乙烯（PVC-U）排水管　具有重量轻、耐腐蚀、内壁光滑、易于切割、便于安装、投资省和节能的优点；但具有强度低、耐温性差，暴露于阳光下管道易老化、防火性能差等缺点。

③ 高密度聚乙烯（HDPE）排水管　与 PVC-U 管性能类似，主要作为屋面雨水排放管道及建筑内污、废水排放管道。

④ 硬聚氯乙烯（PVC-U）双壁波纹管　管材的防腐性能、接口的密封性都不错，施工简便，造价较低，这种管材的力学性能不太好、抗压性能一般，用作排水管材只能用在车辆少的地方。

⑤ 聚乙烯（PE）双壁波纹管　具有密封性能好、韧性好、耐冲击强度高、抗压性能较好、耐腐蚀性能好等多种优点，是目前重点推广使用的管材。

各种常用排水管规格见表 3-7。

表 3-7　排水管道规格表

管材名称	管材规格/mm	连接方式	备注
硬聚氯乙烯(PVC-U)排水管	公称外径 dn：32；40；50；75；90；110；125；160；200；250；315	①承插胶粘剂粘接 ②承插弹性密封圈连接	GB/T 5836.1—2006 建筑排水用硬聚氯乙烯(PVC-U)管材
高密度聚乙烯(HDPE)排水管	公称外径 dn：32；40；50；56；63；75；90；110；125；160；200；250；315	① 对焊连接 ② 电焊管箍连接 ③ 承插胶圈连接	CJ/T 250—2007 建筑排水用高密度聚乙烯(HDPE)管材及管件
硬聚氯乙烯(PVC-U)双壁波纹管	公称内径 DN/ID：100；125；150；200；225；250；300；400；500；600；800；1000 公称外径 DN/OD：110；125；160；200；250；280；315；400；450；500；630；710；800；1000	承插胶圈接口	GB/T 18477.1—2007 埋地排水用硬聚氯乙烯(PVC-U)结构壁管道系统 第 1 部分 双壁波纹管材
聚乙烯(PE)双壁波纹管	公称内径 DN/ID：100；125；150；200；225；250；300；400；500；600；800；1000；1200 公称外径 DN/OD：110；125；160；200；250；280；315；400；450；500；630；800；1000；1200	① 承插胶圈接口 ② 管件胶圈接口 ③ 哈夫外固接口	GB/T 19472.1—2004 埋地用聚乙烯(PE)结构壁管道系统 第 1 部分 聚乙烯双壁波纹管材
钢筋混凝土管	公称直径(内径)d：300；400；500；600；700；800；900；1000；1100；1200；1350；1500；1650；1800；2000；2200；2400	接口型式：平口、承插口、企口 ① 刚性接口(水泥砂浆) ② 柔性接口(承插胶圈)	GB/T 11836—1999 混凝土及钢筋混凝土排水管

3. 检查井

检查井的功能是便于管道维护人员检查和清理管道，另外它还是管段的连接点。检查井通常设在管道转弯处、交汇处、变坡点和管径变更处。井与井之间的最大间距因管径大小而定，管径小于 500mm 时为 50m，管径在 500～700mm 时为 60m，800～1500 时为 100m，大于 1500mm 时为 120m。为了检查和清理方便，相邻检查井之间的管段应在一直线上。

检查井的构造，主要由井基、井底、井身、井盖座和井盖组成（图 3-16）。

4. 跌水井

跌水井是设有消能设施的检查井。在地形较陡处，为了保证管道有足够覆土深度，管道有时需跌落若干高度，在这种跌落处设置的检查井便是跌水井。但在实际工作中如上、下游管底标高落差不大于 1m 时，只需将检查井底部做成斜坡水道衔接两端排水管，不必采用专门的跌水措施。

常用的跌水井有竖管式和溢流堰式两种类型。竖管式适用于直径等于或小于 400mm 的管道，溢流堰式适用于直径大于 400mm 的管道（图 3-17）。

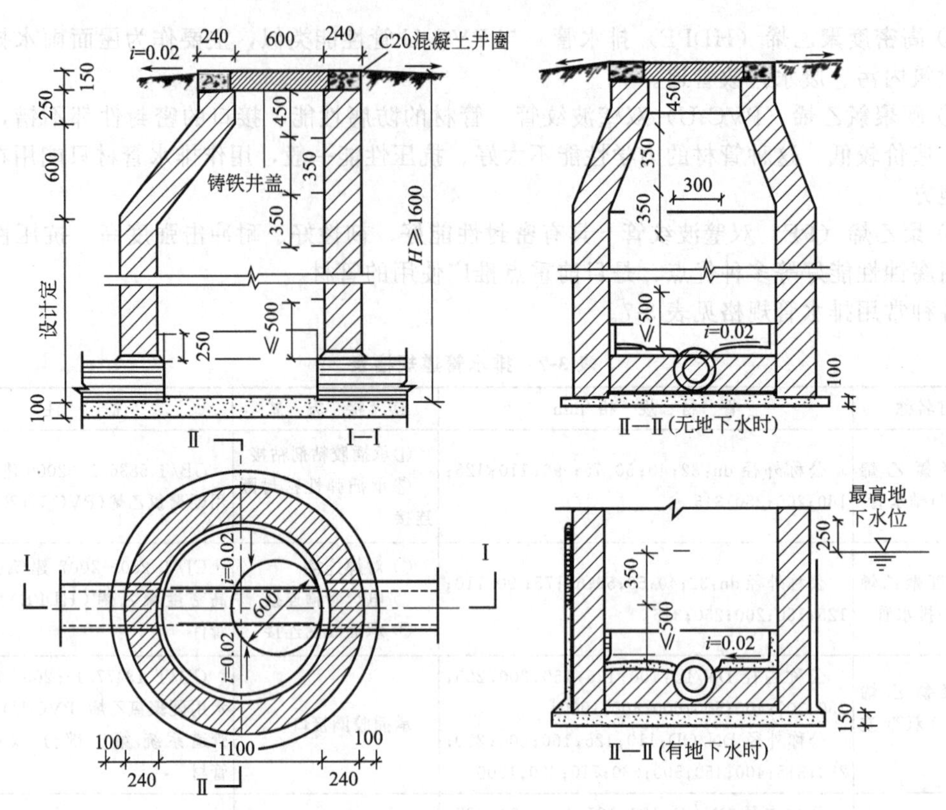

图 3-16　普通检查井构造图

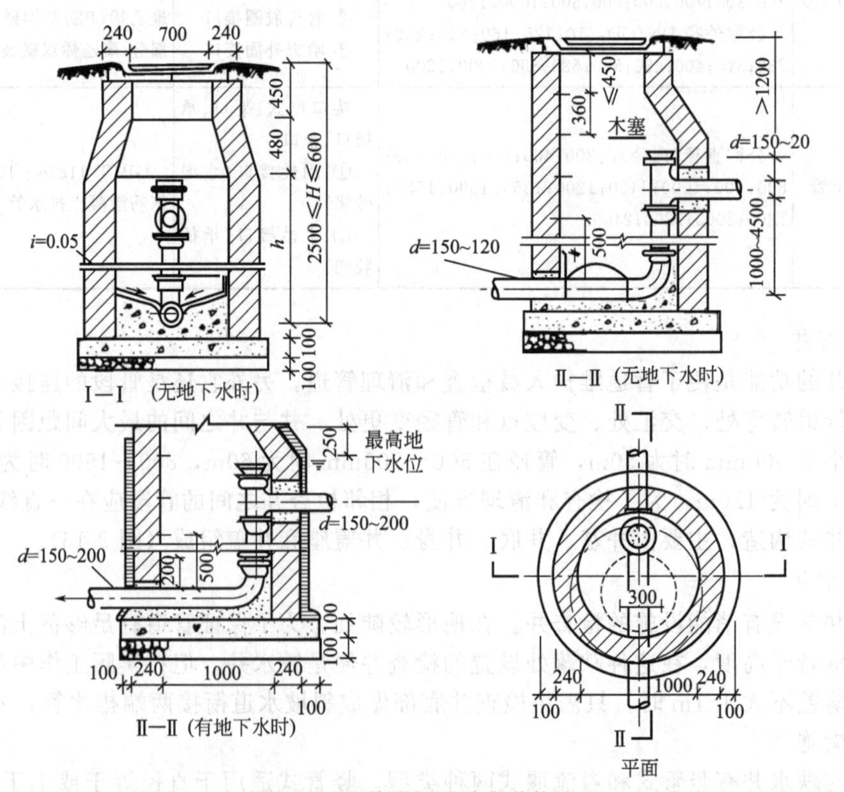

图 3-17　竖管式圆形跌水井构造

5. 出水口

出水口是排水管渠排入水体的构筑物，其形式和位置视水位、水流方向而定，管渠出水口不要淹没于水中。最好令其露在水面上。为了保护河岸或池壁及固定出水口的位置，通常在出水口和河道连接部分应做护坡或挡土墙（图 3-18）。

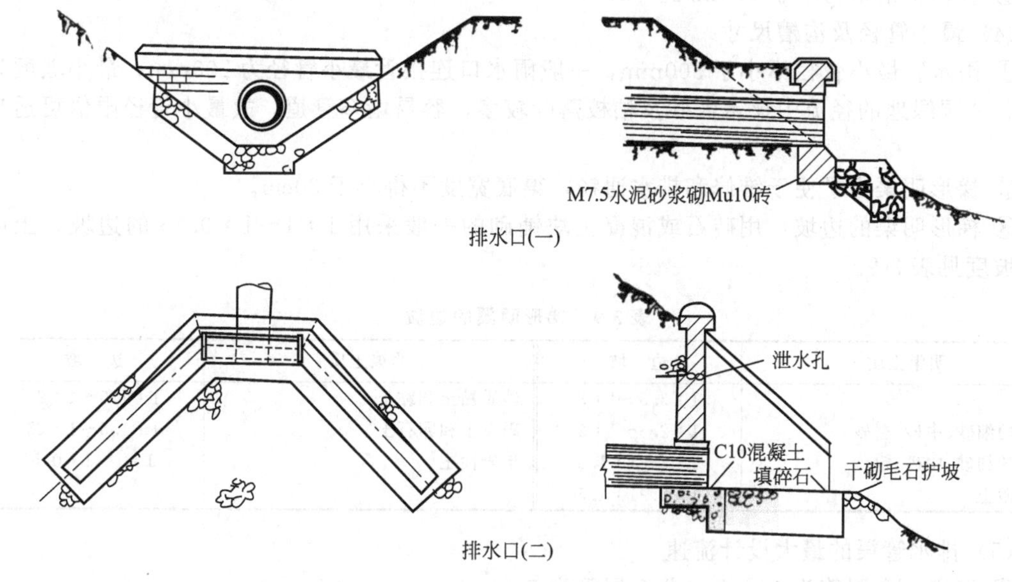

图 3-18　出水口构造

四、园林排水管网布置与计算

（一）雨水管渠布置

1. 布置原则

① 充分利用地形，就近排入水体。

② 结合道路规划布局，雨水管道一般宜沿道路设置。

③ 进行公园竖向设计时，应充分考虑排水的要求，便于组织排水。

④ 雨水管渠形式的选择　自然或面积较大的公园绿地中，宜多采取自然明沟形式，在城市广场、小游园以及没有自然水体的公园中可以采取盖板明沟和雨水管道相结合的形式排水。

⑤ 雨水口布置应使雨水不致漫出道路而影响游人行走，在汇水点、低洼处要设雨水口，注意不要设在对游人不便的地方。道路雨水口的间距，取决于道路坡道，汇水面积及路面材料，一般在 25～60m 范围内设雨水口一个。

2. 一般规定

(1) 管道的最小覆土深度根据雨水井连接管的坡度、冰冻深度和外部荷载情况决定，雨水管的最小覆土深度不小于 0.7m。

(2) 最小坡度

① 雨水管道的最小坡度见表 3-8。

② 道路边沟的最小坡度不小于 0.002。

③ 梯形明渠的最小坡度不小于 0.002。

(3) 最小允许流速

① 各种管道在自流条件下的最小允许流速不得小于 0.75m/s。

表 3-8　雨水管道的最小坡度

管径/mm	200	300	350	400
最小坡度	0.004	0.0033	0.003	0.002

② 各种明渠不得小于 0.4m/s。

(4) 最小管径及沟槽尺寸

① 雨水管最小管径不小于 300mm，一般雨水口连接管最小管径为 200mm，最小坡度为 0.01。公园绿地的径流中挟带泥砂及枯枝落叶较多，容易堵塞管道，故最小管径限值可适当放大。

② 梯形明渠为了便于维修和排水通畅，渠底宽度不得小于 30cm。

③ 梯形明渠的边坡，用砖石或混凝土块铺砌的一般采用 1∶1～1∶0.75 的边坡，土质边坡坡度见表 3-9。

表 3-9　梯形明渠的边坡

明渠土质	边　坡	明渠土质	边　坡
粉砂	1∶3.5～1∶3	砂质黏土和黏土	1∶1.5～1∶25
松散的细砂、中砂、粗砂	1∶2.5～1∶2	砾石土和卵石土	1∶1.5～1∶25
细实的细砂、中砂、粗砂	1∶2～1∶1.5	半岩性土	1∶1～1∶0.5
黏质砂土	1∶2～1∶1.5		

(5) 排水管渠的最大设计流速

① 管道　金属管为 10m/s；非金属管为 5m/s。

② 明渠　水流深度 n 为 0.4～1.0m 时，最大流速见表 3-10。

表 3-10　明渠最大设计流速

明渠类别	最大设计流速/(m/s)	明渠类别	最大设计流速/(m/s)
粗砂及贫砂黏土	0.8	草皮护面	1.6
砂质黏土	1.0	干砌石块	2.0
黏土	1.2	浆砌石块及浆砌砖	3.0
石灰岩及中砂岩	4.0	混凝土	4.0

(二) 暗沟排水

1. 布置形式

依地形及地下水的流动方向，大致可以归纳为如下几种布置形式（图 3-19）。

(1) 自然式　地势周边高，中间低，地下水向中心部位集中。其地下暗渠系统布置将排水干渠设于谷底，支管自由伸向周围的每个山洼以拦截由周围侵入园址的地下水。

(2) 截流式　四周或一侧较高，地下水来自高地，为防止园外地下水侵入园址，在地下水来的方向一侧设暗沟截流。

(3) 篦式　地处溪谷的园址，可在谷底设干管，支管成鱼骨状向两侧坡地伸展，此法排水迅速，适用于低洼地积水较多处。

(4) 耙式　此法适合于一面坡的情况，将干管埋设于坡下，支管由一侧接入，形如铁耙式。

以上几种形式根据地形的实际情况灵活采用，可以单独使用，也可混合布置。

2. 一般规定

暗沟的排水效果与其埋置深度和间距有关，暗沟的埋深和间距主要取决于土壤的质地。

(1) 暗沟的埋置深度　暗沟的埋置深度取决于植物对水位的要求、土壤质地、地面上有

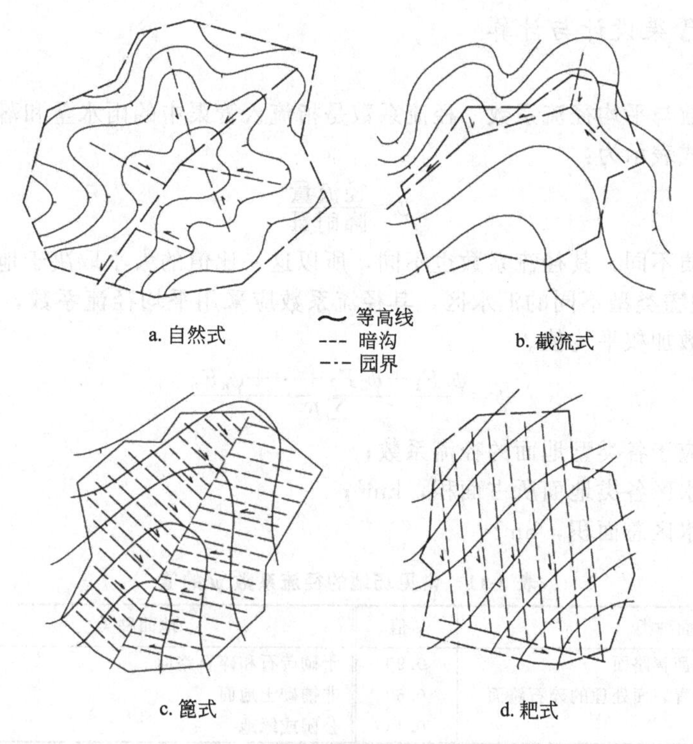

图 3-19　暗沟布置的几种形式

无荷载和冰冻破坏的影响，通常在 1.2～1.7m 之间。

(2) 暗沟的间距　支管的间距取决于土壤的种类、排水量和排除速度。对排水要求高的场地，应多设支管，支管间距一般为 8～24m。

(3) 暗沟沟底纵坡　沟底纵坡不小于 0.5%，只要地形条件许可，纵坡坡度应尽可能较大，有利于地下水的排除。

3. 断面形式

暗沟深度一般为 450～500mm，上宽一般为 400～500mm，沟底宽一般为 150～200mm。具体做法见图 3-20。

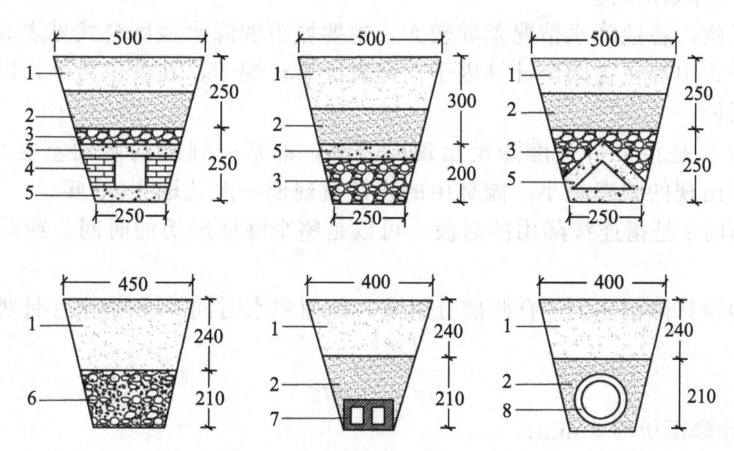

图 3-20　排水暗沟的几种构造

1—土；2—沙；3—石块；4—砖块；5—预制混凝土盖板；6—碎石及碎砖；7—砖块干叠排水管；8—陶管 Φ80

（三）雨水管渠设计与计算

1. 相关概念

（1）径流系数与平均径流系数　径流系数是指流入管渠中的雨水量和落到地面上的雨水量的比值。用公式表示为：

$$\psi=\frac{径流量}{降雨量}$$

由于地面性质不同，其径流系数也不同，所以这一比值的大小取决于地表或地面物的性质（表 3-11）。覆盖类型不同的汇水区，其径流系数应采用平均径流系数，即排水范围内不同地面的径流系数加权平均值。

$$\bar{\psi}=\frac{\psi_1 F_1+\psi_2 F_2+\cdots+\psi_n F_n}{\sum F}$$

式中　ψ_n——相应于各类型地面的径流系数；

F_n——汇水区各类地面所占面积，hm^2；

$\sum F$——汇水区总面积，hm^2。

表 3-11　常见场地的径流系数 ψ 的值

地面种类	ψ值	地面种类	ψ值
各种屋面、混凝土和沥青路面	0.90	干砌砖石和碎石路面	0.40
大块石铺砌路面和沥青表面处理的碎石路面	0.60	非铺砌土地面	0.30
级配碎石路面	0.45	公园或绿地	0.15

（2）降雨强度 q　降雨强度是指单位时间内的降雨量。进行雨水管渠计算时，我们要知道的是单位时间流入设计管段的雨水量，而不是某一场雨的总降雨量。

我国常采用的降雨强度公式如下：

$$q=\frac{167A_i(1+c\lg P)}{(t+b)^n}$$

式中　q——降雨强度，L/（s·hm^2）；

P——重现期；

A_i、c、b、n——地方参数，根据统计的方法进行计算；

t——降雨历时。

我国幅员辽阔，各地降水情况差异较大，主要城市的降水强度公式见表 3-12。

降水强度公式中都包含两个计算因子，即设计重现期 P，其单位为年，以及设计降雨历时 t，单位为分钟。

设计重现期 P 是指某一强度降雨出现的频率，即某一强度的降雨重复出现所需年限。强度越大的降雨出现的频率越小。园林中的设计重现期一般选取 1～3 年。

设计降雨历时 t 是指连续降雨的时段，可以是整个降雨经历的时间，或降雨过程中某个连续时段。

雨水管渠的设计降雨历时 t 有两部分组成，地面集水时间 t_1 和雨水在计算管道中流行的时间 t_2

$$t=t_1+mt_2$$

式中　t——设计降雨历时，min；

t_1——地面集水时间，min；

t_2——雨水在管渠内流行的时间，min；

m——延缓系数，管道 $m=2$，明渠 $m=1.2$。

表 3-12 我国部分城市降雨强度公式

城市名称	降雨强度公式/[L/(s·hm²)]	城市名称	降雨强度公式/[L/(s·hm²)]
北京	$q=\frac{2111(1+0.85\lg P)}{(t+0.8)^{0.70}}$	赣州	$q=\frac{900(1+0.60\lg P)}{t^{0.544}}$
上海	$q=\frac{5544(P^{0.3}-0.2)}{(t+10+7\lg P)^{0.8+0.07\lg P}}$	广州	$q=\frac{1195(1+0.622\lg P)}{t^{0.523}}$
天津	$q=\frac{2334P^{0.52}}{(t+2+4.5P^{0.65})^{0.8}}$	汕头	$q=\frac{1042(1+0.56\lg P)}{t^{0.488}}$
承德	$q=\frac{843(1+0.72\lg P)}{t^{0.599}}$	湛江	$q=\frac{9015(1+1.19\lg P)}{t+28}$
石家庄	$q=\frac{1689(1+0.898\lg P)}{(t+0.7)^{0.729}}$	桂林	$q=\frac{4230(1+0.402\lg P)}{(t+13.5)^{0.841}}$
哈尔滨	$q=\frac{6500(1+0.34\lg P)}{(t+15)^{1.05}}$	南宁	$q=\frac{10500(1+0.707\lg P)}{t+21.1P^{0.119}}$
长春	$q=\frac{883(1+0.68\lg P)}{t^{0.604}}$	长沙	$q=\frac{776(1+0.75\lg P)}{t^{0.527}}$
沈阳	$q=\frac{1984(1+0.77\lg P)}{(t+9)^{0.77}}$	衡阳	$q=\frac{892(1+0.67\lg P)}{t^{0.57}}$
旅大	$q=\frac{617(1+0.81\lg P)}{t^{0.486}}$	贵阳	$q=\frac{1887(1+0.707\lg P)}{(t+9.35P^{0.031})^{0.695}}$
济南	$q=\frac{4700(1+0.753\lg P)}{(t+17.5)^{0.898}}$	遵义	$q=\frac{7309(1+0.796\lg P)}{t+37}$
青岛	$q=\frac{490(1+0.7\lg P)}{t^{0.5}}$	昆明	$q=\frac{700(1+0.775\lg P)}{t^{0.496}}$
南京	$q=\frac{167(47.17+41.66\lg P)}{t+33+9\lg(P-0.4)}$	思茅	$q=\frac{3350(1+0.5\lg P)}{(t+10.5)^{0.85}}$
徐州	$q=\frac{1510.7(1+0.514\lg P)}{(t+9)^{0.64}}$	成都	$q=\frac{2806(1+0.803\lg P)}{(t+12.8P^{0.231})^{0.768}}$
南通	$q=\frac{3530(1+0.807\lg P)}{(t+11)^{0.83}}$	重庆	$q=\frac{2822(1+0.775\lg P)}{(t+12.8P^{0.076})^{0.77}}$
合肥	$q=\frac{3600(1+0.76\lg P)}{(t+14)^{0.84}}$	汉口	$q=\frac{784(1+0.83\lg P)}{t^{0.507}}$
蚌埠	$q=\frac{2550(1+0.77\lg P)}{(t+12)^{0.774}}$	恩施	$q=\frac{1108(1+0.73\lg P)}{t^{0.626}}$
杭州	$q=\frac{1008(1+0.73\lg P)}{t^{0.541}}$	郑州	$q=\frac{767(1+1.04\lg P)}{t^{0.522}}$
温州	$q=\frac{910(1+0.61\lg P)}{t^{0.49}}$	洛阳	$q=\frac{750(1+0.854\lg P)}{t^{0.592}}$
福州	$q=\frac{934(1+0.55\lg P)}{t^{0.542}}$	西安	$q=\frac{1008(1+1.475\lg P)}{(t+14.72)^{0.704}}$
厦门	$q=\frac{850(1+0.745\lg P)}{t^{0.514}}$	延安	$q=\frac{932(1+1.292\lg P)}{(t+8.22)^{0.7}}$
南昌	$q=\frac{1215(1+0.854\lg P)}{t^{0.6}}$	太原	$q=\frac{817(1+0.755\lg P)}{t^{0.687}}$
大同	$q=\frac{758(1+0.785\lg P)}{t^{0.62}}$	乌鲁木齐	$q=\frac{195(1+0.82\lg P)}{(t+7.8)^{0.63}}$
呼和浩特	$q=\frac{378(1+1.000\lg P)}{t^{0.58}}$	西宁	$q=\frac{308(1+1.39\lg P)}{t^{0.58}}$
银川	$q=\frac{242(1+0.83\lg P)}{t^{0.477}}$	海口	$q=\frac{2338(1+0.41\lg P)}{(t+9)^{0.65}}$
兰 州	$q=\frac{1140(1+0.96\lg P)}{(t+8)^{0.8}}$	拉萨	$q=\frac{1700(1+0.75\lg P)}{t^{0.596}}$
玉门	$q=\frac{3334(1+0.818\lg P)}{t+16}$		

地面集水时间 t_1，受汇水面积大小、地形陡缓、屋顶及地面排水方式、土壤干湿程度及地表覆盖等因素的影响，所以要准确地计算设计值是比较困难的。在实际中通常取经验数值来计算，$t_1=5\sim15\text{min}$；在园林当中 t_1 一般取 10min。

雨水在管渠内流行时间 t_2 可由下列公式计算：

$$t_2=\frac{L}{60v}\ (\text{min})$$

式中 L——上游各管段长度，m；

v——上游各管段设计流速，m/s。

(3) 汇水区面积 汇水区是根据地形和地物划分的，通常沿脊线、沟谷或道路进行划分，汇水区面积以公顷（hm^2）为单位。

2. 雨水管渠计算步骤

例题：某市公园有一局部（图 3-21）需设管道排除雨水，雨水可直接排入附近水体。已知：该市的降水强度公式为：

$q=\frac{1050(1+0.7\lg P)}{(t+5)^{0.6}}$，设计重现期 $P=1a$；地面集水时间 $t_1=10\text{min}$。试作排水设计。

计算步骤如下。

(1) 划分汇水区，安排管渠系统 根据地形及地物情况划分汇水区，然后给汇水区编号并求其面积。绘制出雨水管道布置草图，标出检查井位置、各管道长度、管道走向以及雨水排水口等，并对检查井进行编号。

在例题中汇水区的划分见图 3-21，汇水区面积计算见表 3-13。

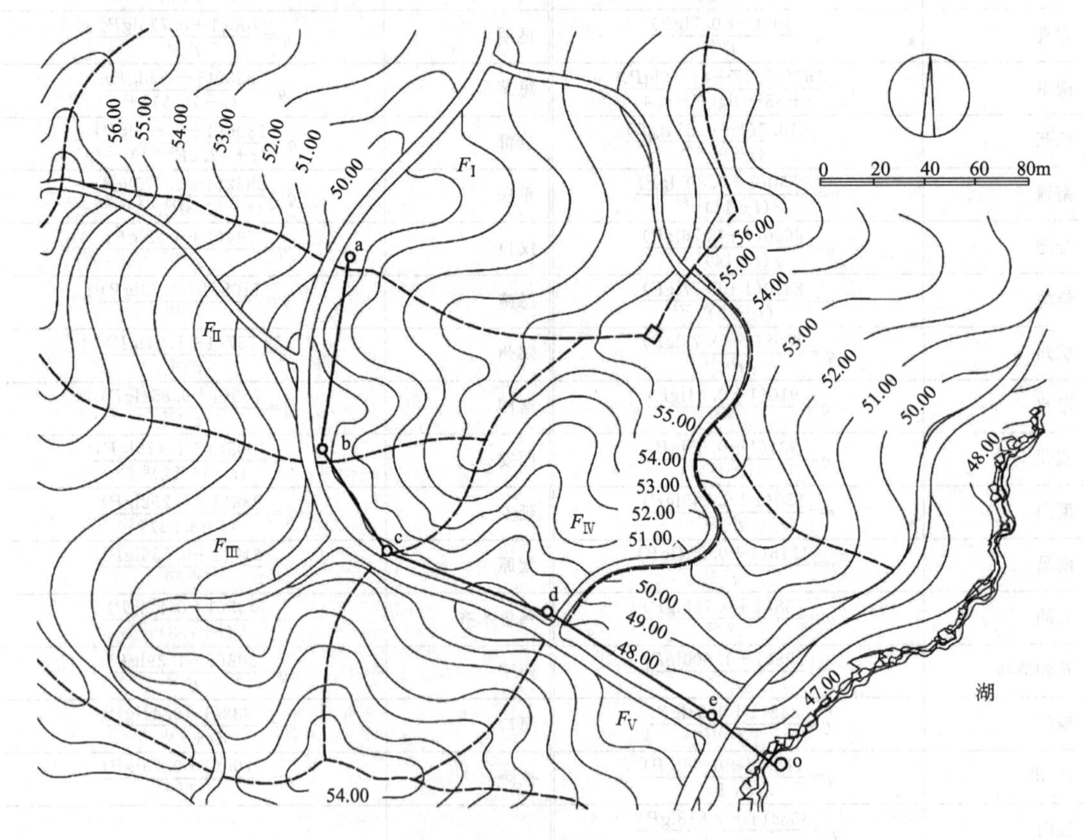

图 3-21 某公园排水区现状

表 3-13 汇水区及面积

编号	汇水区面积/hm^2	编号	汇水区面积/hm^2	编号	汇水区面积/hm^2
$F_{Ⅰ}$	2.28	$F_{Ⅲ}$	1.59	$F_{Ⅴ}$	1.06
$F_{Ⅱ}$	1.33	$F_{Ⅳ}$	1.44	ΣF	7.70

（2）求平均径流系数　$\bar{\psi}=\frac{\psi_1F_1+\psi_2F_2+\cdots+\psi_nF_n}{\sum F}$

经计算本题的平均径流系数为0.22。

（3）求降雨强度q　在例题中该市的降雨强度公式为$q=\frac{1050(1+0.7\lg P)}{(t+5)^{0.6}}$，$P=1$，$t_1=10\text{min}$。即：

$$q=\frac{1050}{(10+2t_2+5)^{0.6}}$$

在上述各种数值已给定的情况下，式中降雨强度q由雨水在管道内流行的时间t_2而定，例如本题在计算bc段的降雨强度q时，其t_2的值为雨水在ab段管道中流行的时间。从图3-22中可知，ab段管道为起始段，F_{I}汇水区的径流量直接流入。故在计算ab段管道降雨强度时，$t_2=0$。即

$$q_{ab}=\frac{1050}{(10+5)^{0.6}}=206.8\quad \text{L/（s·hm}^2\text{）}$$

（4）雨水管道水力计算　求各管道的设计流量，以便确定出各管道段所需的管径、坡度、流速、管底标高及管道埋深等数值，并将这些数值逐项填入管道水力计算表，见表3-15。

管道设计流量计算公式：

$$Q=\bar{\psi}qF$$

式中　Q——管道雨水设计流量，L/s；

$\bar{\psi}$——平均径流系数；

q——管段设计降雨强度，L/s；

F——管道设计汇水面积，hm^2。

例题中，ab段管道承担了F_{I}汇水区的径流量，其q_{ab}经计算为206.79 L/（s·hm²）故该段管道的计算流量：

$$Q_{ab}=\bar{\psi}q_{ab}F_{\mathrm{I}}=206.8\times0.22\times2.28=103.7\ \text{（L/s）}$$

通常管道的设计流量应稍大于计算流量。Q_{ab}为汇水区F_{I}的计算流量，通过查水力计算表3-14，求得ab段管道适合的设计流量。

本段设计流量为135.8（L/s），管径DN为400mm，坡度i为6‰，流速v为1.50m/s。据此可求出雨水在ab段管内流行时间$t_2=\frac{l_{ab}}{60v}=0.82\text{min}$；管底坡降为6‰×74=0.44m 。

在bc段中，已知雨水在ab段流行需要的时间t_2，其径流量与计算流量为

$$q_{bc}=\frac{1050}{(10+2\times0.85+5)^{0.6}}=194.31\quad \text{L/(s·hm}^2\text{)}$$

$$Q_{bc}=\psi\cdot q_{bc}\cdot(F_{\mathrm{I}}+F_{\mathrm{II}})=194.31\times0.22\times3.61=154.32\ \text{（L/s）}$$

查表3-14可求得bc段管道的设计流量为186.6（L/s），管径DN为450mm，坡度i为6‰，流速v为1.62m/s。同理可求得雨水在bc段管道内流行的时间$t_2=0.47\text{min}$，管底坡降0.28m。

同样方法，依次可求出cd、de、eo段的相关数据，见表3-15，在计算中注意时间累积与面积累积，即在计算降雨强度q时，t_2为雨水在前面各段干管中流行的时间的总和；计算流量Q时，F为前面所有管道汇水区面积的总和。

表 3-14　硬聚氯乙烯双壁波纹管（满流，n=0.01）水力计算表

公称直径 DN	200		250		315		400		450		500		630	
管内径 D_i /m	0.172		0.216		0.27		0.34		0.383		0.432		0.540	
坡度 i/‰	v /(m/s)	Q /(m³/s)	v /(m/s)	Q /(m³/s)	v /(m/s)	Q /(m³/s)	v /(m/s)	Q /(m³/s)	v /(m/s)	Q /(m³/s)	v /(m/s)	Q /(m³/s)	v /(m/s)	Q /(m³/s)
0.1	0.1226	0.0028	0.1427	0.0052	0.1656	0.0095	0.1932	0.0175	0.2091	0.0241	0.2266	0.0332	0.2630	0.0602
0.2	0.1734	0.0040	0.2018	0.0074	0.2342	0.0134	0.2732	0.0248	0.2958	0.0341	0.3205	0.0470	0.3719	0.0852
0.3	0.2124	0.0049	0.2472	0.0091	0.2869	0.0164	0.3346	0.0304	0.3622	0.0417	0.3925	0.0575	0.4555	0.1043
0.4	0.2452	0.0057	0.2855	0.0105	0.3313	0.0190	0.3863	0.0351	0.4183	0.0482	0.4532	0.0664	0.5230	0.1204
0.5	0.2742	0.0064	0.3191	0.0117	0.3704	0.0212	0.4319	0.0392	0.4676	0.0539	0.5067	0.0743	0.5881	0.1347
0.6	0.3003	0.0070	0.3496	0.0128	0.4057	0.0232	0.4731	0.0430	0.5123	0.0590	0.5551	0.0814	0.6442	0.1475
0.7	0.3244	0.0075	0.3776	0.0138	0.4382	0.0251	0.5111	0.0464	0.5533	0.0637	0.5996	0.0879	0.6958	0.1593
0.8	0.3469	0.0081	0.4037	0.0148	0.4685	0.0268	0.5463	0.0496	0.5915	0.0681	0.6410	0.0940	0.7438	0.1703
0.9	0.3678	0.0085	0.4282	0.0157	0.4969	0.0285	0.5795	0.0526	0.6274	0.0723	0.6799	0.0996	0.7890	0.1807
1.0	0.3877	0.0090	0.4513	0.0165	0.5238	0.300	0.6108	0.0555	0.6613	0.762	0.7166	0.1050	0.8316	0.1904
1.1	0.4066	0.0094	0.4734	0.0173	0.5493	0.0315	0.6406	0.0582	0.6936	0.0799	0.7516	0.1102	0.8722	0.1998
1.2	0.4247	0.0099	0.4944	0.0181	0.5738	0.0329	0.6691	0.0608	0.7245	0.0835	0.7850	0.1151	0.9110	0.2086
1.3	0.4421	0.0103	0.5146	0.0189	0.5972	0.0342	0.6965	0.0632	0.7540	0.0869	0.8171	0.1198	0.9482	0.2171
1.4	0.4588	0.0107	0.5340	0.0196	0.6197	0.0355	0.7227	0.656	0.7825	0.0902	0.8479	0.1243	0.9840	0.2253
1.5	0.4749	0.0110	0.5528	0.0203	0.6415	0.0367	0.7481	0.0679	0.8100	0.0933	0.8777	0.1286	0.0185	0.2332
1.6	0.4904	0.0114	0.5709	0.0209	0.6625	0.0379	0.7726	0.0702	0.8365	0.0946	0.9065	0.1329	1.0519	0.2409
1.7	0.5055	0.0117	0.5885	0.0216	0.6829	0.0391	0.7964	0.0723	0.8623	0.0993	0.9344	0.1370	1.0843	0.2483
1.8	0.5202	0.0121	0.6055	0.0222	0.7027	0.0402	0.8195	0.0744	0.8873	0.1022	0.9615	0.1409	1.1158	0.2555
1.9	0.5344	0.0124	0.6221	0.0228	0.7220	0.0413	0.8420	0.0764	0.9116	0.1050	0.9878	0.1448	1.1761	0.2693
2.0	0.5483	0.0127	0.6383	0.0234	0.7407	0.0424	0.8638	0.0784	0.9353	0.1078	1.0135	0.1485	1.1761	0.2693
2.2	0.5751	0.0134	0.6694	0.0245	0.7769	0.0445	0.9060	0.0823	0.9809	0.1130	1.0629	0.1558	1.2335	0.2825
2.4	0.6007	0.0140	0.6992	0.0256	0.8114	0.0465	0.9463	0.0859	1.0245	0.1180	1.1102	0.1627	1.2884	0.2950
2.6	0.6252	0.0145	0.7278	0.0277	0.8764	0.0502	1.0221	0.0928	1.1066	0.1275	1.1991	0.1758	1.3916	0.3187
2.8	0.6488	0.0151	0.7552	0.0277	0.8764	0.0502	1.0221	0.0928	1.1066	0.1275	1.1991	0.1758	1.3916	0.3187
3.0	0.6716	0.0156	0.7817	0.0286	0.9072	0.0519	1.0580	0.0961	1.1455	0.1320	1.2412	0.1819	1.4404	0.3299
3.5	0.7254	0.0169	0.8444	0.0309	0.9799	0.0561	1.1428	0.1038	1.2372	0.1425	1.3407	0.1965	1.5558	0.3563
4.0	0.7754	0.0180	0.9027	0.0331	1.0476	0.0600	1.2217	0.1109	1.3227	0.1524	1.4333	0.2101	1.6633	0.3809
4.5	0.8225	0.0191	0.9574	0.0351	1.1111	0.0636	1.2958	0.1176	1.4029	0.1616	1.5202	0.2228	1.7642	0.4040
5.0	0.8670	0.0201	1.0092	0.0370	1.1712	0.0671	1.3659	0.1240	1.4788	0.1704	1.6024	0.2349	1.8596	0.4258
6.0	0.9497	0.0221	1.1056	0.0405	1.2830	0.0735	1.4962	0.1358	1.6199	0.1866	1.7554	0.2573	2.0371	0.4665
7.0	1.0258	0.0238	1.1941	0.0438	1.3858	0.0793	1.6161	0.1467	1.1749	0.2016	1.8960	0.2779	2.2003	0.5040
8.0	1.0967	0.0255	1.2766	0.0468	1.4815	0.0848	1.7277	0.1569	1.8705	0.2155	2.0269	0.2971	2.5322	0.5387
9.0	1.1632	0.0270	1.3540	0.0496	1.5713	0.0900	1.8325	0.1664	1.9840	0.2286	2.1499	0.3151	2.4949	0.5714
10.0	1.2261	0.0285	1.4273	0.0523	1.6563	0.0948	1.9316	0.1754	2.0913	0.2409	2.2662	0.3322	2.6299	0.6023
12.0	1.3431	0.0312	01.5635	0.0573	1.8144	0.1039	2.1160	0.1921	2.2909	0.2639	2.4825	0.3639	2.8809	0.6597
14.0	1.4507	0.0337	1.6888	0.0619	1.9598	0.1122	2.2855	0.2075	2.4745	0.2851	2.6814	0.3930	3.1117	0.7126
16.0	1.5509	0.0360	1.0854	0.0662	2.0951	0.1200	2.4433	0.2218	2.6453	0.3048	2.8665	0.4202	3.3265	0.7619
18.0	1.6450	0.0382	1.9149	0.0702	2.2222	0.1272	2.5915	0.2353	2.8058	0.3233	3.0404	0.4456	3.5283	0.8081
20.0	1.7340	0.0403	2.0185	0.0740	2.3424	0.1341	2.7317	0.2480	2.9576	0.3407	3.2049	0.4698	3.7192	0.8518

表 3-15 雨水干管水力计算表

检查井编号	管段编号	管段长度 L/m	管内雨水流行时间/min		单位面积径流量 q_0 /[L/(s·hm²)]	汇水面积 F		计算流量 Q/(L/s)	管径 DN /(mm)	坡度 i /(‰)	流速 v /(m/s)
			$\sum t_2$	t_2		增数 /hm²	总数 /hm²				
1	2	3	4	5	6	7	8	9	10	11	12
a	a-b	74		0.82	206.79		2.28	103.73	400	6	1.50
b	b-c	46	0.82	0.47	194.31	1.33	3.61	154.32	450	6	1.62
c	c-d	66	1.29	0.63	188.01	1.59	5.20	215.08	500	6	1.76
d	d-e	76	1.92	0.59	180.36	1.44	6.64	263.47	500	9	2.15
e	e-o	25	2.51		173.90	1.06	7.70	294.59	500	12	2.48

管道编号	设计流量 /(L/s)	管底降坡 il/m	管底降落 /m	原地面标高		设计地面标高		管底标高		埋深		
				起点 /m	终点 /m	起点 /m	终点 /m	起点 /m	终点 /m	起点 /m	终点 /m	平均 /m
	13	14	15	16	17	18	19	20	21	22	23	24
a-b	135.8	0.44	—	—	—	49.50	48.70	48.00	47.56	1.50	1.14	1.32
b-c	186.6	0.28	0.25	—	—	48.70	48.30	47.31	47.03	1.39	1.27	1.33
c-d	257.3	0.40	—	—	—	48.30	48.00	47.03	46.63	1.27	1.37	1.32
d-e	315.1	0.68	0.20	—	—	48.00	47.00	46.43	45.75	1.57	1.25	1.41
e-o	363.9	0.30	—	—	—	47.00	46.65	45.75	45.45	1.25	1.20	1.23

(5) 绘制雨水管道平面图　绘制雨水管道和检查井，在图上标出各检查井的井口高度，各管段的管底标高，管段的长度、管径、水力坡降及流速等，见图 3-22。

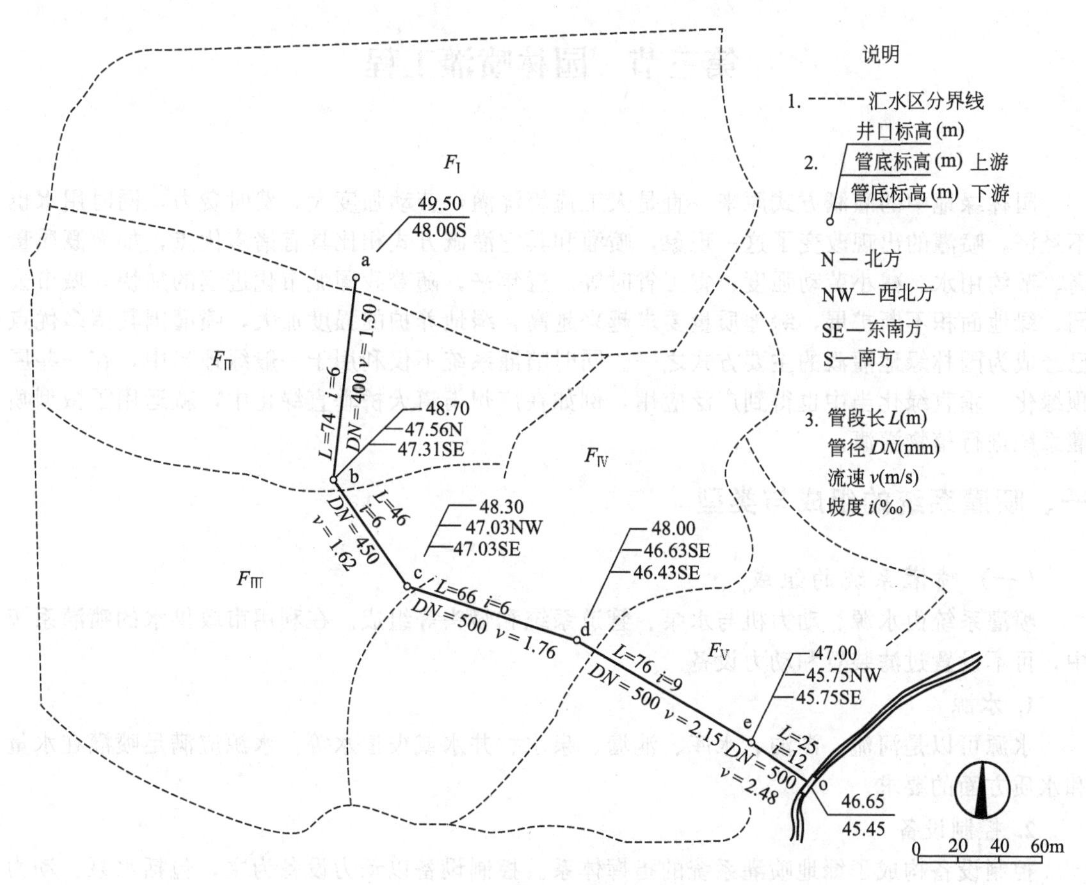

图 3-22 雨水管道平面图

(6) 绘制雨水干管纵剖面图　见图 3-23。

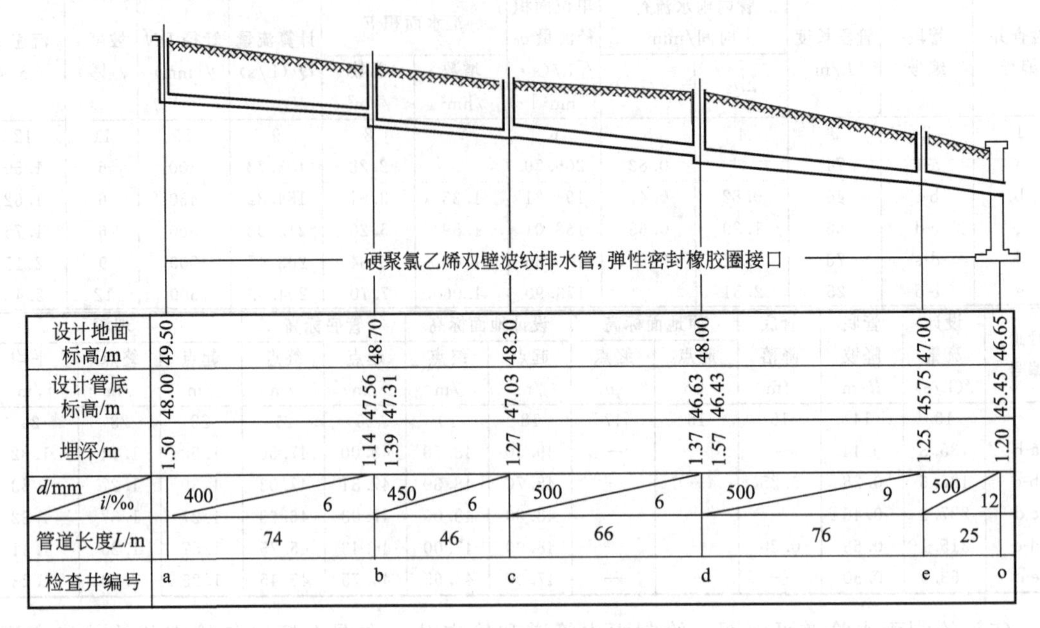

项目	a		b		c		d		e		o
设计地面标高/m	49.50		48.70		48.30		48.00		47.00		46.65
设计管底标高/m	48.00		47.56 47.31		47.03		46.63 46.43		45.75		45.45
埋深/m	1.50		1.14 1.39		1.27		1.37 1.57		1.25		1.20
d/mm　i/‰		400　6		450　6		500　6		500　9		500　12	
管道长度L/m		74		46		66		76		25	
检查井编号	a		b		c		d		e		o

图 3-23　雨水管道剖面图

第三节　园林喷灌工程

园林绿地中的灌溉方式原来一直是人工拖管浇灌，劳动强度大，费时费力，同时用水也不经济。喷灌的出现改变了这一现象，喷灌和其它灌溉方式相比具有诸多优点，如灌溉质量高、节约用水、减小劳动强度、省工省时等。近年来，随着我国城市化进程的加快，城市公园、绿地面积不断扩展，绿地质量要求越来越高，绿地养护的强度加大，喷灌因其诸多优点已经成为园林绿地灌溉的主要方式之一。同时喷灌系统不仅利用于一般绿地当中，在一些屋顶绿化、垂直绿化当中也得到广泛应用，例如在广州街道天桥垂直绿化中，就运用了微型喷灌系统进行植物灌溉。

一、喷灌系统的组成与类型

(一) 喷灌系统的组成

喷灌系统由水源、动力机与水泵、管道系统和喷头等组成。在利用市政供水的喷灌系统中，可不设置过滤装置和动力设备。

1. 水源

水源可以是河流、湖泊、水库、池塘、泉水、井水或渠道水等。水源应满足喷灌在水量和水质方面的要求。

2. 控制设备

控制设备构成了绿地喷灌系统的指挥体系。控制设备以动力设备为主，包括水泵、动力机、过滤器、闸阀、自动控制设备等。常用的水泵包括离心泵、自吸泵、长轴井泵、深井潜水泵等。常用的动力机械有电动机、柴油机、汽油机、拖拉机等。

3. 管道系统

管道系统包括干管、支管及各种连接管件。管材的外径一般为 20～200mm，管件则为相应直径的接头、弯头、堵头、法兰等。对于暴露在外的管道和管件，必须具有一定的耐热性、抗冻性。目前，聚氯乙烯（PVC）、聚乙烯（PE）和聚丙烯（PP）等塑料管材、管件正在逐步替代金属等传统管材和管件。

4. 喷头

喷头是喷灌系统的专用设备，其作用是将管道内的连续水流喷射到空中，分散成细小水滴，洒落在园林绿地进行灌溉。喷头类型多样，例如射流式喷头、漫射式喷头、孔管式喷头等，有工作压力、射程、流量及喷灌强度等参数。

（二）喷灌的类型

依照喷灌方式，喷灌系统可分为移动式、半固定式、固定式三大类。

1. 移动式喷灌系统

移动式喷灌系统要求灌溉区有天然水源，其动力、水泵、管道和喷头等均可移动，具有投资小、机动性强、设备利用率高等优点，但管理强度大，工作时占地较多。这种方式适合水网地区的园林绿地、苗圃和花圃的灌溉。

2. 固定式喷灌系统

固定式喷灌系统的泵站固定，干支管均埋于地下，喷头固定于竖管上，也可临时安装。固定式喷灌系统的设备费用较高，但操作方便，节约劳力，便于实现自动化和遥控操作。适用于需要经常灌溉和灌溉期较长的草坪、大型花坛、花圃、庭院绿地等。

3. 半固定式喷灌系统

半固定式喷灌系统其泵站和干管固定，支管及喷头可移动，有点介于上述二者之间，适用于大型园林绿地及苗圃。

二、喷灌技术指标

1. 喷灌强度

单位时间内喷洒于田间的水层深度就叫喷灌强度。常用 ρ 来表示，计算公式为：

$$\rho=\frac{1000Q}{S}$$

式中 ρ——喷灌强度，mm/h；

Q——喷头流量，m^3/h；

S——1 个喷头在单位时间内实际控制的有效湿润面积，m^2。

喷灌强度选择要适当，强度过小，会使喷水时间过长，蒸发损失加大；反之喷灌强度过大，一旦超过土壤的渗入速度，就会产生田间积水或地表径流。所以，一般要求喷灌强度要小于或等于土壤的渗入速度。

喷头的喷灌强度 P 通常可以由产品技术说明书获得，这一强度是指单喷头做全圆形喷洒时的计算喷灌强度，在特定的喷灌系统当中，由于采用的喷灌方式和喷头组合形式不同，单个喷头实际控制面积并不以射程为半径的圆形面积，所以组合喷头的喷灌强度应另行计算。

2. 喷灌均匀度

喷灌均匀度指喷灌面积上水量分布的均匀程度，用 C_u 表示，它没有单位而用百分数表示，计算公式为：

$$C_u = 1 - \frac{\Delta h}{h}$$

式中 C_u——喷洒均匀度；

Δh——喷洒水深的平均离差，mm；

h——喷洒水深的平均值，mm。

影响喷灌均匀度的因素有喷嘴结构、喷芯旋转均匀性、单喷头水量分布、喷头布置形式、布置间距、地面坡度和风速风向等。在设计风速下，喷灌均匀系数不应低于75%。

3. 水滴打击强度

水滴打击强度指单位面积内，水滴对土壤或作物的打击动能，其大小与水滴质量、降落速度和密度（单位面积上的水滴数目）有关。

为避免破坏土壤团粒结构造成板结或损害植物，水滴打击强度不宜过大。但是，将有压水流充分粉碎与雾化需要更多的能耗，会产生经济上的不合理性。同时，细小的水滴更易受风的影响，使喷灌均匀度降低，漂移和蒸发损失加大。一般常采用水滴直径和雾化指标间接地反映水滴打击强度，为规划设计提供依据。一般要求所使用喷头射程近末端的水滴直径 $D_r = 1 \sim 3\text{mm}$。

三、喷灌系统设计

（一）收集资料

收集并分析研究与工程设计有关的基本资料，包括地形、土壤、水源、气象、作物、灌水经验、土地利用、水利建设现状以及发展规划等。

（二）喷灌系统选型

规划设计时，应根据喷灌区域的地形地貌、水源条件、可投入资金数量、期望使用年限等具体情况，选择不同类型的喷灌系统。

（三）喷头的选型

这是绿地喷灌系统规划设计的一个重要内容。喷头的性能和布置形式不但关系到喷灌系统的技术要素，也直接影响着喷灌系统的工程造价和运行费用。

1. 喷头类型

喷头是喷灌系统中的重要设备。它的作用是将有压水流破碎成细小的水滴，按照一定的分布规律喷洒在绿地上。

依工作压力来分，喷头可分为：低压喷头、中压喷头、高压喷头。

依工作特点来分，喷头可分为：固定式喷头、旋转式喷头。

依安装特点来分，喷头可分为：地上式喷头和地下埋藏式喷头等。

2. 喷头选型要点

根据喷灌区域的地形、地貌、土壤、植物、气象和水源等条件，选择喷头的类型和性能，以满足规划设计的要求。

（1）喷头类型　小面积草坪或长条绿化带及不规则草坪宜采用低压喷头，这类喷头多为散射喷头，具有良好的水形和雾化效果；体育场、高尔夫球场、大草坪等面积较大绿地，宜采用中、高压喷头，有利于降低喷灌工程的综合造价。

（2）喷洒范围　喷灌区域的几何尺寸和喷头的安装位置是选择喷头的喷洒范围的主要依据。如果喷灌区域是狭长的绿带，应首先考虑使用矩形喷洒范围的喷头。安装在绿地边界的喷头，最好选择可调角度或特殊角度的喷头，以便使喷洒范围与绿地形状吻合，避免漏喷或出界。

(3) 工作压力　规划设计中，考虑到电压波动和水压波动，为了保证喷灌系统运行的安全可靠，确定喷头的设计压力时应在喷头的最小工作压力的1.1倍至喷头的最大工作压力的0.9倍之间。如果喷灌区域的面积较大，可采用减压阀进行压力分区，使所有喷头的工作压力都在上述范围内，以获得较高的喷灌均匀度。

(4) 喷灌强度　喷灌强度是喷头的重要性能参数，喷头选型时应根据土壤质地和喷头的布置形式加以确定，选定喷头后其组合喷灌强度应小于或等于土壤入渗强度。

(5) 射程、射角　射程的确定应考虑供水压力、管网造价和运行费用。喷洒射角的大小则取决于地面坡度、喷头的安装位置和当地在喷灌季节的平均风速。

(四) 喷头的组合布置

喷头的排列方式，是指各喷头相对位置的安排。在喷头射程相同的情况下，布置形式不同，则其干、支管间距和喷头间距、喷洒的有效控制面积各异。表3-16是常用的几种喷头组合形式。多数情况下，采用三角形布置有利于提高组合喷灌均匀度和节水。

表3-16　常见喷头组合形式及有效控制范围

序号	喷头组合图	喷洒方式	喷头间距(L),支管间距(b)与喷头射程(R)的关系	有效控制面积	适用性
A	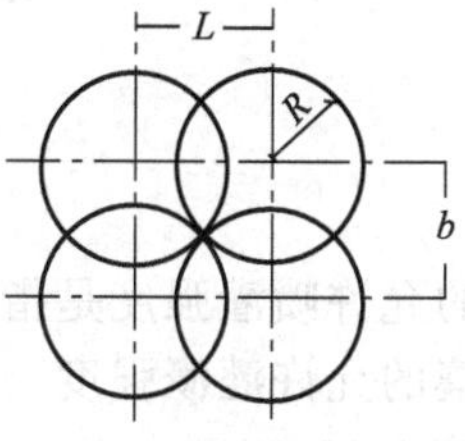 正方形	全圆	$L=b=1.42R$	$S=2R^2$	在风向改变频繁的地方效果较好
B	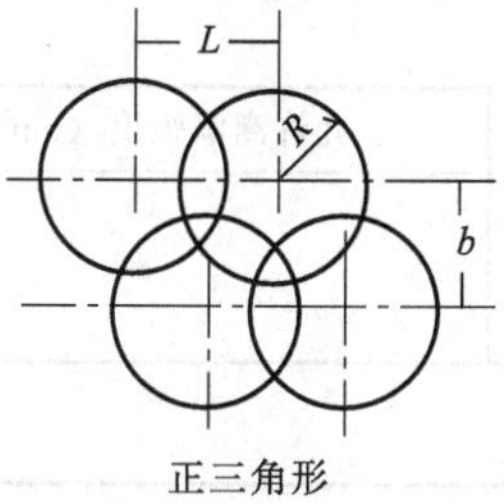 正三角形	全圆	$L=1.73R$ $b=1.5R$	$S=2.6R^2$	在无风的情况下喷灌的均匀度最好
C	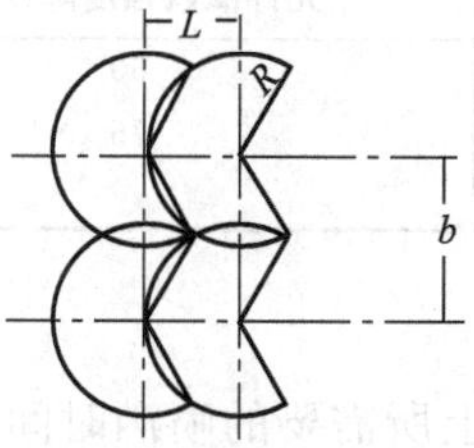 矩形	扇形	$L=R$ $b=1.73R$	$S=1.73R^2$	较A、B节省管道
D	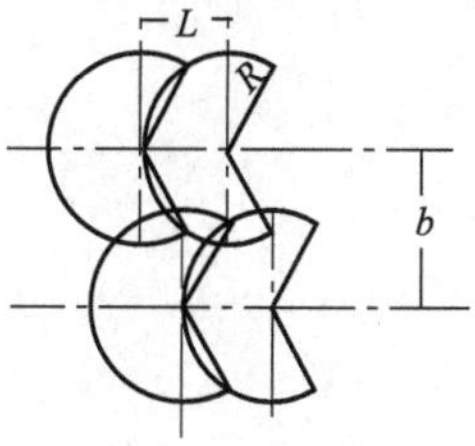 等腰三角形	扇形	$L=R$ $b=1.87R$	$S=1.865R^2$	同C

风对喷灌有很大影响，在不同风速条件下，喷头组合间距如何选择最合理，是喷灌系统设计中一个尚待研究的课题。在实际工作中可参照美国“Rainbird”公司建议的喷头组合间距值，见表3-17。

表 3-17 不同风速下的喷头间距

平均风速/(m/s)	喷头间距 L	支管间距 b	平均风速/(m/s)	喷头间距 L	支管间距 b
<3.0	$0.8R$	$1.3R$	4.5～5.5	$0.6R$	R
3.0～4.5	$0.8R$	$1.2R$	>5.5	不宜喷灌	—

（五）组合喷灌强度的计算与校核

在选定喷头型号、布置间距后，应校核其组合的灌溉强度。喷头的性能表给出的单个喷头全圆喷洒强度，即此时的空间控制面积 $S=\pi R^2$。但在特定的喷灌系统中，由于采用的喷灌方式不同，单个喷头实际控制面积往往不是一射程为半径的圆的面积，组合平均喷灌强度需要根据喷头的实际覆盖面积另行计算。对于多支管多喷头的组合喷灌方式的喷灌强度可按下列公式计算：

$$\rho_{系统}=1000\frac{Q_p}{bl}$$

式中 Q_p——一个喷头的流量，m^3/h；

b——支管间距，m；

l——沿支管的喷头间距，m。

土壤允许喷灌强度是影响喷灌系统选型的主要因素。土壤的允许喷灌强度是指单位时间内喷洒在地面上的水深。喷灌系统的设计喷灌强度不得大于土壤的允许灌溉强度。不同质地土壤允许灌溉强度见表3-18，不同坡度允许灌溉强度降低值见表3-19。

表 3-18 各类土壤的允许灌溉强度

土地质地	允许灌溉强度/(mm/h)	土壤质地	允许灌溉强度/(mm/h)
沙土	20	壤黏土	18
沙壤土	15	黏土	8
壤土	12		

表 3-19 坡度允许灌溉强度降低值

地面坡度/%	允许灌溉强度降低/%	地面坡度/%	允许灌溉强度降低/%
<5	10	13-20	60
5-8	20	>20	75
9-20	40		

（六）喷灌时间

喷灌时间是指为了达到既定的灌水定额，喷头在每个位置上所需要的喷洒时间，可以用下列公式计算。

$$t=\frac{mS}{1000Q_p}$$

式中 t——灌溉时间，h；

m——设计灌溉定额，mm；

S——喷头有效控制面积，m^2；

Q_p——喷头喷水量，m^3/h。

（七）喷灌系统水力计算

喷灌系统管道的水力计算和一般给水管道的水力计算相仿，也是在保证用水量的前提下，通过计算水头损失来正确地选定管径及选配水泵与动力。

1. 确定干管与支管管径

喷灌系统中，管径的计算一般以流量和经济流速确定。支管流量为支管上所有喷头流量的总和，干管流量为所有支管流量的总和。经济流速 V 取值在 0.6～1.4m/s，一般最大不超过 3m/s。根据流量和经济流速查水力计算表即可得到管道管径。

下面介绍两种在实际当中常用的利用流量与经济流速计算喷灌系统管道管径的方法。

经验公式法：

当 $Q<120\text{m}^3/\text{h}$ 时，$D=11\sqrt{Q}$ （D：mm ；Q：m^3/h）

经济流速法：

$$D=1.13\sqrt{Q/v}\quad (v=0.6\sim1.0\text{m/s},\ D\text{：mm；}Q\text{：m}^3/\text{s})$$

此外喷灌系统管道中立管的管径确定以喷头上的标注为准，并且每个立管上均应设一阀门，用以调节水量和水压。立管即为支管与喷头的连接段，现在有的喷灌系统的立管已放入地下。

2. 水力计算

喷灌系统的水力计算与给水系统相仿，通过计算可确定流量和配套动力。水在水管中流动，水和管壁发生摩擦，克服这种摩擦力而消耗的势能就叫水头损失。水头损失包括沿程水头损失和局部水头损失。局部水头损失一般按照沿程水头损失的 10%～20%来计算。

（1）水头损失计算

沿程水头损失：

$$h_y=S_{of}LQ^2$$

式中 h_y——沿程水头损失；

S_{of}——沿程阻力系数；

L——管道长度；

Q——流量。

利用本公式计算时，首先需根据选定的管材材质，通过表 3-20 查得该管材的粗糙度系数 n；在根据粗糙度系数 n 和管径 D，通过表 3-21 查得沿程阻力系数 S_{of}。

表 3-20 各种管材的粗糙系数 n 值

管 道 种 类	n
各种光滑的塑料管(如 PVC、PE 管等)	0.008
玻璃管	0.009
石棉水泥管、新钢管、新的铸造很好的铁管	0.012
铝合金管、镀锌钢管、锦塑软管、涂釉缸瓦管	0.013
使用多年的旧钢管、旧铸铁管、离心浇注的混凝土管	0.014
普通混凝土管	0.015

在进行支管水头损失计算时，由于一根支管上有许多立管和喷头，从首端到末端对水的阻力会逐渐减小，需将计算的支管水头损失乘以一个系数，即得支管水头损失值。人们将这个系数称为“多口系数”，这种计算方法叫多口系数法。多口系数是假定喷头各孔口流量相同，依孔口数目求得的一个折算系数 F。

$$h'=h_yF$$

式中　h'——支管沿程水头损失；

F——多口系数；

h_y——未乘折算前的管道水头损失。

多口系数 F 可通过表 3-22 查得，其中 X 为支管第一个喷头到支管进口的距离与喷头间距的比值，如两距离相等则 $X=1$，如前者为后者的一半则 $X=1/2$。

表 3-21　单位管道长沿程阻力系数 S_{of} 值　　单位：s^2/m^6

管内径	粗糙系数 n							
d/mm	0.008	0.009	0.010	0.011	0.012	0.013	0.014	0.015
25	227940	288200	355900	431000	512500	602500	697500	774000
40	183850	23270	28700	34800	41400	48600	56250	64600
50	5600	7060	8710	10550	12600	14750	17120	19590
75	658	824.8	1015	1221	1480	1738	2015	2270
80	470	591	729	884	1057	1240	1440	1638
100	140	179	221	268	315	370	429	479
125	43	54.1	66.8	80.9	96.8	113.6	131.8	150
150	16.3	20.5	25.3	30.7	36.7	43	49.9	56.9
200	3.46	4.38	5.41	6.55	7.8	9.15	10.6	12.15
250	1.06	1.33	1.645	1.99	2.39	2.8	3.26	3.7
300	0.404	0.505	0.623	0.755	0.908	0.1066	1.237	1.4
350	0.178	0.228	0.282	0.341	0.4	0.47	0.545	0.634
400	0.088	0.11	0.135	0.163	0.197	0.232	0.269	0.304
450	0.0467	0.0595	0.0735	0.089	0.105	0.123	0.143	0.165
500	0.0266	0.0335	0.0411	0.0498	0.0597	0.0701	0.0813	0.0925
600	0.01005	0.0128	0.0158	0.0191	0.0226	0.0265	0.0308	0.0354
700	0.00442	0.00559	0.0069	0.00835	0.00993	0.01166	0.01352	0.0155
800	0.00216	0.00274	0.00338	0.00405	0.00487	0.00572	0.00663	0.00761
900	0.00115	0.00146	0.0018	0.00218	0.00259	0.00305	0.00354	0.00405
1000	0.00066	0.00083	0.00103	0.00124	0.00148	0.00174	0.00202	0.00231

表 3-22　多口系数 F 值

孔口数 N	多口系数 F					
	$X=1$			$X=1/2$		
	$m=2.0$	$m=1.9$	$m=1.875$	$m=2.0$	$m=1.9$	$m=1.875$
2	0.625	0.634	0.639	0.500	0.512	0.516
3	0.518	0.528	0.535	0.422	0.434	0.442
4	0.469	0.480	0.468	0.393	0.405	0.413
5	0.440	0.451	0.457	0.378	0.390	0.396
6	0.421	0.433	0.435	0.369	0.381	0.385
7	0.408	0.419	0.425	0.363	0.375	0.381
8	0.398	0.410	0.415	0.358	0.370	0.377
9	0.391	0.402	0.409	0.355	0.367	0.374
10	0.385	0.396	0.402	0.353	0.365	0.371
11	0.380	0.392	0.397	0.351	0.363	0.368
12	0.376	0.388	0.393	0.349	0.361	0.366
13	0.373	0.384	0.391	0.348	0.360	0.365
14	0.370	0.381	0.387	0.347	0.358	0.364
15	0.367	0.379	0.384	0.346	0.357	0.363
16	0.365	0.375	0.382	0.345	0.357	0.362
17	0.363	0.375	0.380	0.344	0.356	0.361
18	0.361	0.373	0.379	0.343	0.355	0.361
19	0.360	0.372	0.377	0.343	0.355	0.360
20	0.357	0.368	0.376	0.341	0.353	0.359

注：$m=2.0$ 适用于谢才公式；$m=1.9$ 适用于斯柯贝公式；$m=1.875$ 适用于哈威公式。

（2）总水压计算

$$H=H_1+H_2+H_3+H_4 \text{ (mH}_2\text{O)}$$

式中　H——系统的总压力；

H_1——最不利点喷头的高程与引水点的地面高程之差；

H_2——管道总水头损失（沿程水头损失+局部水头损失）；

H_3——立管高度，一般为1.2m左右；

H_4——喷头工作压力。

支管的水力计算主要依据是使喷洒均匀，因而要求支管上任意两个喷头的出水量之差不能大于10%。将这一原则转化为对压力的要求，即应使支管上任意两个喷头处的压力不能超过喷头设计工作压力（H设）的20%。设计时，不但要计算水头损失，而且还要考虑地形起伏对压力的影响。

3. 动力配套

泵房或供水部分应提供相应的压力、流量方能满足要求，供水部分应提供略大于计算的流量和压力损失值的5%～10%。

对于城市供水管网作为水源喷灌系统，应着重校核供管网的压力能否满足喷灌时所需压力。若不满足，一般采用增大各级管径，以减少水头损失，或选择低压性能好的喷头，使喷灌系统所需压力小于城市水管网压力。

例：有一根长90m支管，管材选用pvc材质，管上装有8个喷头，每个喷头流量为$6m^3/h$，工作压力为$P=300$ kPa，第一个喷头到干管的距离为6m，喷头间距为12m，立管高度为1m，地面高差为+0.5m，求支管管径、水头损失以及需干管提供多大压力才能满足要求？

求管径：

$$Q_{总}=6\times8=48m^3/h=0.013m^3/s$$

$$D=11\sqrt{Q}=11\sqrt{48}\approx80mm$$

水头损失计算：

$$h=h_{沿}+h_{局}=1.2\,h_{沿}=1.2S_{of}LQ^2=1.2\times470\times90\times0.013^2=8.58mH_2O$$

根据$m=2.0$；$X=1/2$；$N=8$，查表得多口系数$F=0.358$故：

$$h'=Fh=0.358\times8.58=3.07mH_2O$$

总水压计算：

$$H=H_1+H_2+H_3+H_4=0.5+3.07+1+300\times0.1=34.57mH_2O$$

干管应提供大于34.57m水柱高的压力方能满足要求。

以上是固定式喷灌系统设计的基本知识，喷灌系统的设计较复杂，设计中要考虑的问题很多。例如灌溉地块的形状、地形条件、常年的主要风向风速、水源位置等都对喷灌系统的布置产生影响。

第四章
园林水景工程

水是园林中最为活跃、最具魅力的造园要素之一，从传统园林的“无园不水”之说，到现代城市环境与园林中大量水景的应用，水自始终都是园林中不可或缺的重要因素。水景具有生动、活泼等特点，能起到组织空间、协调园景变化的作用，加之人具有天生的亲水性，所以水景往往成为园林空间的视觉焦点和活动中心。园林水景类型丰富，根据水体的动静关系，可将水景划分为动态水景与静态水景两大类。动水主要有溪流、瀑布、跌水、喷泉等，或气势磅礴，或生动有趣；静水主要有湖泊、湿地、水池等，或开阔明快，或幽深迷离。本章主要讲述不同形式水体的设计原理与工程做法。

第一节　静水工程

园林中的静水主要指湖塘和水池等水体。它们最主要的特点就是聚集成片，平静安宁，并能反射天光云影和周围景物形成倒影。在微风中，静水也呈现出动态的变化，微风激起的涟漪使水面波光粼粼、树影摇曳，别具一番情趣。

一、静水设计

（一）水体平面形状

水体的平面形状直接影响水景的风格和景观效果。通常表现为自然式、规则式和混合式三种形式。

1. 自然式

自然式水体的轮廓为自然曲线，水体呈不规则形状，表现出一种参差美、天然美。其驳岸也多用自然山石砌筑或用平缓的植被、草坡延伸到水边，叠石砌岸，高低参差，花木配置，虚实掩映，从水面到堤岸过渡自然，表现出一种自然之态。设计自然式水体时，其形状与走势要注意与周边地形地势相呼应，并避免形成对称、整齐的形状，自然式水体常见平面形式见图 4-1。天然的水体一般都是自然式的，如杭州的西湖、无锡的太湖。而素以自然山水园为特色的中国园林，无论是皇家宫苑，还是私家宅园，抑或是为大众服务的现代公园，也多以自然式方法理水为主（图 4-2）。

2. 规则式

规则式水体外形轮廓为几何形或几何形的组合，其驳岸多为整齐的直驳岸，用条石、块石和砖等砌筑。规则式水体具有简洁、明快的特点，几何的形状或规则的图案表现了平面形体的美感。最早的人造水池可能是长方形，有时在水的尽头或边缘以凸出的曲线作为装饰，称为“罗马式”水池。规则式水体在西方传统园林中应用较多，这也是因为西方传统园林多为规则式的原故，法国凡尔赛宫的各种几何形水池和十字形水渠典型地反映出了这一特点（图 4-3）。而在中国古典园林中规则式水池较多地见于北方园林和岭南园林，具有整齐均衡

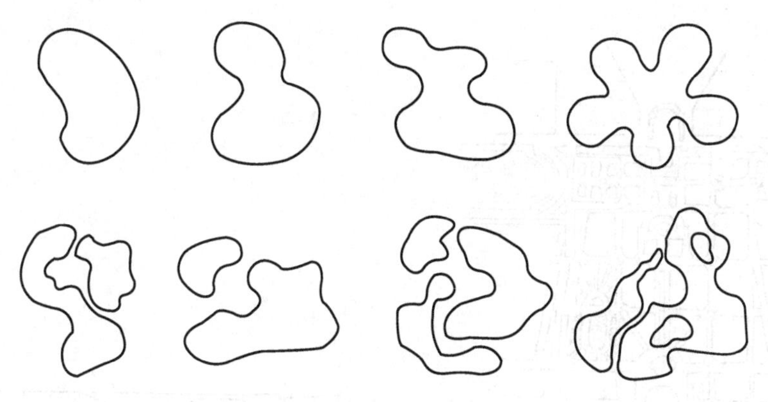

图 4-1　自然式水面形状

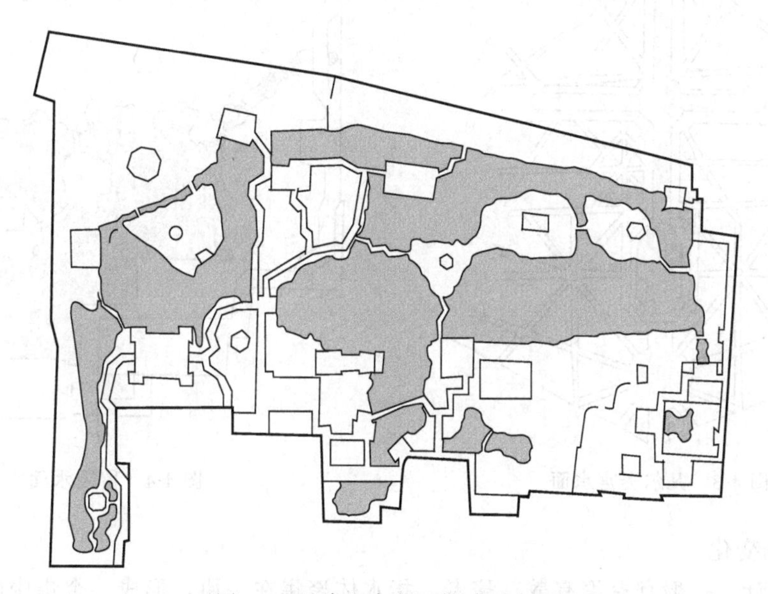

图 4-2　江南私家花园拙政园水面

之美。规则式水体适于与建筑结合的水庭中，为了与建筑协调，中心以规则式水体形成具有向心、内聚空间特性的庭院空间。

3. 混合式

自然式水体和规则式水体组合在一起就形成了混合式水体。混合式水体要求与环境协调布置，靠近建筑或广场等地方的岸线一般做成规则式；靠近山地等自然地形的地方则采用自然式岸线，以保证周围环境的自然特色。混合式水体体现了统一中追求变化的构图法则。苏州留园水体靠建筑一侧为直线岸线，另一侧因与广种植物的山体相接，采用了自然曲折的岸线，山水相映，极富自然情趣（图 4-4）。

（二）水面空间变化

水因其灵活无形，可随地而变，呈多种形态。园林用水，在布局上通过堤、岛等园林要素的分割与围合，形成开合聚散、大小对比的丰富变化，水体往往划分为多个大小不同、形状各异的小水面，以形成不同的景区，使水景呈现迷离、幽深、多变的空间效果，引人无限遐想。水面的大小、形状、聚散的布置因园林地形、气候、环境而异。

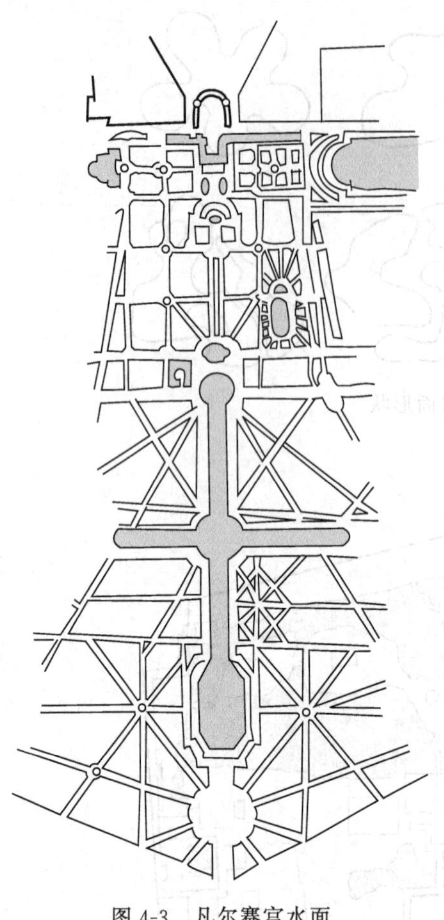
图 4-3　凡尔赛宫水面

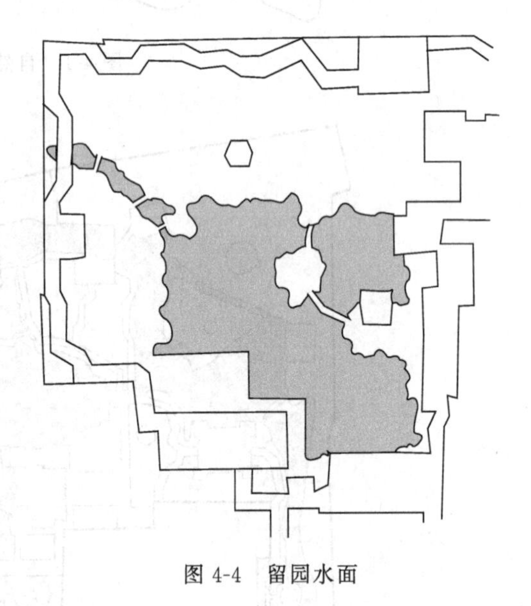
图 4-4　留园水面

1. 聚散的变化

水面的设计，一般宜有聚有散。聚者，指水体聚集在一块，形成一个集中的水面，聚则水色潋滟，开阔明朗；散者，指水体分散成多块，表现为溪、河、涧、湾等小型水面，分则萦回环绕，曲折幽深。聚的水面水色天光，一览无余，表现了水景的明净与单纯；散的水面环抱迂回，望而不尽，表现了水景的层次与变化。

对于中、小型庭园，尤其是私家小园，多采用以聚为主的集中用水方法，以水池为中心，四周布置建筑和景物，形成向心和内聚的布局，从而在有限的空间获得开朗的气氛，如苏州网师园，中心水池采用集中用水，周围留有大小适宜的地面，上面布置山石、花木，形成开朗宁静的园林空间（图 4-5）。集中用水时也可在水体一角用曲桥分隔水面，形成水湾、水口，或叠石做水洞、水门，造成水流不尽，水源深远的感觉。对于大型园林，水面则可聚可散，如北京北海、颐和园昆明湖等水面以聚为主，辽阔的水面呈现出如《园冶》所说的“纳千顷之汪洋，收四时之烂漫”的壮丽景色（图 4-6）。而承德避暑山庄的水面则是以散为主，虽为皇家园林，但追求的却是天然之趣，悠悠烟水，澹澹云山，水陆萦回的空间产生了隐约迷离和不可穷尽的视觉效果，其深邃幽静之感非常强烈（图 4-7）。

2. 大小的变化

园林中的水体，常由面积不等的水面组合而成，通过大小水面的对比，产生空间的变化，创造具有不同气氛的景区。设计时一般在平面构图主要位置设置一个大型主体水面，旁边再布置几个面积较小的次要水面，主要水面面积应在最大次要水面面积的2倍以上。如颐和园中通过万寿山将水体分成辽阔坦荡的昆明湖和狭窄幽静的后湖，两者气氛迥异，对比强烈（图4-8）。

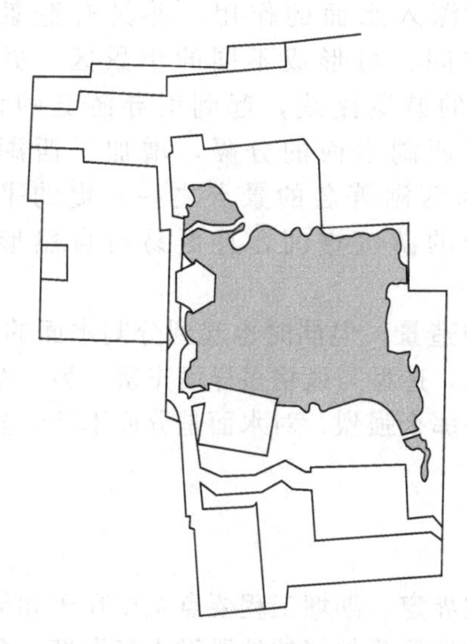

图4-5 网师园水面

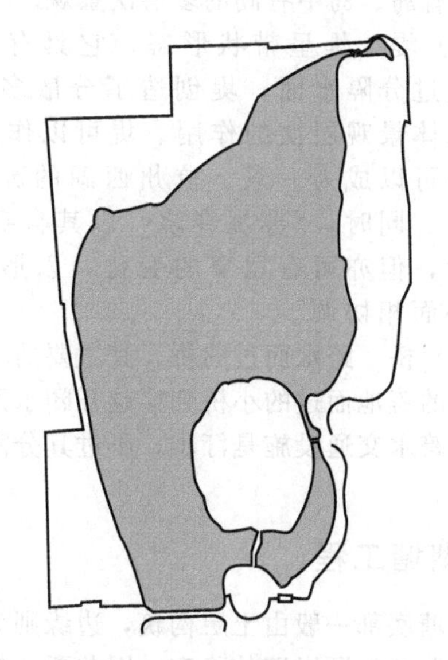

图4-6 北海水面

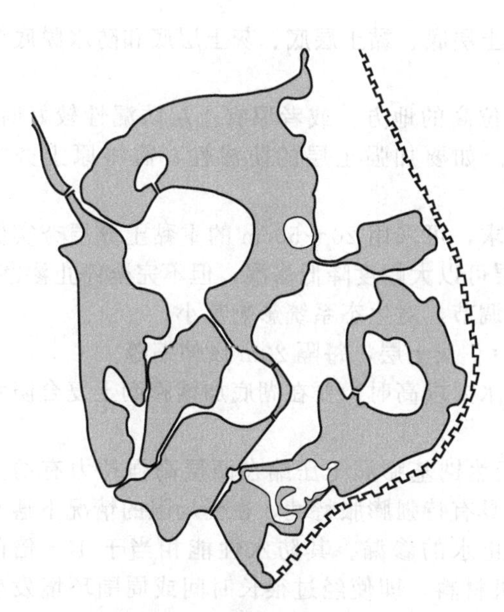

图4-7 避暑山庄水面

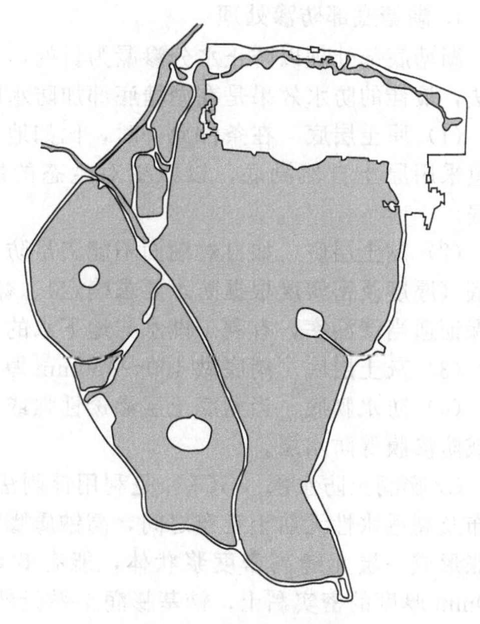

图4-8 颐和园水面

3. 创造空间变化的要素

园林水面空间的变化，主要通过分割与围合的手法来形成。一般通过岛、堤、桥的合理布置，创造出水面空间聚散与大小的变化。

（1）岛 岛在分割水面的同时也常作为水面的视觉焦点，成为水体的观赏中心。水中设岛，位置不宜居中，居中的岛将水体分为左右均等的两块，显得呆板。一般水中之岛多位于水体一侧，且离岸不是太远，这样岛屿看似从岸边分离而出，显得自然合理，而且所分水面一大一小，形成对比。岛的数量可一至多个，中国园林中有“一池三山”的传统做法，即在一湖中布置三个岛，分别象征“蓬莱、方丈、瀛洲”三座东海神山。岛上亦可再做水面，形成湖中有岛、岛中有湖的多层次景观。

(2) 堤　堤呈带状形态，它具有分隔水面和深入水面的作用，并具有造景的功能。通过分隔水面，堤创造了分散多变的水面空间，可形成不同的小景区，并起到丰富水体景观层次的作用。堤可以作为深入水面的游览路线，起到引导游览的作用，且本身可以成为一景。杭州西湖的苏堤，通过对西湖水面的分隔，增加了西湖的景观层次。同时，“苏堤春晓”以其自身的优美成为西湖著名的景点之一。堤的平面虽为带状，但亦可有宽窄的变化，以形成收放开合的游览空间，且更易与自然形态的水体平面相协调。

(3) 桥　跨水而过的桥，其主要的功能是交通与造景，但同时也起到分割水面的作用。从简单的跨池而过的小桥到穿越开阔水面的曲折长桥，造型与风格多样而丰富。另一个与桥类似的跨水交通设施是汀步，不过其分割功能不如桥那么强烈，对水面是分而不断，显得更为自然。

二、湖塘工程

湖塘底部一般由土层构筑，边缘则为驳岸和护坡界定。湖塘工程要点主要在于如何减少水分渗漏和保证岸壁的稳定，因此要选择土壤性质和地质条件好的地段做人工湖塘，并做湖底防渗处理，边缘通过防渗效果好的驳岸、护坡等设施稳定岸壁。

1. 湖塘底部防渗处理

湖塘底部处理以防止水分渗漏为目的，有原土层底、黏土层底、灰土层底和防水膜底等做法，最佳的防水效果是在湖塘底部加防水膜。

(1) 原土层底　在条件允许时，比如地下水位高的地方，或者原有土层防漏性较好时，尽量采用原土自然湖底，以减少对生态的影响。如要加强土层的防渗性，需将原土夯实作底。

(2) 黏土层底　如自然湖面不能满足防水要求，可采用20～50cm的重黏土分层夯实做湖底（厚度及密实度根据防水要求确定）。黏土层可以大幅度降低渗漏，但不完全停止渗漏，能保证适当渗漏率，有利于湖水与地下水的双向调节，对生态系统影响甚小。

(3) 灰土层底　湖底做400～450mm厚的3∶7灰土层，每隔20m设伸缩缝。

(4) 防水膜底　当湖底土层渗透性强或者防水要求高时，要在湖底加铺膨润土复合防水毯或防渗膜等防水层。

① 膨润土防水毯（GCL）是利用针刺法将天然钠基膨润土压缩在两层高强拉力有纺土工布及高透水性无纺土工布之间，高钠质膨润土具有特强膨胀特性，在受局限的情况下遇水膨胀形成一层无缝高密度浆状体，能有效地防止水的渗漏。其防水性能相当于100倍的300mm厚度的密实黏土，钠基膨润土系天然无机材料，即使经过很长时间或周围环境发生变化，也不会发生老化或腐蚀现象，因此防水性能持久。施工中只需用膨润土粉末和钉子、垫圈等进行连接和固定，相对比较简单。施工后不需要特别的检查，如果发现防水缺陷也容易维修，是现有防水材料中施工工期最短的。

施工方法：基层为整平夯实的细沙或黏土层，密实度达85%以上。铺设防水毯时基层表面应基本干燥，不能有明显的水渍和坑洼。防水毯可以在潮湿的环境下施工，但防水毯应避免浸泡在水中。防水毯铺设要求平整无褶皱和折叠，无纺布那面朝上。膨润土毯的铺设方向与斜坡最大坡度方向平行，如果坡度大于1∶4，在距坡顶1m范围内不能有横向搭接，防水毯搭接时接缝应错开，搭接宽度≥300mm，在搭接处均匀撒上宽100mm～150mm、高5mm的膨润土干粉，在斜坡和特殊点搭接处用膨润土膏连接。立面及坡面上铺设膨润土防水毯时，为避免其滑动，可用钢钉加垫片将其固定，除了在防水垫重叠部分和边缘部位用钢钉固定外，整幅防水垫中间也可视需要加钉，务求防水垫稳固紧密地安装在墙面和地面。人工湖防渗封边埋固施工可采用锚固沟锚固或采用压条固定，锚固沟尺寸500mm×500mm左右，压条固定用射钉枪配合压条与橡胶垫条密封固定。在防渗层施工完成后，还需要在上面做保护层，保护层为300～500mm厚素土分层夯实。

② 防渗膜（土工膜）是高分子化学柔性材料中添加炭黑、抗老化剂、抗氧剂、紫外线吸收剂、稳定剂等辅料制成的塑料薄膜，具有优异的防渗、防腐性能、化学稳定性好等优点。目前，国内外防渗应用的塑料薄膜，主要有聚氯乙烯（PVC）和聚乙烯（PE），用得最多的是高密度聚乙烯（HDPE），HDPE防渗膜厚度一般在0.15～2mm，湖底防渗常用0.4～0.75mm厚度。

施工方法：对人工湖基础进行整平夯实，拐角和落差的地方半径不应小于50mm，基础表面垂直深度25mm内不得有杂质和石粒等尖锐物。在平整的基层上铺HDPE防渗膜，膜的连接采用热熔连接，相邻两幅的接缝不应在一条直线上，应相互错开1m以上。在遇上防渗膜长度不够时，需要长向拼接，应先把横向焊缝焊好，再焊纵缝，纵横向焊缝应成T字形，一般不得十字交叉。在坡度大于1∶6的斜坡上距坡顶或应力集中区域1.5m范围内，尽量不设焊缝。防渗膜的焊接使用楔焊机，采用双轨热熔焊接。楔焊机无法焊接的部位，应采用挤出式热熔焊机，双轨热熔焊接的搭接宽度150mm，挤出焊接的搭接宽度75mm。边缘采用锚固沟锚固，在湖的四周挖500mm×500mm左右的锚固沟，用于固定防渗膜。防渗膜表面需做保护层，保护层做法是先铺一层120mm厚过筛细土，最大粒径不超过6mm，其上再铺250mm厚无杂质土。

③ 复合土工膜是以塑料薄膜作为防渗基材，与无纺布复合而成的土工防渗材料，它的防渗性能主要取决于塑料薄膜的防渗性能。复合土工膜既保持了土工基布的良好力学性能，具有抗拉、抗撕、抗顶破强度高，延伸性能好，变形模量大，耐老化，防渗性能好，使用期长等特点，又使复合产品薄膜厚度均匀，剥离强度高，避免了薄膜上气孔、砂眼的形成，大大地提高了膜的抗渗强度。依其组合材料有一布一膜、两布一膜、一布两膜、多布多膜等类型。湖底防渗常用两布一膜，规格从土工布150g/m^2，膜厚0.4mm至土工布300g/m^2，膜厚0.8mm。

施工方法：与防渗膜基本相同。接头有热粘、胶粘、搭接等方法，热粘是对土工膜进行热焊接，并对土工布进行机械缝合，热粘焊道搭接宽度为80～100mm；胶粘用专用胶水进行粘接，搭接宽度为60～80mm；搭接是将膜上下两层自然重叠，搭接的宽度宜大于150mm。

2. 驳岸工程

园林水体要求有稳定、美观的水岸以维持水体形状，防止由于冻胀、浮托、风浪淘刷等造成岸壁崩塌而淤积水中，破坏了原有设计意图，因此在水体边缘必须建造驳岸与护坡。园林驳岸是保护园林水体（主要指河、湖、塘等大型水体）岸壁的工程构筑物。其作用是稳定岸壁，防止水浪对岸壁的淘刷、冲击，导致岸壁崩塌。园林驳岸也是园景的组成部分，在古典园林中，驳岸往往用自然山石砌筑，与假山、置石、花木相结合，共同组成园景。驳岸必须结合所在环境的艺术风格、地质条件、种植特色以及技术经济要求选择合适的材料、结构形式和施工方法进行建造，在实用、经济的前提下注意外形的美观，使其与周围景色相协调。

（1）驳岸平面位置的确定　园林平面图上一般以常水位线显示水面位置，直墙的驳岸以向水一侧作为水体岸线位置，如岸壁倾斜，要根据坡度推算驳岸的准确位置。

(2) 驳岸岸顶高程的确定　驳岸岸顶高程=最高水位+安全超高。岸顶高程应比最高水位高出一段（即安全超高）以保证湖水不致因风浪拍岸而涌入岸边陆地地面，安全超高一般取0.25~1m之间，具体应视实际情况而定，选值时考虑以下三方面因素。

① 湖面大小，风力强弱　湖面开阔，风力大的地方，水面的风浪高度也大，安全超高取值要大，可参考风浪高度表（表4-1）。

表4-1　风浪高度表

风级 浪高/m 岸前水面距离/m	4	5	6	7	8	9
200	0.20	0.30	0.40	0.50	0.60	0.70
400	0.20	0.30	0.40	0.50	0.70	0.80
600	0.25	0.30	0.45	0.60	0.75	0.90
800	0.30	0.40	0.50	0.60	0.80	1.00
1000	0.30	0.40	0.55	0.70	0.90	1.10

② 景观效果　园林驳岸低临水面时，观赏效果最好。所以对人流少或人流不到达之地，可考虑安全超高低些，允许局部地段短期水淹，使驳岸具有较好的景观效果。

③ 安全性　人流量大的广场、平台、建筑等地段，要保证正常情况下不被水淹，安全超高则要取高些。

3. 驳岸分类

园林驳岸按断面形状分为整形式和自然式两类。大型水体或规则水体常采用整形式直驳岸，用砖、混凝土、石料等砌筑成整形岸壁，而小型水体或园林中水位稳定的水体常采用自然式山石或竹木驳岸，以山石做成岩、矶、崖、岫等形状，或用竹木打桩固定岸壁。

① 整形直驳岸　用砖、石砌筑，或钢筋混凝土现浇而成，结构稳定，但岸壁平直，表面质感单调呆板，可用卵石等贴面材料装饰，或通过塑石、塑树等方式装饰（图4-9）。

图4-9　整形直驳岸

② 自然山石驳岸　用自然形态的山石砌筑，岸线曲折、凹凸，具自然美感（图4-10）。

③ 竹木驳岸　岸壁用竹桩、木桩打入湖底而成，亲切自然，但耐久性差，适宜小型水

图 4-10　自然山石驳岸

体（图 4-11）。

图 4-11　竹木驳岸

4. 驳岸构造

驳岸在断面上由三部分组成，分别为压顶、墙体、基础，有些还可根据结构需要加垫层(图 4-12)。

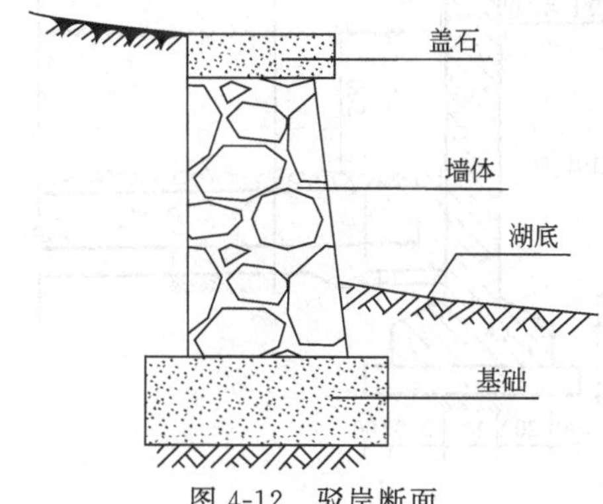

图 4-12　驳岸断面

① 压顶（盖石）　驳岸的顶部结构。材料通常有现浇混凝土、预制混凝土板和整形石板等。宽度300～500mm，悬挑出墙身 50～100mm，厚度 80～100mm。用 1∶2 水泥砂浆与墙体粘接。驳岸顶部也可用山石装饰，代替压顶，山石大小搭配、错落起伏，形成自然曲折的岸线。山石用 M5 水泥砂浆砌筑，石块间缝隙用水泥砂浆填满。

② 墙体　驳岸主体部分。用水泥砂浆砌条石或块石勾缝、砖砌表面抹防水砂浆、钢筋混凝土以及用堆砌山石作墙体。水泥砂浆标号常水位线以上用

M5～M7.5，常水位线以下 M7.5～M15。墙体砌成 10∶1 坡度。

③ 基础　驳岸底层结构。材料为 C10 混凝土、C15 毛石混凝土（渗 20%～30%之毛石块）或钢筋混凝土。高度 1～2m 的驳岸基础厚度一般为 150～300mm。

④ 垫层　基础的下层，一般为 100～200mm 厚的碎石、碎砖铺就。垫层要做在硬实的土壤上，否则，要予以地基处理，可打桩或用柴排沉褥加强基础。

⑤ 沉降缝　当墙高不等或地基不均匀时，需要在变化处设置沉降缝。

⑥ 伸缩缝　为了避免温度变化使墙体伸缩引发开裂和外拱，驳岸每隔 10～25m 设伸缩缝一道，缝宽 15～20mm，伸缩缝用橡胶止水带或金属止水片防水，并用沥青麻丝等填缝。

⑦ 出水口　为排除墙体后部积水，每隔 3～5m 设出水口一个。

驳岸的外侧可以贴面装饰，也可加竹木等装饰（图 4-13）。在水位变化大的地方，驳岸可做成多级结构，并在不同级种植水生植物（图 4-14）。

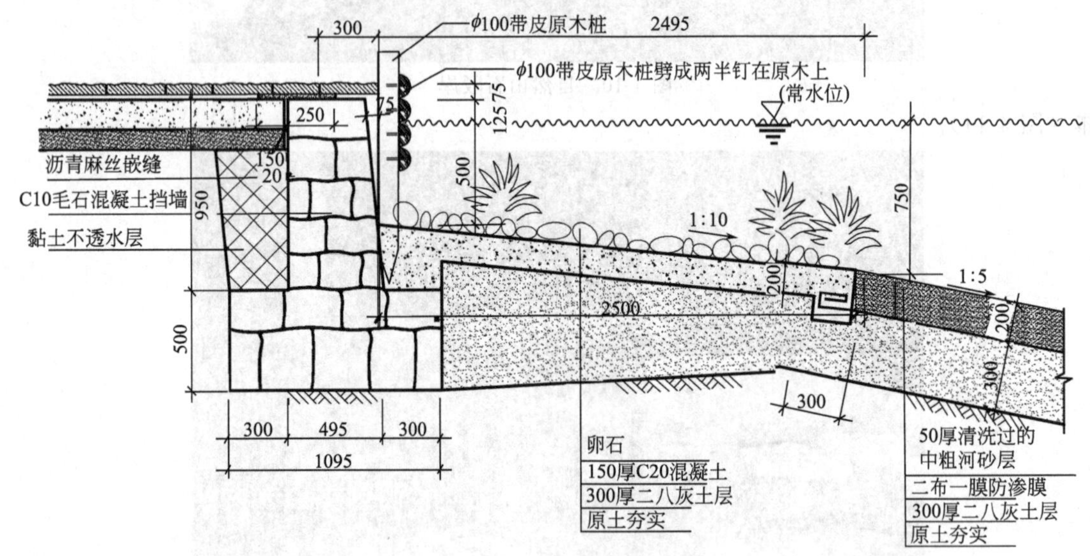

图 4-13　驳岸做法

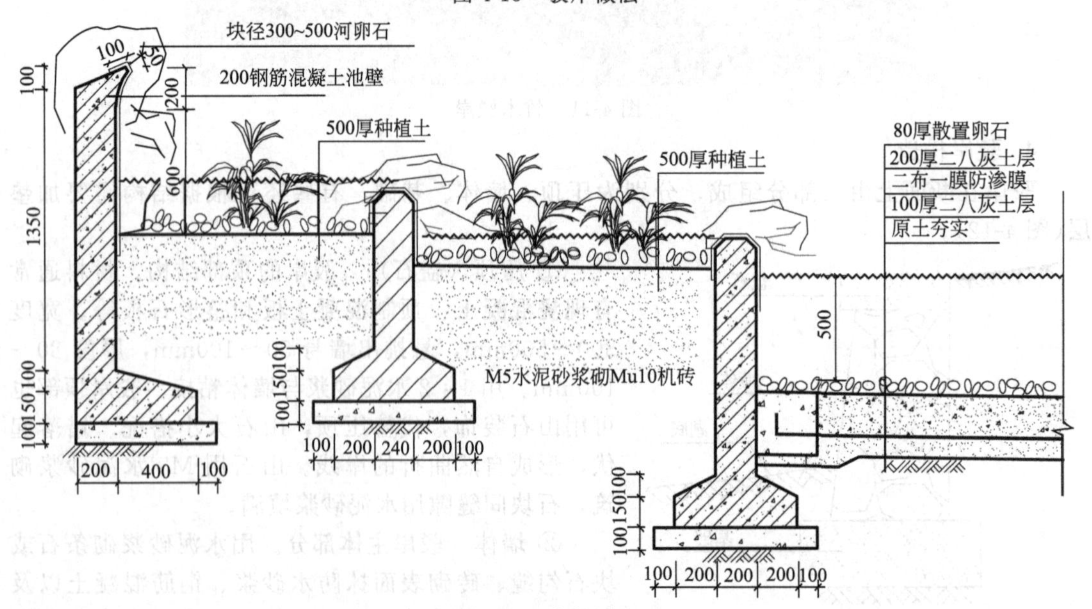

图 4-14　多级驳岸

三、水池工程

（一）水池设计

1. 水池的形态

水池在园林中往往起到重点装饰的作用，尤其是设有喷泉和瀑布的水池，一般都是空间中的主景。水池的形态丰富多样，其深浅和池壁、池底的材料也各不相同。

水池的形式有规则式和自然式之分，不论哪种形式，都要求水池造型简洁大方。规则式的水池，气氛肃穆庄重，适宜规则式庭园、城市广场及建筑物的外环境布置，体量和外形轮廓必须与场地相协调，在广场上的水池面积一般为广场的1/5～1/13。将规则式水池自由组合，可形成高低参差、平面错落的水池景观，使空间活泼、富有变化。自然式水池，适宜东方式园林庭院，配以山石装饰池岸，富有自然野趣。

水池在立面上的处理注意池壁不宜太高，水池池壁可高于地面20～60cm，也可与地面持平或低于地面，其造景效果不同。池壁一般为垂直墙体，也有做成台阶形的，台阶宽40～50cm，高12～16cm，人可坐于池边休息，方便游人亲近水面。池壁顶部可做成平顶、拱顶、倾斜等多种形式，顶部还可向水池内部悬挑，有防止水花翻溅到池外的作用。池壁与地面相接部分可以作凹进的线条变化。水池深度因功能而变化，一般水池深度≤600mm，如因种植植物和养鱼的需要，也有水深≥1000mm的深水式水池。

水池的池底和池壁常用花岗岩、瓷砖等饰面材料装饰，可形成美丽的图案，配以水下彩灯，无论在白天或夜晚都能形成各种变幻无穷的奇妙景观。

2. 水池给排水

园林水池大多以自来水为水源，必须设置给水管、排水管（或称泄水管）和溢水管。给水管用于水池供水或补水，水池由于蒸发等原因水位有所下降后，需要通过给水管补充池水；排水管则是在清洗水池或检修水池和管道时将池水排走，水池水一般排向就近的排水系统；溢水管的作用是控制水池水位，避免池水上涨溢出池外，溢水口位置在水池壁顶下100～200mm处，只要水位到达溢水口处，池水便通过溢水口沿溢水管流走，故溢水管上不安装阀门，保持畅通状态。

3. 水池的附属设施

（1）溢水口　溢水管进口处为溢水口，常用溢水口形式有堰口式、漏斗式、管口式、连通管式等，可根据具体情况选择。大型水池仅设置一个溢水口不能满足要求时，可设若干个，但应均匀布置在水池内。溢水口的位置应不影响美观，且便于清除积污和疏通管道。溢流口应设格栅或格网，以防止较大漂浮物堵塞管道，格栅间隙或格网网格直径应不大于管道直径的1/4。

（2）泄水口　泄水管进口处为泄水口。水池应尽量采用重力泄水，也可利用水泵的吸水口兼作泄水口，利用水泵泄水。泄水口的入口应设格栅或格网，格栅间隙或网格直径应不大于管道直径的1/4或根据水泵叶轮间隙决定。泄水口位置在池底最低处，或者在池底设置下沉的泄水井，更方便排水，且具沉沙功能。

（3）补水池或补水箱　水池的供水和补水可通过人工控制阀门由给水管供给，但最好是设置补水池（箱），池（箱）内设水位控制器（杠杆式浮球阀、液压式水位控制器等），自动控制补水以保持水位稳定。在水池与补水池（箱）之间用管道连通，使两者水位维持相同。

补水池（箱）可设在水池附近，也可设在水泵房内，其大小以便于安装和检修水位控制器为准。水位控制器和连通管的通水能力，应根据水池容积和允许充水时间计算确定。如果可以利用水池的构造隐蔽水位控制器，也可不设补水池（箱），而将水位控制器直接装在水池内。

(4) 阀门井　水池的管道埋于地下，为了在需要时进行管道上的阀门开关操作或者检修作业时方便，需设置阀门井。

(二) 水池构造

水池从结构上可分为刚性结构水池和柔性结构水池，具体可根据功能的需要选用。

1. 刚性结构水池

刚性结构水池指池壁和池底均为刚性材料结构的水池，通常池壁用砖石砌筑或钢筋混凝土浇筑，池底为钢筋混凝土。现在的水池对防水要求较高，基本都做有防水砂浆、防水涂料或卷材防水层。

(1) 砖石壁水池　小型水池可采用砖石砌筑池壁，用防水砂浆抹面，但要做钢筋混凝土池底或混凝土底（图 4-15）。这种结构节省模板与钢材，施工方便，造价相对低廉，但抹面易开裂甚至脱落，尤其是寒冷地区，经几次冻融就会出现漏水。

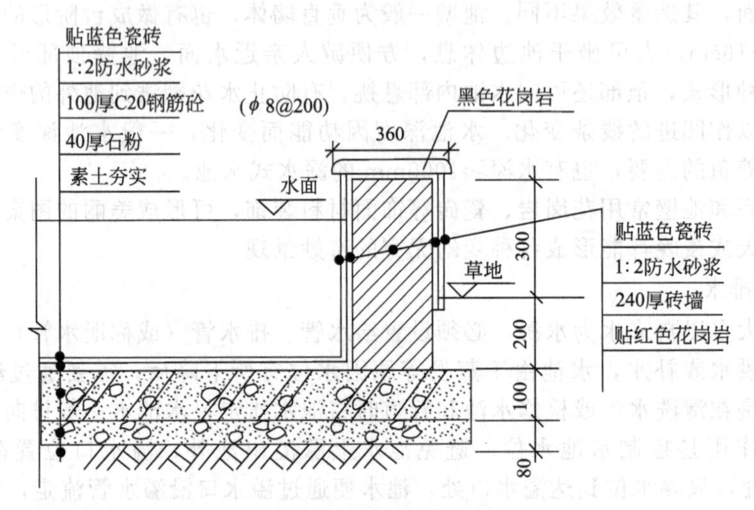

图 4-15　砖石结构水池

(2) 钢筋混凝土壁水池　大中型水池最常采用的是钢筋混凝土水池，池底、池壁均为配有钢筋的混凝土，因此寿命长、防漏性好（图 4-16、图 4-17）。钢筋混凝土厚度 100～150mm 为宜，钢筋为 ϕ8～12@150～200 双向筋。水池形状比较规整时，50m 内可不做伸缩缝；如形状变化较大，则在其长度约 20m 和其断面狭窄处做伸缩缝。水池与管沟、水泵房等相连处，也宜设沉降缝。这些构造缝都要设止水带或用柔性防漏材料填塞。

池壁为现浇混凝土时，底板与池壁连接处的施工缝可留在基础上口 20cm 处。池底与池壁的水平施工缝可留成台阶型、凹槽型，加金属止水片或遇水膨胀橡胶止水带，如图 4-18。台阶型、凹槽型施工缝通过转折延长了渗水路线，增加了水分穿透池壁的阻力，起到防水效果；金属止水片或橡胶止水带阻断施工缝中水分渗透通道，从而达到较好的防水效果。各种施工缝的特点不同，台阶型施工缝施工相对简单，但阻水效果一般；凹槽型施工缝阻水效果稍好，但凹槽易积杂物和水分，一旦清理不当会影响接缝质量；金属止水片防水效果好，质量稳定，但施工难度大，成本高；橡胶止水带防水效果好，且施工方便，但稳定性不如金属止水片。在池壁混凝土浇筑前，应先将施工缝处的混凝土表面凿毛，清除浮料和杂物，用水冲洗干净，保持湿润，再铺上一层厚 20～25mm 的水泥砂浆，水泥砂浆所用材料的灰沙比应与混凝土材料的灰沙比相同。

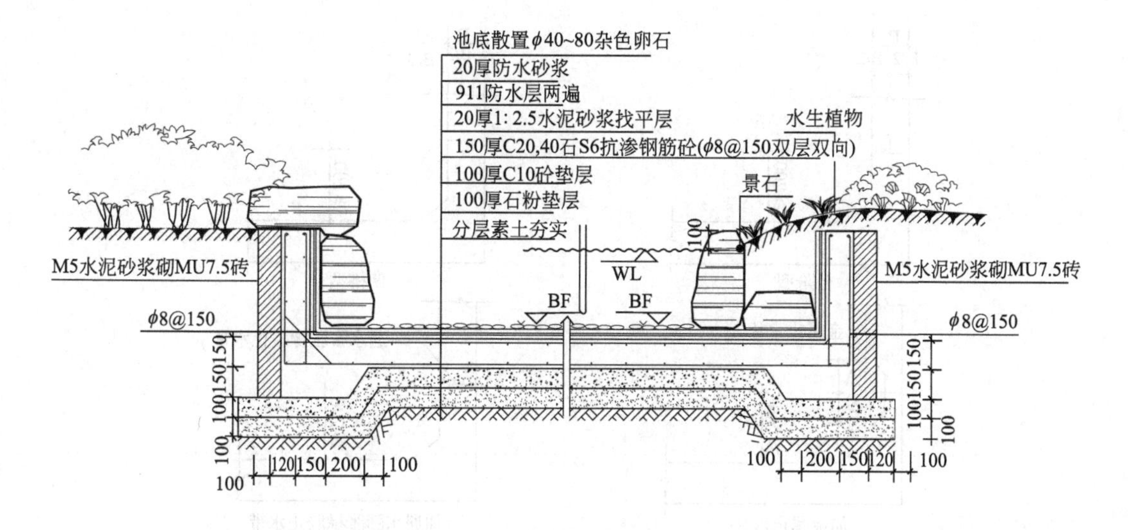

图 4-16　钢筋混凝土结构水池

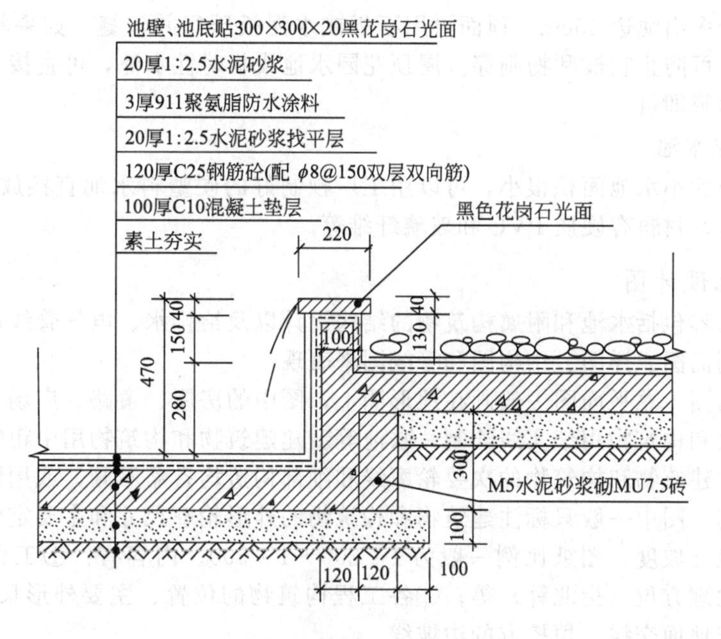

图 4-17　钢筋混凝土叠级结构水池

2. 柔性结构水池

随着新型建筑材料的出现，特别是各式各样的柔性衬垫薄膜材料的应用，水池的结构出现了柔性结构。目前，在水池工程中使用的主要有厚度 2～5mm 的三元乙丙橡胶（EPDM）、聚氯乙烯（PVC）、聚乙烯（PE）防水膜等薄膜水池。薄膜水池施工方便，自重轻，不漏水，特别适用于大型展览用临时水池和屋顶花园用水池，也适合于北方地区水池易发生冻胀的地方，避免了刚性结构水池因温度变化产生裂缝的缺点。

建造薄膜水池，要注意衬垫薄膜与池底之间必须铺设一层保护垫层，材料可以是细沙(厚度≥5cm)、废报纸、旧地毯或合成纤维。薄膜的需要量可视水池面积而定，需注意薄膜的宽度包括池沿，并保持在 30cm 以上。铺设时，先在池底混凝土基层上均匀地铺一层 5cm 厚的沙子，并洒水使沙子湿润，然后在整个池中铺上保护材料，之后就可铺衬垫薄膜了，注

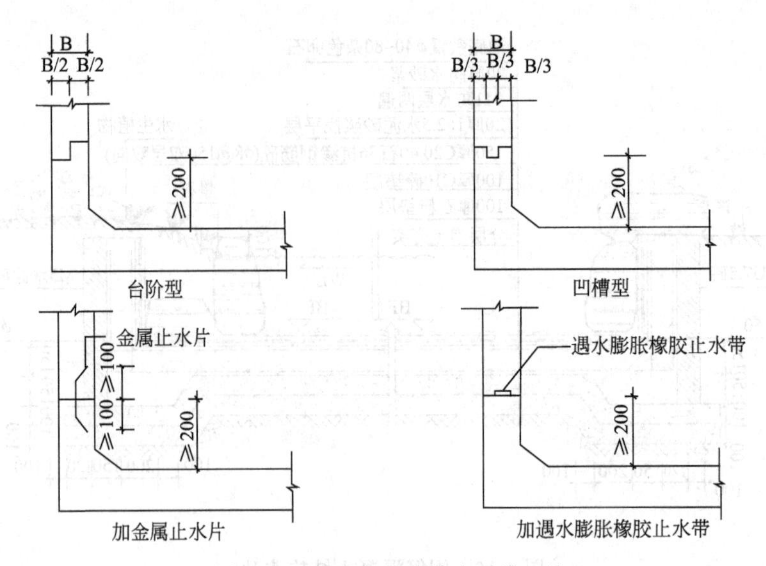

图 4-18 池底与池壁的水平施工缝

意薄膜四周至少多出池边 15cm，顶面再用石板或水泥板压好并勾缝。如果将塑料薄膜夹在两层油毡之间，可防止它被利物刺穿。屋顶花园水池或临时性水池，可直接在池底铺沙子和保护层，再铺薄膜即可。

3. 其它常见水池

私家庭院中的小水池面积很小，可以用工厂预制好的硬塑料水池直接放入挖好的坑中，放满水即成水池。材料有硬质 PVC 和玻璃纤维等。

（三）水池设计图

水池设计内容包括水池和附属构筑物的结构设计以及给排水、电气管线设计。通过平面图、立面图、剖面图、详图、结构图和管线图来表现。

(1) 总平面图　总平面图一般画在地形图上，图中的房屋、道路、广场、围墙、草地花坛等原有建筑物和构筑物用细实线绘制，水池等新建建筑物和构筑物用中粗线绘制。为了使图形主次分明，建筑物和构筑物的次要轮廓线和细部构造均省略不画，或用图例或示意图表示其位置和作用。图中一般只标注建筑物和构筑物的外形轮廓尺寸和主要定位尺寸，主要部位的高程和填挖方坡度。图纸比例一般为 1∶200～1∶500。内容有：①工程设施所在地区的地形现状、地理方位（指北针）等；②各工程构筑物的位置、主要外形尺寸、主要高程；③工程构筑物与地面交线、填挖方的边坡线。

(2) 平面图（图 4-19）　内容有：①水池平面位置和尺寸，自然式水池轮廓可用方格网控制，方格网（2m×2m）～(10m×10m)；②放线依据；③与周围环境、构筑物、地上地下管线的距离尺寸；④池岸岸顶标高、岸底标高、池底转折点标高、池底中心标高、种植池标高、池底排水方向与周围地形标高；⑤进水口、排水口、溢水口的位置、标高；⑥泵房、泵坑、上下水井及其它附属构筑物的位置、尺寸、标高；⑦所取剖面的位置；⑧设循环水处理的循环线路及设施要求。

(3) 立面图（图 4-20）　内容有：①各立面处理的高度变化和立面景观；②池壁顶、种植池、雕塑基座、平台及周围地面等的标高。

(4) 剖面图（图 4-21）　内容有：①从地基到壁顶各部分材料的厚度及具体做法，具体有池岸与池底结构层、防水层、饰面层（防护层）、基础做法；②进、出水口标高；③池岸与山石、绿地、树木接合部做法；④池底种植水生植物做法。

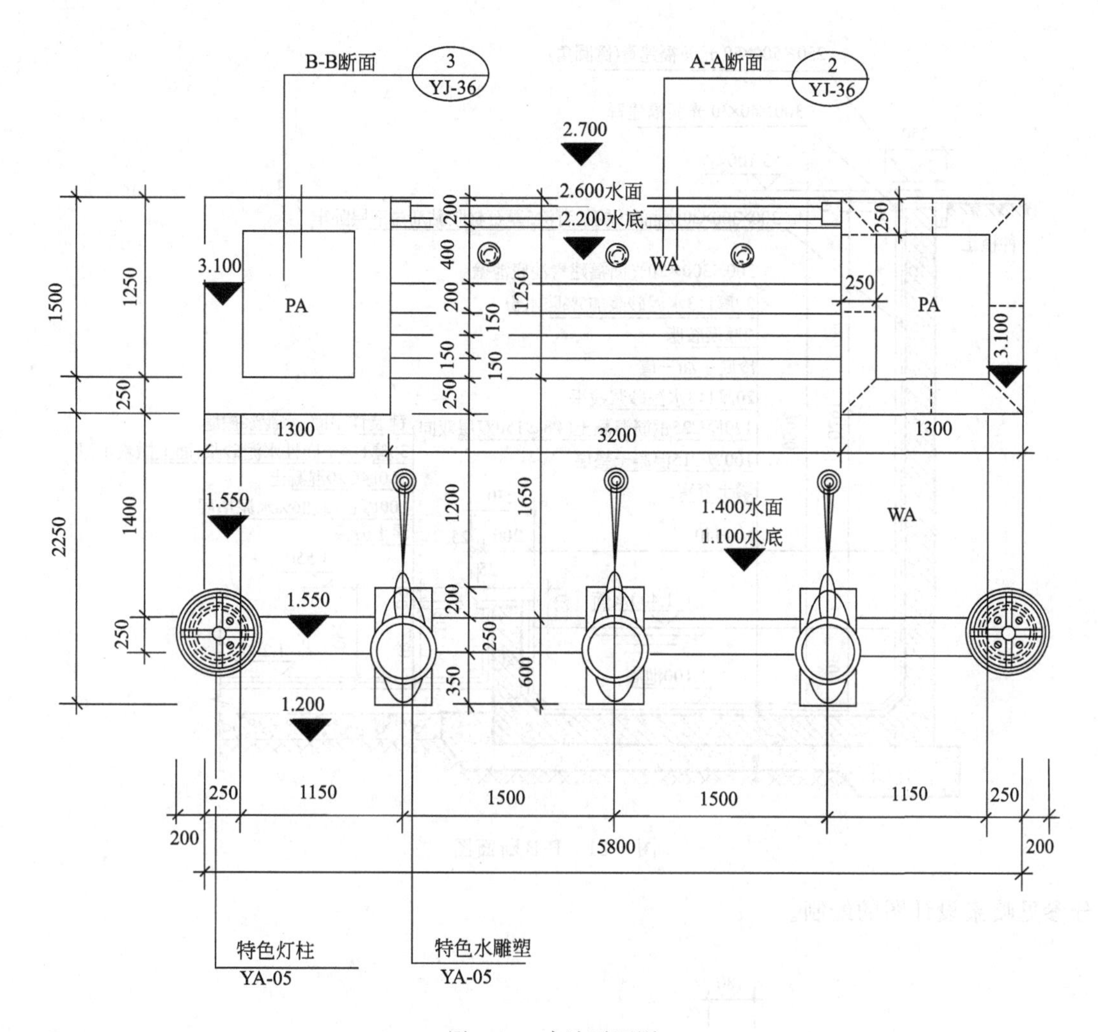

图 4-19　水池平面图

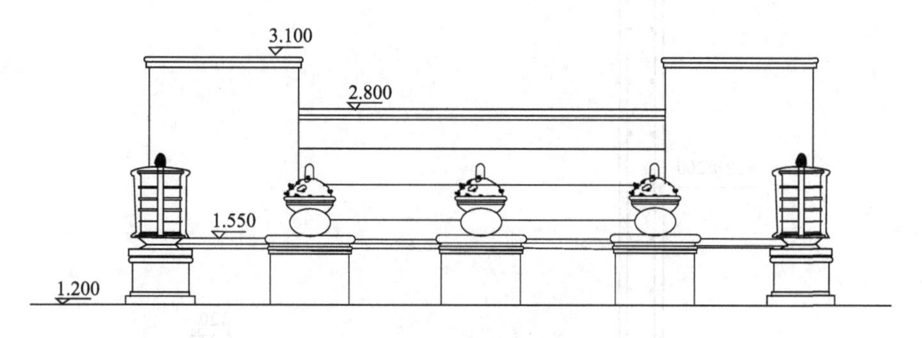

图 4-20　水池立面图

（5）详图　主要是一些需要详细表现的细部做法大样图。

（6）结构配筋图（图 4-22）　结构复杂的水池要进行专门的结构设计，绘制各部分的配筋图等。

（7）附属构筑物　包括上下水井（图 4-23）、泵坑、泵房和控制室等的设计图。

（8）管线设计　内容有：①给排水管线设计；②电气管线设计；③配电装置等。管线部

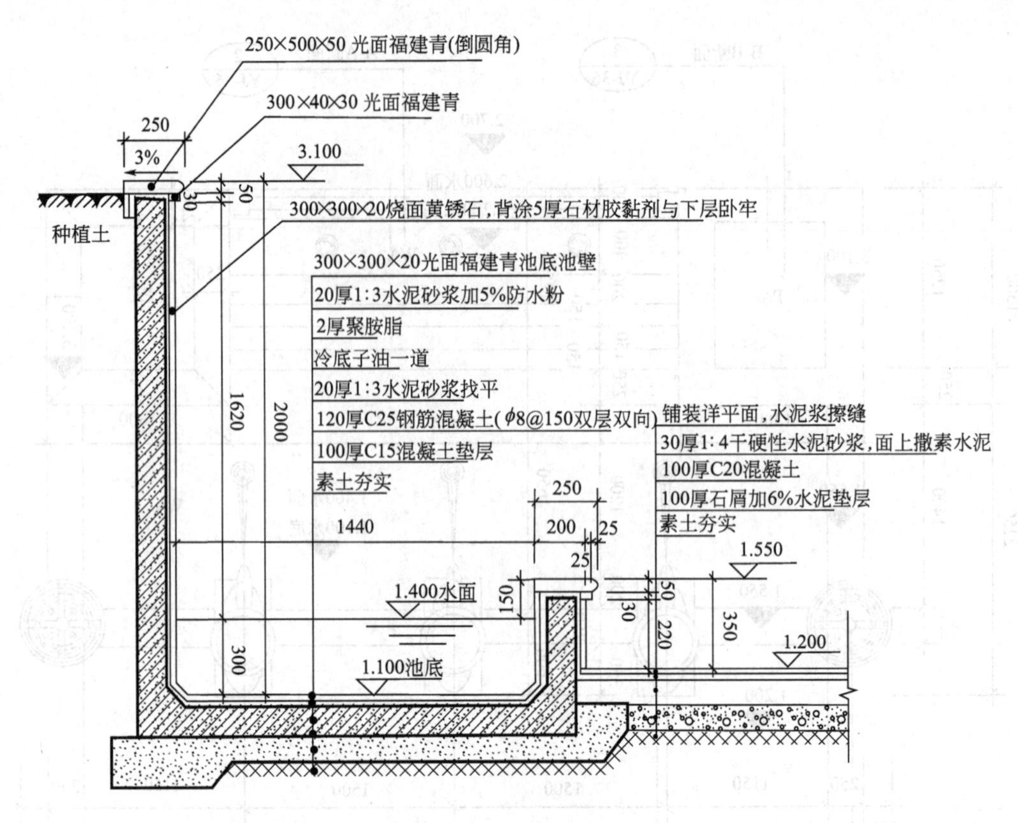

图 4-21 B-B 断面图

分参见喷泉设计图的绘制。

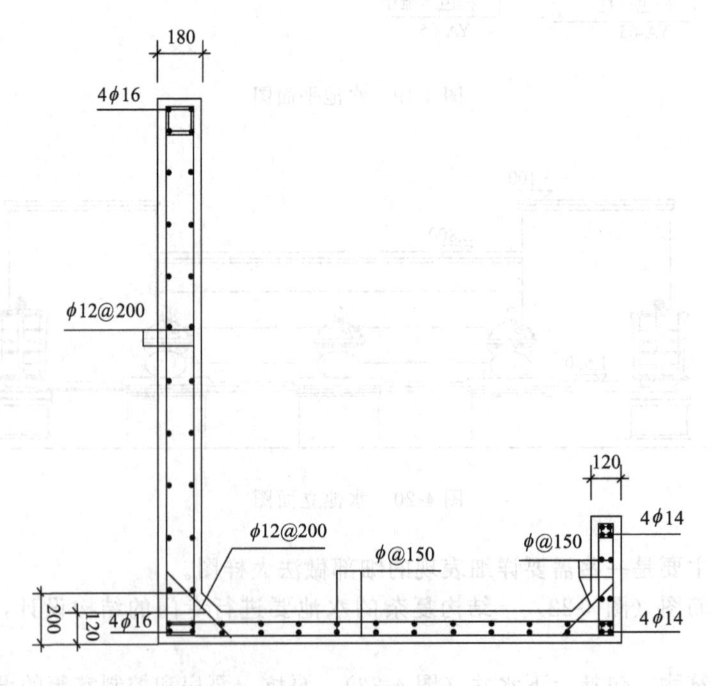

图 4-22 池壁结构图

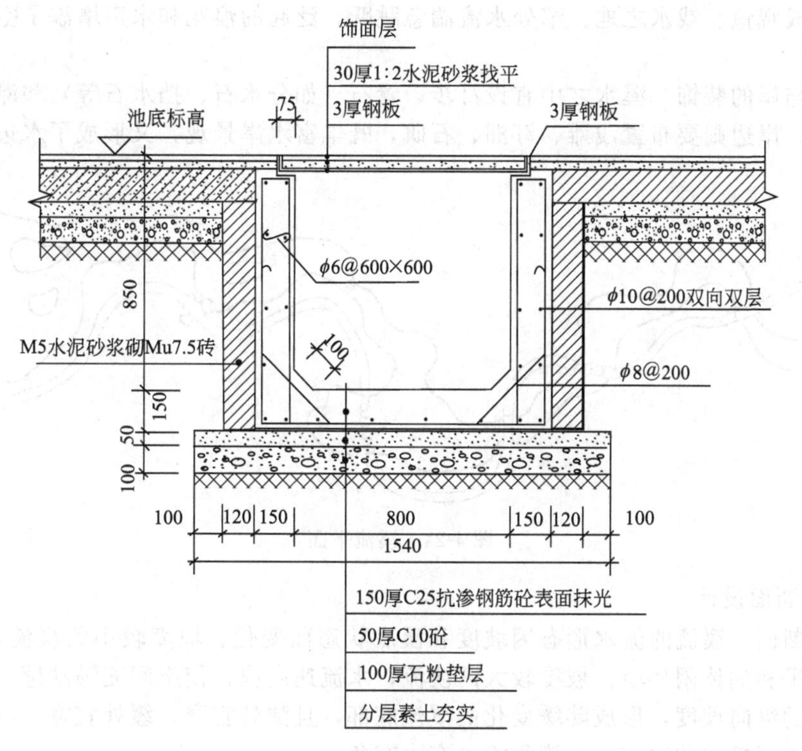

图 4-23　泄水井断面图

第二节　溪流工程

溪是自然山涧中的一种水流形式，自然生动、富有野趣。园林中的溪流是一种水面成带形狭长、曲折萦回的水体形态。溪与涧的最大特点是幽曲而清静，所以在古代画论中有“溪涧宜幽曲”和“江河无风亦波，溪涧有波亦静”的写照。溪与池沼一样，也是生活中常见的水体形象，同样能给人以亲切之感。溪流静中有动，具有活力和动感，是活跃空间的有效手段。

一、溪流设计

1. 溪流平面设计

溪流的平面应符合自然界中溪流的特点，为蜿蜒曲折、宽窄变化的线性或带状形态，见图 4-24。园林中布置溪流宜师法自然，根据地形布置山水径流。溪涧曲折狭长，水面有宽有窄，可穿岩入洞，流注峡谷，或环绕亭榭楼台，萦回于山林之中。溪流不仅能够划分陆地空间，形成岛洲和不同景区之间的界限，还可以成为水上路径，沟通和连接各景区、景点。溪涧还是景观廊道，泛舟于弯弯曲曲的溪道，可感受纵深变化的景观，两岸通过植物、山石等布置，景物不断变化，并形成明暗不同、动静结合的空间。溪流设计时具体注意以下设计要点。

（1）岸线曲折变化　溪流的岸线是弯弯曲曲的，线形要求曲折流畅，回转自如。曲折的岸线利于形成幽深的感觉，而且可以丰富景观层次。

（2）水面宽窄变化　溪流的水面应有宽有窄，形成开合变化的空间。宽处水流平缓宁静，可以形成观鱼、戏水之地；窄处水流湍急跳跃，泛起的浪花和水声增添了空间动感，欢快愉悦。

（3）水与岸的装饰　溪水之中宜设汀步、置石（如分水石、挡水石等）和滩洲，以增加水流之变化。岸边则要布置浅滩、汀洲、石矶，既丰富水岸景观，又形成了水边停留、观赏之处。

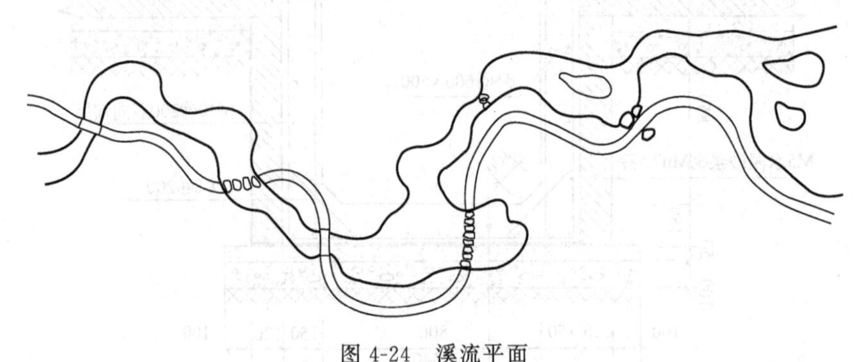

图 4-24　溪流平面

2. 溪流断面设计

（1）纵断面　溪流的流水形态因坡度和溪底状态而变化。坡度较小的溪流，水流平缓，适宜宁静、平和的休闲环境；坡度较大的溪流，水流速度快，使空间充满动感。溪流纵断面宜采用变化的纵向坡度，形成陡缓变化的溪流底部，且陡处宜窄，缓处宜宽，以造成水流急缓的变化。坡度极陡的地方，水流翻滚，有声有色。

溪流如果能保证常年流水，景观最好。但实际上，园林中大多数的溪流都是人工建造，采用循环供水方式运行。如果要保证流水不断，就必须保持水泵不间断供水，需要消耗较多的电力。因此，很多溪流只是在特定的时段开启，平时多数时间都是停止运行的。而一旦水泵停转，溪流中的水就会顺坡流走，形成一条干枯的沟渠。对于这种情况，解决的办法是使溪流具有贮水功能，在纵断面上，将溪流分为多级，每级下游位置设坎存水。这样，水泵不运行时，溪流中也有静止的水，形成一条静态的溪流景观。

（2）横断面　溪流的横断面一般有矩形、梯形和锅底形三种形式，见图 4-25。实际的溪流断面形状变化更为丰富，图 4-26 为一不对称的锅底形断面溪流。

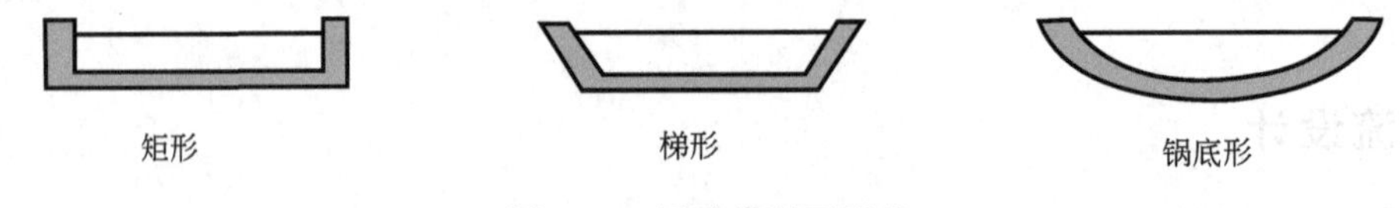

图 4-25　溪流横断面形式

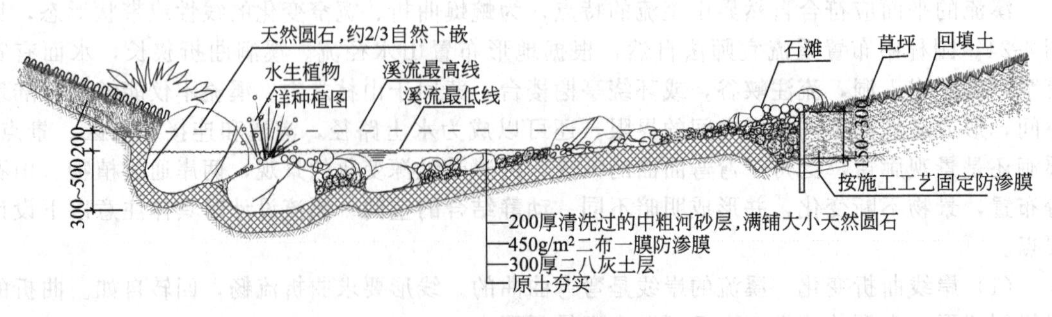

图 4-26　溪流横断面图

矩形的溪岸呈垂直状态，岸壁在平面上占地面积最小，易于用山石、植物遮挡。如果要做出自然外观的小溪，用这种形式较好，沿岸壁布置密集的山石、植物，将溪岸完全隐藏。如果矩形溪岸不予隐藏，而是用卵石或其它饰面材料贴面，则形成一条人工感强的水渠，适宜与建筑、平台等建筑物配合。

梯形的溪岸呈倾斜状态，岸壁在平面上占地范围稍大，不易用山石等材料遮挡。这种形式的溪流通常露出岸壁，用卵石贴面，形成水边浅滩的效果。

锅底形（抛物线形）的溪岸与溪底连为一体，过渡自然。溪岸同样不易隐藏，也多用卵石贴面，形成水边浅滩的效果。

(3) 溪流的坡度、宽度与深度　溪流的坡度根据水流的缓急来确定，缓流处坡度0.5%～1.0%，激流处坡度3%左右，一般来说，溪流有3%以上的纵向坡度，才能呈现出比较生动的流水形态。溪流的坡度根据造景需要和地形条件确定，坡度大小没有限制。一般平地上坡度宜小，坡地上坡度宜大，陡峭处可以形成垂直陡坎，形成跌水。

溪流的宽度根据场地平面设计的要求确定，一般1～2m比较合适，大型的溪流宽3～4m，但水流较平缓，动感不强。溪流水深10～30cm为宜，既有较好的景观效果，又能保证安全。

二、溪流水力计算

要使溪流中的水呈现出一定的流动动态，让人感觉到流水的趣味，就必须使水流有一定流速。溪水的流速与溪流坡度密切相关。

(1) 流速

溪流的流速　$v=nh_{平}^{\frac{2}{3}}i^{\frac{1}{2}}$

式中　v——溪流水流流速；

n——溪流水道粗糙系数，n值查表4-2；

$h_{平}$——溪流水道平均水深（m），与溪流水道断面形状有关（图4-27）；

当水道为三角形断面时：$h_{平}=0.5h$

当水道为矩形断面时：$h_{平}=h$

当水道为梯形断面时：$h_{平}=0.6\sim0.9h$

当水道为抛物线形断面时：$h_{平}=\frac{2}{3}h$

i——溪流纵向坡度（高差/长度）

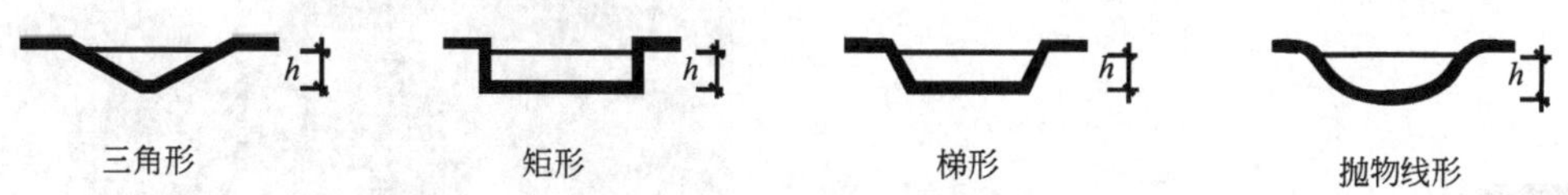

图4-27　溪流水道形状与水深

表4-2　水道粗糙系数

溪流状态	平坦土质	弯曲或生长杂草	杂草丛生	阻塞小河沟或巨大顽石
n	25	20	15	10

(2) 流量

溪流的流量　$Q=wv$

式中　Q——流量，m^3/s；

w——过水断面积，m^2；

v——流速，m/s。

① 公式中的流量是指单位时间内通过溪流量截面的水量，如果是循环供水的溪流系统，

所选提水水泵的流量必须大于公式中计算的流量。

② 过水断面积是指与水流垂直方向的水道断面面积。

③ 流速是指水流单位时间通过的距离。

第三节　瀑布工程

自然界的瀑布形成于河流陡坎处，水从垂直的悬崖或陡坡上倾泻而下，形成气势磅礴的瀑布景观。园林中一般用山石仿自然悬崖建造瀑布景观，或者结合规则式园林布置，用阶梯形构筑物建造具人工美的跌水景观。

图 4-28　直落式瀑布

一、瀑布的形态

1. 按跌落方式分为

（1）直落式瀑布　直落式瀑布是指水体下落时未碰到任何障碍物的阻挡而垂直下落的一种瀑布形式。水体在下落过程中是悬空直落的，形状为布状、线状和柱状等（图 4-28）。

（2）滑落式瀑布　滑落式瀑布是指水体沿着倾斜的水道表面滑落而下的一种瀑布形式。这种瀑布类似于溪流流水，但出现在坡度和高差较大，且水道较宽的地方（图 4-29）。

滑落式瀑布由于水体贴住水道表面而下，所以水道的形状决定了瀑布水流的形态。如果水道坡度一致，表面平整，则水流呈平滑透明的薄片状，水流娴静轻盈，亲切宜人。如果水道坡度一致，但表面不平整，则水流会与凸起的地方发生碰撞，产生跳动飞溅的白色水花，

图 4-29　滑落式瀑布

图 4-30　叠落式瀑布

水流动感加强，有较大的水声，活泼而富有生命力。如果水道坡度有变化，时陡时缓，则水流会时急时缓，产生呈段状变化的瀑布。

（3）叠落式瀑布　叠落式瀑布是指水道呈不规则的台阶形变化，水体断断续续呈多级跌落状态的一种瀑布形式。叠落式瀑布也可看作是多个小瀑布的组合，或者叫做多级瀑布（图4-30）。在平面上，它可以占据较大的进深，立面上也更为丰富，有较强的层次感和节奏感。

2. 按水口形状分

（1）布瀑　当水口宽阔、平整，水流会沿水口均匀下落，形成厚薄一致的布帘状水幕，称布瀑（图4-31）。这种瀑布平展整齐，变化不多，但统一感强。由于瀑布水口平整，水流下落均匀，而且没有水花产生，所以整个水幕平滑透明，适宜做水帘洞或建筑窗外的落水景观。

（2）带瀑和线瀑　当水口宽阔但不平整，呈凹凸变化，水流会集中在水口的凹处流下。由于凹凸的变化往往是不规则的，或深或浅，或宽或窄，从而导致下落的水流形成多条宽窄不一，厚度不同的水带或粗细不同的水线，分别称为带瀑或线瀑（图4-32）。

图4-31　布瀑　　图4-32　带瀑和线瀑

（3）柱瀑　当水口呈狭窄的V字或U字形态，水流集中为一条水柱下落，称柱瀑（图4-33）。这种形式的瀑布水流速度大，动势强，一般在落差较大时效果更佳。

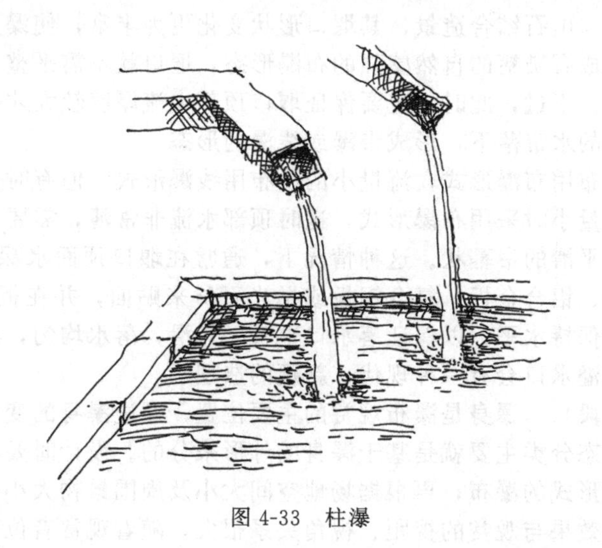

图4-33　柱瀑

二、瀑布设计

1. 组成

园林瀑布宜采用循环用水，其组成为：上部蓄水池、溢水堰口（水口）、下部受水池、水泵、连接上下水池的输水管道，见图 4-34。

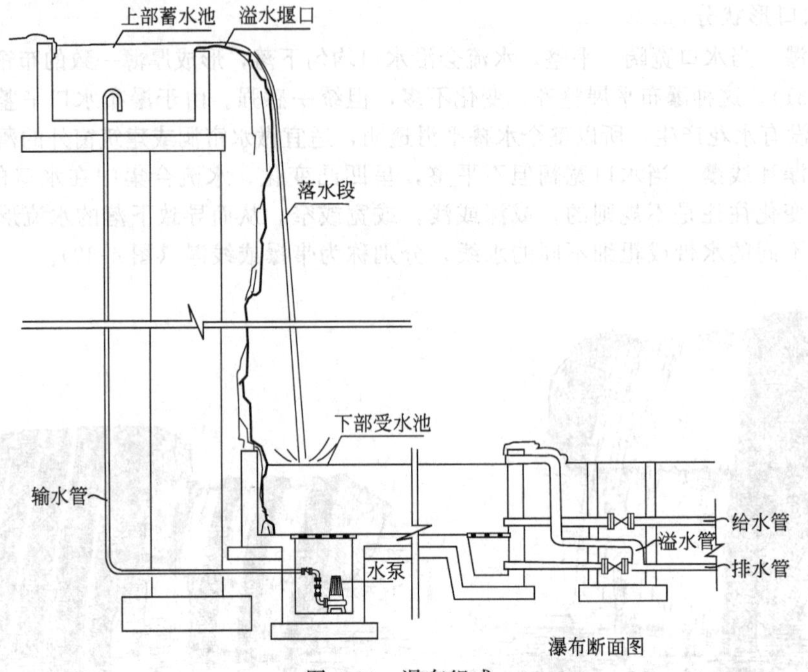

图 4-34　瀑布组成

（1）上部蓄水池　瀑布上端要设立蓄水池，无论是引用天然水源，还是采用水泵循环供水，都必须先将水引至蓄水池，然后由蓄水池经过溢水堰口平缓落下。蓄水池深度应在 60cm 以上，这样有利于水池表面的水不发生紊流，呈稳定状态。如果以涌泉供水，喷头与溢水口要保持一定的距离，这样上部水池就要有相当的水深和面积。

（2）溢水堰口　溢水堰口的设计应根据瀑身形态确定，布瀑的堰口要求平直，带瀑和线瀑的堰口为城墙垛口形或锯齿状，使下落的水呈分离的带状或线性。自然的瀑布出水堰口应模仿自然，并与植物与山石结合造景，其堰口形状变化更为丰富，使瀑身呈现出多样的变化形态。如果落水要造成有皱褶的自然感强的布瀑形态，堰口就不需平整，反而要做成有一定凹凸变化的不规则形。不过，此时一定要保证堰口顶部水流厚度较大才会有好的效果。厚度小了，瀑身会成分裂的水帘落下，形成带瀑或线瀑的形态。

一般流量大的瀑布用布瀑形式，流量小的瀑布用线瀑形式。但有时为了追求轻灵飘缈的水幕形态，也有在流量小时采用布瀑形式，这时顶部水流非常薄，需要非常平整的堰口表面才能使落水形成完整平滑的帘幕状。这种情况下，通常在堰口顶面水深 6mm 以内时，在堰顶用铜板、不锈钢板、铝合金板、复合钢板或抛光石材来贴面，并在板的接缝处仔细打平、上胶至光滑无缝。并保持水平，以保证落水口平整、光滑，落水均匀，瀑身形成轻薄完整的帘幕状。这种做法，溢水口会有一种现代、新颖的造型感。

（3）瀑身（落水段）　瀑身是瀑布观赏的主要位置，通过瀑身的变化可创造多姿多彩的水景，前述瀑布的形态分类主要就是基于瀑身的外形来分的。设计时要根据瀑布的主题及所处环境考虑采用哪种形式的瀑布，再根据场地空间大小及周围景物大小确定合适的瀑布高度与宽度。瀑布的观赏效果与观赏的视距、视角关系很大，随着观赏者位置的不同，瀑布带给人的感觉是不同的，故设计时还要注意瀑布与观赏者之间的位置关系。

直落式瀑布悬空而落，如把瀑身段的墙面内凹，暗面可衬托水色，可以聚声、反射，也可以减少瀑布水流与墙面之间产生的负压。在深暗的山石背景映衬下，一条飞流直下的白练，构成画面最活跃的因素，形成了白与黑、线与面、动与静的对比，这是一幅充满艺术活力的画面。瀑身的朝向最好向南，在阳光照射下，平静、滚动、跳跃的流水会显现万般生气。如果光线弱的地方，要考虑人工照明，由下部水池、侧墙向瀑身照射，或通过透明墙材由内向外照射。

滑落式瀑布的瀑身最好有5°～10°以上的坡度。表面的粗糙程度可有不同，水量也可有大有小，使水流从缓缓滑落到飞溅流淌，各显风姿。园林中常在茶室等处用玻璃墙设计水幕，静静的流水沿墙面滑落，使品茗、喝咖啡的人心如止水，平和安宁。

叠落式瀑布的瀑身是台阶式的，水流一步一步往下流淌跌落，这时台阶的长和宽要与水量配合，取得或跳跃、或滑落的不同效果。台阶形态可变化，堆叠出如螺旋形、放射形的台阶。台阶高差亦可不同，使水姿有聚有散，有急有缓。

(4) 下部受水池（潭） 瀑布的下部要做一个受水池，相当于天然瀑布的深潭。深度一般在40～100cm为宜，在落水处可适当加深，以减弱落水对池底的冲击。瀑布跌落到下部水面，会产生水声和水溅。如果有意识地加以利用，可产生更好的效果，如在落水处放块受水石会增加水花飞溅，或者放个水车，会有动感。为了使落水溅起的水花不飘到池外，受水池的进深 B 应不小于落水高度 H 的2/3，即 $B \geqslant 2/3H$。瀑布的进水口宜选择在受水池的远端，有利于水系的循环。

(5) 水泵 水泵的选择主要考虑流量和扬程两个因素，水泵流量要大于瀑布用水量的1.2倍，水泵扬程大于实际扬程（即出水面与吸水面的高差）的1.3倍。

(6) 管道 瀑布输水管的管径可与泵出水口径相同或稍大，为了使溢水口处水流平稳，不致影响瀑布平整效果，往往在出水管上打孔以分散水流，或在出口处加挡板，或使出水口弯曲向下改变水流方向，以消除紊流。

2. 瀑布用水量计算

瀑布在跌落的过程中，水体和空气摩擦碰撞，逐渐成水滴分散，瀑布可能破裂。因此需一定的厚度，才能保持水型。瀑布的高度和厚度决定了其景观效果，高远厚重的瀑身具有宏伟的气势，而轻薄飘逸的瀑身具有轻灵虚渺的意境。一般瀑布的高度与其瀑身厚度成正相关关系，也就是说，落差大的瀑布所需水量大，落差小的瀑布所需水量小。瀑布落水口的水流量决定了瀑身的厚度，单位宽度的水流量（瀑布用水量）与瀑身厚度成正比关系。

园林中人工建造的瀑布通常采用水泵循环供水，其用水量可参考表4-3的标准。

表4-3 瀑布用水量估算（每米用水量）

瀑布的落水高度/m	堰顶水深/mm	用水量/(L/s)	瀑布的落水高度/m	堰顶水深/mm	用水量/(L/s)
0.30	6	3	3.00	19	7
0.90	9	4	4.50	22	8
1.50	13	5	7.50	25	10
2.10	16	6	>7.50	32	12

瀑布的用水量也可以根据下述方法计算：

$$Q=KBH^{3/2}$$

式中 K——系数，$K=107.1+\frac{0.177}{H}+\frac{14.22}{D}\times H$

Q——用水量，m^3/s；

B——全堰幅宽，m；

H——堰顶水膜厚度，m；

D——贮水槽深，m。

第四节　喷泉工程

喷泉是利用喷射而出的水流，结合雕塑、灯光、声响等因素组合而成的一种动态水景景观。它不仅造型优美、景观价值突出，而且由于喷水具有净化空气，增加空气中的负氧离子浓度等生态效益，能起到促进人体身心健康的作用，因而在城市环境、园林绿地之中得到了广泛的应用。

一、喷泉造景艺术

（一）喷泉的喷射方式

喷泉因喷射角度和喷头类型不同而呈现出多样的水型，主要的喷射方式有四种，见图 4-35。

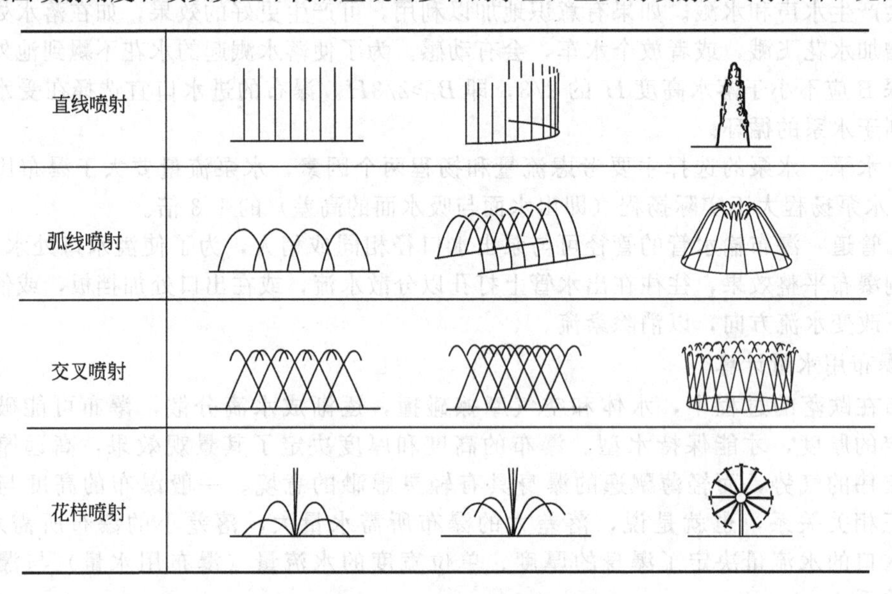

图 4-35　喷泉喷射方式

1. 直线喷射

直线喷射是指水流垂直向上的喷射。它具有整齐向上的特性，形成竖向空间上的动势，如果射流达到一定的高度，则极适宜作喷泉的中心主景。

当喷头安装在水面以下 5～10cm 的地方时，喷射向上的水流会带动周围的水一起往上涌动，这样，就形成了涌泉。涌泉一般都不高，具有亲切、自然的特点。

2. 斜线喷射

斜线喷射是指水流采用与水平面小于 90°的角度斜向喷出，这样水流会形成抛物线线形。斜线喷射的线条柔和优美，同时具备垂直向上和水平向前两个方向的动势，而且水流占据范围大，适宜开阔平展的场所。

3. 交叉喷射

交叉喷射是指水流斜向交叉喷射，形成编织纹理效果。

4. 花样喷射

花样喷射是利用组合喷头喷出具有美丽花形的射流。其种类甚多，可适应不同环境。

（二）喷泉的形式

1. 按喷泉布置方式分

① 规则式喷泉　一般用于严肃的场地中，如市政广场和办公大楼前，而且，水池的形式也相应地采用规则式。圆形或方形的水池比较适合开阔的广场中心，长方形或椭圆形的水池则适合于长形广场的中间和开阔广场的两侧布置，或者是应用于建筑物前的狭窄场地。池内的喷泉结合水池形状布置，用与水池形状协调的几何形和弧线、直线等组合排列。

② 自然式喷泉　适于公园、街头绿地或庭院等地方，为了追求自然轻松的环境气氛，采用自然式水池，池中喷泉不等距灵活布置，喷出的水柱也有高有低，以表现天然之趣。

2. 按喷泉特性分为以下类型

(1) 跑泉　就是会跑的泉，即每个喷头通过计算机控制按顺序进行喷射，就好像水流在跑动一样。跑动的形式多种多样，或如水波起伏前行，或如花朵缓缓展开，或瞬间形成排山倒海之势。

(2) 跳泉　定时或不定时地间断弹射出短暂水流，似光波掠空而过，落入不远之处。形式上可以将水柱从一端断续地射向另一端，犹如子弹出膛般迅速准确射到固定位置；也可以将水柱从一个水池跳跃到另一个水池，使水柱在数个水池之间穿梭跳跃。

(3) 时钟喷泉　指用喷泉水柱组织成数字，以时、分、秒的形态显示当时的时间。

(4) 喷雾喷泉　采用喷雾喷头喷出雾状水花，犹如山云雨雾，又似人间仙境，别有一番情趣。

(5) 旱喷泉　指喷头、管道、彩灯、电缆、水泵等一切设备均安装在地槽内，只在喷头出口及彩灯处留空，供水柱喷出。回落的水落在地面，并迅速流回地槽。喷泉停止喷射时，仍然是广场，可供集会、休闲、娱乐等多种活动。此种类型的喷泉具有非常好的娱乐性和参与性，而且可以维持广场的多功能性，主要缺点在于水易受地面污染，需要定期净化处理。

(6) 浮箱式喷泉及可升降喷泉　喷泉及一切附属设备均安装在浮箱上，浮箱随水面升降，且不受风浪的影响。一般安装在水位变化频繁的大型湖泊、水库等地方。北方地区，湖面结冰，可制作成可升降喷泉，根据冰冻层的厚度，把喷头及一切附属设备降至冰层以下，防止冰冻损坏设备。

(7) 高喷与超高喷泉　一般认为，喷泉喷高为100～150m，称为高喷喷泉。喷高超过150m，成为超高喷泉，如韩国首尔市的喷泉，喷高为202m。高喷与超高喷泉多安装于大面积天然水体上，高度与开阔水面互相呼应，豪放壮观。

(8) 激光喷泉和水幕电影　通过高压水泵和特制水幕发生器，将水高速喷出雾化形成扇形水幕，然后用激光成像系统在水幕上打出色彩斑斓的图形、文字，形成激光喷泉，或用投影机等将影像投射在水幕上，形成水幕电影。

(9) 与其它景观小品结合的喷泉　喷泉水流与雕塑、山石等景观小品组合在一起，可以构成别具韵味的水景。景观小品可为喷泉的主景，也可为喷泉的配景。关键是要根据主题气氛和环境特点加以合理的组合，达到和谐统一的景观效果。

（三）自动喷泉控制方式

(1) 程控喷泉　将各种水型、灯光，按照预先设定的排列组合进行控制程序的设计，通过计算机运行控制程序发出控制信号，使水型、灯光实现按预定形式重复的变化。

（2）音乐喷泉　是在程序控制喷泉的基础上加入音乐控制系统，计算机通过对音频及MIDI信号的识别，进行译码和编码，最终将信号输出到控制系统，使喷泉及灯光的变化与音乐保持同步，使喷泉形成生动的变化。喷泉的控制有以下形式：第一种形式是通过控制水泵转速来实现水柱升降，把采集到的音频信号经平滑后再转换成控制变频器的模拟输入电压，通过变频器控制水泵的转速，使水形跟随音乐节奏的快慢和音量的高低进行变化；第二种形式是在启动水泵向管道加压后，通过控制器控制不同喷头前的电磁阀门的开闭，使喷头断续开启，形成跑泉和跳泉的效果；第三种形式是在喷水时按需要启动传动电机控制喷头摇摆，达到花型变换。

二、喷泉的基本组成

一个完整的喷泉系统一般由喷头、管道、水泵三部分组成（图4-36）。

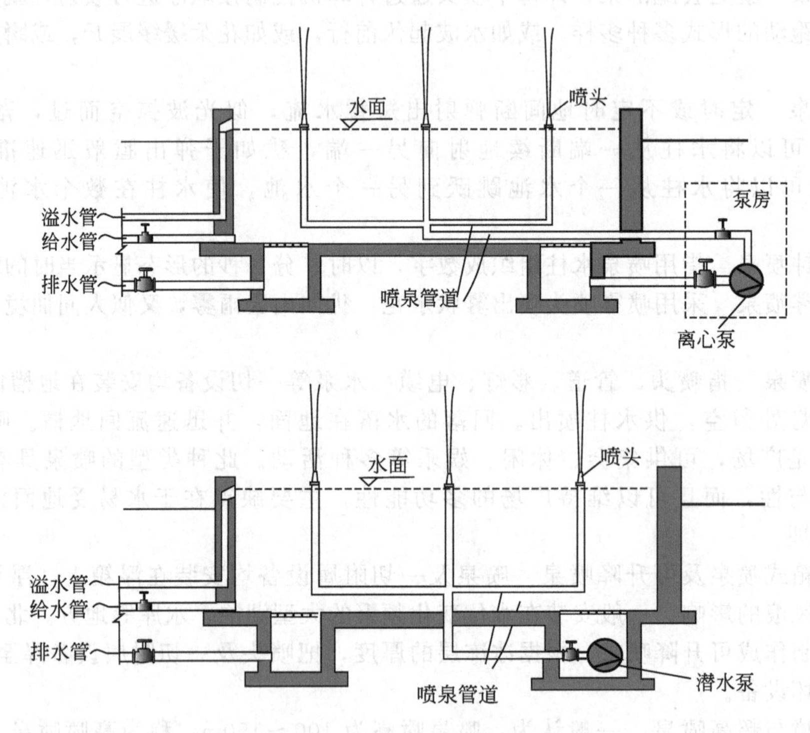

图4-36　喷泉组成图

其工作原理为：水泵吸入池水并对水加压。然后通过管道将有一定压力的水输送到喷头处，最后水从喷头出水口喷出。由于喷头类型不同，其出水的形状也不同，因而喷出的水流呈现出各种不同的形态。

如果要考虑夜间效果，喷泉中还要布置灯光系统，主要用水下彩灯和陆上射灯组合照明。

三、喷头的类型及水形

喷泉射流的形状与喷头类型相关，通过改变喷头出水口的形状可以获得线性、柱形、膜形等不同特性的水流，常见喷头类型与水型见表4-4。

表 4-4　喷头类型表

序号	名　称	喷头形式	射流水型
1	直射喷头 ①固定式 ②万向式	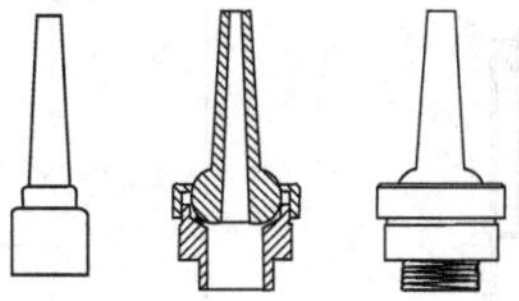	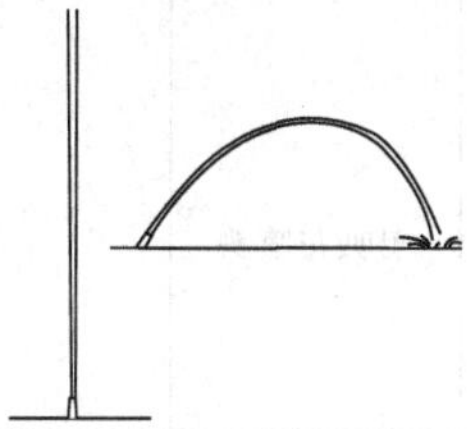
2	三层花喷头 (台面打孔)	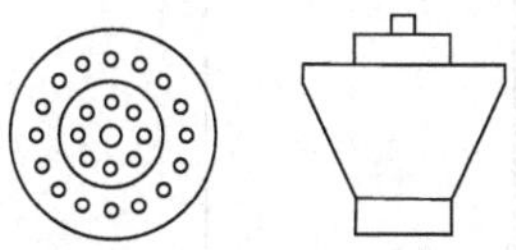	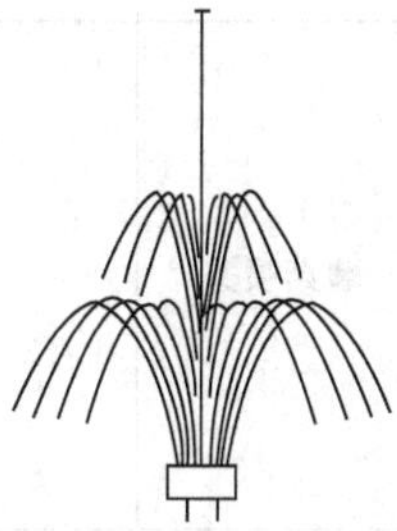
3	三层花喷头 (台面装小喷头)	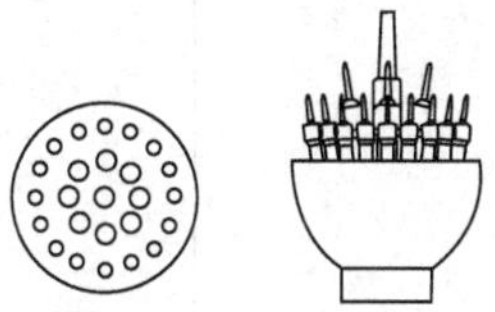	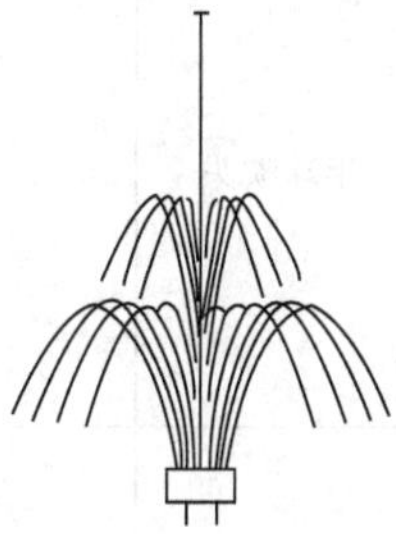
4	莲蓬式喷头	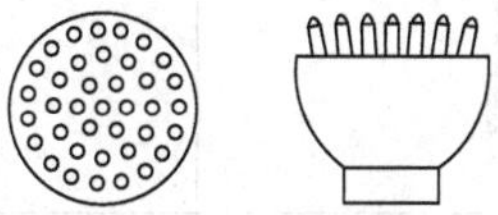	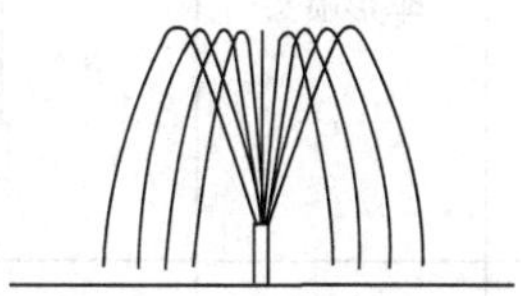
5	凤尾喷头	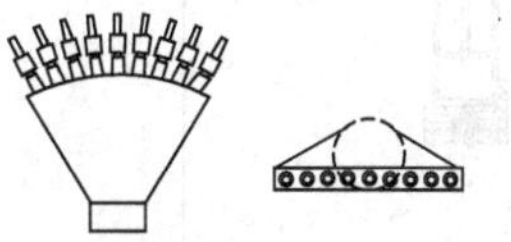	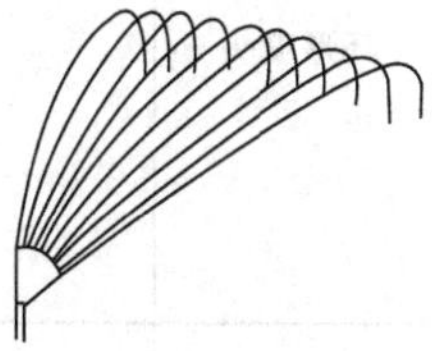
6	银缨喷头 半银缨喷头	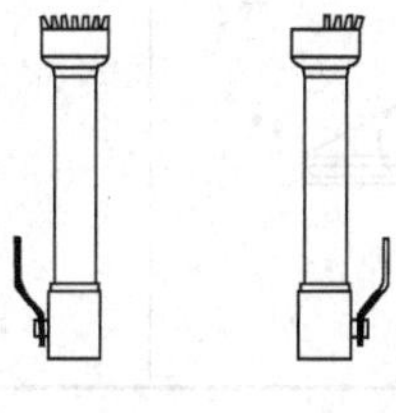	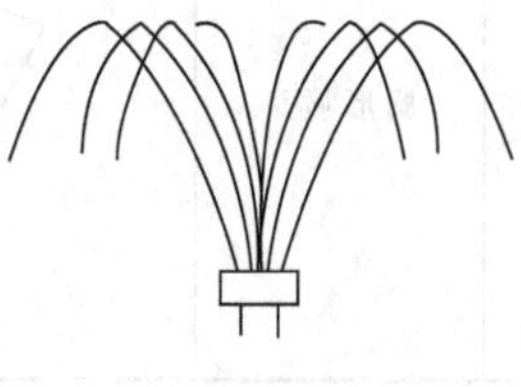

续表

序号	名　称	喷头形式	射流水型
7	喇叭花喷头	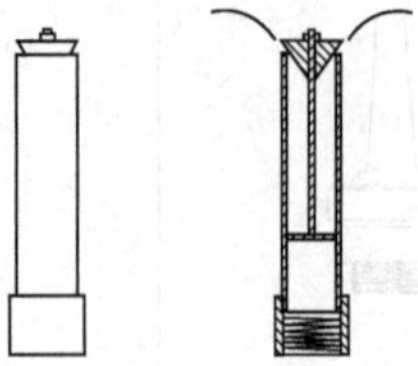	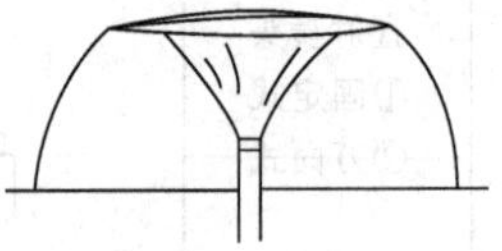
8	蘑菇喷头	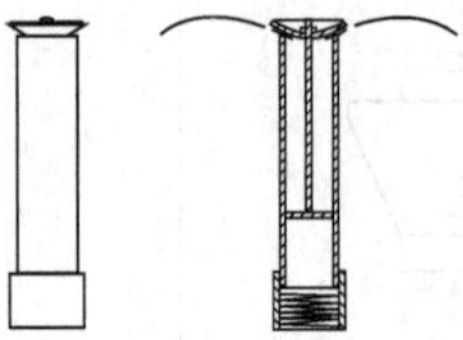	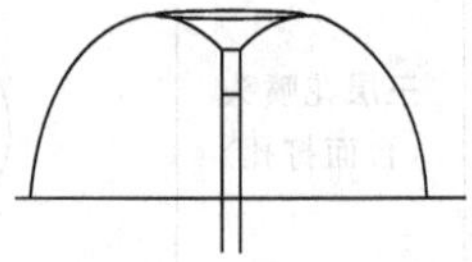
9	半球喷头	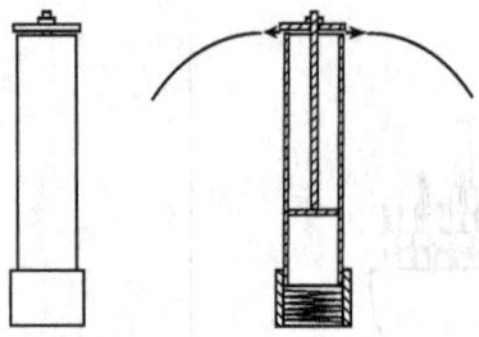	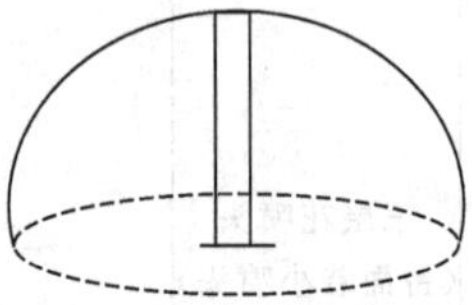
10	伞形喷头	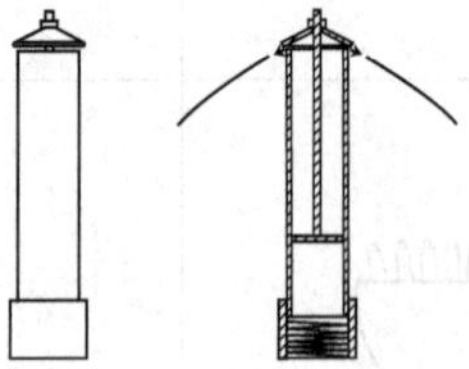	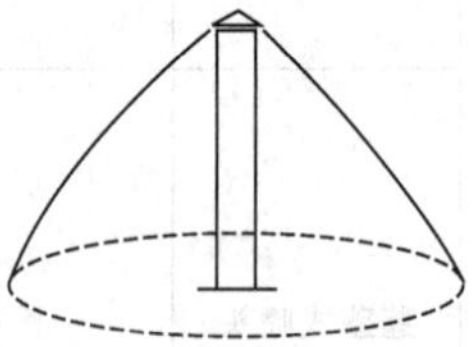
11	环形喷头	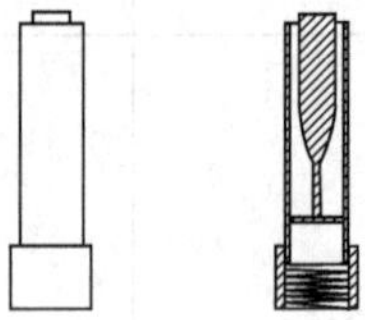	
12	扇形喷头	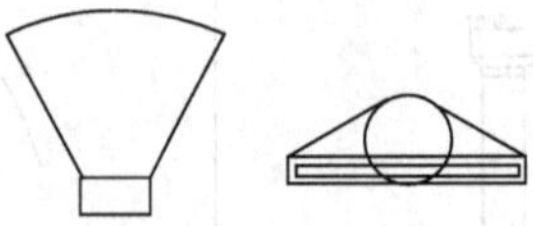	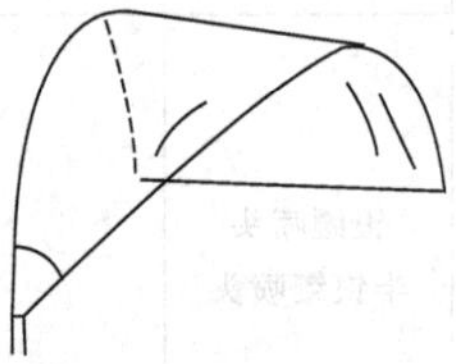

续表

序号	名　称	喷头形式	射流水型
13	冰塔喷头（加水喷头）	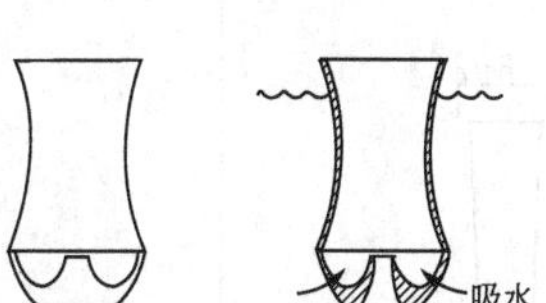 吸水	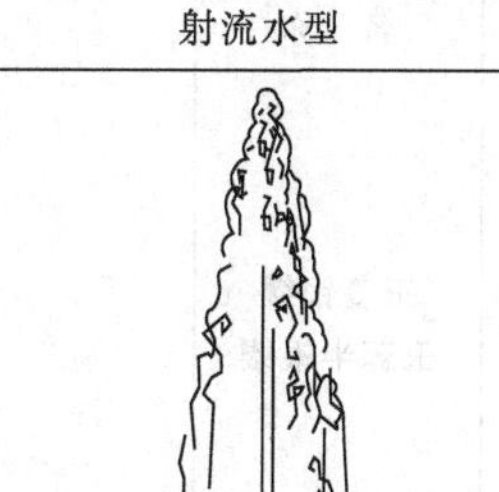
14	鼓泡喷头（吸气喷头）	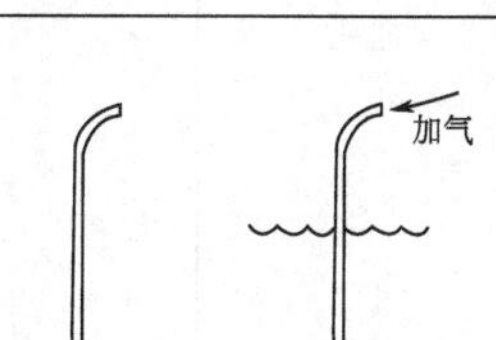 加气	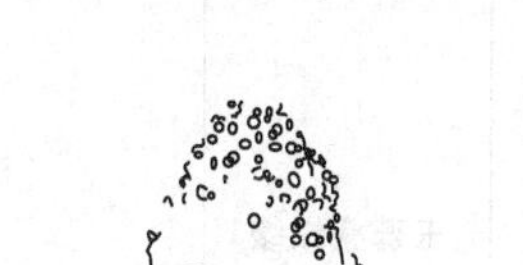
15	吸水吸气喷头	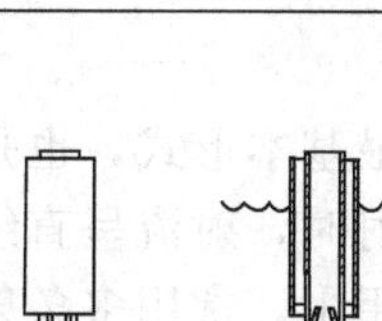	
16	旋转喷头	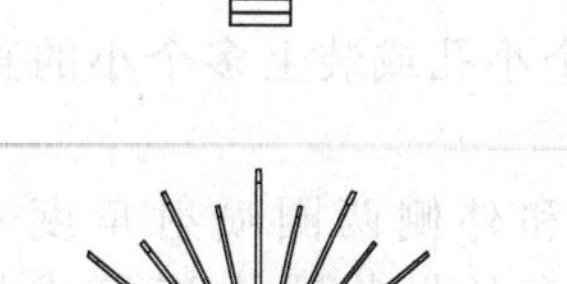	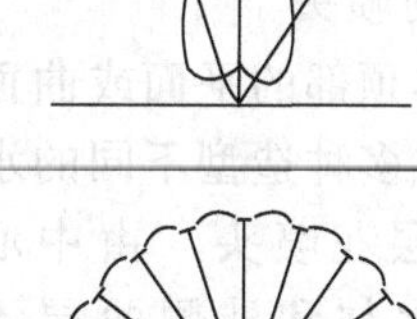
17	水晶球喷头	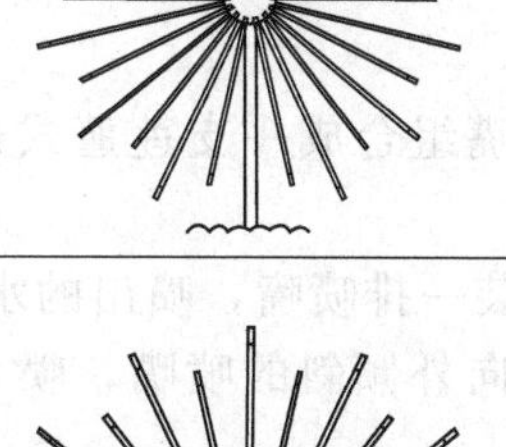	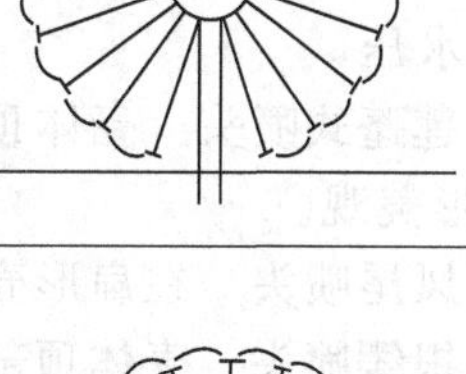
18	水晶半球喷头	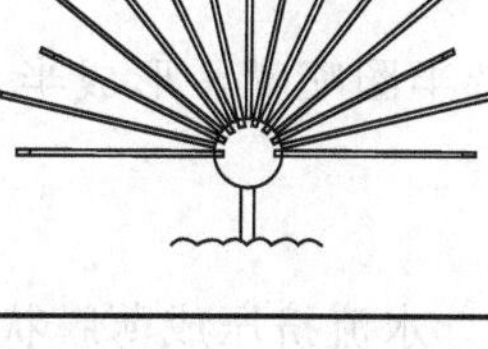	

续表

序号	名 称	喷头形式	射流水型
19	玉蕊银缨 玉蕊半银缨	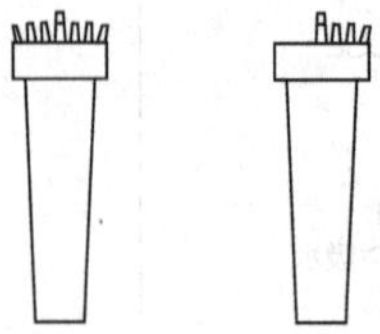	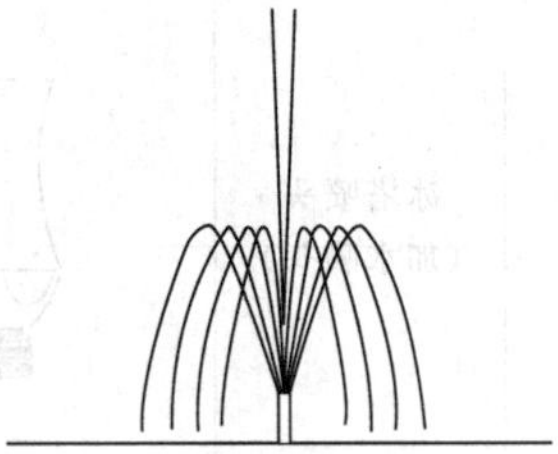
20	玉蕊叠银缨	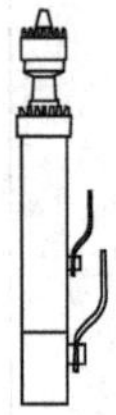	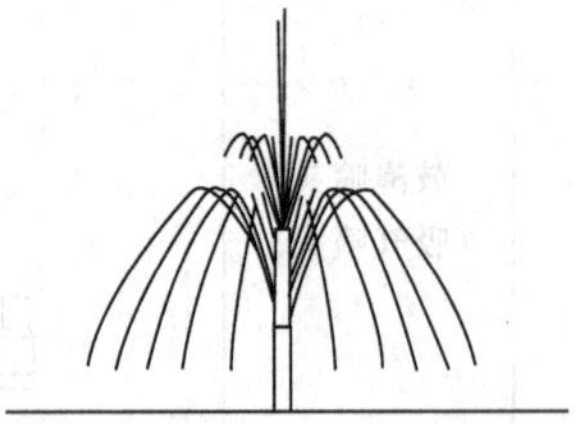

1. 直射喷头

射流从出水口直线喷出，是压力水喷出的最基本形式，也是喷泉中应用最广泛的一种喷头，其射流晶莹透明，线条清晰明了。垂直喷射时，射流呈直线形，在顶端形成水花。倾斜喷射时，射流成抛物线形，优美动人。实际应用中，常用多条射流组合成各种图案。直射喷头又分为下面三类。

① 定向直射喷头　喷嘴与底座是一整体，安装后喷嘴角度不可调节。

② 万向直射喷头　喷嘴与底座间用套环固定，安装后喷嘴的角度可以调节，从而可以根据需要来调节射流方向。规格较小的万向直射喷头上装有可调节流量的小阀门，可直接调节喷头射流的高低。

③ 集流直上喷头　垂直向上的小型直射喷头组合可成集流直上喷头，喷水时多条单射流集中在一起，粗壮高大，气势雄伟。常用作水池中心水柱。

2. 散射喷头

在壳体顶部的平面或曲面上开有多个小孔或装上多个小的直流喷嘴，水流成散射状喷出，可形成多种造型不同的水花。

① 三层花喷头　由中心直上射流和外侧两圈喷射角度不同的射流组成，形成由中心垂直水柱和外侧两层不同出水角度的抛物线水流组成的水花。射流通过一个大台面上组装的小的直流喷嘴形成，喷嘴一般用万向可调式的小直射喷头，可以调节角度和水压。

② 莲蓬式喷头　壳体顶部台面上的喷嘴组合成一支莲蓬式造型，喷出的水花向四周散开，花形美观。

③ 凤尾喷头　在扁形壳体顶部弧面上装一排喷嘴，喷出的水形状如凤尾。

④ 银缨喷头　壳体顶部沿边装有一圈向外倾斜的喷嘴，喷水时形成一圈朝外的抛物线水流，水形似缨穗。

⑤ 半银缨喷头　似银缨喷头，只是仅装半圈喷嘴，形成半个缨穗。适宜一侧靠墙面之类的地方安装。

3. 水膜喷头

喷头出水口处理成不同形式的线形细口，水流挤压成薄膜状喷出，从而形成各种晶莹透亮的膜状水形。根据出水口角度的不同，水膜喷头分为以下几种类型。

① 喇叭花喷头（扶桑花喷头、牵牛花喷头） 顶部锥体与喷头管筒间形成一圈细缝，水顺锥体斜面斜向往上喷出，形成中部凹陷的喇叭花形水膜。

② 蘑菇喷头 顶部锅底形挡片与喷头管筒间形成一圈细缝，水顺锅底面斜向往上喷出，形成中部微微凹陷（凹陷程度比喇叭花浅）的蘑菇状水膜。

③ 半球喷头 顶部以平面盖板盖住管筒，水顺平板从水平方向喷出，再自由下落形成半球形水膜。

④ 伞形喷头 顶部锅底形盖片向下扣压，从而使水斜向往下喷射，成雨伞状水膜，相对于上面三种而言，伞形喷头更不易被风吹散。

⑤ 环形喷头 喷头管筒分内外两环，水从两环中间缝隙喷出，形成中空的环状水柱，故也称玉柱喷头。

⑥ 扇形喷头 喷头扁平似鸭嘴，水流从线形的喷嘴喷出，形成扇形水膜。在彩灯的映射下，似孔雀开屏，绚丽多彩。

4. 吸力喷头

喷头中的水在高速流动时，压力降低，从而在喷嘴处形成负压区。由于压差的作用，外面的水或空气可被吸入，与喷嘴内的水混合一起喷出，形成内含水泡的白色水柱，水柱体积变大。吸力喷头又有以下 3 种。

① 冰塔（雪松）喷头 这是一种吸水喷头，套筒内喷嘴喷水时，将周围的水吸入到套管内一起喷出，水柱加大，水柱垂直向上，到达顶部后往四周落下，形成雪松状造型，粗犷挺拔。

② 鼓泡喷头（涌泉） 这是一种吸气喷头，喷头内水流高速运动时，可通过进气管将水面上的空气吸入，与喷头内部水流混合后喷出，形成水气混合的白色泡沫状水团。

③ 吸水吸气喷头 喷头喷水时，同时将水和空气吸入，形成直上的水柱，雄伟壮观。

5. 旋转喷头

利用下部两条喷嘴喷射时的反作用力推动喷头旋转，使向上的水流在空中离心向外扭动，形成螺旋形曲线。

6. 球状喷头（蒲公英喷头）

在圆球形壳体上，装有密布的同心放射状喷管，每个管顶装有一个半球形水膜喷头，多片水膜组合成一个大的球形或半球形体。在光的照射下，似水晶球熠熠发光。根据喷管的分布状态，球状喷头又有以下两种。

① 水晶球喷头 圆形壳体上满布喷管，喷水成球形。

② 水晶半球喷头 圆形壳体上半部布置喷管，喷水成半球形。

7. 组合喷头

用两种或两种以上的喷头，可以组合成造型更为丰富的组合喷头。组合喷头常见形式有以下 4 种。

① 玉蕊银缨 银缨喷头顶部加装一直射小喷嘴，银光闪闪的缨穗喷水中心有一玉蕊亭亭玉立。

② 玉蕊半银缨 为半个玉蕊银缨，适宜靠墙而装。

③ 玉蕊叠银缨 银缨相叠，玉蕊中心而立。

④ 水晶球叠泉　叠泉之上，水晶球熠熠生辉。

8. 玻光喷头

玻光喷头是一种特制的单喷嘴喷头，喷头内置安全低压高强度光源，光源跟随水柱，光的彩色有红、黄、蓝、绿、紫5种，喷出的水柱宛如彩色光纤，不溅不散，水柱可跨越桥面形成五彩廊道，游客可从廊道下穿行，别有情趣。玻光喷头可安装由程序控制的气动切割装置，通过对水柱的断续控制，使水柱一段一段地间隔喷出，形成跳泉。

四、喷泉管道布置

喷泉管道由水池必需的给水管、排（泄）水管和溢水管以及喷泉循环管道系统组成。下面主要讨论喷泉循环管道的布置。

1. 布置形式

① 环形管网　喷头下的管道成环形布置，各喷头压力较均匀，适宜喷头较多的大型喷泉或喷头成环状分布的喷泉［图4-37(a)］。

② 树枝形管网　管道逐级分支成树枝形，各喷头压力不均匀，适宜喷头不多，为自然式布置的小型喷泉，各喷头可分开控制，可以很方便地调节各喷头的水量和水压［图4-37(b)］。

③ 组合式管网　根据喷头的布置情况，可以采用环形管网与树枝形管网组合的方式布置管道。

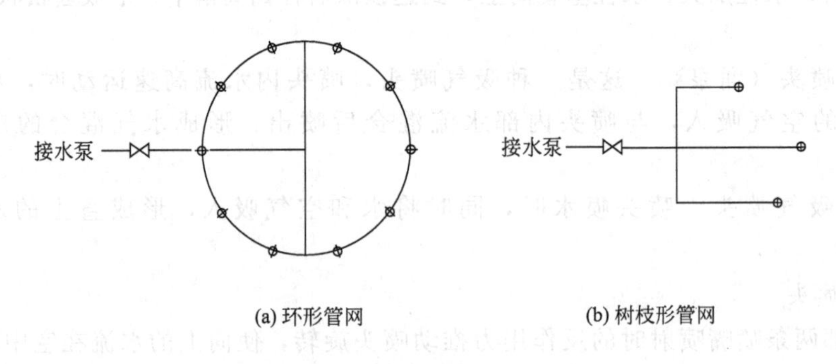

图4-37　喷泉管网形式

2. 布置要点

小型喷泉的管道和大型喷泉的非主要管道可埋入土中或放在水池内。大型喷泉的管道如果多且复杂时，应将主要管道敷设在可以通行人员的管沟中，以方便检修，管沟地面应有不小于0.5%的坡度，一般坡向水泵或集水坑。

管道布置形式要考虑喷头对水压的要求，如果各喷头需要的水压相近，采用环形管网为好。如果各喷头需要的水压相差较大，采用树枝状管网为好。环状十字形供水管网上的喷头，压力最为均匀，易获得等高的射流。

连接喷头的水管不能有急剧的变化。如有变化，必须使水管管径逐渐由大变小，并且在喷头前必须有一段适当长度的直管。一般不小于喷头直径的20～50倍，以保持射流的稳定。

为了控制射流的高度，一般每个喷头前均应有自己的调节设备。通常用阀门或整流圈来调节流量和水头，也可根据具体情况在某一组喷头前装调节设备进行控制。

在寒冷地区，为防止冬季管道内的水结冰而造成管道损坏，所有管道均要有不小于2%的坡度，并朝向某一出口方向，以便在冬季将管内积水全部排出。

五、喷泉系统水力计算

喷泉系统中，每一个喷头均需有足够的流量和水压才能保证其喷出合适的射流形态。喷泉的水力计算就是要保证水泵能提供给每一个喷头足够的水量和水压，同时使连接水泵和喷头之间的管道有合适的管径。

（一）计算流量

1. 单个喷头的流量

单个喷头的流量计算公式：$Q=\mu F\sqrt{2gH}\times 10^{-3}$

式中 Q——喷头流量，L/s；

μ——流量系数，一般在0.62～0.94之间；

F——喷头出水口断面积，mm^2；

g——重力加速度，$9.81m/s^2$；

H——喷头入口水压，mH_2O。

2. 喷泉总流量

总流量为同一时间同时工作的各个喷头流量之和：即 $Q_{总}=\Sigma Qi$

（二）计算管径

$$D=\sqrt{\frac{4Q}{\pi v}}$$

式中 D——管径；

Q——计算管段上的总流量；

π——圆周率，3.14；

v——合适的流速。

在流量确定的情况下，流速越小，则管径越大，管的造价越高；反之，流速越大，则管径越小，管的造价越低，但水头损失增加，输水过程动力损耗大。因此，合适的流速应综合管道费用与动力费用两个因素，选择经济流速。一般选择标准如下：输水管流速采用1.5～2.0m/s，而回水管（用离心式水泵时需要回水管）的流速采用1.0～1.2m/s较为合适；装有大量喷头的管道（如环管）考虑到水压均匀问题，所采用的流速比经济流速小，一般为0.5～0.6m/s，这样能保证各喷头水压均匀，射流高度相同。

（三）计算扬程

总扬程＝净扬程＋损失扬程

净扬程＝吸水高度＋压水高度

损失扬程＝净扬程×(10%～30%)

喷泉系统的吸水高度是指所计算喷头与该喷泉系统中标高最低水池最低水位之间的高差，压水高度是指所计算喷头的喷头入口水压。扬程的计算应选择一个需要最大扬程的喷头来计算，如果喷头扬程接近，则选装的位置较高的喷头计算。

（四）选择水泵

根据喷泉系统总流量和总扬程，选择一个合适的水泵，条件是：水泵的流量≥1.1×喷泉总流量；水泵的扬程≥1.1×喷泉总扬程。

（五）调整修改

喷泉是个比较复杂的系统，设计中有些因素难以全面考虑，所以设计后喷泉要进行试验、调整，只有经过调整，甚至是经过局部的修改校正，才能达到预期效果。

六、喷泉管线及设备

（一）水泵

水泵是用来给喷泉管道输送压力水的设备。在喷泉系统中常用的水泵有离心泵和潜水泵两种，小型喷泉也可用管道泵、微型泵等。

1. 离心泵

离心泵是根据离心力原理设计的，水泵在工作前，泵体和进水管必须灌满水，当叶轮高速转动时，叶片带动水快速旋转，在离心力的作用下水从叶轮中心飞向泵壳边缘，使边缘处水压增大，然后压力水从泵出口经水管流出。泵内水被抛向边缘后，叶轮的中心部分形成近真空区域，水源的水在大气压力的作用下通过管道进入泵内。这样循环不已，就可以实现连续抽水。在此值得一提的是：离心泵启动前一定要向泵壳内充满水以后，方可启动，否则泵体将不能完成吸液，造成泵体发热、震动、不出水，产生空转，对水泵造成损坏。

离心泵的型号及性能参数标在铭牌上，型号 IS50-32-125A 代表的意义如下：IS 指国际标准单级单吸清水离心泵，进口管径 50mm、出口管径 32mm、叶轮名义直径 125mm，A 代表叶轮经过第一次切割。

离心泵的主要参数如下。

（1）流量　流量指水泵单位时间内的出水量，单位：m^3/h 或 L/s，一般用 Q 表示。

（2）扬程　扬程指水泵能提升水的高度，单位 mH_2O，一般用 H 表示。

（3）允许吸上真空高度　保证水泵正常工作时所给定的最大吸上真空高度，一般用 H_s 表示，单位 m。

（4）功率　水泵功率分为有效功率、轴功率和配套功率，单位为 W 或 kW。有效功率是指水泵传给水的净功率，一般用 $N_{效}$ 表示；轴功率是指由电机传输给泵轴的功率，一般用 $N_{轴}$ 表示；配套功率是指水泵所选配的电动机的功率，一般用 $N_{配}$ 表示。

（5）效率　泵在实际运转中，由于存在各种能量损失，致使泵的输出有效功率低于输入的轴功率。水泵的有效功率和轴功率之比称为效率，一般用 η 表示，它是反映泵的能量损失大小的参数。泵的效率值与泵的类型、大小、结构、制造精度和输送液体的性质有关。大型泵效率值高些，小型泵效率值低些。

2. 潜水泵

潜水泵指泵和电机合二为一，可浸入水中工作的提水机械。一般由泵体、密封、电动机三部分组成，它结构简单，体积小，重量轻，移动方便。

喷泉所用的潜水泵常见的有以下类型：单相干式下泵型（QDX 型）、干式下泵型（QX 型）、干式上泵型（Q 型）、充油上泵型（QY 型）、充水上泵型（QS 型）等。下泵型指泵体和进水口位于下部、电动机位于上部的潜水泵；上泵型则反之。潜水泵型号表示了水泵的类型、流量、扬程和电机功率。如 QX3-20-0.5 代表干式下泵型潜水电泵，流量 $3m^3/h$，扬程 20m，额定功率 0.5kW；QY65-16-3 代表充油式上泵型潜水电泵，流量 $65m^3/h$，扬程 16m，额定功率 3kW；QS150-8-5.5　代表充水上泵型潜水电泵，流量 $150m^3/h$，扬程 8m，额定功率 5.5kW。表 4-5 和表 4-6 列出了小型喷泉常用的 QDX 和 QX 型潜水泵的性能参数。

潜水泵与管网的连接有两种方式：卧式安装与立式安装。卧式安装可减小水池深度，但需占据足够的平面面积。水泵外壳凸缘距池底不得小于 100mm，泵体用支墩固定。立式安装泵轴与干管中心线垂直，为了减小水池的整体深度，可在泵位处局部加深。为了水泵的检修、更换，安装水泵处两法兰之间需保持足够的间距。

表 4-5　QDX 型号潜水泵主要参数

型　号	流量/(m^3/h)	扬程/m	电压/V	功率/kW	转速/(r/min)	配管口径/mm
QDX1.5-16-0.37	1.5	16	220	0.37	2860	25
QDX3-20-0.55	3	20	220	0.55	2860	25
QDX10-10-0.55	10	10	220	0.55	2860	40
QDX15-7-0.55	15	7	220	0.55	2860	50
QDX1.5-32-0.75	1.5	32	220	0.75	2860	25
QDX7-18-0.75	7	18	220	1.75	2860	40
QDX10-16-0.75	10	16	220	0.75	2860	50
QDX15-10-0.75	15	10	220	0.75	2860	63
QDX25-9-1.1	25	9	220	1.1	2860	63
QDX40-6-1.1	40	6	220	1.1	2860	75
QDX40-6-1.1T	40	6	220	1.1	2860	75
QDX25-12-1.5T	25	12	220	1.5	2860	63
QDX40-9-1.5T	40	9	220	1.5	2860	75

表 4-6　QX 型号潜水泵主要参数

型　号	流量/(m^3/h)	扬程/m	电压/V	功率/kW	转速/(r/min)	配管口径/mm
QX3-20-0.55	3	20	380	0.55	3000	25
QX10-10-0.55	10	10	380	0.55	3000	40
QX15-7-0.55	15	7	380	0.55	3000	50
QX1.5-32-0.75	1.5	32	380	0.75	3000	25
QX7-18-0.75	7	18	380	0.75	3000	40
QX10-16-0.75	10	16	380	0.75	3000	50
QX15-10-0.75	15	10	380	0.75	3000	63
QX25-9-1.1	25	9	380	1.1	3000	63
QX40-6-1.1	40	6	380	1.1	3000	75
QX40-6-1.1T	40	6	380	1.1	3000	75
QX25-12-1.5T	25	12	380	1.5	3000	63
QX40-9-1.5T	40	9	380	1.5	3000	75
QX65-8-2.2	65	8	380	2.2	3000	100
QX8-28-1.1T	8	28	380	1.1	3000	40
QX15-15-1.1T	15	15	380	1.1	3000	50
QX8-35-2.2T	8	35	380	2.2	3000	50
QX9-22-2.2T	9	22	380	2.2	3000	50
QX10-35-2.2T	10	35	380	2.2	3000	50
QX12-45-3T	12	45	380	3.0	3000	50
QX12-60-4T	12	60	380	4.0	3000	50
QX12-70-5.5T	12	70	380	5.5	3000	50
QX20-60-7.5T	20	60	380	7.5	3000	50

（二）管道

喷泉管道的材料主要有镀锌钢管、不锈钢管及 PVC 塑料管等。镀锌钢管强度高，但接口易腐蚀；不锈钢管在喷泉质量要求高时采用，造价高；PVC 塑料管、强度高、质轻、运输方便，管道的弯曲、连接加工方便，管件齐全，耐腐蚀性能良好，主要缺点是质脆，经受冲击的性能差，容易破损。

喷泉钢管管网的制作如下。

(1) 管段的弯曲　管段采用弯管机弯曲，曲率必须符合设计要求。以管中心线为基准，允许误差不得大于 $1/8D$，D 为管道直径。

（2）喷头支管的定位与安装　首先根据设计图纸，在干管上放样确定支管位置，相邻孔口的中心距离与设计间距的误差不得大于10mm，任意相邻3个孔口之间的中心距离的最大误差不得大于20mm。支管定位后开始打孔，打孔的孔径等于支管外径加1～2mm，干管壁厚大于等于3mm时，加2mm，支管壁厚小于3mm时，加1mm。各孔口的中心连线应严格平行于干管的中心线，孔口需光滑，干管内壁修光。

（3）支管的制作与焊接　支管的下料长度与设计长度的最大误差不得大于3mm，两端切口与内壁应修光倒角，一端绞丝与阀门连接，另一端插入干管孔口。干管壁厚大于等于3mm，支管插入深度不得超过壁厚；干管壁厚小于3mm时，支管不插入干管。焊接前用角尺控制，使其与干管垂直，先点焊定位，然后焊接，焊角4mm×4mm，垂直允许偏差不超过1度。

（4）花形单元体的制作　水形、工作压力相同的喷泉管道系统，应组成一个单元体，便于自动控制。

（三）水下彩灯

水下彩灯是一种可以放入水中的密封灯具，水下彩灯一般装在水面以下5～10cm处，照射高度3～5m，光线透过水面投射到喷泉水柱上，水柱有晶莹剔透的透明感，同时也可照射出水面的波纹。如果采用多种颜色的彩灯照射，水柱呈现出缤纷的色彩。水下彩灯按不同特性有以下分类。

1. 按光源的发光原理分类

光源是水下彩灯的核心部分，它的技术特性决定了水下彩灯的性能及其结构。目前水下彩灯应用最多的光源是白炽灯和LED光源。白炽灯有红、黄、蓝、绿等颜色，其生产工艺较成熟，已形成各种规格的产品系列。LED光源是未来照明系统的发展趋势，具有高效稳定、安全可靠、绿色环保、无有害辐射等特点，能有效地降低功耗，提升能源利用率。使用寿命可达50000h。

2. 按灯壳的材料分类

水下彩灯按其灯壳材料可分四类：塑料、不锈钢、铝合金及黄铜等外壳。

3. 按水下彩灯的结构分类

（1）全封闭式水下彩灯　全封闭式水下彩灯其光源全部安装在防水的灯壳内，光线通过灯具的保护玻璃处射出。用密封圈进行防水，其防水密封程度靠机械压力来保证。

（2）半封闭式水下彩灯　半封闭式水下彩灯其光源的透光部分直接浸在水中，而光源与电源的接线部分在密封的灯壳内。用密封圈进行防水，其防水密封性由机械压力来保证。

（3）高密封水下彩灯　高密封水下彩灯是将光源与灯壳用特殊的环氧树脂，把光源和电源的连接部分全部灌封，使它既无漏水间隙，又无储水空间，杜绝了漏水的可能性，实现了光源与灯壳一体化的水下灯具。

七、喷泉附属构筑物

（一）喷泉水池

喷泉水池的设计与一般水池基本要求相同，但在尺寸方面有其特殊要求。其平面尺寸与喷水池所处位置的风向、风力、气候温度等关系极大，它直接影响了水池的面积和形状。喷水池的平面尺寸除满足喷头、管道、水泵、进水口、泄水口、溢水口、吸水坑等布置要求外，还应防止水在设计风速下，水滴不会被风大量地吹出池外。

喷水池的深度应按管道、设备的布置要求确定。一般的喷头安装、水下照明布置，水深50～60cm已足够。如果采用进口设备，还可浅些。在设有潜水泵时，应保证水泵吸水口的淹没深度不小于50cm，在设有离心泵时，应保证吸水管口的淹没深度不小于50cm。因此，要尽量选用小型的、进水口在下方的潜水泵。当采用立式潜水泵作动力时，可于局部加深，形成泵坑。从工程造价，水体的过滤、更换，设备的维修和安全角度看，喷水池不要太深。但太浅也不好，浅池的缺点是管线设备的隐蔽较难，同时水浅时，吸热大，易生藻类。

（二）泵房

在喷泉工程中，凡采用清水离心泵循环供水的都要设置泵房或泵坑。泵房可分为地上式泵房、地下式泵房和半地下式泵房三种。地上式泵房多采用砖混结构，其结构简单，造价低，管理方便，但有时会影响喷泉环境景观，实际中最好和管理用房配合使用，适用于中小型喷泉。为解决地上式和半地下式泵房与周围景观协调的问题，常将泵房设计成景观构筑物，如设计成亭、台、水榭，或者隐蔽在山崖、瀑布之下。园林中水泵房多采用地下式，一般采用砖混结构或钢筋混凝土结构，特点是需做特殊的防水处理，有时排水困难，因此会提高造价，但不影响喷泉景观。地下或半地下式泵房应考虑地面排水，地面应有不小于0.5%的坡度，坡向集水坑，集水坑设水位信号计和自动排水泵。

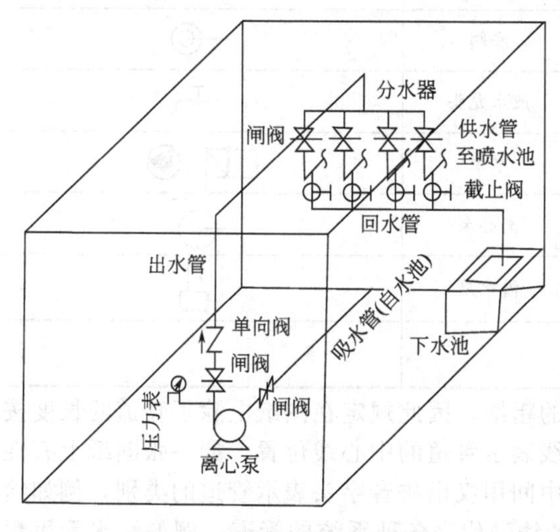

图4-38 泵房管线系统示意图

泵房内安装有电动机、离心泵、供电、电气控制设备及管线系统等，图4-38是一般泵房管线系统示意图。从图中可见与水泵相连的管道有吸水管和出水管。出水管是连接水泵至分水器之间的管道，设置闸阀。为了防止喷水池中的水倒流，需在出水管安装单向阀。分水器的作用是将出水管的压力水分成多个支路，再由各路供水管送到水池中不同类型的喷头喷出。为了调节供水的水量和水压，应在每条供水管上安装闸阀。北方地区为了防止管道冻裂，当喷泉停止运行时，必须将供水管内存的水排空。方法是在泵房内供水管最低处设置回水管，接入房内下水池中排除，以截止阀控制。

（三）补水池或补水箱

为向水池供水和维持水量平衡，需要设置补水池（箱）。在池（箱）内设水位控制器（杠杆式浮球阀、液压式水位控制器等），保持水位稳定。在水池与补水池（箱）之间用管道连通，使两者水位维持相同。补水池（箱）具体要求见水池设计部分。

八、喷泉设计图

喷泉设计图由水池及其附属构筑物设计图和管线设计图两部分组成，水池及其附属构筑物设计图详见水池工程，下面是管线设计图的绘制方法。

1. 管道画法

喷水池采用管道给排水，在安装时加以连接组成管路，管道及管道连接的画法应遵守最新的《给水排水制图标准》的规定，表4-7所列为制图标准规定的一些常用给排水图例。

表 4-7 给排水常用图例

名 称	图 例	名 称	图 例
法兰连接		闸阀	
承插连接		截止阀	
螺纹连接		止回阀	
活接头		角阀	
异径管		球阀	
弯管		电磁阀	
正三通		电动阀	
管接头		底阀	
消防栓		放水龙头	
泄水井		水泵	
检查井 阀门井		离心泵	
流量计		潜水泵	
压力表			

当采用较小的比例画图时，无法画出管道的粗细，因此规定在图纸上除了管道的长度按比例画图外，管径不论大小，一般都用粗的单线表示管道的中心线位置。如一张图纸上有性质不同的管道，在室外给排水工程中可在管道中间用汉语拼音字头表示管道的类别，例如给水管 J、排水管 P、雨水管 Y 等；也可用不同的线型代表各种系统的管道，例如给水管用粗实线、排水管用粗虚线、溢水管用粗点划线等。喷泉工程常用后一种方法表达。

管道连接方式常用的有 4 种。

① 法兰接　在管道两端各焊一个圆形的法兰盘，在法兰盘中间垫以橡皮，四周钻有成组的小圆孔，螺栓通过圆孔将两法兰盘紧密连接。

② 承插接　管道的一端做成钟形承口，另一端是直管，直管插入承口内，在空隙处填以密封材料。

③ 螺纹接　管道端部加工有外螺纹，用有内螺纹的套管连接件将两根管道连接起来。

④ 焊接　将两管道对接焊成整体，在园林给排水管路中应用不多。

法兰接的画法是在管道的垂直方向画以短线表示法兰盘；承插接的承口画成小的半圆形；螺纹接是在不到管端处画短线，螺纹的管端是出头的，注意与法兰接的区别。接口符号用 0.35b 的细实线绘制。管路转弯时，应在两管道之间连接弯管接头；管路有分支时，连接处应接三通或四通接头；粗管接细管时，两条管道之间应连接异径接头。管路上的管配件和附属设备还有阀门、水泵、仪表等，这些工业制品都有标准规格和统一尺寸，可用示意性图例表示，图例中闸阀、水表、水泵等附属设备均用 0.35b 的细线绘制。

如果管路具有同类型的连接方式，除闸阀、仪表等附属设备外，不必将每段管路上的直管、弯管、三通等管接头画出来，必要时用文字说明其连接方式。施工人员可根据管路的布置及管径，选取适用的配件来安装。

图 4-39 为一喷泉管道系统图，图 4-40 为泵房中管道详图。从图中可以看出，水泵吸入管是法兰连接，经直角弯头向右连接偏心异径管（渐缩），进入离心式水泵。出水管经法兰接的单向阀、闸阀，再经直角弯头向右转弯至异径管（渐扩），接流量计至水池中喷泉管道。在水泵上方还有一条用螺纹连接的充水管，作为水池供水和启动水泵时灌水之用。在充水管路上，设有异径管和截止阀等。另外在水泵吸水管路上装有真空表（负压），出水管路装压力表。

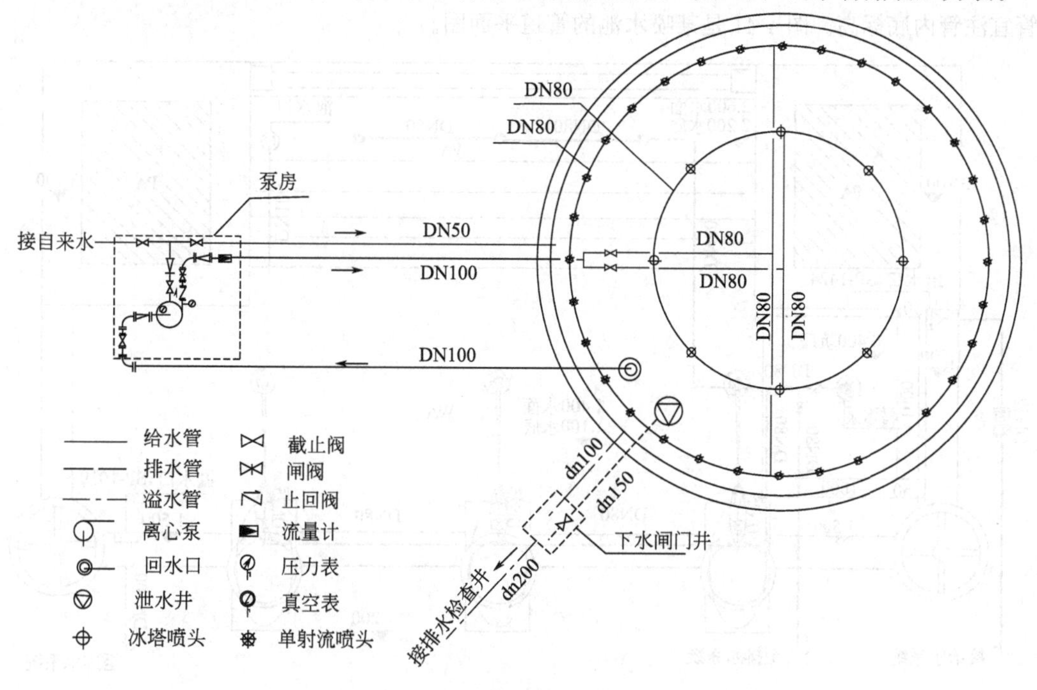

图 4-39 喷泉管道系统图

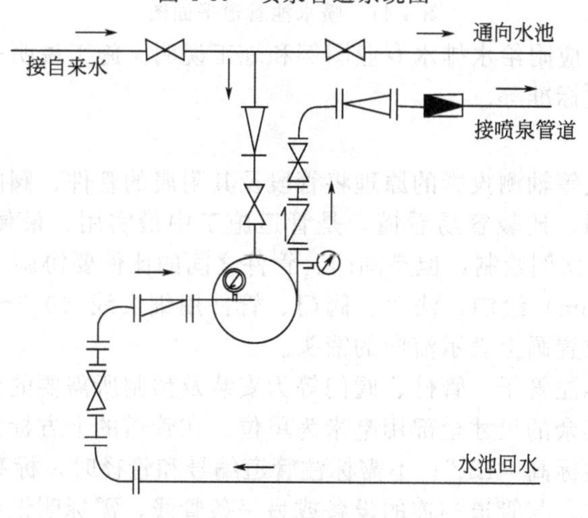

图 4-40 泵房部分管道详图

2. 管道平面图

喷水池管道平面图主要显示喷泉水景范围内的管道即可，通常选用 1∶50～1∶100 的比例。管道均用单线绘制，称为单线管道图，用不同粗细的线条或不同形式的线型加以区别。新建的各种给排水管用粗线，原有的给排水管用中粗线。给水管用实线，排水管用虚线等。水池一般只画主要轮廓，细部结构可省略不画。池体等构筑物的外形轮廓线（非剖切）用细实线绘制，闸门井、池壁等剖面轮廓线用中粗线绘制，并画出材料图例。管道安装详图的尺寸包括：构筑尺寸、管径及定位尺寸、主要部位标高。构筑尺寸指水池、闸门井、泵站等内部长、宽和深度尺寸，沉淀池、泄水口、出水槽的尺寸等。管径注写在每段管道旁边，塑料管以公称外径“dn”表示，例如dn63；钢管和铸铁管以公称直径“DN”表示，例如DN50；混凝土管以内径“d”表示，例如d300。管道通常以池壁或池角定位。构筑物应标注主要部位（池顶、池底、泄水口等）及水面、地坪标高。管道应标注起始点、转角点、连接点、变坡点的标高。给水管宜注管中心线标高，排水管宜注管内底标高。图4-41是某喷水池的管道平面图。

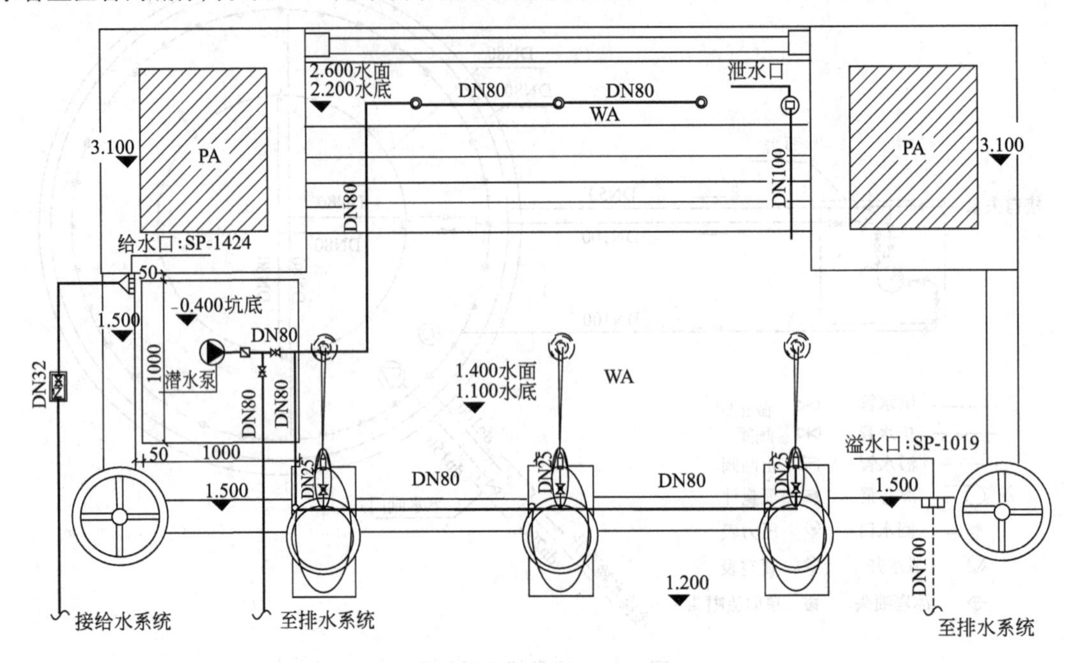

图4-41 喷水池管道平面图

为便于对照阅读，应附给水排水专业图例和施工说明。施工说明一般包括材料、做法以及施工质量要求和验收标准等。

3. 管道轴测图

管道轴测图是用正等轴测投影的原理将管段及其附属的管件、阀门等绘制出来的一种图形，特点是立体感较强、比较容易看懂，是管道施工中最实用、最便捷的施工图纸，见图4-42。整体不一定按照比例绘制，但是阀门、管件之间的比例要协调。轴测图中的管道用单线（粗实线0.9～1.2mm）绘制，法兰、阀门、管件用细实线（0.5～0.7mm）画成符号表示，并在管道的适当位置画上表示流向的箭头。

管道轴测图上应标注管子、管件、阀门等为安装及预制所需要的全部尺寸，图中的单位除标高用米为单位，其余的尺寸全部用毫米为单位。在管道的上方标注管道编号、管径，在管道的下方标注管道的标高“EL”；不需标注管道编号和管径时，标高可标注在管道的上方也可标注在管道的下方。与管道相连的设备或另一条管线，需标明设备位号或管道编号。有时也标注管口端面与设备中心的距离，管口中心线的标高和其他管段所在图号。标注的尺寸由尺寸线与尺寸界线组成，尺寸线与相应的管道平行，尺寸界线为垂线，通常从管件中心线或法兰面引出，长度写在尺寸线的上边。对于非45°的偏置管，要标出2个偏移尺寸，省略角度；对于45°的偏置管，要标出角度和一个偏移尺寸；对于立体的偏置管，要画出三个坐标轴的六面体，并标出尺寸。穿越墙、平台、屋顶、楼板的管道，应注出平台、屋顶、楼板的标高，对于墙要注出墙与管子的尺寸关系。

坐标轴中东、南、西、北、上、下分别用英文字母E、S、W、N、UP、DN表示。一

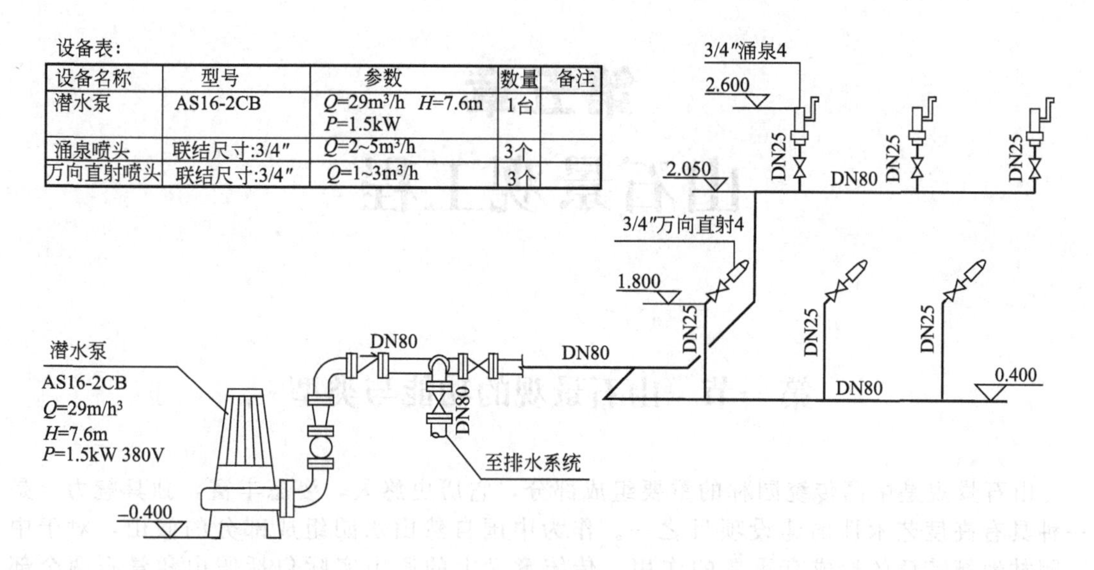

设备表：

设备名称	型号	参数	数量	备注
潜水泵	AS16-2CB	Q=29m³/h　H=7.6m　P=1.5kW	1台	
涌泉喷头	联结尺寸:3/4″	Q=2~5m³/h	3个	
万向直射喷头	联结尺寸:3/4″	Q=1~3m³/h	3个	

图 4-42　喷泉管道轴测图

般采用左上方为北方，也可以采用右上方为北方。

4. 详图

详图主要用以表达管道及附属设备局部结构做法和安装情况的图样，如闸门井、泄水口、喷泉等用节点详图表达。在安装详图中，管径大小按比例用双粗实线绘制，称为双线管道图。管道上各种阀门等配件，可按图例来画。小管径的管道，无法按比例画成双线时，仍画成粗单线。

为便于施工备料、预算，应将各种主要设备和管配件的名称、规格、材料、数量等汇总列出材料表。

第五章
山石景观工程

第一节　山石景观的功能与类型

山石景观是中国传统园林的重要组成部分，它历史悠久，姿态丰富，独具魅力，是一种具有高度艺术性的建设项目之一。作为中国自然山水园组成部分的假山，对于中国园林地域特色的形成有重要的作用。传统意义上的假山实际包括假山和景石两个部分，指用自然山石或人造山石来创作山体和山石小品景观，在现代园林建设工程中称为山石景观工程。

一、山石景观的功能

山石景观在中国园林中运用广泛，虽然其堆叠形状千姿百态，堆叠的目的各有不同，但具体而言，主要有以下几方面的功能作用。

1. 构成自然山水园的主景和地形骨架

假山作为自然山水园的主景，起到空间控制的作用。在采用主景突出的布局方式的园林中，或以山为主景，或以山石为驳岸的水池作主景。整个园子的地形骨架、起伏、曲折皆以此为基础来变化。

2. 划分和组织园林空间

利用假山对园林空间进行分隔和划分，将空间分成大小不同、形状各异富于变化的形态。通过假山的穿插、分隔、夹拥、围合、聚汇等，在假山区创造出山路的流动、山坳的闭合、峡谷的纵深、山洞的拱穹等。用山水结合来组织空间，使空间更富于性格的变化。例如，颐和园仁寿殿和昆明湖之间的地带，是宫殿区和居住、游览区的交界，堆了一座假山，这座假山在分隔空间的同时结合了障景处理。在宏伟的仁寿殿后面，把园路收缩得很窄，并采用“之”字线形穿山而形成谷道。一出谷口则辽阔、疏朗、明亮的昆明湖突然展开在面前。这种“欲放先收”的造景手法取得了很好的实际效果。

3. 点缀、装饰园林景色

山石的这种作用在我国南、北方各地园林中均有所见，尤以江南私家园林最为突出。如苏州留园，其东部庭院的空间基本上是用山石和植物装点的，或以石峰凌空，或于粉墙前散置，或与竹、石结合，即可作局部空间主景，也可作为廊间转折处的小空间点缀或窗外的对景。

4. 山石建造工程设施

用山石可以建造自然式的驳岸、挡土墙、护坡、花台和蹬道等实用性工程设施。在坡度较陡的土山坡地常散置山石以护坡。这些山石可以阻挡和分散地表径流。降低地表径流的流速，从而减少水土流失。在坡度更陡的山上往往开辟成自然式的台地，在山的外侧所形成的垂直土面多采用山石做挡土墙。自然山石挡土墙的功能和规整形式挡土墙的基本功能相同，而自然山石挡土墙在外观上曲折、起伏、凸凹多变。例如颐和园“圆朗斋”、“写秋轩”周围都是自然山石挡土墙的佳品。利用山石作驳岸、花台、石阶、踏跺等，既坚固实用，又具有装饰作用。

5. 山石作为室内外器具、陈设

利用山石做诸如石桌、石几、石凳、石鼓、石栏等器具，既不怕日晒夜露，又可结合造景，为游人提供方便。例如现置无锡惠山山麓唐代的“听松石床”，床、枕兼得于一石，石床另端又有李阳冰所题的篆字“听松”，是实用与造景相结合的好例子。此外，山石还用作室内外楼梯（称为云梯）、园桥、汀石和镶嵌门、窗、墙等。

二、山石景观的类型

山石景观主要包括假山景观、置石景观和石作景观三大类。

假山指以造景游览为主要目的，以土、石等为材料，以自然山水为蓝本并加以艺术的提炼和夸张，用人工再造的山水景物的通称。假山有传统假山和塑石假山两种。传统假山是人工再造的山景或山水景物的统称，它以造景、游览为主要目的，以自然山水为蓝本，以自然山石为主要材料。塑山、塑石是指在传统灰塑山石和假山的基础上采用混凝土、玻璃钢、有机树脂等现代材料和石灰、砖、水泥等非石材料经人工塑造的山石总称。它具有施工灵活、可塑性强、表现力强等优点。

置石是以具有一定观赏价值的自然山石为材料，作独立性或附属性的造景布置，主要表现山石的个体美或局部组合而不具备完整的山形。

石作指以山石为材料，通过砌筑或摆置的方法，建造景观化的园林设施的做法。

假山和置石以造景为主，它们在材料上相同，但造型和体量相差甚大，功能也不一样。一般来说，假山的体量大而集中，布局严谨，可观可游，令人有置身于自然山林之感。置石则体量较小，呈零散布置，布局灵活，以观赏为主，同时也结合一些功能方面的要求。而石作更多的是考虑功能与景观的结合，将园林中的花台、驳岸、景墙、磴道等用山石砌筑，或用自然山石做屏风、桌凳等，使园林中功能性的设施具有自然美观的效果。

1. 假山的类型

假山的类型根据所用材料可分为以下 4 类。

（1）土山　以土堆成的假山，土山作为基本堆山材料，在陡坎、陡坡处可用块石做护坡、挡土墙或磴道，但不用自然山石在山上造景。这类假山能大面积栽植树木，占地面积往往很大，是构成园林基本地形景观的重要构成因素。

（2）石山　以天然形成的具有自然纹理的石头堆叠出的假山为石山。其堆山材料主要是自然山石，只在石间空隙处填土配植植物。这类假山一般规模都比较小，主要用在庭院、水池等空间比较闭合的环境中，或者作为瀑布、滴泉的山体应用。

（3）土石结合的山　以土为主，以石为辅，或以石为主，以土为辅的山，均为土石结合的山。

带石土山是以土为主，以石为辅的堆山手法。主要材料是土，在土山的山坡、山脚点缀有岩石，在陡坎或山顶部分用自然山石堆砌成悬崖绝壁景观，一般还有山石做成的梯级磴道。这类假山因以石挡土，坡度可以较大，所以和土山相比，可以在较小的用地面积上将山做得比较高，多用在较大的庭园中。

带土石山是以石为主，外石内土的小型假山。山体从外观看主要是由自然山石造成的，山石多用在山体的表面，由石山墙体围成假山的基本形状，墙内则用泥土填实。这种土石结合而露石不露土的假山，占地面积更小，但山势险峻挺拔，适于营造奇峰、悬崖、深峡、峻岭等多种山地景观。

(4) 塑山　用钢筋或其它骨架做造型，外裹钢丝网，用水泥砂浆塑造的山称为塑山。也有用其它材料塑成的山，比如GRC塑山、玻璃钢塑山等都称塑山。当用真石叠山达不到设计意图时，塑山就是最好的选择。有的难以承重的地方，比如在地下车库的顶上，或在楼上，均可以用塑山。另外真石难以实现的大跨度山洞和大型瀑布，就应该用塑山，为此塑山是一种填补真石叠山空缺的最好方法。

2. 置石的类型

(1) 特置　特置是指将体量较大、形态奇特、具有较高观赏价值的山石单独布置成景的一种置石方式，亦称单点、孤置山石。如江南三大名石——杭州的绉云峰、苏州留园的冠云峰、上海豫园的玉玲珑等都是特置山石名品（图5-1）。

(a) 绉云峰　(b) 冠云峰　(c) 玉玲珑

图5-1　特置山石名品

(2) 对置　对置是指山石沿建筑中轴线两侧作对称位置的山石布置。主要用以陪衬入口和装点庭院两侧环境，丰富景色。

(3) 散置　散置是将少量山石以艺术的构图形式或仿照山野岩石自然分布之状而点置的一种手法，亦称“散点”。

(4) 群置　群置也称“大散点”，指运用数块山石搭配形成一小散点，再由若干小散点组成一个大的群体。

3. 石作的类型

(1) 砌石景观　通过建筑的手法，用自然山石砌筑园林中的花台、驳岸、景墙、磴道等的做法。

(2) 山石器设　自然山石用作园林屏风、桌椅、栏杆等室内外家具和器设的做法。用山石做室内外家具或器设在我国园林中很常见，山石几案不仅有实用价值，而且又可与造景密切结合，特别是用于自然山地场所，很容易和周围环境取得协调，且坚固耐久，无需搬出搬进，也不怕日晒雨淋。

第二节 山石材料

我国幅员广大，地质变化多端，为创造山石景观提供了丰富的材料，明代计成所著《园冶》中收录了15种山石，多数可以用于堆山，从一般掇山所用的材料来看，山石的材料可以概括为如下几类，每一类又因各地地质条件不一而又可细分为多种。

一、湖石类

主要以太湖石为主，太湖石因原产太湖一带而得此名，这是江南园林中运用最为普遍，也是历史上开发较早的一类山石。我国历史上大兴掇山之风的宋代寿山艮岳曾不惜民力从江南遍搜名石奇卉运到汴京（今开封），时称“花石纲”。“花石纲”所列之石大多是太湖石。自此，从帝王宫苑到私人宅园常以湖石炫耀家门，太湖石风靡一时。实际上湖石泛指经过溶融的石灰岩，在我国分布很广。不同种类的湖石在色泽、纹理和形态方面有些差别，可分为以下几种（图 5-2）。

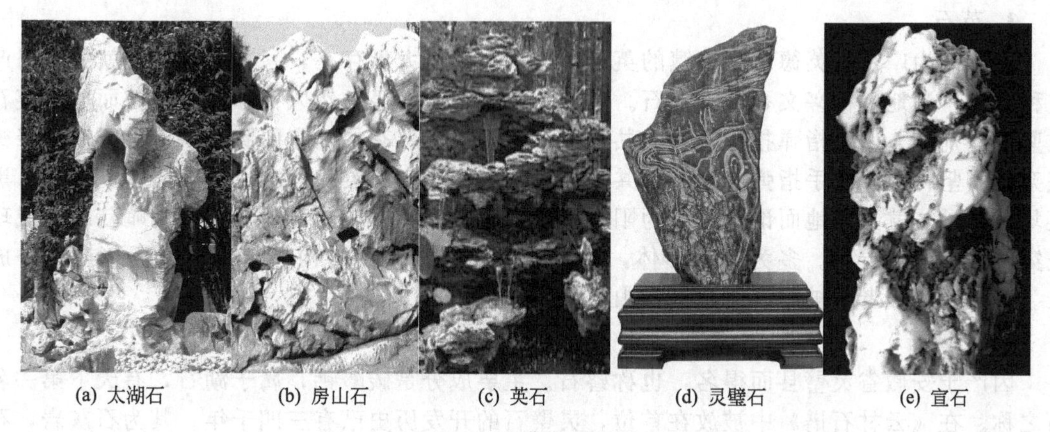

(a) 太湖石　(b) 房山石　(c) 英石　(d) 灵璧石　(e) 宣石

图 5-2　各类湖石材料

1. 太湖石

因产于太湖而得名，主要成分是碳酸钙，属于湖石。它是指产于环绕太湖的苏州洞庭西山、宜兴一带的石灰岩，经千万年水浪的冲击和风化溶蚀而成。其中以鼋山和禹期山最为著名。意趣天然的太湖石有青、白、黑三色，质地坚硬、浸润不枯。计成《园冶》中讲：“苏州府所属洞庭山，石产水涯，惟消夏湾者为最。性坚而润，有嵌空、穿眼、婉转、险怪势。”“太湖石”一词在唐吴融《太湖石歌》中就提到：“洞庭山下湖波碧，波中万古生幽石。铁索千寻取得来，奇形怪状谁能识。”白居易《太湖石记》也写到：“石有聚族，太湖为甲”。

太湖石质坚而脆，扣之有微声。由于风浪或地下水的溶融作用使石面产生凹面，进一步形成自然的沟、缝、穴、洞。其纹理纵横，脉络显隐，石面上遍多坳坎，称为“弹子窝”。外观窝洞相套，玲珑剔透，圆润柔曲，具有透、漏、瘦、皱的特点。透指的是石上洞穴透空，可以前后左右望穿；漏指的是石上洞隙上通下达，且与横向透洞相连；瘦指的是立石纤细修长，形瘦神满，风骨傲然；皱指的是表面沟壑凹凸层叠，形成皱褶。太湖石的形态特征特别适于用做特置的单峰石和环透式假山。因此，常选其中形体险怪、嵌空穿眼者作为特置石峰。太湖石大多是从整体岩层中选择采出来的，其靠山面必有人工采凿的痕迹。

此石在水中和土中皆有所产。产于水中的太湖石色泽于浅灰中露白色，比较丰润、光洁，也有青灰色的，具有较大的皱纹而少很细的皱褶。产于石灰岩地区的山坡、土中或河流岸边的太湖石，是石灰岩经地表水风化溶蚀而生成的，其颜色多为青灰色或黑灰色，质地坚硬，形状变异。目前各地新造假山所用的太湖石，多呈环形或扇形，大多属于这一种。这类湖石分布很广，如北京、济南、桂林一带都有所产。也有称为“象皮青”的，外形富于变化，青灰中有时还夹有细的白纹。

和太湖石相近的，还有宜兴石（即宜兴张公洞、善卷洞一带山中）、南京附近的龙潭石和青龙山石，济南一带则有一种少洞穴、多竖纹、形体顽夯的湖石称为“仲宫石”，如趵突泉、黑虎泉都用这种山岩掇山，色似象皮青而细纹不多，形象雄浑。

2. 房山石

产于北京房山大灰厂一带山上，因之得名。它也是石灰岩，但为红色山土所渍满。新开采的房山石呈土红色、橘红色或更淡一些的土黄色，日久以后表面带些灰黑色，质地不如南方的太湖石那样脆，但有一定的韧性。这种山石也具有太湖石的涡、沟、环、洞的变化，因此也有人称它们为北太湖石。它的特征除了颜色和太湖石有明显区别以外，密度比太湖石大，扣之无共鸣声，多密集的小孔穴而少有大洞，因此外观比较沉实、浑厚、雄壮，这和太湖石外观轻巧、清秀、玲珑是有明显差别的。

3. 英石

主产区为广东省英德市望埠镇的英山，四川川南也大量存在，兴文县和洪县就大量出产这种石材，当地又称兴文石和洪县石。属湖石，为石灰石经自然风化和长期侵蚀而成。英石质坚而特别脆，用手指弹扣有较响的共鸣声，淡青灰色，有的间有白脉笼络，称石筋。锋棱突兀，质坚特脆，用手指弹有较响的共鸣声。分为白英、灰英和黑英，灰英居多，白英、黑英均甚罕见。就其质地而论，可分为阳石和阴石两类。英石或雄奇险峻，或嶙峋陡峭，或玲珑宛转，或驳接层叠。多为中小形体。大块者可作园林假山的构材，或单块竖立或平卧成景。小块而峭峻者常被用以组合制作山水盆景。

4. 灵璧石

因产于安徽省灵璧县而得名，也称磬石。主要成分是碳酸钙，属于湖石，有天下第一名石之称。在《云林石谱》中被放在首位，灵璧石的开发历史已有三四千年。其为石灰岩，石产土中，被赤泥渍满，刮洗方显本色，其石中灰色而甚为清润，质地亦脆，用手弹有共鸣声，石面有坳坎的变化，石形千变万化，质地细密、光滑，分黑、白、红、灰四大类一百多个品种。加工抛光后，镜面异常光滑，能显映物影。石质坚硬，扣之有声，为灵璧石独有特性。无论是用小棒轻击，还是用手指敲叩，都可以发出青铜之声。古代用作钟磬，又得名“八音石”。此石姿态奇逸、金声玉质，乾隆皇帝题封天下第一。这种山石可掇山石小品，更多的情况下是作为盆景石玩。

5. 宣石

产于宁国市。其色有如积雪覆于灰色石上，也由于为赤土积渍，因此又带些赤黄色，非刷净不见其质，所以愈旧愈白。由于它有积雪一般的外貌，扬州个园用它作为冬山的材料，效果颇佳。

二、黄石

黄石是一种呈茶黄色的细砂岩，以其颜色而得名。质重，坚硬，形态浑厚沉实，拙重顽夯，具有雄浑挺括之美。其产于大多数的山区，但以江苏常熟虞山质地为最好。采下的单块黄石多呈方形或长方墩状，少有极长或薄片状者。由于黄石节理接近于相互垂直，所形成的峰面棱角锋芒毕露，棱之两面具有明暗对比、立体感较强的特点，无论掇山、理水都能发挥出其石形的特色。扬州个园以黄石掇成山，色彩与秋之主题相呼应，为黄石掇山之佳品（图 5-3）。

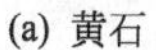
(a) 黄石

(b) 个园的秋山

图 5-3　黄石材料

三、青石

青石是一种水成岩中青灰色的细砂岩，质地纯净而少杂质。由于是沉积而成的岩石，石内就有一些水平层理。水平层的间隔一般不大，所以石形大多为片状，而有“青云片”之称。石形也有一些块状的，但成厚墩状者较少。这种石材的石面有相互交织的斜纹，不像黄石那样一般是相互垂直的直纹。这种山石在北京运用较多（图 5-4）。

图 5-4　青石材料

四、石笋

石笋指外形修长呈条柱状，立于地上形如竹笋的一类山石的总称。颜色多为淡灰绿色、土红灰色或灰黑色。石笋多与竹类配置，如个园的春山等，亦可作独立小景布置。常见石笋又可分为白果笋、乌炭笋、慧剑、钟乳石笋 4 种（图 5-5）。

1. 白果笋

是在青灰色的细砂岩中沉积了一些卵石，犹如银杏所产的白果嵌在石中，因以为名。石面上“白果”未风化的，称为龙岩；若石面砾石已风化个个小穴窝，则称为凤岩。北方则称白果笋为“子母石”或“子母剑”。“剑”喻其形，“子”即卵石，“母”是细砂母岩。这种山石在我国各园林中均有所见。有些假山师傅将大而圆的头向上的称为“虎头笋”，上面尖而小的称为“凤头笋”。

(a) 白果笋　(b) 乌炭笋　(c) 慧剑　(d) 钟乳石笋

图 5-5　石笋材料

2. 乌炭笋

顾名思义，这是一种乌黑色的石笋，比煤炭的颜色稍浅而无甚光泽。如用浅色景物作背景，这种石笋的轮廓就更清晰。

3. 慧剑

这是北京假山石品的沿称，所指是一种净面青灰色或灰青色的石笋。北京颐和园前山东腰有高可数丈的大石笋就是这种“慧剑”。

4. 钟乳石笋

即将石灰岩经熔融形成的钟乳石倒置，或用石笋正放用以点缀景色。北京故宫御花园中有用这种石笋做特置小品的。

五、其它石品

诸如木化石、松皮石、石蛋和黄蜡石等（图 5-6）。木化石古老质朴，常作特置或对置，也可群置形成专类的木化石园。松皮石是一种暗土红的石质中杂有石灰岩的交织细片，石灰岩部分经长期熔融或人工处理以后脱落成空洞，外观像松树皮突出斑驳一般。石蛋即产于海边、江边或旧河床的大卵石，有砂岩及各种质地的，体态圆润，质地坚硬。岭南园林中运用广泛，如广州市动物园的猴山、广州烈士陵园等均大量采用。黄蜡石色黄，表面若有蜡质感，多块料而少有长条形。广西南宁市盆景园即以黄蜡石造山。

总之，我国山石的资源是极其丰富的。掇假山要因地制宜、不要沽名钓誉地去追求名石，应该“是石堪堆”。这不仅是为了节省人力、物力，同时也有助于发挥不同的地方特色。承德避暑山庄选用塞外石为山，别具一格。

第三节　山石小品布置

置石和石作可以归为山石小品一类，其特点是用石较少，布置手法多样。

一、置石的布置

置石用材较少，结构简单，对施工技术的要求不高，因此容易实现。置石的布置特点是：以少胜多、以简胜繁、格局严谨、手法精练，用简单的形式体现较深的意境，达到寸石生情的艺术效果。置石设于草坪、路旁，以石代桌凳，自然美观；设于水际，别有情趣；旱

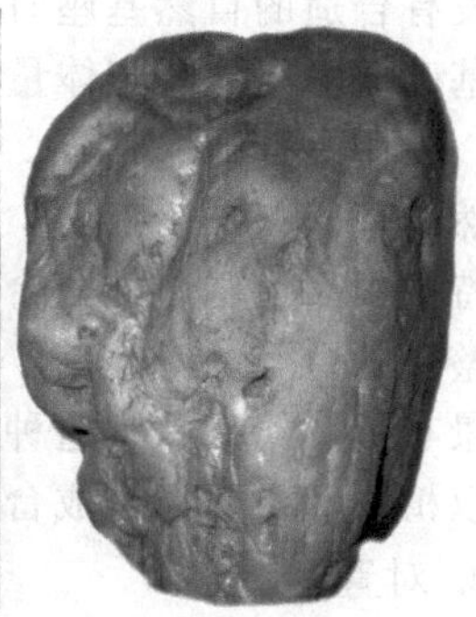

(a) 木化石　(b) 松皮石　(c) 石蛋　(d) 黄蜡石

图 5-6　其它石品材料

山造景而立置石，镌之以文人墨迹，则意境陡生；台地草坪置石，既是园路向导，又可保护绿地。依布置形式不同，置石可以分为如下几类。

1. 特置

特置山石常用做入口的障景和对景，或置于廊间、亭侧、天井中间、漏窗后面、水边、路口或园路转折之处。特置山石也可以和壁山、花台、岛屿、驳岸等结合布置。现代园林中的特置多结合花台、水池或草坪来布置。特置好比单字书法或特写镜头，本身应具有比较完整的构图关系，古典园林中的特置山石常镌刻题咏和命名。

特置山石布置的要点在于相石立意，例如广州海幢公园的猛虎回头（图 5-7），山石体量与环境应协调，前置框景、背景衬托和利用植物弥补山石的缺陷等。

图 5-7　海幢公园的猛虎回头

特置山石的要求如下。

① 特置石应选择体量大、轮廓分明、姿态多变、色彩鲜明、具有较高观赏价值的山石。

② 特置石一般置于相对封闭的小空间，成为局部构图的中心，例如北京颐和园的青芝岫。

③ 石高与观赏距离一般介于 1∶2～1∶3 之间。例如石高 3～6.5m，则观赏距离为 8～18m。在这个距离内才能较好地品玩石的体态、质感、线条、纹理等。为使视线集中，造景突出，可使用框景等造景手法，或立石于空间中心使石位于各视线的交点上，或石后有背景衬托。

④ 特置山石可采用整形的基座，也可以坐落于自然的山石面上，这种自然的基座称“磐”。带有整形基座的山石也称为台景石。台景石一般是石纹奇异，有很高欣赏价值的天然石。有的台景石基座与植物、山石相组合，仿佛大盆景，展示整体之美。

特置山石在工程结构方面要求稳定和耐久，其关键是掌握山石的重心线以保持山石的平衡。传统做法是用石榫头定位，石榫头必须在重心线上，其直径宜大不宜小，榫肩宽 3cm 左右，榫头长度根据山石体重大小而定，一般从十几厘米到二十几厘米。榫眼的直径应大于榫头的直径，榫眼的深度略大于榫头的长度，这样可以保证榫肩与基磐接触可靠稳固。吊装山石前需在榫眼中浇入少量黏合材料，待石榫头插入时，黏合材料便可自然充满空隙。在养护期间，应加强管理，禁止游人靠近，以免发生危险。

没有合适的自然基座时，亦可以采用混凝土基础施工方法加固峰石，方法如下：先在挖好的基础坑内浇注一定体量的块石混凝土基础，并留出榫眼，待基础完全干透后，再将峰石吊装，并用黏合材料粘牢。养护稳定后在混凝土上拼接与峰石纹理相同的山石，形成看起来很自然的基座（图 5-8）。

特置山石还可以结合台景布置。台景也是一种传统的布置手法。用石头或其他建筑材料做成整形的台，内盛土壤，台下有一定的排水设施。然后在台上布置山石和植物。或者仿作大盆景布置，给人欣赏这种有组合的整体美。北京故宫御花园降雪轩前面有用琉璃贴面为基座，以植物和山石组合成台景。据说以往是种太平花的，建筑因此得名。

2. 对置

对置适合于对称的环境中布置。这在北京古典园林中运用较多，如颐和园仁寿殿前的山石布置（图 5-9）。对置的石材其形状、质地、纹理、颜色等大体一致，大小不一定相同。这在北京古典园林中运用较多，也可布置于路口或桥头两侧等。在材料困难的地方亦可用小石拼成大石对置。

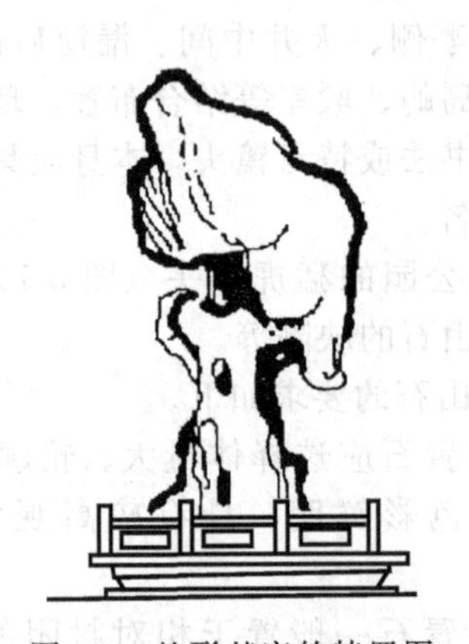

图 5-8　整形基座的特置图

图 5-9　颐和园仁寿殿前的对置山石

3. 散置

散置布置采用所谓的“攒三聚五”、“散漫理之”的做法。这类置石对石材的要求相对较低，但要组合得好，常用于园门两侧、廊间、粉墙前、土山的山麓、山坡、山头上、岛上、水池中或与其它景物结合造景。布置要点在于有聚有散、有断有续、主次分明、高低曲折、顾盼呼应、疏密有致、层次丰富。如苏州耦园二门两侧，几块山石和松枝结合护卫园门，共同组成诱人入游的门景。避暑山庄“卷阿胜境”遗址东北角尚存山石一组，寥寥数块却层次多变，主次分明，高低错落，具有“寸石生情”的效果。北京北海琼华岛南山西路山坡上有用房山石做的散置，处理得比较成功，不仅起到了护坡作用，同时也增添了山势的自然变化。此外，日式园林中平庭石组的构图和布置手法值得借鉴。散置时采用不等三角形构图法，见图 5-10。

散置的关键手法在于一个“活”字，这与我国国画石中所谓“攒三聚五”、“大间小、小间大”等方法相仿。布置时要主从有别，宾主分明，搭配适宜，根据“三不等”原则（即石之大小不等，石之高低不等，石之间距不等）进行配置。图 5-11 所示。

散置山石还常与植物相结合，配置得体，则树石掩映，妙趣横生，景观之美，足可入画。

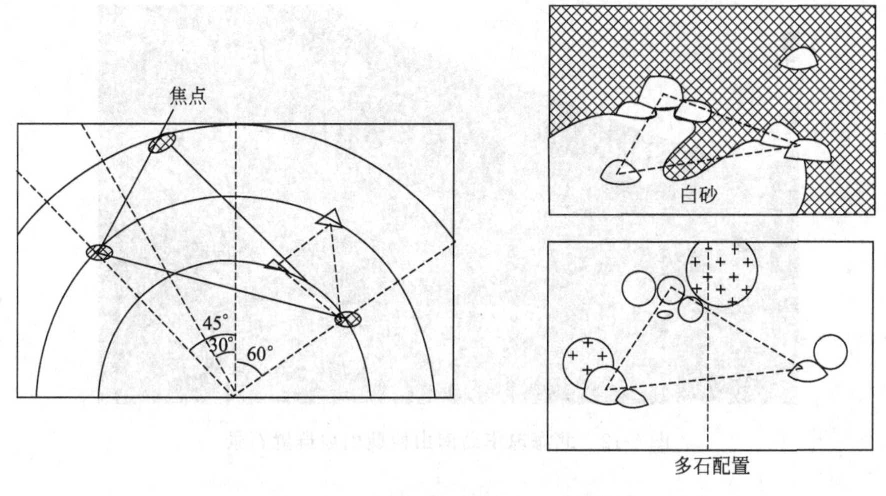

图 5-10　日本平庭的不等三角形构图法

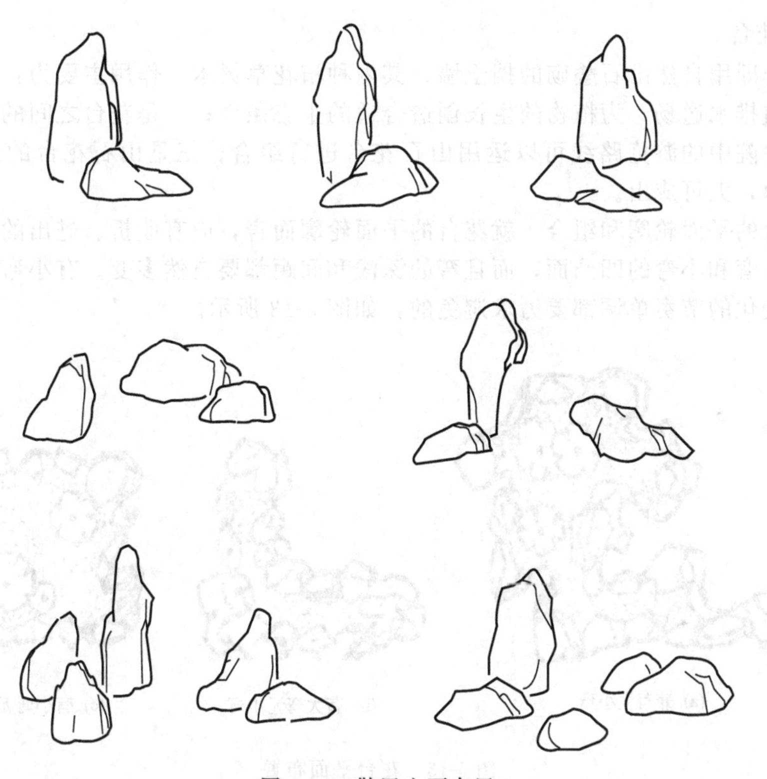

图 5-11　散置山石布置

4. 群置

群置对山石材料的造型要求相对较低，但要组合有致。有时可将山石成列组合，沿墙壁造景，极似山水盆景，称之列置。在一组群置的山石景观组合中，包含了若干个石丛，每个石丛则分别由 3、5、7、9 块山石构成。

北京北海琼华岛南山西麓山坡上，用房山石“攒三聚五”，疏密有致地构成群置的石景，创造出较好的地面景观，处理得比较成功，不仅起到了护坡的作用，而且增强了山地地面的崎岖不平感和嶙峋之势（图 5-12）。

图 5-12 北海琼华岛南山西麓山坡群置石景

二、石作的布置

1. 山石花台

山石花台即用自然山石叠砌的挡土墙，其内种植花草树木。作用主要为：一是降低地下水位，使土壤排水通畅，为植物的生长创造合适的生态条件；二是花台之间的铺装地面自然成为路面，庭院中的游览路线可以运用山石花台进行组合；三是山石花台的形体可随机应变，小可占角，大可成山。

(1) 花台的平面轮廓和组合　就花台的平面轮廓而言，应有曲折、进出的变化。更要注意使之兼有大弯和小弯的凹凸面，而且弯的深浅和间距都要自然多变。有小弯无大弯、有大弯无小弯或变化的节奏单调都要力求避免的，如图 5-13 所示。

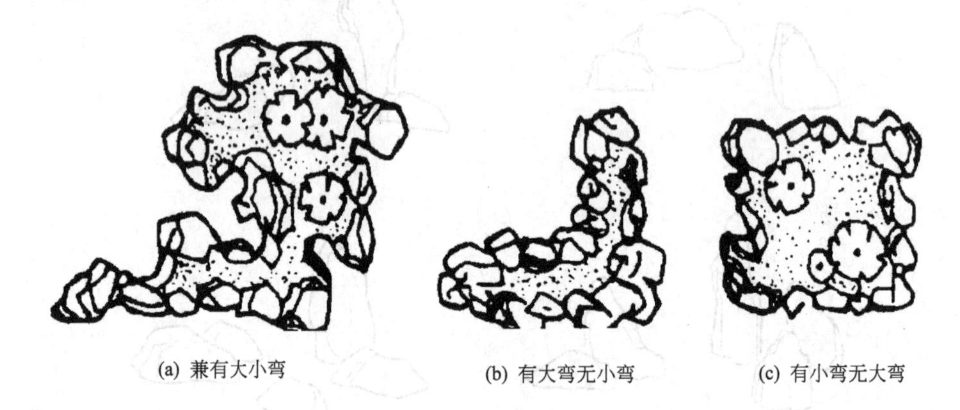

(a) 兼有大小弯　(b) 有大弯无小弯　(c) 有小弯无大弯

图 5-13 花台平面布置

如果同一个空间内不止一个花台，这就有花台的组合问题。花台的组合要求大小相间、主次分明、疏密多致、层次深厚。在外围轮廓整齐的庭院中布置山石花台，就其布局的结构而言，和我国传统的书法、篆刻的手法如“知白守黑”、“宽可走马，密不容针”等都有可以相互借鉴之处。庭院的范围如同纸幅或印章的边缘，其中的山石花台如同篆刻的字体。花台有大小，组合起来园路就有了收放，花台有疏密，空间也有相应的变化。

苏州狮子林燕誉堂前花台作为厅堂的对景，靠墙而理。但由于位置居正中，形体又缺乏变化，显得呆板一些。花台两边虽有踏步引上，但并无佳景可观。而由燕誉堂北进转入小方厅后，这个院落的花台由两部分组成，一个居中，一个占边，二者之间组成自然曲折的园路。它所倚之墙有漏窗，加以竹丛等植物点缀。花台上九狮峰的位置即考虑本院落又能成为从西面进入本院落的对景，自西东望，海棠形洞门里正好框取那块峰石成景（图 5-14）。这组花台组景就比较丰富了。再由小方厅西折到古五松园东院，这里用三个花台把院子分隔成几个有疏密和层次变化的空间。北边花台靠墙，南面花台紧贴游廊转角。在居中的花台立起作为这个局部主景的峰石。这组花台布置显然又丰富多了。

图 5-14　苏州狮子林九狮峰花台

（2）花台的立面轮廓有起伏变化　花台上的山石与平面变化相结合还应有高低的变化，一般是结合立峰来处理，但又要避免用体量过大的立峰堵塞院内的中心位置。花台除了边缘以外，花台中也可少量地点缀一些山石。花台边缘外面亦可埋置一些山石，使之有自然的变化。

（3）花台的断面和细部要有伸缩、虚实和藏露的变化　花台的断面轮廓既有直立，又有坡降和上伸下缩等变化。这些细部技法很难用平面图或立面图说明，具体做法就是使花台的边缘或上伸下缩，或下断上连，或旁断中连，化单面体为多面体，模拟自然界由于地层下陷、崩落山石沿坡滚下成自然围边、落石浅露等形式的自然种植地的景观，如图 5-15 所示。

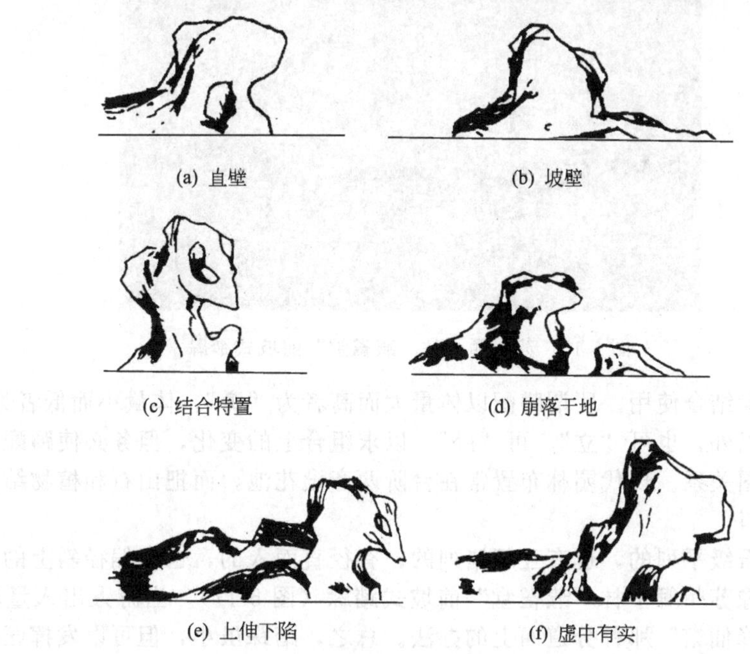

图 5-15　花台立面设计

苏州怡园的牡丹花台位于锄月轩南，台依南园墙而建，自然地跌落成三层互不相遮挡。两旁有山石踏跺抄手引上，因此可观可游。花台的平面布置曲折委婉，道口上石峰散立，高低观之多致，正对建筑的墙面上循壁山作法立起作主景的峰石。就是在不开花时，也有一番景象可览。

2. 山石驳岸

山石驳岸和山石花台要领有共通的道理，不同之处在于花台是从外向内包，驳岸则多是从内向外包。水中岛屿的石驳岸则更接近花台的做法，例如苏州留园湖中岛的石驳岸（图 5-16）。

图 5-16　苏州留园湖中岛

3. 与园林建筑结合的山石布置

用少量的山石在合适的部位装点建筑是一种很好的方法。所置山石模拟自然裸露的山岩，建筑则依岩而建，增添自然的气氛。常见的结合形式有以下几种。

（1）山石踏跺和蹲配　我国建筑多建于台基上，出入口的部位需要台阶作为室内外上下的衔接过渡。这时台阶做成整形的石级，而园林建筑常用自然山石做成踏跺。踏跺石材应选择扁平状的各种角度的梯形甚至是不等边的三角形，每级为 10～30cm，有的还可以更高一些，每级的高度也不一定完全一样。山石每一级都向下坡方向有 2% 的倾斜坡度以便排水。石级断面要上挑下收，以免人们上台阶时脚尖碰到石级上沿。用小块山石拼合的石级，拼缝要上下交错，以上石压下缝。

图 5-17　苏州狮子林“燕雀堂”前坡式踏跺

蹲配常与踏跺结合使用。所谓蹲配以体量大而高者为“蹲”，体量小而低者为“配”。实际上除了“蹲”以外，也可“立”、可“卧”，以求组合上的变化，但务必使蹲配在建筑轴线两旁有均衡的构图关系。现代园林布置常在台阶两旁设花池，而把山石和植物结合在一起用以装饰建筑出入口。

山石踏跺有石级平列的，也有互相错列的；有径直而入的，也有偏径斜上的。当台基不高时，可以采用像苏州狮子林“燕雀堂”前坡式踏跺（图 5-17）。当游人出入量较大时可采用苏州留园“五峰仙馆”那种分道而上的办法。总之，踏跺虽小，但可以发挥匠心的处理却不少。

(2) 角隅理石　角隅理石包括抱角和镶隅。建筑或围墙的墙面多成直角转折，线条都比较单调、平滞，故常以山石加以美化。对于外墙角，山石成环抱之势紧抱基角墙面，称为抱角（图 5-18）；对于内墙角，则以山石填镶其中，称之为镶隅（图 5-19）。镶隅的山石常与观赏植物组合，花木扶疏，光影变化，打破了墙角的单调与平滞。

图 5-18　抱角

图 5-19　镶隅

经过这样处理，本来是在建筑外面包了一些山石，却又似建筑落在自然的山岩上。山石抱角和镶隅的体量均须与墙体所在的空间取得协调。例如一般园林建筑体量不大，所以无须做过于臃肿的抱角。当然，也可以用以小衬大的手法用小巧的山石衬托宏伟、精致的园林建筑。

(3) 粉壁置石　粉壁置石也称壁山，是用墙为背景，在墙前布置石景或山景。有的结合花台、特置和各种植物进行布置，式样多变。如苏州留园鹤所墙前以山石作基础布置，高低错落，疏密相间，并用小石峰点缀建筑立面，这样一来，白粉墙和暗色的漏窗门洞的空处都形成衬托山石的背景，竹、石的轮廓非常清晰。粉壁置石一般要求背景简洁，置石要掌握好重心，不可依靠墙壁，同时注意山石排水，避免墙角积水。

(4) 廊间山石小品　园林中的长廊为了争取空间的变化和使游人从不同角度去观赏景物，在平面上往往做成曲折回环的半壁廊，这样便会在廊与墙之间形成一些大小不一、形体各异的小天井空隙地。这是可以发挥用山石小品“补白”的地方，使之在很小的空间里也有层次和深度的变化。同时可以诱导游人按设计的游览序列入游，丰富沿途的景色，使建筑空间小中见大，活泼无拘，如上海豫园东园万花楼东南角有一处回廊小天井就处理得较好。

(5)“尺幅窗”和“无心画”　园林景色为了使室内空间互相渗透常用漏窗组景，即在内墙适当位置开成漏窗（尺幅窗），然后在窗外布置竹石小品之类，使景入画，称为“无心画”。以“尺幅窗”透取“无心画”是从暗处看明处，窗花有剪影的效果，加以石景以粉墙为背景，从早到晚，窗景因时而变。如苏州留园“石林小院”的漏窗石景（图 5-20）。

除此之外，山石可作为园林建筑的台基、支墩和镶嵌门窗，变化之多，不胜枚举。

(6) 云梯　即以山石掇成的室外楼梯，既可节约使用室内建筑面积，又可成自然山石之景。如果只能在功能上作为楼梯而不能成景则不是上品。最容易犯的毛病是山石楼梯暴露无遗，和周围的景物缺乏联系和呼应。而做得好的云梯往往组合丰富，变化自如，如苏州网师园东院将壁山和山石楼梯结合一体。由山上楼，比较自然。其山石楼梯一面贴墙，山石置石洞，穿洞而下结合山石花台与地面相衔接，如一团云停留于此，颇具变化。

4. 山石器设

用山石做室内外的家具或器设也是我国园林中的传统做法，山石几案宜布置在林间空地或有树木遮阳的地方，以免游人受太阳暴晒。

山石器设既可独立布置，又可与其他景物结合设置。在室外可结合挡土墙、花台、水池、驳岸等统一安排；在室内可以用山石叠成柱子作为装饰。

山石几案虽有桌、几、凳之分，但切不可按一般家具那样对称安置，如图 5-21 所示，几个石凳大小、高低、体态各不相同，却又很均衡地统一在石桌周围。

图 5-20　苏州留园的尺幅窗

图 5-21　山石几案

第四节　假山设计

一、假山设计要点

假山最根本的法则是“做假成真”，达到“虽由人作，宛自天开”之境界。所以要师法自然，以艺术的手法对真山进行提炼、加工，让假山成为一件艺术作品。《园冶》“自序”谓“有真斯有假”，说明真山水是假山水的取之不尽的源泉，是造山的客观依据。

1. 相地合宜，造山得体

相地即分析场地，假山设计应根据所处基址的环境条件，因地制宜地确立山体布局与造型。如果在山地造山，则考虑与真山之关系，做到真假结合，二者浑然一体；如果有水可依，则山环水绕，使山得水而灵，因水而活；如果于内庭造山，则考虑与建筑的协调与过渡，在小的空间中创造出无限的自然之趣。山的体量也应与自然环境相协调。大园可造游览之大山，庭院多造观赏的小山，大者须雄伟，高耸者须秀拔，低矮者须平远。

2. 主次分明，相辅相成

宋代李成《山水诀》中“先立宾主之位，次定远近之形，然后穿凿景物，摆布高低。”阐述了山水布局的思维逻辑。假山必须根据其在总体布局中之地位和作用来安排与其它景物的关系，切不可喧宾夺主。布局时应先从园之功能和意境出发，再结合用地特征来确定宾主之位。“拙政园”、“网师园”、“秋霞圃”皆以水为主，以山辅水，建筑的布置主要考虑和水的关系，同时也照顾和山的关系。而“瞻园”、“个园”、“静心斋”却以山为主景，以水和建筑辅助山景。

确定假山的布局地位以后，假山本身还有主从关系的处理。《园冶》提出：“独立端严，次相辅弼”，就是强调先定主峰的位置和体量，然后再辅以次峰和配峰，做到主次分明，层次丰富，一般按不对称三角形构图，主、次、配之高度比为3∶2∶1。

3. 山形变化，莫为两翼

山依其形体可分为山麓、山腰和山头三部分，无论哪部分，均要做到变化丰富，不呈对称的两翼。山麓部分要收放自如，曲折婉转，以奠定整座山变化的基础；山腰部分要有陡缓之变化，对一面坡而言，要陡缓结合、有张有弛，从相对的两面坡来看，要一陡一缓，切莫成对称状；而山头则不宜居中，否则山必呆板。总之要做到山形的丰富变化和构图的不对称。

4. 山有三远，移步换景

宋代郭熙《林泉高致》说：“山有三远。自山下而仰山巅谓之高远；自山前而窥山后谓之深远；自近山而望远山谓之平远。”高远指采用仰视的手法，表现假山峭壁千仞、雄伟险峻的山体景观；深远为平视，表现山重水复，或两山并峙、犬牙交错的山体景观，具有层次丰富、景色幽深的特点；平远为俯视，表现平岗山岭、错落蜿蜒的山体景观，具有千里江山不尽、万顷碧波荡漾之感。

又说：“山近看如此，远数里看又如此，远十数里又如此，每远每异，所谓山形步步移也。山正面如此，侧面又如此，背面又如此，每看每异，所谓山形面面看也。如此是一山而兼数百山之形状，可得不悉乎？”。

苏州环秀山庄的湖石假山并不以奇异的峰石取胜。而是从整体着眼，局部着手，在面积很有限的地盘上掇出极似自然的山水景观。整个山体可分三部分，主山居中而偏东南，客山远居园之西北角，东北角又有平岗拱伏，通过一条游览路线贯穿山体，使游人从不同视角和视距观赏景物，体会到山景的三远变化。游人无论自平台北望，还是跨桥、过栈道、进山洞、跨谷、上山均可因观赏角度不同而欣赏到一幅幅变化的山水画面。既有“山形步步移”，又具“山形面面看”。层次、虚实、气势在此体现。

5. 远观山势，近看石质

远观山势，近看石质指假山设计既要强调布局和结构的合理性，又要重视细部的处理。“势”指山水轮廓、山体组合及其所体现的态势特征。造山要胸有成局，意在笔先，全局章法不乱，远观山势嶙峋、气魄胜人。“质”在这里不仅指石质，还包括假山的细部处理，“近看质”指近处观赏假山的细部效果。首先要求掇山所用山石的纹理、色泽、石性均须一致，要求石质统一；其次要求假山表面讲究“效法”自然，山之凹凸变化、纹理走势等表面观感均需符合自然之理。

6. 寓情于石，情景交融

掇山很重视内涵与外表的统一，常采用象形、比拟和激发联想的手法创造意境。即所谓“片山有致，寸石生情”。中国自然山水园的外观是力求自然的，但其内在的意境又完全受人的意识支配。具体手法有形似“十二生肖”的石形及“狮子林”等各种象形手法；有以“冠云峰”、“一梯云”等文学题咏引发的联想手法；还有各种寓意手法，如“一池三山”、“仙山琼阁”等神话寓意；“峰虚五老”、“狮子上楼台”、“金鸡叫天门”等地方传统寓意；“桃花源记”、“濠濮间想”等哲理典故寓意；“四季假山”，“晓望晚望”等时态寓意。

二、假山设计手法

1. 平面处理手法

(1) 转折　平面的转折造成山势的回转、凹凸和深浅变化。

（2）错落　山脚的凹凸变化要采用不规则的错落处理，使山脚线自然且有变化。

（3）断续　在保证假山主体完整的情况下，其前后左右的边缘部分可用一些与主体分离的小山体来丰富假山变化。

（4）延伸　山脊向外的延伸和山沟向内的延伸加强了山的深远感。

（5）环抱　山之余脉前伸，形成环抱之势，创造出幽静的半封闭空间。

（6）平衡　假山变化需符合自然山体变化规律，各部分在变化中达到统一协调。

2. 立面处理手法

（1）高低变化　立面为不对称均衡构图，重心要稳，但主峰不居中，主、次、配峰高低错落。

（2）纹理平顺　皴纹线条，相互理顺。

（3）呼应有序　山体之间，动势呼应，虽参差不齐，但如老幼尊卑，顾盼呼应，井然有序。

三、假山设计表现

1. 假山平面图绘制

（1）图纸比例　根据假山规模大小，可选用1∶200，1∶100，1∶50，1∶20。

（2）图纸内容　应绘出假山区的基本地形，包括等高线、山石陡坎、山路与栈道、水体等。如区内有保留的建筑、构筑物、树木等地物，也要绘出。然后再绘出假山的平面轮廓线，绘出山洞、悬崖、巨石、石峰等的可见轮廓及配植的假山植物。

（3）线型要求　等高线、植物图例、道路、水位线、山石皴纹线等用细实线绘制。假山山体平面轮廓线（即山脚线）用粗实线绘出，悬崖、绝壁的平面投影外轮廓线若超出了山脚线，其超出部分用粗的或中粗的虚线绘出。建筑物平面轮廓用粗实线绘制。假山平面图形内，悬崖、山石、山洞等可见轮廓的绘制则用标准实线。平面图中的其它轮廓线也用标准实线绘制。

（4）尺寸标注　主要是标注一些特征点的控制性尺寸，如假山平面的凸出点、凹陷点、转折点的尺寸和假山总宽度、总厚度、主要局部的宽度和厚度等。也可用方格网控制。

（5）高程标注　在假山平面图上应同时标明假山的竖向变化情况，其方法是：土山部分的竖向变化，用等高线来表示；石山部分的竖向高程变化，则可用高程箭头法来标出，主要标注山顶中心点、大石顶面中心点、平台中心点、山肩最高点、谷底中心点等特征点的高程。假山下有水池的，要注出水面、水底、岸边的标高。

2. 假山立面图绘制

（1）图纸比例　应与同一设计的假山平面图比例一致（图5-22）。

（2）图纸内容　要绘出假山立面可见部分的轮廓形状、表面皴纹，并绘出植物等配景的立面图形。

（3）线型要求　绘制假山立面图形一般可用白描画法。假山外轮廓线用粗实线，山内轮廓用中粗实线，皴纹线则用细实线。绘制植物立面也用细实线。也可在阴影处用点描或线描方法绘制，将假山立面图绘制成素描图，则立体感更强。但采用点描或线描的地方不能影响尺寸标注或施工说明的注写。

（4）尺寸标注　假山立面的方案图，可只标注横向的控制尺寸，如主要山体部分的宽度和假山总宽度等。在竖向方面，则用标高箭头来标注主要山头、峰顶、谷底、洞底、洞顶的相对高程。如果绘制假山立面施工图，则横向的控制尺寸应标注更详细一点，竖向也要对立面的各种特征点进行尺寸标注。

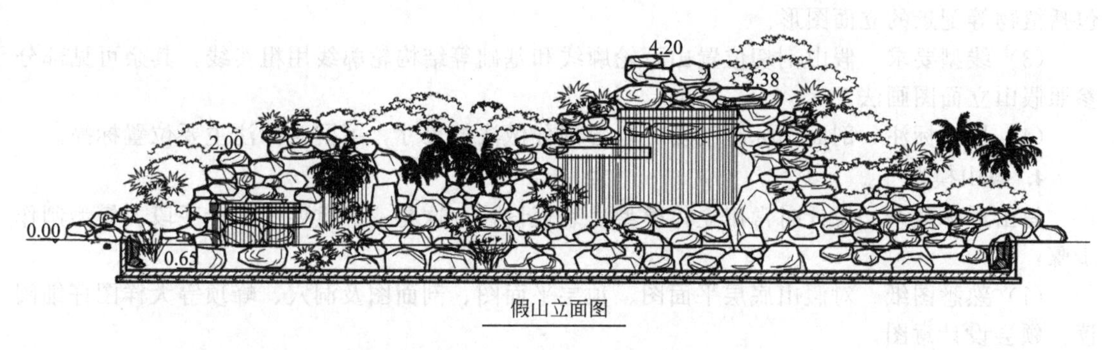

假山立面图

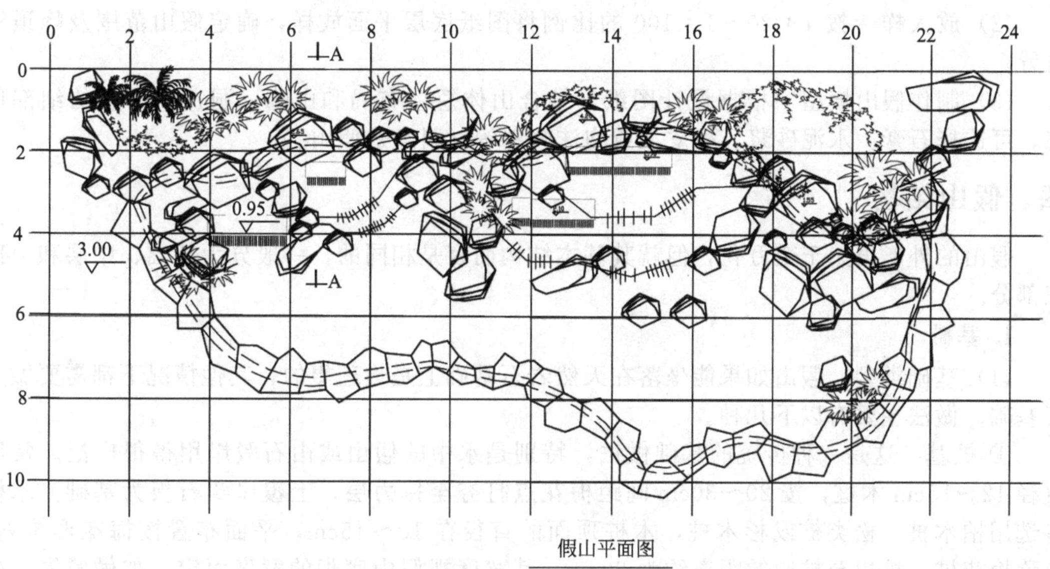

假山平面图

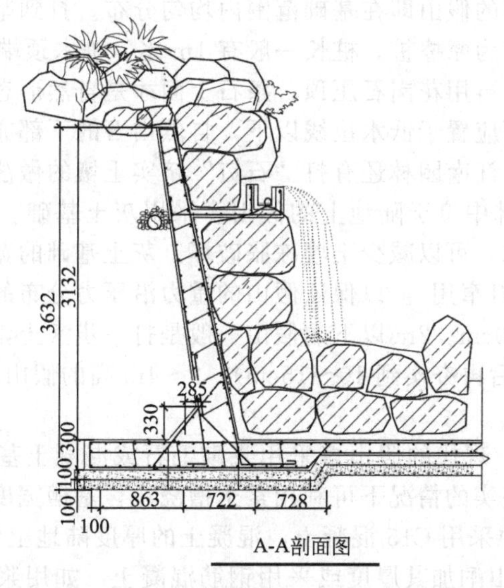

A-A剖面图

图 5-22　假山平面图、立面图和剖面图

3. 假山剖面图绘制

（1）图纸比例　一般与同一设计的假山平、立面图比例一致。

（2）图纸内容　要绘出假山剖切位置的轮廓形状、剖切面后面可见部分的立面形态，可包括植物等配景的立面图形。

（3）线型要求　假山剖切位置山石轮廓线和基础等结构轮廓线用粗实线，其余可见部分参照假山立面图画法。

（4）尺寸标注　剖面图标注剖切位置各部分做法的尺寸，可同时标注主要位置标高。

4. 假山模型

假山形体复杂，设计时常用立体模型法表现设计，这是一种重要的设计手段。模型制作步骤：

（1）熟悉图纸　对假山底层平面图、顶层平面图、剖面图及洞穴、峰顶等大样图仔细阅读，领会设计意图。

（2）放大样　按 1∶20～1∶100 的比例将图纸底层平面放样，确定假山范围及峰顶等位置。

（3）制作假山模型　根据设计图纸，结合山体总体布局和山峰、洞穴、溪涧的细部形态，可选择石膏、水泥砂浆、橡皮泥或泡沫塑料等材料塑造假山。

四、假山结构

假山的外形虽然千变万化，但就其基本结构而言是相同的，一般分为基础、中层和山顶三部分。

1. 基础

（1）基础类型　假山如果能坐落在天然岩石基础上是最理想的，其他情况下都需要做人工基础。做法主要有以下几种。

① 桩基　这是一种传统的基础做法，特别是水中的假山或山石驳岸用得很广泛。常用直径 12～15cm 木桩，按 20～30cm 间距梅花点打夯至持力层，上覆厚实石板为基础。木桩多选用柏木桩、松类桩或杉木桩，木桩顶面的直径在 10～15cm，平面布置按梅花形排列，故称梅花桩。桩边至桩边的距离约为 20cm。其宽度视假山底脚的宽度而定。如做驳岸，少则三排，多则五排，大面积的假山即在基础范围内均匀分布。打到坚硬土层的桩，称为支撑桩；用以挤实土壤的桩，称为摩擦桩。桩长一般有 1m 多。桩木顶端露出湖底十几厘米至几十厘米，其间用块石嵌紧，再用花岗石压顶，条石上面才是自然形态的山石，此即所谓“大块满盖桩顶”的做法。条石应置于低水位线以下，自然山石的下部亦在水位线下。这样不仅美观，也可减少桩木腐烂。江南园林还有打“石钉”挤实土壤的做法。

② 灰土基础　北方园林中位于陆地上的假山多采用灰土基础。灰土基础有比较好的凝固条件，灰土凝固后不透水，可以减少土壤冻胀破坏。灰土基础的宽度应比假山底面宽度宽出约 0.5m，术语称为“宽打窄用”。以保证假山的重力沿压力分布的角度均匀地传递到素土层。灰槽深度一般为 50～60cm。2m 以下的假山一般是打一步素土，打一步灰土（一步灰土即灰土厚 20～30cm，踩实后再夯实到 10～15cm）；2～4m 高的假山用一步素土、两步灰土。灰土的比例采用 3∶7。

③ 毛石或混凝土基础　现代的假山多采用浆砌毛石或混凝土基础。这类基础耐压强度大，施工速度快。在基础坚实的情况下可利用素土槽浇注，基槽宽度同灰土基。陆地上选用不低于 C10 的混凝土，水中采用 C15 混凝土，混凝土的厚度陆地上约 10～20cm，水中基础约为 50cm。如遇高大的假山酌加其厚度或采用钢筋混凝土。如用浆砌毛石基础，毛石应选未经风化的石料，用 1∶2～1∶3 水泥砂浆浆砌，砂浆必须填满空隙，不得出现空洞和缝隙，厚 30～50cm。采用浆砌块石基础能够便于就地取材，从而降低基础工程造价。如果基础为较软弱的土层，要对基土进行特殊处理，做法是先将基槽夯实，在素土层上铺钉石 20cm 厚。尖头向下夯入土中 6cm 左右，其上再铺设混凝土或砌毛石基础。

（2）拉底和做脚　在基础上铺置底层自然山石，术语称为拉底。假山空间的变化都立足于这层，所以，“拉底”为叠山之本。如果底层未打破整形的格局，则中层叠石亦难于变化，此层山石大部分在地面以下只有小部分露出地表，不需要形态特别好的山石。但由于它是受压最大的自然山石层，所以拉底山石要求有足够的强度，宜选用顽夯、未风化的大石。拉底时要达到向背得宜、曲折错落、断续相间、密连互咬、垫平稳固。

做脚就是用山石堆叠山脚，它是在掇山施工大体完工以后，于紧贴拉底石外缘部分拼叠山脚，以弥补拉底造型的不足。根据主山的上部造型来造型，既要表现出山体如同土中自然生长的效果，又要特别增强主山的气势和山形的完美。

假山山脚的造型应与山体造型结合起来考虑，施工中的做脚形式主要有凹进脚、凸出脚、断连脚、承上脚、悬底脚、平板脚等造型形式。当然，无论是哪一种造型形式，它在外观和结构上都应当是山体向下的延续部分，与山体是不可分割的整体。即使采用断连脚、承上脚的造型，也还要“形断迹连，势断气连”，在气势上连成一体。

2. 中层

中层即底石以上、山顶以下之间的部分。这部分体量最大，是观赏的主要部位，用材广泛，单元组合和结构变化多端，山体的各种形态多出自此层。中层因堆山所用石料特性的不同，而呈现出以下三种结构形式：

① 环透式结构　山体孔洞环绕，玲珑剔透，显得婉转柔和，丰富多变。

② 层叠式结构　山形横向伸展，层叠而上，具轻盈飞动之效果。

③ 竖立式结构　山石竖向砌叠，具有向上动势，挺拔有力。

3. 山顶

山的最上部位即顶层，是假山立面上最突出、最重要的观赏部位，顶部的设计和施工直接关系到整个假山的艺术形象。从结构上讲，收顶的山石要求体量大的，以便紧凑收压。从外观上看，顶层的体量虽不如中层大，但有画龙点睛的作用，因此要选用轮廓和体态都富有特征的山石。山顶一般有峰顶、峦顶、崖顶和平顶四种类型。

（1）峰顶　峰顶又可分为

① 剑立式峰顶　利用瘦长直立，以竖向取胜的剑石矗立于山顶，峭拔挺立，有刺破青天之势。

② 斧立式峰顶　峰石上大下小，如斧头侧立，稳重而具险意。

③ 流云式峰顶　峰顶横向挑伸，形如奇云横空。

④ 斜劈式峰顶　势如倾斜山岩，斜插如削，有明显的动势。

⑤ 悬垂式峰顶　主要用于某些洞顶，犹如钟乳倒垂，滋润欲滴，以奇取胜。

（2）峦顶　峦顶可以分为圆丘式峦顶，顶部为不规则的圆丘状隆起，像低山丘陵，此顶由于观赏性差，一般主山和重要客山多不采用，个别小山偶尔可以采用；梯台式峦顶，形状为不规则的梯台状，常用大块板状山石平伏压顶而成；玲珑式峦顶，山顶有含有许多洞眼的玲珑型山石堆叠而成；灌丛式峦顶，在隆起的山峦上普遍栽植耐旱的灌木丛，山顶轮廓由灌丛顶部构成。

（3）崖顶　山崖是山体陡峭的边缘部分，既可以作为重要的山景部分，又可作为登高望远的观景点。山崖主要可以分为：平顶式崖顶，崖壁直立，崖顶平伏；斜坡式崖顶，崖壁陡立，崖顶在山体堆砌过程中顺势收结为斜坡；悬垂式崖顶，崖顶石向前悬出并有所下垂，致使崖壁下部向里凹进。

（4）平顶　园林中，为了使假山具有可游、可憩的特点，有时将山顶收成平顶。其主要类型有平台式山顶、亭台式山顶和草坪式山顶。

所有这些收顶的方式都在自然地貌中有本可寻。收顶往往是在逐渐合凑的中层山石顶面加以重力的镇压，使重力均匀地分层传递下去。往往用一块收顶的山石同时镇压下面几块山石，如果收顶面积大而石材不够时，就要采取“拼凑”的手法，并用小石镶缝使成一体。在掇山施工的同时，如果有瀑布、水池、种植池等构景要素，应与假山一起施工，并通盘考虑施工的组织设计。

五、假山施工

1. 施工准备

（1）石料的选择　石料的选择应在充分理解设计意图后，根据假山造型的需要而决定。依据山石产地石料的形态特征，于想像中先行拼凑哪些石料可用于假山的何种部位，并要通盘考虑山石的形状与用量。为方便掇山施工，石料运到工地后应分块平放在地面上以供“相石”之需。同时，按大小、好坏、掇山使用顺序将石料分门别类，进行有秩序的排列放置。

（2）工具的准备

① 手工工具与操作　手工工具如铁铲、箩筐、镐、钯、灰桶、瓦刀、水管、锤、杠、绳、竹刷、脚手架、撬棍、小抹子、毛竹片、钢筋夹、木撑、三角铁架、手拉葫芦等。

② 机械工具　假山堆叠需要的机械包括混凝土机械、运输机械和起吊机械。小型堆山和叠石用手拉葫芦就可完成大部分工程，而对于一些大型的叠石造山工程，吊装设备尤显重要。

（3）假山结构配件

① 平稳设施和填充设施　为安置底面不平的山石，在找平山石以后，于底下不平处垫以一至数块控制平稳和传递重力的垫片，称为“刹”或“重力石”、“垫片”。

② 铁活加固设施　常用熟铁或钢筋制成，用于在山石本身重心稳定的前提下加固。铁活要求用而不露，不易发现。常用的有（图 5-23）所示几种。

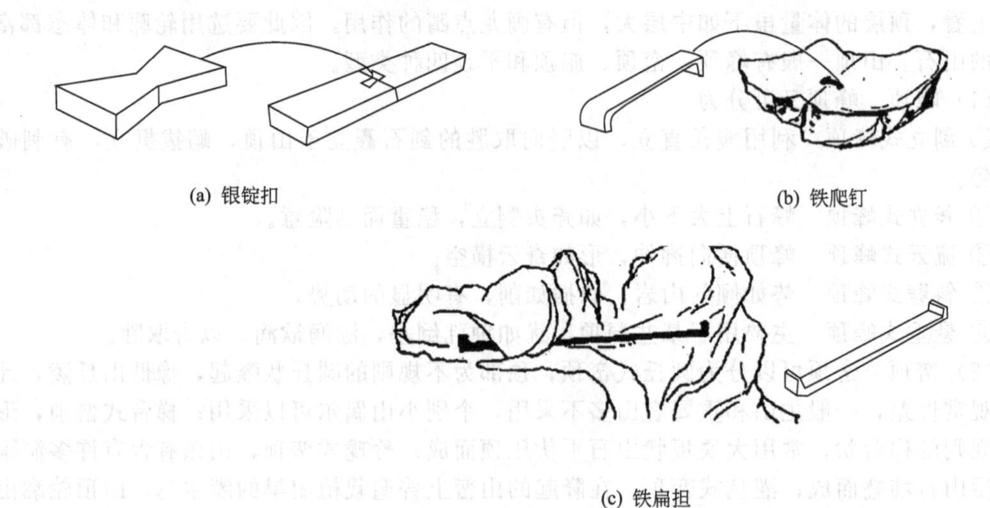

图 5-23　铁活加固设施

a. 银锭扣　为生铁铸成，有大、中、小三种规格，主要用以加固山石间的水平联系，先将石头水平向接缝作为中心线，再按钮锭扣大小划线凿槽打下去，其上接山石而不外露。

b. 铁爬钉　用熟铁制成，用以加固山石水平向及竖向的连接。

c. 铁扁担　多用于加固山洞，作为石梁下面的垫梁。铁扁担之两端成直角上翘，翘头略高于所支承石梁的两端。

d. 马蹄形吊架和叉形吊架　见于江南一带。扬州清代宅园“寄啸山庄”的假山洞底，由于用花岗石做石梁只能解决结构问题，外观极不自然，用这种吊架从条石上挂下来，架上再安放山石，便接近自然山石的外貌。

2. 掇山基本技法

掇山无论其规模大小都是由一块块形态、大小不一的山石拼叠起来的。掇山施工中，应对每一块石料的特性有所了解，观察其形状、大小、重量、纹理、脉络、色泽等，并熟记在心，在堆叠时先在想象中进行组合拼叠，然后在施工时按掇山基本技法，灵活机动进行组合。

假山的叠石技法（或称手法），因地域不同，常将其分成北、南两派，即以北京为中心的北方流派和以太湖流域为中心的江南流派。北派传有："安、连、接、斗、挎、拼、悬、剑、卡、垂"的"十字诀"。又流传有"安连接斗挎，拼悬卡剑垂，挑飘飞戗挂，钉担钩榫扎，填补缝垫刹，搭靠转换压"的"三十字诀"。江南一带则流传为"叠、竖、垫、拼、挑、压、钩、挂、撑"的"九字诀"。其实其造型技法大致相同，都是假山在堆叠过程中山石与山石之间相互结合的一些基本形式和操作的造型技法。目前这些基本叠石技法在假山施工过程中经常使用，并被列入了我国《假山工职业技能岗位鉴定规范》。但现在假山施工更注重的是崇尚自然，朴实无华。尤其是采用千层石、山冈石的地方，要求是整体效果，而不是孤石观赏。整体造型，既要符合自然规律，在情理之中，又要高度概括提升，在意料之外。

3. 假山洞结构形式

山洞是山体造型的主要形式。根据结构受力不同，假山洞的结构形式主要有以下 3 种。

(1) 梁柱式　如图 5-24 所示，假山石梁或石板的两端直接放在山洞两侧的洞柱上。采用梁柱式结构的洞顶整体性强，结构比较简单，也很稳定，因此是造山中最常用的结构形式之一。假山洞壁由柱和墙两部分组成，柱受力而墙承受荷载不大，因此洞墙部分可用做采光和通风。洞顶常采用花岗石条石为梁，或间有"铁扁担"加固。这样虽然满足了结构上的要求，但洞顶外观极不自然。扬州"寄啸山庄"假山用铁吊架从条石上挂下来，上架山石，可弥补单调、呆板之感，显得自然生动。如能采用大块自然山石为梁，使洞顶和洞壁溶为一体，景观更加自然。

(2) 挑梁式　亦称叠涩式。如图 5-25 所示，用山石从两侧洞壁、洞柱向洞中央相对悬挑伸出，并合龙做成洞顶。在砌筑比较宽的山洞时，一般从洞柱的中上部开始用长条形自然山石层层出挑，渐起渐向洞顶中央挑出，至洞顶再用大石压顶合龙，这种属于多层出挑。而在砌筑比较狭窄的山洞时，只在洞柱顶部向洞中央相对挑出一层山石即可合龙，这种则属于单层出挑。

图 5-24　梁柱式假山洞

图 5-25　叠涩式假山洞

(3) 券拱式　如图5-26所示，这种结构形式多用于较大跨度的洞顶，是用块状山石作为券石，顺序起拱，做成拱形洞顶。其环拱所承受的重力是沿着券石从中央分向两例相互挤压传递，能够很好地向洞柱洞壁传力，因此不会像挑梁式和盖梁式洞顶那样将石梁压断。由于做成洞顶的石材不是平直的石梁或石板，而是多块不规则的自然山石，其结构形式又使洞顶洞壁连成一体，使山洞洞顶整体感很强，洞景自然，与自然山洞形象相近。此法为清代叠山名师戈裕良所创，现存苏州环秀山庄的太湖石假山亦出自戈氏之手，其中山洞无论大小均采拱式结构。

4. 施工流程

施工放线——挖槽——基础施工——拉底——中层施工——扫缝收顶与做脚——检查验收——使用保养。

图5-26　券拱式假山洞

(1) 施工放线　根据设计图纸的位置与形状在地面上放出假山的外形形状。由于基础施工比假山的外形要宽，放线时应根据设计适当放宽。在假山有较大幅度的外挑时，要根据假山的重心位置来确定基础的大小。

(2) 挖槽　根据基础的深度与大小挖槽。假山堆叠南北方各不相同，北方一般满拉底，基础范围覆盖整个假山；南方一般沿假山外形及山洞位置设基础，山体内多为填石，对基础的承重能力要求相对较低。因此挖槽的范围与深度需要根据设计图纸的要求进行。

(3) 基础施工　基础是影响假山稳定和艺术造型的基础，掇山必先有成竹在胸，才能准确确定假山基础的位置、外形和深浅。否则假山基础即起出地面，再想改变就很困难，因为假山的重心不可超出基础之外。

(4) 拉底　拉底又称起脚，有使假山的基础稳固和控制其平面轮廓的作用。拉底的材料要求大块、坚实。

(5) 中层施工

① 拼叠山石的基本原则　石料通过拼叠组合，或使小石变成大石，或使石形组成山形，这就需要进行一定的技术处理使石块之间浑然一体，做假成真。在叠山过程中要注意以下方面。

a. 同质　同质指掇山用石，其品种、质地、石性要一致。

b. 同色　同质石料的拼叠在色泽上也应一致才好。

c. 接形　将各种形状的山石外形互相组合拼叠起来，既有变化而又浑然一体。正确的接形除了石料的选择要有大有小、有长有短等变化外，石与石的拼接面应力求形状相似，讲究就势顺势。如向左则先用石造出左势，如向右则先用石造出右势；欲高先接高势，欲低先出低势。

d. 合纹　纹是指山石表面的纹理脉络。当山石拼叠时，合纹不仅仅指山石原来的纹理脉络的衔接，而且还包括外轮廓的接缝处理。

e. 过渡　山石的“拼整”操作，常常是在千百块石料的拼整组合过程中进行的，因此，即使是同一品质的石料也无法保证其色泽、纹理和形状上的统一。因此在色彩、外形、纹理等方面有所过渡，这样才能使山体具有整体性。

② 中层施工的技术要点

a. 接石压茬　山石上下的衔接要求石石相接、严丝合缝。

b. 偏侧错安　在下层石面之上，再行叠放应放于一侧，破除对称的形体，避免成四方、长方、正品或等边、等三角等形体。要因偏得致，错综成美。

c. 仄立避“闸” 将板状山石直立或起撑托过河者，称为“闸”。山石可立、可蹲、可卧，但不宜像闸门板一样仄立。仄立的山石很难和一般布置的山石相协调，显得呆板，而且向上接山石时接触面较小，影响稳定。

d. 等分平衡 掇山到中层以后，平衡的问题就很突出了。《园冶》中“等分平衡法”和“悬崖使其后坚”便是此法的要领。无论是挑、挎、悬、垂等，凡有重心前移者，必须用数倍于“前沉”的重力稳压内侧，把前移的重心再拉回到假山的重心线上。

③ 勾缝和胶结 太湖石宜用色泽相近的灰白色灰浆勾缝，此外勾缝的做法还有桐油石灰（或加纸筋）、石灰纸筋、明矾石灰、糯米浆拌石灰等多种，湖石勾缝再加青煤，黄石勾缝后刷铁屑盐卤等，使之与石色相协调。现代掇山广泛使用1：1水泥砂浆，勾缝用“柳叶抹”，有勾明缝和暗缝两种做法。一般是水平向缝都勾明缝，在需要时将竖缝勾成暗缝，即在结构上结成一体，而外观上若有自然山石缝隙。勾明缝务必不要过宽，最好不要超过2cm，如缝过宽，可用随形之石块填后再勾浆。

(6) 收顶 即处理假山最顶的山石。从结构上讲，收顶的山石要求体量大，以便合凑收压。从外观上，顶层的轮廓和体态有画龙点睛的作用。其主、次、宾、配彼此有别，错落有致。

(7) 做脚 具体做脚时，可以采用点脚法、连脚法或块面脚法三种做法（图5-27）。

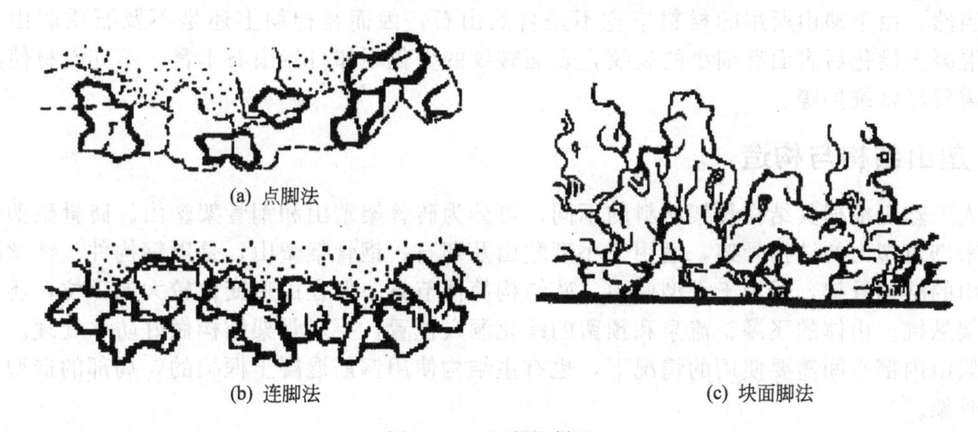

图5-27 山脚的做法

① 点脚法 主要运用于具有空透型山体的山脚造型。所谓点脚，就是先在山脚线处用山石做成相隔一定距离的点，点与点之上再用片状石或条状石盖上。这样就可在山脚的一些局部造出小的空穴，加强假山的深厚感和灵秀感。

② 连脚法 做山脚的山石依据山脚的外轮廓变化，成曲线状起伏连接，使山脚具有连续、弯曲的线形，同时以前错后移的方式呈现不规则的曲折变化。

③ 块面脚法 一般用于拉底厚实、造型雄伟的大型山体，如苏州的耦园主山山脚。这种山脚也是连续的，但与连脚法不同的是，做出的山脚线呈现大进大退的形象，山脚突出部分与凹陷部分各自的整体感都要强，而不是小幅度的曲折变化。

第五节 园林塑山

一、塑山的特点

塑山是指用雕塑艺术的手法塑造仿自然山石的总称。这种工艺是在传统灰塑工艺的基础

图 5-28 广州云台花园岩石园塑山

上发展起来的，具有用真石掇山、置石同样的功能。塑山采用水泥、玻璃钢等现代材料制作，具有施工灵活、造型可塑性强、表现力强等优点。园林塑山在岭南园林中出现较早，如岭南四大名园（佛山梁园、顺德清晖园、番禺余荫山房、东莞可园）中都不乏灰塑假山的身影。塑山作为一种专门的假山工艺，在现代园林中得到广泛运用（图 5-28）。

塑山在园林中得以广泛运用，与其“便”“活”“快”“真”的特点是密不可分的。

便——塑山所用的砖、水泥等材料来源广泛，取用方便，可就地解决，无需采石，运石。

活——塑山在造型上不受石材大小和形态限制，可完全按照设计意图进行山石造型。

快——塑山的施工期短，见效快。

真——好的塑山无论是在色彩还是质感上都能取得逼真的石山效果。

当然，由于塑山所用的材料毕竟不是自然山石，因而在神韵上还是不及石质假山。还有，混凝土硬化后表面有细小的裂纹，表面皴纹的变化不如自然山石丰富，不如石材使用期长，需要经常维护等。

二、塑山结构与构造

人工塑山根据其结构骨架材料的不同，可分为砖骨架塑山和钢骨架塑山。砖骨架塑山是用砖来砌筑塑山的结构骨架，适用于小型塑山及塑石；钢骨架塑山，是以钢构件、铁丝网作为塑山的结构骨架，适用于大型假山。砖结构简便节省，但在山形变化较大的部位，还是要用钢架悬挑。山体的飞瀑、流泉和预留的绿化洞穴位置，要对骨架结构做好防水处理。有些大型假山内部空间需要使用的情况下，也有主结构使用钢筋混凝土框架的，局部的造型再结合钢骨架。

1. 塑山的工艺流程

(1) 砖骨架塑山 放线⟶挖土方⟶做基础⟶浇混凝土垫层⟶做砖骨架⟶打底⟶造型⟶面层批荡及上色修饰⟶成型。

(2) 钢骨架塑山 放线⟶挖土方⟶做基础⟶浇混凝土垫层⟶焊接钢骨架⟶做分块钢架、铺设铁丝网⟶双面混凝土打底⟶造型⟶面层批荡、上色修饰⟶成型。

2. 塑山施工的步骤与要点

(1) 基架设置 根据山形、体量和其它条件选择基架结构，如砖石基架、钢构件铁丝网基架、钢筋混凝土基架或三者结合基架。坐落在地面的塑山要有相应的地基处理，坐落在室内的塑山要根据楼板的结构和荷载条件进行结构计算，包括地梁和钢材梁、柱及支撑设计等。基架多以内接的几何形体为桁架，以作为整个山体的支撑体系，并在此基础上进行山体外形的塑造。施工中应在主基架的基础上加密支撑体系的框架密度，使框架的外形尽可能接近设计的山体形状。

(2) 铺设铁丝网 铁丝网在钢骨架塑山中主要起成型及挂泥的作用。砖石一般不设铁丝网，但形体宽大者也需铺设，钢骨架必须铺设铁丝网。铁丝网要选择易于挂泥的材料。铺设之前，先做分块钢架附在形体简单的钢骨架上并焊牢，变几何形体为凹凸的自然外形，其上再挂铁丝网。铁丝网根据设计造型用木槌及其他工具成型。凡用钢筋混凝土基架的，都应涂防锈漆两遍，钢筋的交叉点用细铁丝扎紧、不松动。

(3) 打底及造型　塑山骨架完成后，若为砖石骨架，一般以 Mu 7.5 混合砂浆打底，并在其上进行山石皴纹造型；若为钢骨架，则应先抹水泥麻刀灰两遍，再堆抹 C20 豆石混凝土（坍落度为 0～2），然后于其上进行山石皴纹造型。

(4) 抹面及上色　在防锈漆干后，用粗砂配制 1∶2 或 1∶2.5 的水泥砂浆从钢筋骨架的内外两面进行抹面，抹 2～3 遍，使塑石的石面壳体总厚度达到 4～6cm，抹时对山石大面造型。再用石色水泥浆进行面层抹灰，进行皴纹处理，最后修饰成型。

塑山能不能仿真，关键在于石面抹面层的材料、颜色和施工工艺水平。要仿真，就要尽可能采用相同的颜色，通过抹面细致地刻划石面皴纹、质感等表层特征，使石面具有逼真的效果。质感和色泽：根据设计要求，用石粉、色粉和白水泥或普通水泥按适当比例调成彩色水泥砂浆，也可用彩色水泥调制，然后按粗糙、平滑、拉毛等塑面手法处理。纹理：一般来说，直纹为主、横纹为辅的山石，较能表现峻峭、挺拔的姿势；横纹为主、直纹为辅的山石，较能表现潇洒、飘逸的意象；综合纹样的山石更能表现浑厚、壮丽的风貌。为了增强塑石的自然真实感，除了纹理的刻划外，还要做好山石的自然特征，如缝、孔、洞、裂、断层、位移等的细部处理。

(5) 上色修饰　用5%左右的色粉和水泥加水拌匀，也可加适量107 胶水调制基本上色浆料，用毛刷对塑石表面进行涂抹上色。在石缝孔洞或阴角部位略洒稍深的色调，待塑面九成干时，在凹陷处洒上少许绿、黑或白色等大小、疏密不同的斑点，以增强立体感和自然感。

三、塑山新工艺

1. GRC 材料塑山

为了克服钢、砖骨架塑山存在着的施工技术难度大、皴纹很难逼真、材料自重大、易裂和褪色等缺陷，国内外园林科研工作者近年来探索出一种新型塑山材料短纤维增强水泥（简称 GRC）。GRC 是一种抗碱性玻璃纤维混合水泥砂浆而成的高强度复合材料。主要用来制造假山、雕塑、喷泉瀑布等园林山水艺术景观。GRC 材料用于塑山的优点主要表现在以下几个方面。

(1) 用 GRC 造假山石，石的造型、皴纹逼真，具岩石坚硬润泽的质感，模仿效果好。

(2) 用 GRC 造假山石，材料自身质量轻、强度高，抗老化且耐水湿，易进行工厂化生产，施工方法简便、快捷、造价低，可在室内外及屋顶花园等处广泛使用。

(3) GRC 假山造型设计、施工工艺较好，可塑性大，在造型上需要特殊表现时可满足要求，加工成各种复杂形体，与植物、水景等配合，可使景观更富于变化和表现力。

(4) GRC 造假山可利用计算机进行辅助设计，结束过去假山工程无法做到的石块定位设计的历史，使假山不仅在制作技术而且在设计手段上取得了新突破。

(5) 具有环保特点，可取代真石材，减少对天然矿产及林木的开采。

GRC 塑山的工艺过程由组件成品的生产流程和山体的安装流程组成：

① 组件成品的生产流程　原材料（低碱水泥、沙、水、添加剂）⟶搅拌、挤压⟶加入经过切割粉碎的玻璃纤维⟶混合后喷出⟶附着模具压实⟶安装预埋件⟶脱模⟶表面处理⟶组件成品。

② 山体的安装流程　构架制作⟶各组件成品的单元定位⟶焊接⟶焊点防锈⟶预埋管线⟶做缝⟶设施定位⟶面层处理⟶成品。

2. FRP 材料塑山

继 GRC 现代塑山材料后，目前还出现了一种新型的塑山材料——玻璃纤维增强塑料

(简称 FRP)。是用不饱和树脂及玻璃纤维结合而成的一种复合材料。该种材料具有刚度好、质轻、耐用、价廉、造型逼真等特点，可预制分割，方便运输，特别适用于大型的、易地安装的塑山工程。FRP首次用于香港海洋公园集古村石窟工程中，并取得很好的效果，博得一致好评。

其施工程序为：

泥模制作⟶翻制石膏⟶玻璃钢制作⟶模件运输⟶基础和钢框架制作安装⟶玻璃钢预制件拼装⟶修补打磨⟶油漆⟶成品。

① 泥模制作　按设计要求放样制作泥模，一般在一定比例（多用 1∶15～1∶20）的小样基础上进行，泥模制作应在临时搭设的大棚（规格可采用 50m×20m×10m）内作业。制作时要避免泥模脱落或冻裂。因此，温度过低时要注意保温，并在泥模上加盖塑料薄膜。

② 翻制石膏　一般采用分割翻制，便于翻模和以后运输的方便。分块的大小和数量根据塑山的体量来确定，其大小以人工能搬动为好，每块按顺序标注记号。

③ 玻璃钢制作　玻璃钢原材料采用191号不饱和聚酯及固化体系，一层纤维表面毯和五层玻璃布，以聚乙烯醇水溶液为脱模剂。要求玻璃钢表面硬度大于 34，厚度 4mm，并在玻璃钢背面粘配钢筋。制作时要预埋铁件以便安装固定用。

④ 基础和钢框架制作安装　柱基础采用钢筋混凝土，其厚度不小于 20cm，双层双向直径 14 配筋，C20 混凝土。框架柱梁可用槽钢焊接，柱距 1m×（1.5～2）m，必须确保整个框架的刚度和稳定。框架和基础用高强度螺栓固定。

⑤ 玻璃钢预制件拼装　根据预制件大小及塑山高度，先绘出分层安装剖面图和分块立面图，要求每升高 1～2m 就要绘一幅分层水平剖面图，并标注每一块预制件 4 个角的坐标位置与编号，对变化特殊之处要增加控制点，然后按顺序由下向上逐层拼装，做好临时固定，全部拼装完毕后，由钢框架伸出的角钢悬挑固定。

⑥ 打磨、油漆　拼装完毕后，接缝处用同类玻璃钢补缝、修饰、打磨，使其浑然一体。最后用水清洗，罩以土黄色玻璃钢油漆即成。

第六章

园林供电工程

风景园林中的用电主要有照明用电和动力用电（喷泉、灌溉、电动游艺设施及电动机具等），此外，还包括风景园林内生产生活用电。

第一节　园林照明设计

一、光源与照明

（一）光源的物理性能

1. 色温

光源的发光颜色与光源的温度有关，当光源的发光颜色与黑体（指能吸收全部光能的物体）加热到某一温度所发出的颜色相同时的温度，就是该光源的颜色温度，简称色温。色温是电光源技术参数之一，用绝对温标 K 来表示。

2. 显色性与显色指数

光源对物体的显色能力称为显色性。光源的显色性通常用显色指数（R_a）表示显色指数越高，颜色失真越少，光源的显色性就越好。国际上规定参照光源的显色指数为100。常见光源的显色指数如表6-1所示。

表 6-1　常见光源的显色指数表

光源	显色指数(R_a)	光源	显色指数(R_a)
白色荧光灯	65	荧光水银灯	44
日光色荧光灯	77	金属卤化物灯	65
暖白色荧光灯	59	高显色金属卤化物灯	92
高显色荧光灯	92	高压钠灯	29
水银灯	23	氙灯	94

（二）电光源及其应用

园林中常用的照明光源的主要特性、比较及适用场合见表6-2。

（三）光源选择

在园林景观照明中，光源一般宜选用白炽灯、荧光灯以及其它气体放电光源。但是由于光源的频闪效应而影响视觉效果的场合，就不宜采用气体放电光源。

一般情况下，在振动较大的场所宜采用荧光高压汞灯或高压钠灯。在有高挂条件又需要大面积照明的场所，宜采用金属卤化物灯、高压钠灯或长弧氙灯。如果人工照明需要结合天然采光时，应使照明光源与天然光相协调。

表 6-2　园林中常用照明电光源主要技术特性比较及适用场所

光源名称特性	白炽灯	卤钨灯	荧光灯	荧光高压汞灯	高压钠灯	金属卤化物灯	管型氙灯
额定功率范围	10∽1000	500∽2000	6∽125	50∽1000	250∽400	400∽1000	1500∽100000
光效(1m/W)	6.5∽19	19.5∽21	25∽67	30∽50	90∽100	60∽80	20∽37
平均寿命/h	1000	1500	2000∽3000	2500∽5000	3000	2000	500∽1000
一般显色指数(R_a)	95∽99	95∽99	70∽80	30∽40	20∽25	65∽85	90∽94
色温/K	2700∽2900	2900∽3200	2700∽6500	5500	2000∽2400	5000∽6500	5500∽6000
功率因数 cosø	1	1	0.33∽0.7	0.44∽0.67	0.44	0.4∽0.01	0.4∽0.9
表面亮度	大	大	小	较大	较大	大	大
频闪效应	不明显	不明显	明显	明显	明显	明显	明显
耐震性能	较差	差	较好	好	较好	好	好
所需附件	无	无	镇流器 起辉器	镇流器	镇流器	触发器镇流器	镇流器 触发器
适用场所	① 彩色灯泡：可用于园林景物等装饰照明；② 水下灯泡：可用于喷泉、瀑布等处装饰用；③ 聚光灯：舞台照明、公共场所等做强光照明	适用于广场、体育场建筑物等照明	一般用于建筑物室内照明	广泛用于广场、道路、园路、运动场所等作大面积室外照明	广泛用于道路、园林绿地、广场、车站等处照明	主要可用于广场、大型游乐场、体育场照明及高速摄影等方面	特别适用于作大面积场所的照明，工作稳定，点燃方便，有小太阳之称

1. 光源的色调

不同颜色的光照在同一物体上面，就是在人们视觉上产生不同的效果。“暖色光”红、橙、黄、棕色给人以温暖的感觉，而“冷色光”蓝、青、绿、紫色则给人以寒冷的感觉。光源发出光的颜色直接反映和影响人们的喜怒哀乐，这是光源的颜色特性。在园林景观中应尽力运用这种光的颜色特性来创造一个优美有情趣的主题环境。部分光源的色调见表 6-3。

表 6-3　部分光源的色调表

照明光源	光源色调	照明光源	光源色调
白炽灯、卤钨灯	偏红色光	荧光高压汞灯	淡蓝—绿色光，缺乏红色成分
日光色荧光灯	与太阳光相似的白色光	镝灯（金属卤化物灯）	接近日光的白色光
高压钠灯	金黄色、红色成分偏多，蓝色成分不足	氙灯	非常接近接近日光的白色光

在视野范围内具有色调对比时，可以在被观察对象及其背景之间适当运用色调对比，以提高识别能力。但色调对比不宜过分强烈，以免引起视觉疲劳。我们选择光源色调时还可考虑以下被照面的照明效果。

① 暖色是前进色，能使人感觉距离变近；而冷色是后退色，则使人感到距离加大。

② 暖色里的明色有柔软感，冷色里的明色有光滑感；暖色的物体看起来密度大些、重些和坚固些，而冷色则看起来与暖色相反。在同一色调中，暗色好似重些，明色好似轻些。因此，在狭窄的空间宜选用冷色里的明色，以造成宽敞、明亮的感觉。

③ 一般红色、橙色有兴奋作用，而紫色则有抑制作用。

2. 灯具的选择

在园林中灯具的选择除了考虑便于安装维护外，还要考虑灯具的外形与周围环境的整体风格相协调统一，使灯具能为园林景观增色。

(1) 灯具分类　灯具若按结构分类可分为开启型、闭合型、密封型和防爆型。按照光通量在空间上下半球的分布可分为直射型灯具、半直射型灯具、漫射型灯具、半反射型灯具、反射型灯具等。而直射型灯具又可分为光照型、均匀配光型、配照型、深照型和特照型五种。

(2) 灯具选择　灯具应根据使用环境条件、场地用途、光强分布、限制眩光等方面进行选择。在满足下列条件下，应选用效率高、维护检修方便的灯具。在正常环境中，宜选用开启式灯具；在潮湿或特别潮湿的场所可选用密闭型防水灯或带防水密封式灯具；可按光强分布特性选择灯具。光强分布特性常用配光曲线表示。如灯具安装高度在6m及以下时，可采用深照型灯具；安装高度在6～15m时可采用直射型灯具；当灯具上方有需要观察的对象时，可采用漫射型灯具，对于大面积的绿地，可采用投光灯高光强灯具。

(3) 灯具的合理布置　灯具布置应满足规定的照度，一般应无眩光、无阴影；工作面上的照度均匀、光线的射向适当；灯泡安装、维护方便等。

(四) 照明的方式和质量

1. 照明方式

园林照明大致分为一般照明、局部照明和混合照明三种方式：

(1) 一般照明　即在工作场所内不考虑局部的特殊需要，为整个被照明场所而设置的照明。这种照明方式的一次性投资少，照度均匀。适合于对光的投射方向没有特殊要求，在工作面内无特殊需要而提高照度的工作点，以及工作点很密或者不固定的场所。

(2) 局部照明　为了满足景区（点）某一局部的照明。当局部地点需要高照度并对照度方向有要求时，宜采用局部照明。但为防止工作点和周围环境有极大的亮度对比，在整个景（区）点不应只设局部照明而无一般照明。

(3) 混合照明　由一般照明和局部照明共同组成的照明。在需要较高照度并照射方向有特殊要求的场合，宜采用混合照明。此时，一般照明照度按不低于混合照明总照度的5%～10%选取，且最低不低于20 lx（勒克斯）。

2. 照明质量

良好的视觉效果不仅是单纯地依靠充足的光通道，还需要有一定的光照质量要求。

(1) 合理的照度　照度是决定物体明亮程度的间接指标。在一定范围内照度增加，视觉能力也相应提高。各类建筑物、道路、庭院等设施一般照明的推荐照度如表6-4。

表6-4　各类设施一般照明的推荐照度表

照明地点	推荐照度/lx	照明地点	推荐照度/lx
国际比赛足球场	1000～1500	更衣室、浴室	15～30
综合性体育正式比赛大厅	750～1500	库房	10～20
足球、游泳池、冰球场、羽毛球、乒乓球、台球	200～500	厕所、热水间、楼梯间、走道	5～20
篮球场、排球场、网球场、计算机房	150～300	广场	5～15
绘图室、打字室、字画商店、百货商店、设计室	100～200	大型停车场	3～10
办公室、图书馆、阅览室、报告厅、会议室、博览室、展览厅	75～150	庭院道路	2～5
一般性商业建筑(钟表、银行等)、旅游饭店、酒吧、咖啡厅、舞厅、餐厅	50～100	住宅小区道路	0.2～1

（2）照明均匀度　游人置身于园林环境中，如果有彼此亮度不同的表面，当视觉从一个面转到另一个面时，眼睛被迫经过一个适应过程。当适应过程经常反复时，就会导致视觉疲劳。在考虑园林照明时，除力图满足景色的需要外，还要注意周围环境中的亮度分布应力求均匀。照度的均匀性在某工作面的局部照度不得低于或高于其平均值的四分之一，也不得低于最小照度标准值。

（3）眩光限制　眩光是影响照明质量的主要特征。眩光是由于亮度分布不适当或亮度的变化幅度太大，或由于在时间上相继出现的亮度相差过大所造成的观看物体时感觉不适或视力减低的视觉条件。为防止眩光产生，常采用的方法是：减少在水平视线以上高度角在45～90°范围内的光源表面高度；注意照明灯具的最低悬挂高度；力求使照明光源来自优越方向；使用发光表面面积大、亮度低的灯具以及用透光材料减弱眩光。

（4）阴影控制　定向的光照射到物体上将产生阴影及放射光。如果阴影构成视觉的障碍时，会影响到园林景观效果；当阴影把物体的造型和材质感表现出来时，会增加园林的景观效果。利用阴影造型要注意物体上最亮部分和最暗部分的亮度比以 3∶1 最理想。

二、户外照明设计

（一）公园、绿地的照明原则

公园、绿地的室外照明环境复杂、用途各异，因而难以硬性规定，仅提出以下一般原则供参考。

（1）照明不仅要满足光线需要，而且还应结合园林景观的特点，以能最充分体现其在灯光下的景观效果为原则来布置照明措施。照明要有选择地布置，重点照明树木和花卉、水体及建筑小品。

（2）灯光的方向和颜色选择，应以能增加树木、灌木和花卉的美观为主要前提，根据各种树木及花卉的个体特点进行合理布置。如针叶树只在强光下才反应良好，一般只宜于采取暗影处理法。阔叶树种白桦、垂柳、枫等对泛光照明有良好的反映效果；白炽灯包括反射型，卤钨灯却能增加红、黄色花卉的色彩，使它们显得更加鲜艳，小型投光器的使用会使局部花卉色彩绚丽夺目；汞灯使树木和草坪的绿色鲜艳夺目等等。

对树木照明应考虑以下因素：

① 根据树木的形状布灯，照明与树的整体及景观主题相适应；

② 用灯光照亮周边树木的顶部可增加景观的深远感，同时根据树和灌木丛的高度分层次照明，增加深度感和层次感；

③ 根据树叶的颜色选择使用光源，同时要注意颜色和外观的季相变化；

④ 设计树丛照明时，要注意整体的颜色和形状，一般不考虑个别树的形状，除非近距离观赏的对象；

⑤ 考虑观赏对象的位置，避免眩光。

（3）岸上的物体能在静止或缓慢流动的水面形成倒影，以直射光照在水面上，对水面本身作用不大，但却能反映其附近被灯光所照亮的小桥、树木或园林建筑，呈现出波光粼粼，有一种梦幻似的意境。

瀑布和喷水池也可用照明处理得更加美观，灯具最好布置在喷出的水柱旁边，或在水落下的地方。光透过流水以造成水柱的晶莹剔透、闪闪发光。所以，无论是在喷水的四周，还是在小瀑布流入池塘的地方，均宜将灯光置于水面之下。

在水下设置灯具时，应注意使其在白天难于发现，但也不宜埋得太深，否则会引起光强的减弱。一般按照在水面以下 30～100mm 为宜，进行水景的色彩照明时，通常使用红、蓝、黄三原色，其次是绿色。

(4) 公园和绿地的主要园路宜采用低功率的路灯装在 3～5m 高的灯柱上，柱距 20～40m 效果较好，也可每柱两灯，需要提高照度时，两灯齐明。也可隔柱设置控制灯的开关，来调整照明。或利用路灯灯柱装以 150W 的密封光束反光灯来照亮花圃和灌木。

在设计公园、绿地园路装照明灯时，要注意路旁树木对道路照明的影响。可以适当减少灯间距以防止树木遮挡，同时加大光源的功率以补偿由于树木遮挡所产生的光损失；安装照明灯具时，也可以根据树形或树木高度不同采用较长的灯柱悬臂，以使灯具突出树缘外或改变灯具的悬挂方式等以弥补光损失。

(5) 彩色装饰灯可创造节日气氛，特别反映在水中更为美丽，但是这种装饰灯光不易获得一种宁静、安详的气氛，也难以表现出大自然的壮观景象，只能有限度地调剂使用。

(二) 户外照明设计方法

1. 在进行户外照明设计前，应具备下列原始资料：

① 公园、绿地的平面布置图及地形图，必要时应有该公园、绿地中主要建筑物的平面图、立面图和剖面图；

② 该公园、绿地对电气的要求（设计任务书），特别是一些专用性强的公园、绿地照明，应明确提出照度、灯具选择、布置、安装等要求。

③ 电源的供电情况及进线方位。

2. 照明设计的顺序常有以下几个步骤：

① 明确照明对象的功能和照明要求，园林照明设计要注意结合园林景观，突出园林景观特色；

② 选择照明方式，可根据设计任务书中公园绿地对电气的要求，在不同的场合和地点，选择不同的照明方式。

③ 光源和灯具的选择，主要是根据公园绿地的配光和光色要求、与周围景色配合等来选择光源和灯具。

④ 灯具的合理布置，除考虑光源光线的投影方向、照度均匀性等，还应考虑经济、安全和维修方便等。

⑤ 进行照度计算。具体照度计算可参考有关照明手册。

第二节 园林供电工程

一、供电基本知识

(一) 电源

在园林中，广泛应用交流电。大小和方向随时间作周期性变化的电压和电流分别称为交流电压和交流电流，统称为交流电。发电厂的发电机、公园内的配电变压器、室内的电源插座都可成为交流电源。

我国规定，电力标准频率为 50Hz，交流电力网的额定电压等级有 220V、380V、3kV、6kV、10kV、35kV、110kV、220kV 等。通常把 1kV 及以上的电压称为高压，1kV 以下的电压为低压。一般园林用电均由 380/220V 三相四线制供电。

(二) 配电变压器

变压器是电力系统中输电、变电、配电时用以改变电压、传输交流电能的设备。一般变压器其高压侧电压为6300V、10000V等，而低压侧电压为230V、400V等。

二、园林供电设计

（一）园林供电设计内容及程序

① 确定各种园林设施中的用电量，选择变压器的数量及容量；

② 确定电源供给点（或变压器的安装地点）进行供电线的配置；

③ 进行配电导线截面的计算；

④ 绘制电力供电系统图、平面图。

（二）设计程序

在进行供电设计前，首先应收集以下内容的资料：

① 园内各建筑、用电设备、给排水、暖通等平面布置图及主要剖面图，并附有各用电设备的名称、额定容量（kW）、额定电压（V）、周围环境（潮湿、灰尘）等。这些是设计的主要基础资料，也是进行负荷计算和选择导线、开关设备及变压器的依据。

② 了解各用电设备及用电点对供电可靠性的要求。

③ 供电局同意供给的电源容量。

④ 供电电源的电压、供电方式（架空线或电缆线；专用线或非专用线）、进入公园或绿地的方向及具体位置。

⑤ 当地电价及收取方法。

⑥ 应向气象、地质部门了解表6-5中所示资料。

表6-5 气象、地质资料内容及用途

资料内容	用途	资料内容	用途
最高年平均气温	选变压器	年雷电小时数和雷电日数	防雷装置
最热月平均最高气温	选室外裸导线	土壤冻结深度	接地装置
一年中连续三次的最热日昼夜平均温度	选空气中电缆	土壤电阻率	接地装置
土壤中0.7～1.0m深处一年中最热月平均温度	选地下电缆	50年一遇的最高洪水水位	变压器安装地点的选择
最热月平均温度	选室内导线	地震烈度	防震措施

（三）园林供电估算

园林供电中公园、绿地用电量分为动力用电和照明用电，即：

$$S_{总}=S_{动}+S_{照}$$

式中 $S_{总}$——公园用电计算总容量；

$S_{动}$——动力设备所需总容量；

$S_{照}$——照明用电总计算容量。

1. 动力用电估算

公园或绿地的动力用电具有较强的季节性和间歇性，因而在做动力用电估算时应考虑这些特点。动力用电估算可用下式进行计算：

$$S_{动}=K_{c}\Sigma P_{动}/\eta\cos\Phi$$

式中 $\Sigma P_{动}$——各动力设备铭牌上额定功率的总和，kW；

η——动力设备的平均效率，一般可取0.86；

$\cos\Phi$——各类动力设备的功率因数，一般在0.6～0.95，计算时可取0.75；

K_{c}——各类动力设备的需要系数。由于各台设备不一定都同时满负荷运行，因此计算容量时需打一折扣，此系数大小具体查有关设计手册，估算时可取

0.5～0.75(一般可取 0.70)。

2. 照明用电估算

照明设备的容量，可按不同性质建筑物的单位面积照明容量法估计：

$$P=SW/1000$$

式中 P——照明设备容量，kW；

S——建筑物平面面积，m^2；

W——单位容量，W/m^2。

估算方法：依据工程设计的建筑物的名称。查表 6-6 单位建筑面积照明容量，或有关手册，得到单位建筑面积耗电量，将此值乘以该建筑面积，其结果就是该建筑物照明供电估算负荷。

表 6-6 单位建筑面积照明容量

建筑名称	功率指标/(W/m²)	建筑名称	功率指标/(W/m²)
一般住宅	10～15	锅炉房	7～9
高级住宅	12～18	变配电所	8～12
办公室、会议室	10～15	水泵房、空压站房	6～9
设计室、打字室	12～18	材料库	4～7
商店	12～15	机修车间	7.5～9
餐厅、食堂	12～15	游泳池	50
图书馆、阅览室	8～15	警卫照明	3～4
俱乐部(不包括舞台灯光)	10～13	广场、车站	0.5～1
托儿所、幼儿园	9～12	公园路灯照明	3～4
厕所、浴室、更衣室	6～8	汽车道	4～5
汽车库	7～10	人行道	2～3

(四) 园林供电变压器的选择

在一般情况下，公园内照明供电和动力负荷可共用一台变压器供电。选择变压器时应根据公园的总用电量的估算值和当地高压供电的线电压值来进行。变压器的容量选择和确定变压器高压侧的电压等级。

在确定变压器容量的台数时，要从供电的可靠性和技术经济上的合理性综合考虑，具体可根据以下原则：

① 变压器的总容量必须大于或等于该变电所的用电设备总计算负荷，即

$$S_{额}\geqslant S_{选用}$$

式中 $S_{额}$——变压器额定容量；

$S_{选用}$——实际的估算选用容量。

② 一般变电所只选用 1～2 台变压器，且其单台容量一般不应超过 1000kVA，尽量以 750kVA 为宜，这样可以使变压器接近负荷中心。

③ 当动力和照明共用一台变压器时，若动力严重影响照明质量时，可单独设置一个照明变压器。

④ 在变压器形式方面，如供一般场合使用时，可选用节能型铝芯变压器。

⑤ 在公园绿地考虑变压器的进出线时，为不破坏景观和游人安全，应选用电缆，以直接埋地方式敷设。

(五) 园林供电配电导线的选择

在园林供电系统中，要根据不同的用电要求来选配所用导线或电缆截面大小。低压动力线的负荷电流比较大，一般要先按导线发热条件来选择截面，然后再校验其电压的损耗和机

械强度。低压照明线对电压水平的要求比较高，一般先按所允许的电压损耗条件选择导线截面，而后再校验其发热条件和机械强度（见表6-7）。

1. 导线型式的选择

主要考虑环境条件、运动电压、敷设方法和经济、安全可靠性等方面的要求。在一般情况下，优先采用铝芯导线，尽量采用塑料绝缘电线，在要求较高的场合，则采用铜芯线。

表6-7 常用绝缘导线的型号、名称及主要用途

型号		名称	主要用途
铜芯	铝芯	棉纱编织橡皮绝缘导线	固定敷设用、可明敷、可暗敷
BX	BLX		
BXF	BLXF	氯丁橡皮绝缘导线	固定敷设用，可明敷、暗敷，尤其适用于户外
BV	BLV	聚氯乙烯绝缘导线	室内外电器、动力及照明固定敷设，不宜用于户外
	NLV	农用地下直埋铝芯聚氯乙烯绝缘导线	直埋地下最低敷设温度不低于－15℃
	NLVV	农用地下直埋铝芯聚氯乙烯绝缘和护套导线	
	NLYV	农用地下直埋铝芯聚乙烯绝缘聚氯乙烯护套导线	
BXR		棉纱编织橡皮绝缘软线	室内安装，要求较柔软时用
BVR		聚氯乙烯软导线	同BV型，安装要求较柔软时用
RXS		棉纱编织橡皮绝缘双绞软导线	室内干燥场所日用电器用
RX		棉纱编织橡皮绝缘圆形软导线	
RV		聚氯乙烯绝缘软导线	日用电器，无线电设备和照明灯头接线
RVB		聚氯乙烯绝缘平型软导线	
RVS		聚氯乙烯绝缘绞型软导线	

注：表中字母B表示布电线。线芯材料代号：铜芯导线（一般不标注）T、铝芯导线L；绝缘种类代号：聚氯乙烯绝缘V、橡胶绝缘X、氯丁橡胶绝缘XF、聚乙烯绝缘Y；护套代号：聚氯乙烯套V、聚乙烯套Y；其它特征绝缘导线：平型B、双绞线S、软线R。如BVV表示聚氯乙烯绝缘，聚氯乙烯护套，铜芯（硬）布电线。

2. 导线截面选择

根据导线的允许载流量、线路的允许电压损失值、导线的机械强度等条件选择导线截面，通常可先按允许载流量选定导线截面，再以其他条件进行校核，若不能满足要求时，则应加大截面。

（1）按允许载流量选择　导线的允许载流量也叫导线的安全载流量或导线的安全电流值，即按导线的允许温升选择。在最大允许连续负荷电流通过的情况下，导线发热不超过线芯所允许的温度（一般为65℃），导线不会因过热而引起绝缘损坏或加速老化。选用时须满足下式要求：

$$KI_{载} \geq I_{工作}$$

式中　$I_{载}$——导线、电缆按发热允许的长期工作电流（A），具体可查有关手册；

$I_{工作}$——线路计算电流，A；

K——考虑到空气温度、土壤温度、安装敷设等情况的校正系数，见表6-8。

表6-8 绝缘导线允许载流量校正系数 K

实际环境温度/℃	5	10	15	20	25	30	35	40	45
校正系数 K	1.22	1.17	1.12	1.06	1.0	0.935	0.865	0.791	0.707

通常把电线、电缆的允许载流量在空气环境中分为25℃、30℃、35℃及40℃四种环境温度下的数据供选用。埋地电缆的载流量则分为20℃、25℃和30℃三种环境温度下的可选数据。常用的聚氯乙烯绝缘电线在空气环境中敷设的载流量见表6-9，穿钢管敷设的载流量

见表 6-10。

表 6-9　聚氯乙烯绝缘电线在空气中敷设的允许载流量（A）（极限温度 $T_m=65℃$）

截面/mm²	BLV 铝芯				BV、BVR 铜芯			
	25℃	30℃	35℃	40℃	25℃	30℃	35℃	40℃
1.0					19	17	16	15
1.5	18	16	15	14	24	22	20	18
2.5	25	23	21	19	32	29	27	25
4	32	29	27	25	42	39	36	33
6	42	39	36	33	55	51	47	43
10	59	55	51	46	75	70	64	59
16	80	74	69	63	105	98	90	83
25	105	98	90	83	138	129	119	109
35	130	121	112	102	170	158	147	134
50	165	142	142	130	215	201	185	170
70	205	177	177	162	265	247	229	209
95	250	216	216	197	325	303	281	257
120	285	246	246	225	375	350	324	296
150	325	281	281	257	430	402	371	340
185	380	328	328	300	490	458	423	387

表 6-10　聚氯乙烯绝缘电线穿钢管敷设的允许载流量（A）（极限温度 $T_m=65℃$）

截面/mm²		二根单芯				三根单芯				四根单芯			
		25℃	30℃	35℃	40℃	25℃	30℃	35℃	40℃	25℃	30℃	35℃	40℃
BLV 铝芯	2.5	20	18	17	15	18	16	15	14	15	14	12	11
	4	27	25	23	21	24	22	20	18	22	20	19	17
	6	35	32	30	27	32	29	27	25	28	26	24	22
	10	49	45	42	38	44	41	38	34	38	35	32	30
	16	63	58	54	49	56	52	48	44	50	46	43	39
	25	80	74	69	63	70	65	60	55	65	60	50	51
	35	100	93	86	79	90	84	77	71	80	74	69	63
	50	125	116	108	98	110	102	95	87	100	93	86	79
	70	155	144	134	122	143	133	123	113	127	118	109	100
	95	190	177	164	150	170	158	147	134	152	142	131	120
	120	220	205	190	174	195	182	168	154	172	160	148	136
	150	250	233	216	197	225	210	194	177	200	187	173	158
	185	285	266	246	225	255	238	220	201	230	215	198	181
BV 铜芯	1.0	14	13	12	11	13	12	11	10	11	10	9	8
	1.5	19	17	16	15	17	15	14	13	16	14	13	12
	2.5	26	24	22	20	24	22	20	18	22	20	19	17
	4	35	32	30	27	31	28	26	24	28	26	24	22
	6	47	43	40	37	41	38	35	32	37	34	32	29
	10	65	60	56	51	57	53	49	45	50	46	43	39
	16	82	76	70	64	73	68	63	54	65	60	56	51
	25	107	100	92	84	95	88	82	75	85	79	73	67
	35	133	124	115	105	115	107	99	90	105	98	90	83
	50	165	154	142	130	146	136	126	115	130	121	112	102
	70	205	191	177	162	183	171	158	144	165	154	142	130
	95	250	233	216	197	225	210	194	177	200	187	173	158
	120	290	271	250	229	260	243	224	205	230	215	198	181
	150	330	308	285	261	300	280	259	237	265	247	229	209
	185	380	355	328	300	340	317	294	268	300	280	259	237

（2）按机械强度选择导线　在正常工作状态下，导线应有足够的机械强度以防断线，保证安全可靠运行。选择架空线的导线截面不得小于按机械强度要求的最小允许截面，当线路通过居民区，横跨越铁路、公路时，最小允许截面应稍大，第Ⅰ和第Ⅱ类线路（额定电压1kV以上）采用铜线截面为$16mm^2$，铝线截面为$35mm^2$；通常情况下，第Ⅲ类线路（额定电压≤1kV）采用铜线截面为$6mm^2$，铝线截面为$16mm^2$。

（3）按线路允许电压损耗选择　电压损失允许值要根据电压引入处的电压值、用电设备的额定电压而定，要求线路末端负载的电压不低于其额定电压。导线上的电压损失应低于最大允许值，以保证供电质量。一般工作场所的照明允许电压损耗相对值是5%，而道路、广场照明允许电压损耗相对值为10%，一般动力设备为5%。

按允许电压损耗选择导线截面用下面公式计算：

$$S=K\sum(PL)/C\cdot\Delta U\ (mm^2)$$

式中　S——导线截面，mm^2；

K——需要系数，考虑负载非同时工作而定的折减系数；

$\sum(PL)$——负荷力矩的总和，kW·m；

C——计算系数，三相四线制供电线路时，铜线的计算系数为$C_{Cu}=77$，铝线的计算系数为$C_{AL}=46.3$；在单相220V供电时，铜线的计算系数$C_{Cu}=12.8$，铝线的计算系数为$C_{AL}=7.75$；

ΔU——供电线路允许电压降，%。

【例】有一建筑工地配电箱动力用电P_1为20kW，距离变压器200m，P_2为18kW，距离变压器300m。$\Delta U=5\%$，$K=0.8$，按允许电压降计算铝导线截面。

解：$S=K\sum(PL)/C\cdot\Delta U=0.8\times(20\times200+18\times300)/46.3\times5\approx32.48mm^2$，选$35mm^2$的铝线。

根据以上三种方法选出的导线，设计中应以其中最大一种截面为准。导线截面求出之后，就可以从电线产品目录中选用稍大于所要求截面的导线，然后确定中性线的截面大小。

（4）配电线路中性线（零线）截面的选择　选择中性线截面主要应考虑以下条件：低压线路导线截面采用$70mm^2$及以下时，三相四线制中性线的截面应与相线截面相同。导线截面采用$70mm^2$以上时，三相四线制中性线的截面可小于相线的截面，但最小不应小于相线截面的50%。接有荧光灯、高压汞灯、高压钠灯等气体放电灯具的三相四线制线路，中性线应与三根相线的截面等大。单相两线制的零线截面应与相线截面相同。

（六）园林配电线路的布置

1. 确定电源供给点

公园绿地的电源常有以下几种。

（1）借用就近现有变压器　此时变压器的安装地点与公园绿地用电中心之间的距离不宜过长，同时该变压器的多余容量需要满足新增园林绿地中各用电设施的需要。中小型公园绿地的电源供给常采用此法。

（2）利用附近高压电力网，向供电局申请安装供电变压器，一般用电量较大（70～80kW以上）的公园最好采用此种供电方式。

（3）如果公园绿地离现有电源太远或当地电源供电能力不足时，可自行设立小发电站或发电机组以满足需要。

一般情况下，当公园绿地独立设置变压器时，需向供电局申请安装变压器。在选择地点时，应尽量靠近高压电源，以减少高压进线的长度。同时，应尽量设在负荷中心或发展负荷中心。常用电压电力线路的传输功率和传输距离见表6-11。

表 6-11 常用电压电力线路的传输功率和传输距离

额定电压/kV	线路结构	输送功率/kW	输送距离/km
0.22	架空线	50 以下	0.15 以下
0.22	电缆线	100 以下	0.20 以下
0.38	架空线	100 以下	0.25 以下
0.38	电缆线	175 以下	0.35 以下
10	架空线	3000 以下	15～8
10	电缆线	5000 以下	10

2. 配电线路的布置

公园绿地布置配电线路时，要全面统筹安排。从供电点到用电点要尽量取近，尽量敷设在道路一侧，尽量避开积水和水淹地区。同时，在各具体用电点，要考虑将来发展的需要，留足接头和插口。

(1) 线路敷设分为架空线和地下电缆两大类。架空线工程简单，易于检修，但影响景观，安全性差；地下电缆正好与之相反。架空线常用于电源进线侧或在绿地周围不影响园林景观处，在公园内部一般采用地下电缆。

(2) 线路组成

① 大型公园、游乐场和风景区等常需要独立设置变电所，具体设计应有电力部门的专业电气人员设计。

② 对于已选定或在附近有现成变压器的供电方式有四种：

a. 中、小型园林常由附近的变电所、变压器通过低压配电盘直接由一路或几路电缆供给。当低压供电采用放射式系统时，照明供电线可由低压配电屏引出。

中、小型园林常在进园电源的首端设置干线配电板，并配备进线开关、电度表以及各出线支路，以控制全园用电。动力、照明电源一般单独设回路，仅对远离电源的单独小型建筑物才考虑照明和动力合用供电线路。

b. 在低压配电屏的每条回路供电干线上所连接的照明配电箱，一般不超过 3 个。每个用电点进线处应装刀开关盒熔断器。

c. 一般园内道路照明可设在警卫室等处进行控制，道路照明除各回路有保护处，灯具也可单独加熔断器进行保护。

d. 大型游乐场的一些动力设施应有专门的动力供电线路，并有相应的措施保证安全，以保证游人的生命安全。

③ 照明网络　一般采用 380/220V 中性点接地的三相四线制系统，灯用电压 220V。为便于检修，每回路供电干线上连接的照明配电箱一般不超过 3 个，室外干线向各建筑物等供电时不受此限制。

一般配电箱的安装高度为中心距地 1.5m，若控制照明不是在配电箱内进行，则配电箱的安装高度可以提高到 2m 以上。

室内照明支线每一单相回路一般采用不大于 15A 的熔断器或自动空气开关保护，对于安装大功率灯泡的回路允许增大到 20～30A。每一个单相回路插座和灯泡总数一般不超过 25 个，当采用多管荧光灯具时，允许增加到 50 根灯管。室内暗装的插座，安装高度为 0.3～0.5（安全型）或 1.3～1.8m，低于 1.3m 时应采用安全插座。潮湿场所的插座安装高度距地面不低于 1.5m，儿童活动场所的插座高度不低于 1.8m，同一场所安装的插座高度应尽量一致。

参 考 文 献

[1] 孟兆祯，毛培琳，黄庆喜等．园林工程．北京：中国林业出版社，2002.
[2] 张文英等．风景园林工程．北京：中国农业出版社，2007.
[3]（美）诺曼 K. 布思．曹礼昆译．风景园林设计要素．北京：中国林业出版社，1989.
[4] 杨至德．园林工程．武汉：华中科技大学出版社，2007．
[5] 唐来春等．园林工程与施工．北京：中国建筑工业出版社，1999.
[6] 梁伊任，杨永胜，王沛永．园林建筑工程．北京：中国城市出版社，2000.
[7] 毛培琳．园林铺地．沈阳：辽宁科学技术出版社，2002.
[8] 郭春华，周厚高，欧阳秀明．水景设计．昆明：云南科技出版社，2005.
[9] 金儒林等．人造水景设计营造与观赏．北京：中国建筑工业出版社，2006.
[10] 全国一级建造师考试用书．市政公用工程管理与实务．北京：中国建工出版社，2009.
[11] 李欣．最新园林设计规范图集．合肥：安徽音像出版社．2004.
[12] 毛培琳，朱志红．中国园林假山．北京：中国建筑工业出版社，2004.
[13] 吴为廉．景园建筑工程规划与设计．北京：中国建筑工业出版社，2004.
[14] 梁伊任等．园林建设工程．北京：中国城市出版社，2000.
[15] 刘新燕．园林工程建设图纸的绘制与识别．北京：化学工业出版社，2005.
[16] 童寯．江南园林志．北京：中国建工出版社，1984．
[17]（明）计成 原著，陈植 注释．园冶注释．北京：中国建筑工业出版社，1984．
[18] 彭一刚．中国古典园林分析．北京：中国建工出版社，1986.
[19] 潘古西．江南理景艺术，南京：东南大学出版社，2001.
[20] 丁文铎．城市绿地喷灌．北京：中国林业出版社，2001.
[21] 金井格等．章俊华，乌恩译．道路和广场的地面铺装．北京：中国建筑工业出版社，2002.
[22] 李世华，徐有栋等．市政工程施工图集．北京：中国建筑工业出版社，2004.
[23] 毛鹤琴等．土方工程施工．武汉：武汉工业大学出版社，2000.
[24] 毛培琳，李雷．水景设计．北京：中国林业出版社，1993.
[25] 许其昌．给水排水管道工程施工及验收规范实施手册．北京：中国建筑工业出版社，1998.
[26] 闫宝兴，程炜．水景工程．北京：中国建筑工业出版社，2005.
[27] 张海梅．建筑材料．北京：科学出版社，2001.
[28] 朱钧鉁．园林理水艺术．北京：中国林业出版社，1998.
[29] M. 盖奇，M. 凡登堡著．张仲一译．城市硬质景观设计．北京：中国建筑工业出版社，1985.
[30] 姚雨霖等．城市给水排水．北京：中国建筑工业出版社，1986.